大数据与人工智能技术丛书

MATLAB人工智能
应用场景实例

梁佩莹 编著

清华大学出版社

北京

内 容 简 介

本书以 MATLAB 为平台,以人工智能算法为背景,全面系统地介绍了人工智能的各种新型算法。书中内容以理论为基础,以实际应用为主导,循序渐进地向读者展示了怎样利用 MATLAB 人工智能算法解决实际问题。全书共分为 10 章,主要包括 MATLAB 数值计算、MATLAB 绘图功能、线性神经网络、MATLAB 前向型神经网络、神经网络预测与控制、遗传算法分析、免疫算法分析、MATLAB 非线性规划、MATLAB 优化设计、自动控制系统 MATLAB 实现等内容。

本书可以作为广大在校本科生和研究生的学习用书,也可以作为广大科研人员、学者、工程技术人员的相关参考用书。

版权所有,侵权必究。举报:010-62782989,beiqinquan@tup.tsinghua.edu.cn。

图书在版编目(CIP)数据

MATLAB 人工智能应用场景实例/梁佩莹编著. -- 北京:清华大学出版社,2025.5. -- (大数据与人工智能技术丛书). -- ISBN 978-7-302-69191-4

Ⅰ. TP317

中国国家版本馆 CIP 数据核字第 2025WN2157 号

责任编辑:黄 芝 薛 阳
封面设计:刘 键
责任校对:申晓焕
责任印制:刘 菲

出版发行:清华大学出版社
网　　址:https://www.tup.com.cn,https://www.wqxuetang.com
地　　址:北京清华大学学研大厦 A 座　　邮　　编:100084
社 总 机:010-83470000　　邮　　购:010-62786544
投稿与读者服务:010-62776969,c-service@tup.tsinghua.edu.cn
质量反馈:010-62772015,zhiliang@tup.tsinghua.edu.cn
课件下载:https://www.tup.com.cn,010-83470236
印 装 者:天津安泰印刷有限公司
经　　销:全国新华书店
开　　本:185mm×260mm　　印　张:25.25　　字　数:586 千字
版　　次:2025 年 6 月第 1 版　　印　次:2025 年 6 月第 1 次印刷
印　　数:1~2500
定　　价:99.80 元

产品编号:106012-01

前 言

MATLAB产品家族是美国The MathWorks公司开发的用于概念设计、算法开发、建模仿真、实时实现的理想的集成环境。由于其完整的专业体系和先进的设计开发思路,MATLAB在多个领域都有广阔的应用空间,特别是在MATLAB的主要应用方向——科学计算、建模仿真以及信息工程系统的设计开发中已经成为行业内的首选设计工具,全球现有超过五十万的企业用户和上千万的个人用户。MATLAB是一种用于算法开发、数据可视化、数据分析以及数值计算的高级技术计算语言和交互式环境。其附加工具箱(Toolbox)也适合不同领域的应用,例如,控制系统设计与分析、图像处理、信号处理与通信、金融建模和分析等。

在人工智能的研究领域中,智能计算是其重要的一个分支。智能计算所含算法的范围很广,主要包括神经网络、机器学习、智能控制、自动规划、机器视觉、模式识别、遗传算法、模糊计算、蚁群算法、人工鱼群算法、粒子群算法、免疫算法、禁忌搜索、进化算法、启发式算法、模拟退火算法、混合智能算法等类型繁多、各具特色的算法。以上这些智能计算的算法都有一个共同的特点,就是通过模仿人类智能或生物智能的某一个或某一些方面而达到模拟人类智能,实现将生物智慧、自然界的规律等设计出最优算法,进行计算机程序化,用于解决很广泛的一些实际问题。

本书具有如下特点。

1. 由浅入深,循序渐进

本书以MATLAB为平台,逐渐深入MATLAB软件,并在MATLAB上利用各种人工智能算法解决实际问题,让问题的解决得到了大大的简化。

2. 内容新颖,应用全面

本书结合人工智能算法的使用经验和实际领域应用问题,将人工智能算法的原理及其MATLAB实现方法与技术详细地介绍给读者,让读者做到理论与实践相结合,学以致用。

3. 轻松易学,方便快捷

书中通过大量典型的应用例子来实操,在讲解过程中辅以相应的图片,读者在阅读时一目了然,从而轻松快速地掌握书中的内容,提升工作效率。

本书讲解了人工智能算法在MATLAB中的实现,共分为10章,主要内容如下。

第1章介绍MATLAB数值计算,主要包括MATLAB数值计算基础,MATLAB数组、矩阵运算,MATLAB多项式及其运算,插值与拟合,线性方程组求解,非线性方程与最优化问题等内容。

第2章介绍MATLAB绘图功能,主要包括二维图形绘制,三维图形绘制,图形颜色映像的应用,光照和材质处理,图像显示技术,动画制作技术等内容。

第3章介绍线性神经网络，主要包括线性神经元模型及结构，LMS学习算法、LMS学习率的选择，线性神经网络的构建，线性神经网络的训练，线性神经网络与感知器的对比，线性神经网络函数，线性神经网络的局限性，线性神经网络的应用等内容。

第4章介绍MATLAB前向型神经网络，主要包括感知器，BP网络，径向基函数网络，GMDH网络等内容。

第5章介绍神经网络预测与控制，主要包括电力系统负荷预报的MATLAB实现，地震预报的MATLAB实现，交通运输能力预测的MATLAB实现，河道浅滩演变预测的MATLAB实现，农作物虫情预测的MATLAB实现，用水测量的MATLAB实现，神经网络模型预测控制，NARMA-L2（反馈线性化）控制等内容。

第6章介绍遗传算法分析，主要包括遗传算法的基本概述，遗传算法的分析，控制参数的选择，遗传算法的MATLAB实现，遗传算法的寻优计算，遗传算法求极大值，基于GA_PSO算法的寻优，GA的旅行商问题求解，遗传算法在实际领域中的应用等内容。

第7章介绍免疫算法分析，主要包括免疫算法概述，免疫遗传算法，免疫算法的应用等内容。

第8章介绍MATLAB非线性规划，主要包括非线性规划理论知识，约束非线性规划基本概念，求解非线性规划，非线性规划实例等内容。

第9章介绍MATLAB优化设计，主要包括优化设计背景，优化设计的数学模型，目标函数的极值条件，优化参数设置等内容。

第10章介绍自动控制系统MATLAB实现，主要包括自动控制系统的数学模型，数学模型的建立，数学模型参数的获取，数学模型的转换，数学模型的连接等内容。

本书由佛山科学技术学院梁佩莹编写。

本书实用性强，应用范围广，可以作为广大在校本科生和研究生的学习用书，也可以作为广大科研人员、学者、工程技术人员的相关参考用书。

由于时间仓促，加之编者水平有限，书中不足和疏漏之处在所难免。在此，诚恳地期望得到各领域的专家和广大读者的批评指正。

编　者

2025年3月

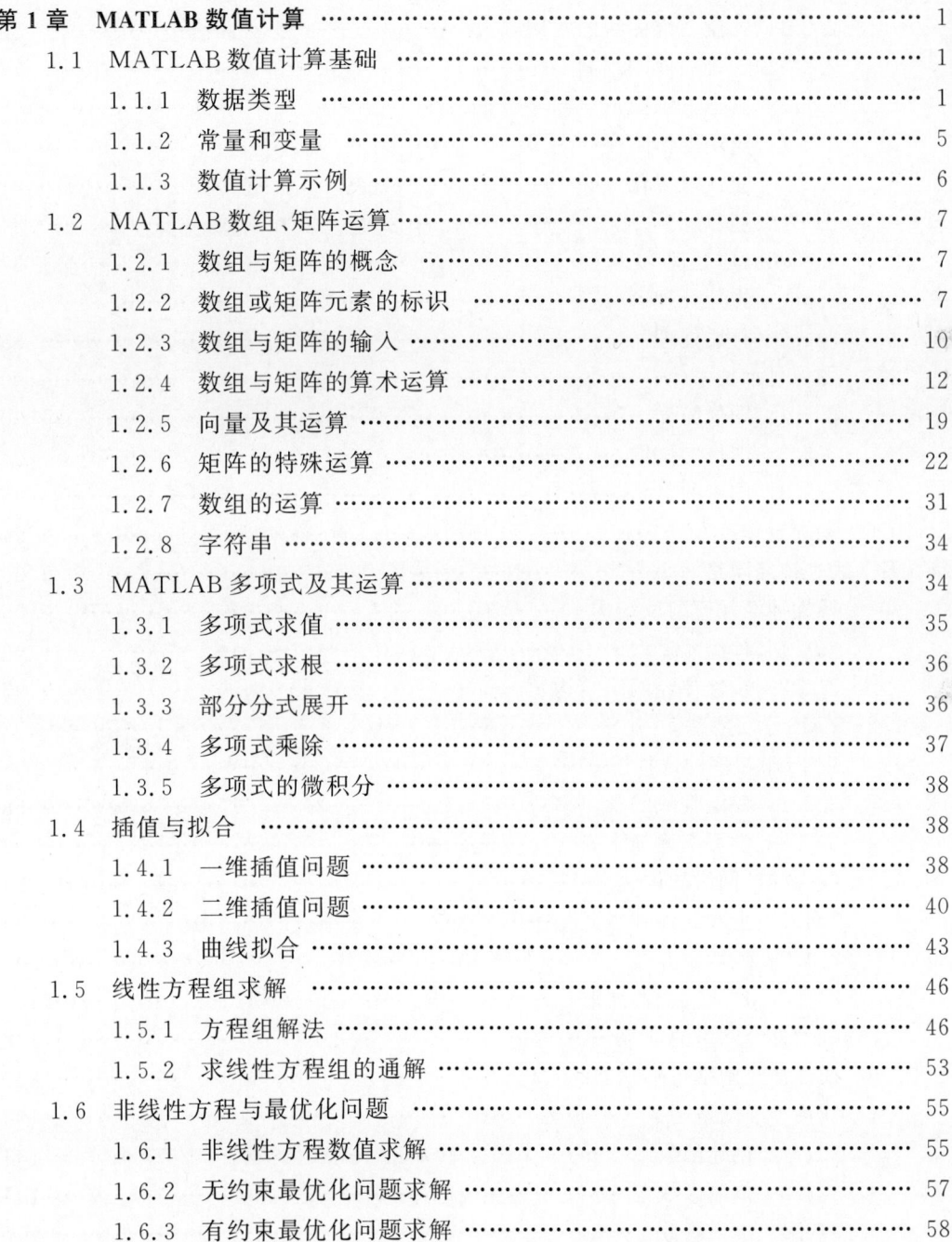

目 录

第1章 MATLAB 数值计算 ... 1
1.1 MATLAB 数值计算基础 ... 1
1.1.1 数据类型 ... 1
1.1.2 常量和变量 ... 5
1.1.3 数值计算示例 ... 6
1.2 MATLAB 数组、矩阵运算 ... 7
1.2.1 数组与矩阵的概念 ... 7
1.2.2 数组或矩阵元素的标识 ... 7
1.2.3 数组与矩阵的输入 ... 10
1.2.4 数组与矩阵的算术运算 ... 12
1.2.5 向量及其运算 ... 19
1.2.6 矩阵的特殊运算 ... 22
1.2.7 数组的运算 ... 31
1.2.8 字符串 ... 34
1.3 MATLAB 多项式及其运算 ... 34
1.3.1 多项式求值 ... 35
1.3.2 多项式求根 ... 36
1.3.3 部分分式展开 ... 36
1.3.4 多项式乘除 ... 37
1.3.5 多项式的微积分 ... 38
1.4 插值与拟合 ... 38
1.4.1 一维插值问题 ... 38
1.4.2 二维插值问题 ... 40
1.4.3 曲线拟合 ... 43
1.5 线性方程组求解 ... 46
1.5.1 方程组解法 ... 46
1.5.2 求线性方程组的通解 ... 53
1.6 非线性方程与最优化问题 ... 55
1.6.1 非线性方程数值求解 ... 55
1.6.2 无约束最优化问题求解 ... 57
1.6.3 有约束最优化问题求解 ... 58

第 2 章　MATLAB 绘图功能 ··· 60
2.1　二维图形绘制 ··· 60
2.1.1　绘制二维曲线的常用函数 ·· 60
2.1.2　绘制图形的辅助操作 ·· 64
2.1.3　绘制二维图形的其他函数 ·· 69
2.2　三维图形绘制 ··· 73
2.2.1　绘制三维曲线的常用函数 ·· 73
2.2.2　三维曲面图绘制 ··· 74
2.2.3　其他三维图形绘制 ··· 79
2.2.4　透明度作图 ·· 80
2.2.5　立体可视化 ·· 81
2.3　图形颜色映像的应用 ·· 84
2.4　光照和材质处理 ··· 87
2.4.1　光照处理 ·· 87
2.4.2　材质处理 ·· 88
2.5　图像显示技术 ··· 90
2.5.1　图像简介 ·· 90
2.5.2　图像的读取 ·· 91
2.5.3　图像的显示 ·· 93
2.6　动画制作技术 ··· 94

第 3 章　线性神经网络 ·· 96
3.1　线性神经元模型及结构 ·· 96
3.1.1　神经元模型 ·· 96
3.1.2　线性神经网络结构 ··· 97
3.2　LMS 学习算法 ·· 97
3.3　LMS 学习率的选择 ·· 98
3.3.1　稳定收敛的学习率 ··· 98
3.3.2　学习率逐渐下降 ·· 99
3.4　线性神经网络的构建 ·· 99
3.4.1　生成线性神经元 ·· 99
3.4.2　线性滤波器 ··· 100
3.4.3　自适应线性滤波 ·· 101
3.5　线性神经网络的训练 ·· 102
3.6　线性神经网络与感知器的对比 ··· 102
3.7　线性神经网络函数 ··· 103
3.7.1　创建函数 ·· 103
3.7.2　传输函数 ·· 107
3.7.3　学习函数 ·· 107

3.7.4 均方误差性能函数 ……………………………………………………… 111
3.8 线性神经网络的局限性 ……………………………………………………… 111
　　3.8.1 线性相关向量 …………………………………………………………… 112
　　3.8.2 学习速率过大 …………………………………………………………… 113
　　3.8.3 不定系统 ………………………………………………………………… 117
3.9 线性神经网络的应用 ………………………………………………………… 120
　　3.9.1 逻辑与 …………………………………………………………………… 121
　　3.9.2 逻辑异或 ………………………………………………………………… 123
　　3.9.3 在噪声对消中的应用 …………………………………………………… 128
　　3.9.4 在信号预测中的应用 …………………………………………………… 131

第4章 MATLAB 前向型神经网络 …………………………………………… 134
4.1 感知器 ………………………………………………………………………… 134
　　4.1.1 单层感知器模型 ………………………………………………………… 134
　　4.1.2 单层感知器的学习算法 ………………………………………………… 135
　　4.1.3 感知器的局限性 ………………………………………………………… 138
　　4.1.4 单层感知器神经网络的 MATLAB 仿真 ……………………………… 138
　　4.1.5 多层感知器神经网络及其 MATLAB 仿真 …………………………… 142
　　4.1.6 用于线性分类问题的进一步讨论 ……………………………………… 145
4.2 BP 网络 ……………………………………………………………………… 147
　　4.2.1 BP 神经元及其模型 …………………………………………………… 148
　　4.2.2 BP 网络的学习 ………………………………………………………… 148
　　4.2.3 BP 网络的局限性 ……………………………………………………… 155
　　4.2.4 BP 网络的 MATLAB 程序应用举例 ………………………………… 156
4.3 径向基函数网络 ……………………………………………………………… 162
　　4.3.1 径向基函数网络模型 …………………………………………………… 162
　　4.3.2 径向基函数网络的构建 ………………………………………………… 164
　　4.3.3 RBF 网络应用实例 …………………………………………………… 165
　　4.3.4 RBF 网络的非线性滤波 ……………………………………………… 167
4.4 GMDH 网络 ………………………………………………………………… 168
　　4.4.1 GMDH 网络理论 ……………………………………………………… 169
　　4.4.2 GMDH 网络的训练 …………………………………………………… 169
　　4.4.3 基于 GMDH 网络的预测 ……………………………………………… 170

第5章 神经网络预测与控制 …………………………………………………… 172
5.1 电力系统负荷预报的 MATLAB 实现 ……………………………………… 172
　　5.1.1 问题描述 ………………………………………………………………… 172
　　5.1.2 输入/输出向量设计 …………………………………………………… 173
　　5.1.3 BP 网络设计 …………………………………………………………… 174
　　5.1.4 网络训练 ………………………………………………………………… 175

- 5.2 地震预报的 MATLAB 实现 ··· 177
  - 5.2.1 概述 ··· 177
  - 5.2.2 BP 网络设计 ··· 178
  - 5.2.3 BP 网络训练与测试 ·· 179
  - 5.2.4 地震预测的竞争网络模型 ·· 182
- 5.3 交通运输能力预测的 MATLAB 实现 ·· 184
  - 5.3.1 背景概述 ·· 184
  - 5.3.2 网络创建与训练 ··· 185
  - 5.3.3 结论与分析 ··· 188
- 5.4 河道浅滩演变预测的 MATLAB 实现 ·· 190
  - 5.4.1 基于 BP 网络的演变预测 ··· 191
  - 5.4.2 基于 RBF 网络的演变预测 ··· 195
- 5.5 农作物虫情预测的 MATLAB 实现 ·· 196
  - 5.5.1 基于神经网络的虫情预测原理 ··· 197
  - 5.5.2 BP 网络设计 ·· 197
- 5.6 用水测量的 MATLAB 实现 ··· 200
  - 5.6.1 问题概述 ·· 201
  - 5.6.2 RBF 网络设计 ··· 201
- 5.7 神经网络模型预测控制 ··· 203
  - 5.7.1 系统辨识 ·· 203
  - 5.7.2 预测控制 ·· 204
  - 5.7.3 神经网络模型预测控制器实例分析 ··· 204
- 5.8 NARMA-L2(反馈线性化)控制 ··· 208
  - 5.8.1 NARMA-L2 模型辨识 ·· 209
  - 5.8.2 NARMA-L2 控制器 ··· 209
  - 5.8.3 NARMA-L2 控制器实例分析 ·· 211

第 6 章 遗传算法分析 ·· 215

- 6.1 遗传算法的基本概述 ·· 215
  - 6.1.1 遗传算法的特点 ··· 216
  - 6.1.2 遗传算法的不足 ··· 217
  - 6.1.3 遗传算法的构成要素 ·· 217
  - 6.1.4 遗传算法的应用步骤 ·· 218
  - 6.1.5 遗传算法的应用领域 ·· 220
- 6.2 遗传算法的分析 ··· 220
  - 6.2.1 染色体的编码 ·· 221
  - 6.2.2 适应度函数 ··· 222
  - 6.2.3 遗传算子 ·· 222
- 6.3 控制参数的选择 ··· 224

6.4 遗传算法的 MATLAB 实现	225
6.5 遗传算法的寻优计算	226
6.6 遗传算法求极大值	231
6.6.1 二进制编码求极大值	232
6.6.2 实数编码求极大值	235
6.7 基于 GA_PSO 算法的寻优	238
6.8 GA 的旅行商问题求解	240
6.8.1 定义 TSP	240
6.8.2 遗传算法的 TSP 算法步骤	241
6.8.3 地图 TSP 的求解	242
6.9 遗传算法在实际领域中的应用	242

第 7 章 免疫算法分析   245

7.1 免疫算法概述	245
7.1.1 免疫算法的发展史	246
7.1.2 生物免疫系统	246
7.1.3 免疫算法的基本原理	248
7.1.4 免疫算法流程	249
7.1.5 免疫算法算子	250
7.1.6 免疫算法的特点	252
7.1.7 免疫算法的发展趋势	252
7.2 免疫遗传算法	253
7.2.1 免疫遗传算法的几个基本概念	253
7.2.2 免疫遗传算法的原理	255
7.2.3 免疫遗传算法的 MATLAB 实现	256
7.3 免疫算法的应用	263
7.3.1 免疫算法在优化中的应用	263
7.3.2 免疫算法在 TSP 中的应用	266
7.3.3 免疫算法在物流选址中的应用	269
7.3.4 免疫算法在故障检测中的应用	277

第 8 章 MATLAB 非线性规划   283

8.1 非线性规划理论知识	283
8.1.1 典型的非线性规划	283
8.1.2 非线性规划常见问题	284
8.2 约束非线性规划基本概念	285
8.2.1 无约束非线性规划极值条件	285
8.2.2 有约束非线性规划极值条件	287
8.3 求解非线性规划	288
8.3.1 一维最优化方法	288

8.3.2　无约束最优化方法 ·· 293
　　8.3.3　约束最优化方法 ·· 315
8.4　非线性规划实例 ·· 328
　　8.4.1　证券投资组合问题 ·· 328
　　8.4.2　资金调用问题 ·· 329
　　8.4.3　销量最佳安排问题 ·· 330

第9章　MATLAB 优化设计 ·· 333

9.1　优化设计背景 ·· 333
　　9.1.1　常规设计与优化设计 ·· 333
　　9.1.2　优化设计的发展情况 ·· 334
9.2　优化设计的数学模型 ·· 337
　　9.2.1　设计变量 ·· 337
　　9.2.2　设计约束 ·· 338
　　9.2.3　目标函数 ·· 338
　　9.2.4　几何意义 ·· 339
9.3　目标函数的极值条件 ·· 342
　　9.3.1　无约束目标函数的极值条件 ·· 342
　　9.3.2　有约束目标函数的极值条件 ·· 345
9.4　优化参数设置 ·· 348

第10章　自动控制系统 MATLAB 实现 ····································· 351

10.1　自动控制系统的数学模型 ·· 351
　　10.1.1　线性定常连续系统 ·· 351
　　10.1.2　线性定常离散系统 ·· 352
10.2　数学模型的建立 ·· 353
　　10.2.1　传递函数模型 ·· 353
　　10.2.2　状态空间模型 ·· 359
　　10.2.3　零极点增益模型 ·· 362
　　10.2.4　频率响应数据模型 ·· 365
10.3　数学模型参数的获取 ·· 368
10.4　数学模型的转换 ·· 370
　　10.4.1　连续时间模型转换为离散时间模型 ··································· 371
　　10.4.2　离散时间模型转换为连续时间模型 ··································· 372
　　10.4.3　离散时间系统重新采样 ·· 373
　　10.4.4　传递函数模型转换为状态空间模型 ··································· 374
　　10.4.5　传递函数模型转换为零极点增益模型 ································· 374
　　10.4.6　状态空间模型转换为传递函数模型 ··································· 375
　　10.4.7　状态模型转换为零极点增益模型 ····································· 376
　　10.4.8　零极点增益模型转换为传递函数模型 ································· 377

  10.4.9 零极点增益模型转换为状态空间模型 …………………………… 378
10.5 数学模型的连接 ……………………………………………………………… 379
  10.5.1 优先原则 …………………………………………………………… 379
  10.5.2 串联连接 …………………………………………………………… 379
  10.5.3 并联连接 …………………………………………………………… 381
  10.5.4 反馈连接 …………………………………………………………… 383
  10.5.5 添加连接 …………………………………………………………… 385
  10.5.6 复杂模型的连接 …………………………………………………… 386
参考文献 ……………………………………………………………………………… 390

第 1 章

MATLAB数值计算

数值计算是 MATLAB 中最重要、最有特色的功能之一。MATLAB 强大的数值计算功能使其成为诸多数学计算软件中的佼佼者，同时它也是 MATLAB 软件的基础。而数组和矩阵是数值计算的最基本运算单元，在 MATLAB 中，向量可以看作一维数组，而矩阵则可以看作二维数组。数组和矩阵在形式上没有区别，但二者的运算性质却有很大的不同，数组运算强调对元素的运算，而矩阵运算则采用线性代数的运算方式。

1.1 MATLAB 数值计算基础

MATLAB 的数值计算是以数组为基本单元的，而 MATLAB 数据类型的最大特点是每一种类型都以数组为基础。事实上，MATLAB 也是把每种类型的数据都作为数组来处理。

1.1.1 数据类型

数据类型是掌握任何一门编辑语言都必须首先了解的内容。MATLAB 的数据类型主要有逻辑、数值、字符串、矩阵、元胞、Java、函数句柄、稀疏以及结构等类型，其中，数值型又有单精度型、双精度型以及整数型。而整数型又分为无符号类型（uint8、uint16、uint32、uint64）和有符号类型（int8、int16、int32、int64）两种。在 MATLAB 中，所有的数据不管属于什么类型，都是以数组或矩阵的形式保存的。

1. 数值型数据

数值类型包括整数（带符号和无符号）和浮点数（单精度和双精度）两种。在默认状态下，MATLAB 将所有的数都看作双精度的浮点数；双精度浮点数以 64 位存储，f 为 52 位存储，e 为 11 位存储，数字符号为 1 位存储。指数以 $e+10^{23}$ 位存储，IEEE 标准在 64 位中存储了 65 位的信息，其中一位表示符号类型。所有的数值类型都支持基本的数组运算。除 int64 和 uint64 外所有的数值类型都可以应用于数学运算。

1）整型

有符号类型可以表示正数、负数和零，但是它表示的数值的范围比无符号类型要小；相反，无符号类型只能表示非负数。

【例 1-1】 整型示例。

```
>> x = 36.5895;
>> x = x + 0
x =
    36.5895
>> x = x + 0.01;
>> int16(x)                    % 对 x 取整
ans =
     37
>> intmin('int8')  % 最小的整型类数值
ans =
   -128
>> intmax('int8')  % 最大的整型类数值
ans =
    127
```

2）浮点型

MATLAB 中用双精度或单精度来表示浮点型的数据，默认为双精度，但用户可以用一个简单的转换函数把任何数据用单精度来表示。

【例 1-2】 浮点型示例。

```
>> clear                       % 清除内存变量
>> x = single(30.521)          % 用函数 single()创建单精度数据
x =
    30.5210
>> y = 31.221                  % 创建的数据系统默认为双精度
y =
    31.2210
>> whos                        % 用函数 whos 查看数据的类型,注意 x 与 y 的类型区别
  Name      Size            Bytes  Class     Attributes
  x         1x1                 4  single
  y         1x1                 8  double
```

3）复数

复数由两个独立部分组成：实部和虚部。虚部的基本单位为 $\sqrt{-1}$，在 MATLAB 中常用字母 i 或 j 来表示。

【例 1-3】 复数示例。

```
>> clear;
>> x = rand(4) * 6;
>> y = rand(4) * -8;           % 复数的创建
>> s = complex(x,y)
```

```
s =
   4.8883 - 3.3741i   3.7942 - 5.2459i   5.7450 - 5.4299i   5.7430 - 5.2438i
   5.4348 - 7.3259i   0.5852 - 0.2857i   5.7893 - 6.0619i   2.9123 - 1.3695i
   0.7619 - 6.3377i   1.6710 - 6.7930i   0.9457 - 5.9451i   4.8017 - 5.6484i
   5.4803 - 7.6759i   3.2813 - 7.4719i   5.8236 - 3.1378i   0.8513 - 0.2547i
```

4）无穷大和 NaN

在 MATLAB 中，用特别的值 inf、−inf 和 NaN 分别表示无穷大、负无穷大和不确定值。

【例 1-4】 无穷大和 NaN 示例。

```
>> x = log(0)              % 负无穷
x =
   - Inf
>> y = 1/0                 % 正无穷
y =
   Inf
>> clear;
>> x = 7i/0                % 不确定值
x =
      NaN +    Infi
>> whos
  Name      Size            Bytes  Class     Attributes
  x         1x1                16  double    complex
```

2. 字符类型

在 MATLAB 中，字符串指的是一个统一编码的字符排列。字符串用一个向量或字符来表示，字符串存储为字符数组，每个元素占用一个 ASCII 字符，对于存储长度不一的字符串和包含多个串的数组最好使用元胞类型数组。

【例 1-5】 字符类型示例。

```
>> clear
>> name = 'Thom R.Iee'                 % 创建 1 行 10 列的字符数组
name =
Thom R.Iee
>> whos
  Name      Size            Bytes  Class    Attributes
  name      1x10               20  char
>> name = ['Thom R.Iee';'Senior Develo']    % 创建二维字符数组
name =
Thom R.Iee
Senior Develo
```

3. 逻辑类型

逻辑数组类型是用数字 0 和 1 分别来表示逻辑假和逻辑真，逻辑类型的数据不一定是标量，MATLAB 也一样支持逻辑型数组，而且逻辑型的二维数组可能是稀疏的。

【例 1-6】 逻辑类型示例。

```
>> x = magic(4)>= 9              %创建逻辑型的数组
x =
     1     0     0     1
     0     1     1     0
     1     0     0     1
     0     1     1     0
```

4. 元胞类型

元胞类型和结构类型是 MATLAB 中比较特殊的数据类型,元胞数组提供了不同类型数据的存储机制。元胞数组的每一个元素称为一个 Cell,每一个 Cell 本身又是一个数组。元胞类型可以存储任意类型和任意维度的数组。用户可以通过与矩阵和数组中同样的矩阵索引的方法来存取数据,但表示方法有所不同,如用{1,2}来表示存取元胞数组的第 2 行、第 3 列的元胞。

5. 结构类型

结构是包含已命名"数据容器"或域的数组。结构类型数组中的域可以包含任意类型的数据。正如标准的数组一样,结构继承了数组的有向性特点,用户可以构建任何有效类型的大小和形状的结构数组,包括多维结构类型数组。

```
>> patient.name = 'Li Mi';                %创建结构类型数组 patient
>> patient.billing = 130.12;
>> patient.test = [78 23 123;182 123 117;220 23.6 125.1];
>> patient
patient =
       name: 'Li Mi'
    billing: 130.1200
       test: [3x3 double]
```

6. 函数句柄类型

函数句柄用于间接调用一个函数的 MATLAB 值或数据类型。用户在调用其他函数时可以传递函数句柄,也可以在数据结构中保存函数句柄以备用。

```
>> fhandle = @functionname              %用符号"@"构建函数句柄
fhandle =
    @functionname
>> sy = @(x)x.^2                         %以创建匿名函数的方法构建函数句柄
sy =
    @(x)x.^2
```

下面是一个简单的函数句柄的示例。

【例 1-7】 函数句柄类型示例。

```
%在 MATLAB 的 M-file 编辑器中输入如下代码并以 plotFhandle 名字保存
function x = plotFhandle(fhandle,data)
plot(data,fhandle(data))
```

然后在命令行窗口输入命令:

```
>> plotFhandle(@cos,-pi:0.01:pi)      % 直接输入函数名 plotFhandle 来调用句柄函数
```

执行程序,效果如图 1-1 所示。

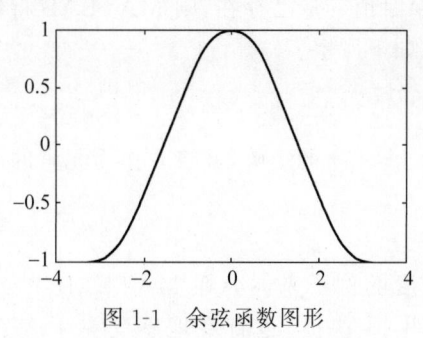

图 1-1　余弦函数图形

1.1.2　常量和变量

1. 常量

在 MATLAB 中习惯称常量为特殊变量,即系统自定义的变量,它们在 MATLAB 启动以后驻留在内存里面。在 MATLAB 中常用的特殊变量如表 1-1 所示。

表 1-1　MATLAB 常用特殊变量表

特 殊 变 量	取　　值
ans	MATLAB 中运行结果的默认变量名
pi	圆周率 π
eps	计算机中的最小数
flops	浮点运算数
inf	无穷大,如 1/0
NaN	不定值,如 $0/0$,∞/∞,$0*\infty$
i 或 j	复数中的虚数单位,$i=j=\sqrt{-1}$
nargin	函数输入变量数目
narout	函数输出变量数目
realmax	最大的可用正实数
realmin	最小的可用正实数

在 MATLAB 的命令窗口中输入一个表达式或者一组数据,系统将会自动把计算的结果赋值给 ans 变量。

【例 1-8】 在命令窗口计算 $\cos(2*pi)$。

```
>> pi
ans =
    3.1416
>> cos(2*pi)
ans =
    1
```

2. 变量

变量是任何程序设计语言的基本要素之一,MATLAB 也不例外。与常见的程序设

计语言不同的是,MATLAB 并不要求事先对所使用的变量进行声明和变量类型的指定,MATLAB 语言会自动根据所赋予变量的值或对变量所进行的操作来识别变量的类型并分配合适的内存空间。如果赋值变量已存在,则 MATLAB 将使用新值代替旧值,同时,以新值类型代替旧值类型,如下所示。

```
>> teacher = 6
```

创建一个 1×1 的名为 teacher 的矩阵,并将 6 作为元素的值。

1.1.3 数值计算示例

下面将通过求曲线长度的例子来体会在 MATLAB 中如何使得复杂的求解数学积分问题过程变得简单、明了、快捷,也直观地感受一下 MATLAB 数值计算功能的强大。

【例 1-9】 求曲线长度。

曲线参数方程为

$$\begin{cases} x(t) = \sin(2t) \\ y(t) = \cos(t), \quad t \in [0, 3\pi] \\ z(t) = t \end{cases}$$

根据曲线长度求法,可以列出求该曲线长度的表达式为

$$f(t) = \int_0^{3\pi} \sqrt{4\cos(2t)^2 + \sin(t)^2 + 1} \, \mathrm{d}t$$

```
clear;
t = 0:0.05:3 * pi;                  % 变量取值,步长为 0.05
plot3(sin(2 * t),cos(t),t)          % 用 plot3()函数画出曲线图形
function f = hcurve(t)              % 在 M 文件编辑器中编写如下代码并保存
f = sqrt(4 * cos(2 * t).^2 + sin(t).^2 + 1);
>> len = quad(@hcurve,0,3 * pi)     % 利用积分函数 quad()求出曲线长度
len =
    17.2220
```

所求曲线的长度为 17.2220,图形如图 1-2 所示。

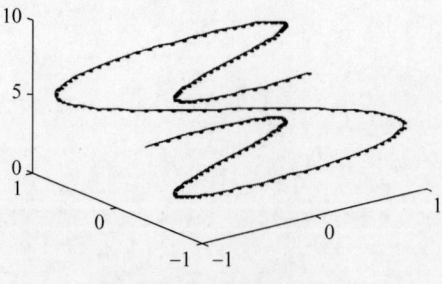

图 1-2 所求曲线的图形

1.2 MATLAB 数组、矩阵运算

1.2.1 数组与矩阵的概念

MATLAB 是"Matrix Laboratory"之意,即矩阵实验室。MATLAB 最初是为解答线性代数的问题而开发的,MATLAB 以矩阵作为基本的运算单元。矩阵是在线性代数中定义的。

线性代数中矩阵是这样定义的:有 $m \times n$ 个数 $a_{ij}(i=1,2,\cdots,m;j=1,2,\cdots,n)$ 的数组,将其排成如下格式(用方括号括起来)的表:

$$A = \begin{bmatrix} a_{11} & a_{12} & \cdots & a_{1n} \\ a_{21} & a_{22} & \cdots & a_{2n} \\ \vdots & \vdots & \ddots & \vdots \\ a_{m1} & a_{m2} & \cdots & a_{mn} \end{bmatrix}$$

此表作为整体,将它当作一个抽象的量称为矩阵,且是 m 行 n 列的矩阵。横向每一行所有元素依次序排列则为行向量;纵向每一列所有元素依次序排列则为列向量。请特别注意,数组用方括号括起来后作为一个抽象的特殊量——矩阵。在线性代数中,矩阵有特定的数学含义,并且有其自身严格的运算规则。矩阵概念是线性代数范畴内特有的。

在 MATLAB 中,定义了矩阵运算规则及其运算符。MATLAB 中的矩阵运算规则与线性代数中的矩阵运算规则相同。

数组(Array)是由一组复数排列的长方形阵列(而实数可视为复数的虚部为零的特例)。对于 MATLAB,在线性代数范畴之外,数组也是进行数值计算的基本处理单元。一行多列的数组是行向量;一列多行的数组就是列向量;数组可以是二维的"矩形",也可以是三维的"矩形",甚至还可以是多维的"矩形"。多行多列的"矩形"数组与数学中的矩阵从外观形式与数据结构上看,没有什么区别。

在 MATLAB 中也定义了一套数组运算规则及其运算符,但数组运算是 MATLAB 软件所定义的规则,规则是为了管理数据方便、操作简单、指令形式自然、程序简单易读与运算高效。在 MATLAB 中的大量数值计算是以数组形式进行的。而在 MATLAB 中凡是涉及线性代数范畴的问题,其运算则是以矩阵作为基本的运算单元。

MATLAB 既支持数组的运算也支持矩阵的运算。但在 MATLAB 中,数组与矩阵的运算却有很大的差别。在 MATLAB 中,数组的所有运算都是对运算数组中的每个元素平等地执行同样的操作。矩阵运算是从把矩阵整体当作一个特殊的量这个基点出发,依照线性代数的规则来描述的运算。

1.2.2 数组或矩阵元素的标识

为在 MATLAB 中对数组与矩阵熟练地进行运算,必须对数组与矩阵元素的定位即

元素的标识非常熟悉。

1. 一维数组元素的标识、访问与赋值

一维数组(行向量)是使用方括号以及在括号内列出以空格或逗号分隔其元素的表。一维数组的元素是用数组名后圆括号内的元素在数组中位置的顺序号来标识的,数组元素的访问与赋值就是根据数组元素的标识进行的。

【例 1-10】 一维数组元素的标识示例。

```
% 在 MATLAB 命令窗口输入指令
x = [1 * pi 2 * pi 3 * pi 4 * pi 5 * pi]
x =
    3.1416    6.2832    9.4248    12.5664    15.7080
% 查询 x 数组的第三个元素
x(3)
ans =
    9.4248
% 查询 x 数组的第 2 个到第 4 个元素
x(2:4)
ans =
    6.2832    9.4248    12.5664
% 查询 x 数组的第 4 个到最后一个元素
x(4:end)
ans =
    12.5664    15.7080
% 查询 x 数组的第 3、2、1 个元素
x(3:-1:1)
ans =
    9.4248    6.2832    3.1416
% 查询 x 数组中 < 10 的元素
x(find(x < 10))
ans =
    3.1416    6.2832    9.4248
% 查询 x 数组的第 4、2、5 个元素
x([4 2 5])
ans =
    12.5664    6.2832    15.7080
% 将 x 数组的第 1 个元素重新赋值为 1
x(1) = 1
x =
    1.0000    6.2832    9.4248    12.5664    15.7080
```

2. 多维数组或矩阵元素的标识、访问与赋值

由于多行多列的"矩形"数组与矩阵的外观形式及数据结构相同,所以多维数组元素的标识即多维数组元素定位地址就是矩阵元素的标识或定位地址。其元素标识的通用双下标格式如下:

```
a(m,n)
```

其中,m 为行号;n 为列号。有了元素的标识方法,多维数组(或矩阵)元素的访问与赋值常用的相关指令格式如表 1-2 所示。

表 1-2　子数组访问与赋值常用的相关指令格式

指 令 格 式	功　　能
$a(r,c)$	由数组 a 中 r 指定行、c 指定列的元素组成的子数组
$a(r,:)$	由数组 a 中 r 指定行对应的所有列元素组成的子数组
$a(:,c)$	由数组 a 中 c 指定列对应的所有行元素组成的子数组
$a(:)$	由数组 a 的各个列按从左到右的次序首末相接的"一维长列"子数组
$a(i)$	"一维长列"子数组的第 i 个元素
$a(r,c)=Sa$	对数组 a 赋值，Sa 也必须为 $Sa(r,c)$
$a(:)=d(:)$	数组全元素赋值，保持 a 的行宽、列长不变，a、d 两个数组元素总数应相同，但行宽、列长可不同

【例 1-11】　数组(或矩阵)元素的标识示例。

```
%查询 a 数组第 2 行、第 3 列的元素
a=[1 5 7;2 4 8;3 6 9];
a(2,3)
ans =
     8
%查询 a 数组第 2 行所有的元素
a(2,:)
ans =
     2    4    8
%查询 a 数组第 3 列转置后所有的元素
(a(:,3))'
ans =
     7    8    9
%查询 a 数组按列长转置后所有的元素
(a(:))'
ans =
     1    2    3    5    4    6    7    8    9
%查询"一维长列"a 数组第 5 个元素
a(5)
ans =
     4
%查询原 a 数组所有的元素
a
a =
     1    5    7
     2    4    8
     3    6    9
%创建 b 数组所有的元素
b=[4 4 4;5 5 5;6 6 6]
b =
     4    4    4
     5    5    5
     6    6    6
%以"双下标"方式对数组 a 赋值
a=b
a =
     4    4    4
```

```
            5     5     5
            6     6     6
% 创建 c 数组所有的元素
c = [7 7 7 7 7 7 7 7 7]
c =
     7     7     7     7     7     7     7     7     7
% 以数组全元素赋值方式对数组 a 赋值
a(:) = c(:)
a =
     7     7     7
     7     7     7
     7     7     7
```

1.2.3 数组与矩阵的输入

一个多列的数组是行向量，矩阵横向行的所有元素依次序排列的元素也是行向量。以下介绍行向量的输入法。

1. 一维行或列向量的输入

1) 显示元素列表输入

【例 1-12】 向量元素的列表输入示例。

```
>> a = [1 2 * pi sqrt(2) 4 + 5i]
a =
    1.0000          6.2832          1.4142          4.0000 + 5.0000i
>> b = [2 5 8]'
b =
    2
    5
    8
```

2) 冒号生成输入

一般格式为

```
x = a : inc : b
```

其调用格式见例 1-13。

【例 1-13】 冒号生成向量示例。

```
t = 0:0.1:0.6
t =
        0    0.1000    0.2000    0.3000    0.4000    0.5000    0.6000
```

3) 常量线性分隔生成法

一般格式为

```
x = linspace(a,b,n)
```

格式说明：a,b 分别是生成数组的第一个与最后一个元素；n 是分隔的总间隔数。这个 MATLAB 函数与指令 $x=a：(b-a)/(n-1)：b$ 等效。

【例 1-14】 线性分隔生成向量示例。

```
x = linspace(0,0.6,6)
x =
        0    0.1200    0.2400    0.3600    0.4800    0.6000
```

4）常量对数分隔生成法

一般格式为

```
x = logspace(a,b,n)
```

格式说明：生成数组的第一个元素为 10^a，最后一个元素为 10^b；n 是分隔的总间隔数。

【例 1-15】 对数分隔生成向量示例。

```
w = logspace(0,2,10)
w =
Columns 1 through 7
    1.0000    1.6681    2.7826    4.6416    7.7426   12.9155   21.5443
Columns 8 through 10
   35.9381   59.9484  100.0000
```

2．二维数组（或矩阵）的输入

（1）元素列表输入。在 MATLAB 中输入数组需要遵循以下基本规则。

① 把数组元素列入方括号[ ]中。

② 每行内的元素间用逗号或空格分开。

③ 行与行之间用分号或回车换行符隔开。

【例 1-16】 元素列表输入数组（或矩阵）示例。

```
a = [3 6 7;2 5 8;1 9 4]
a =
     3     6     7
     2     5     8
     1     9     4
```

（2）利用 M 文件生成数组或矩阵。

【例 1-17】 利用 M 文件生成矩阵

在 MATLAB 文件编辑器中输入文件名为 example1_17.m：

```
% MATLAB File example1_17.m
e = [11 12 13;21 22 23;31 32 33]
```

在 MATLAB 中运行 example1_17.m 文件后便得到矩阵 e：

```
e =
    11    12    13
    21    22    23
    31    32    33
```

（3）小矩阵连接生成大矩阵。在 MATLAB 中，利用连接算子——方括号（[ ]）可将小矩阵连接为一个大矩阵。

【例 1-18】 利用方括号([])将小矩阵连接成大矩阵示例。

```
a = [2 3;5 7];
a1 = a + 7
a2 = a1 + 11
a3 = a2 + 10
g = [a a1;a2 a3]
```

程序运行结果如下。

```
a1 =
     9    10
    12    14
a2 =
    20    21
    23    25
a3 =
    30    31
    33    35
g =
     2     3     9    10
     5     7    12    14
    20    21    30    31
    23    25    33    35
```

由上可见,4 个 2×2 的子矩阵组成一个 4×4 的矩阵 **g**。

1.2.4 数组与矩阵的算术运算

数组无论做什么运算,总是对被运算数组中的每一个元素进行同等的操作,矩阵运算则不同,它是把矩阵当作一个整体,依照线性代数的规则进行运算。

1. 数组或矩阵的加减运算

数组加减运算和矩阵加减运算的条件都是两个数组或矩阵的行数与列数分别相同,其运算规则也是相同的,即都是数组相应元素或矩阵相应元素的加减运算。

在 MATLAB 中,维数为 1×1 的数组叫作标量。而在 MATLAB 中的数值元素是复数,所以一个标量就是一个复数。

需要指出的是,标量与数组间可以进行加减运算,其规则是标量与数组的每一个元素进行加减操作。矩阵与标量间不存在这种运算。

为了进行以下举例,先介绍著名的 Fibonacci 级数。这个级数的前两个元素为 1 与 1,第 3 个元素与以后的每个元素都是前两个元素的和。其前 9 个 Fibonacci 数为 1,1,2,3,5,8,13,21,34。

【例 1-19】 前 9 个 Fibonacci 数构成的数组与标量之间实施加减运算示例。

```
clear;
K = 8;
A = [1 1 2;3 5 8;13 21 34];
```

```
B = A + K
C = A - K
D = K - A
```

程序运行结果如下。

```
B =
     9     9    10
    11    13    16
    21    29    42
C =
    -7    -7    -6
    -5    -3     0
     5    13    26
D =
     7     7     6
     5     3     0
    -5   -13   -26
```

2. 数组、矩阵的乘法运算

数组的乘法用运算符".*"表示，即在乘号前加一个小点来特别指定是数组的乘法运算。数组的乘法运算必须在具有相同维数的数组之间进行，其结果是数组的对应元素间相乘的结果组成的新数组。而两矩阵相乘必须服从数学中矩阵叉乘的条件与规则。

(1) 数组、矩阵与标量的乘法运算：数组与一个标量之间或矩阵与一个标量之间的乘法运算都是指该数组或矩阵的每个元素与这个标量分别进行乘法运算。

【例 1-20】 数组乘法运算示例。

```
clear;
k = 5;
a = [1 3 5;2 6 8;11 12 13];
b = k.*a
c = k*a
d = a*k
```

程序运行结果如下。

```
b =
     5    15    25
    10    30    40
    55    60    65
c =
     5    15    25
    10    30    40
    55    60    65
d =
     5    15    25
    10    30    40
    55    60    65
```

由运行结果可见，$k.*a$ 或 $k*a$ 或 $a*k$ 运算结果都是一样的。

(2) 数组、矩阵的乘法运算：数组的乘法运算必须在具有相同维数的数组之间进行，两矩阵相乘的条件是左矩阵的列数必须等于右矩阵的行数,矩阵乘法不满足交换律。

【例 1-21】 数组乘法运算示例。

```
clear;
a = [1 3 5;2 6 8;11 12 13];
b = [7 7 7;6 6 6;2 2 2];
c = a.*b
d = b.*a
```

程序运行结果如下。

```
c =
     7    21    35
    12    36    48
    22    24    26
d =
     7    21    35
    12    36    48
    22    24    26
```

由运行结果可见,$a.*b$ 或 $b.*a$ 运算结果都是一样的。

【例 1-22】 矩阵乘法运算示例。

```
clear;
a = [1 3 5;2 6 8;11 12 13];
b = [6 6 6;7 7 7;1 1 1];
c = a*b
d = b*a
```

程序运行结果如下。

```
c =
    32    32    32
    62    62    62
   163   163   163
d =
    84   126   156
    98   147   182
    14    21    26
```

由运行结果可见,矩阵乘法 $a*b$ 与 $b*a$ 两者运算结果不同,这两个矩阵乘法($a*b$ 与 $b*a$)与数组乘法运算又不同。

3. 数组、矩阵的除法运算

(1) 数组、矩阵与标量之间的除法运算。这里指出,标量与数组之间可以进行除法运算,其规则是标量与数组的每一个元素进行除法操作。

矩阵与标量间无除法运算,唯有矩阵右除标量(即矩阵/标量)可运算。请看以下示例。

【例 1-23】 数组、矩阵与标量之间的除法运算示例。

```
% 输入程序 1
clear;
```

```
s = 4;
a = [1 3 5;2 4 6;3 7 9];
b = s./a
c = a.\s
d = a./s
```

程序运行结果如下。

```
b =
    4.0000    1.3333    0.8000
    2.0000    1.0000    0.6667
    1.3333    0.5714    0.4444
c =
    4.0000    1.3333    0.8000
    2.0000    1.0000    0.6667
    1.3333    0.5714    0.4444
d =
    0.2500    0.7500    1.2500
    0.5000    1.0000    1.5000
    0.7500    1.7500    2.2500
% 输入程序2
s = 4;
a = [1 3 5;2 4 6;3 7 9];
e = a/s
```

程序运行结果如下。

```
e =
    0.2500    0.7500    1.2500
    0.5000    1.0000    1.5000
    0.7500    1.7500    2.2500
```

（2）数组、矩阵的除法运算。数组除法与矩阵除法的运算规则也是不相同的。维数相同的两数组的除法也是对应元素之间的相除，数组的除法没有左除和右除之分，即运算符".\"和"./"的运算结果是一致的，不过要注意被除数在两种除法运算符中的左右位置是不同的。

矩阵除法运算有左除与右除之分，即运算符号"\"和"/"指代的运算不同。其运算规则是 $a\backslash b = \mathrm{inv}(a)*b$，$a/b = a*\mathrm{inv}(b)$。

【例1-24】 数组的除法运算示例。

```
clear;
a = [1 2 3;4 5 6;7 8 9];
b = [1 1 1;3 3 3;5 5 5];
a./b
```

程序运行结果如下。

```
ans =
    1.0000    2.0000    3.0000
    1.3333    1.6667    2.0000
    1.4000    1.6000    1.8000
```

【例1-25】 矩阵的除法运算示例。

```
c = [1 5 7;4 6 8;2 3 9];
d = [2 0 1;0 3 0;1 1 2];
a = c/d
b = inv(c) * d
e = c/d
f = c * inv(d)
g = d/c
```

程序运行结果如下。

```
a =
   -1.6667    0.2222    4.3333
         0    0.6667    4.0000
   -1.6667   -0.7778    5.3333
b =
   -0.8286    1.0571   -0.3714
    0.2857   -0.0714   -0.2857
    0.2000   -0.1000    0.4000
e =
   -1.6667    0.2222    4.3333
         0    0.6667    4.0000
   -1.6667   -0.7778    5.3333
f =
   -1.6667    0.2222    4.3333
         0    0.6667    4.0000
   -1.6667   -0.7778    5.3333
g =
   -0.8571    0.5857    0.2571
    0.8571    0.2143   -0.8571
   -0.1429    0.2143    0.1429
```

运行结果表明：①矩阵右除、左除是不一样的；②矩阵除法运算规则是 $c/d = c * \mathrm{inv}(d)$，$c \backslash d = \mathrm{inv}(c) * d$。

4. 数组、矩阵的乘方运算

数组的乘方使用符号".^"来表示。

1) 数组与标量的乘方运算

（1）以数组为底而以标量为指数。

【例1-26】 以数组为底而以标量为指数的乘方运算示例。

```
clear;
a = [23 33 43];
b = a.^2
b = [2 3 5;5 7 9];
c = b.^3
```

程序运行结果如下。

```
b =
         529        1089        1849
```

```
c =
     8    27   125
   125   343   729
```

运行结果表明：这种运算的规则是以数组中的每个元素为底，分别与作为指数的标量进行乘方运算得到一个新的数组。

（2）以标量为底而以数组为指数。

【例 1-27】 以标量为底而以数组为指数的乘方运算示例。

```
clear;
a = [6 7 9];
b = [3 3 6;2 2 5];
d = 2;
e = d.^a
f = d.^b
```

程序运行结果如下。

```
e =
    64   128   512
f =
     8     8    64
     4     4    32
```

运行结果表明：这种运算的规则是以标量为底，用数组中的每个元素分别作为指数与该标量进行乘方运算后得到一个新数组。

2）数组与数组的乘方运算示例

【例 1-28】 数组与数组的乘方运算示例。

```
clear;
a = [2 5 6];
b = [2 4 6];
c = [1 2 3;4 5 6];
d = [9 6 3;8 5 2];
e = a.^b
f = d.^c
```

程序运行结果如下。

```
e =
       4      625    46656
f =
       9       36       27
    4096     3125       64
```

运行结果表明：数组的乘方运算规则是以前一个数组为底，后一个数组为指数，其对应的元素分别进行指数运算得到的结果。显然，数组间的乘方运算只在维数相同的数组间进行。

3）矩阵的乘方运算

【例 1-29】 矩阵的乘方运算示例。

```
% 输入程序 1
a = [1 3;4 5];
b = 2;
c = [0.5];
d = -0.2;
s = a^b
```

程序 1 输出如下。

```
s =
    13    18
    24    37
% 输入程序 2
AB = a^c
CD = a^d
```

程序 2 输出如下。

```
AB =
    0.6614 + 0.7500i   0.9922 - 0.3750i
    1.3229 - 0.5000i   1.9843 + 0.2500i
CD =
    0.7762 - 0.4408i  -0.0493 + 0.2204i
   -0.0657 + 0.2939i   0.7105 - 0.1469i
```

运行结果表明：a 为矩阵，c 为标量，矩阵的乘方 a^c 是矩阵 a 的 c 次方。

除此之外，还可以进行标量的矩阵乘方运算与标量的数组乘方运算。

```
% 输入程序 3
AC = b^a
ABC = b.^a
```

程序 3 输出如下。

```
AC =
    32.3750   47.8125
    63.7500   96.1250
ABC =
     2     8
    16    32
```

5. 数组、矩阵的转置运算

在线性代数中，把矩阵 A 的行换成同序数的列而生成的矩阵，叫作 A 的转置矩阵。从矩阵 A 生成转置矩阵的过程就是矩阵的转置运算，矩阵 A 的转置矩阵记作 A^T。在 MATLAB 中，用运算符 "'" 定义的矩阵转置，是其元素的共轭转置；运算符 ".'" 定义的数组的转置则是其矩阵元素的非共轭转置。可见，线性代数定义的矩阵的转置对应着 MATLAB 中的数组转置。这是线性代数与 MATLAB 关于矩阵运算少有的区别之一。

【例1-30】 矩阵与数组的转置运算示例。

```
clear;
a=[1 4 7;2 5 8];
b=a*(1.5+i)
c=b'
g=c.'
```

程序运行结果如下。

```
b =
   1.5000 + 1.0000i   6.0000 + 4.0000i   10.5000 + 7.0000i
   3.0000 + 2.0000i   7.5000 + 5.0000i   12.0000 + 8.0000i
c =
   1.5000 - 1.0000i   3.0000 - 2.0000i
   6.0000 - 4.0000i   7.5000 - 5.0000i
  10.5000 - 7.0000i  12.0000 - 8.0000i
g =
   1.5000 - 1.0000i   6.0000 - 4.0000i   10.5000 - 7.0000i
   3.0000 - 2.0000i   7.5000 - 5.0000i   12.0000 - 8.0000i
```

1.2.5 向量及其运算

从数组的结构上看,一行多列的数组是行向量,也就是一般意义的向量,或者说向量是数组的一个特例。

1. 利用方括号生成向量

正如上述,向量是数组的一个特例,所以生成数组或矩阵的方括号用来生成向量也是理所当然的。

【例1-31】 利用方括号生成向量示例。

```
a=[3 6 9 1 4 7 2 5 8]
```

显示结果如下。

```
a =
     3     6     9     1     4     7     2     5     8
```

2. 利用函数生成线性等分的向量

MATLAB 提供的函数 linspace() 用来生成线性等分的向量。linspace() 函数的调用格式有以下两种。

(1) $y=\mathrm{linspace}(x_1,x_2)$:例如,生成100维的向量,使 $y(1)=x_1,y(100)=x_2$。
(2) $y=\mathrm{linspace}(x_1,x_2,n)$:生成 n 维的向量,使 $y(1)=x_1,y(n)=x_2$。

【例1-32】 利用函数 linspace() 来生成线性等分向量示例。

```
a=linspace(0,99,10)
a =
     0    11    22    33    44    55    66    77    88    99
```

3. 利用函数生成对数等分的问题

MATLAB 提供了函数 logspace() 用来生成对数等分的向量。logspace() 函数的调用格式也有以下两种。

(1) $y=\text{logspae}(x_1, x_2)$：例如，生成 50 维的数组，使 $y(1)=10^{x_1}$，$y(50)=10^{x_2}$。

(2) $y=\text{logspace}(x_1, x_2)$：生成 n 维的数组，使 $y(1)=10^{x_1}$，$y(n)=10^{x_2}$。

【例 1-33】 利用函数 logspace() 生成对数等分向量示例。

```
b = logspace(0,4,5)
b =
        1      10     100    1000   10000
```

有一类 3 维向量，是与空间解析几何相关的，如物理学中研究的力、速度与加速度。这些物理量除了有量的数值大小外，还有方向要素。数学上将这类向量称为三维向量，以下要介绍的就是这种 3 维向量即向量的几种特有的运算。

4. 向量的点积

两个 3 维向量的点积就是两个向量的数量积或内积，它等于两向量的模与它们间夹角余弦的乘积。根据空间解析几何的基本原理，若两向量为

$$A = \{X_1, Y_1, Z_1\} \text{ 与 } B = \{X_2, Y_2, Z_2\} \tag{1-1}$$

则两个向量的点积为

$$A \cdot B = X_1 X_2 + Y_1 Y_2 + Z_1 Z_2 \tag{1-2}$$

或

$$A \cdot B = |A| |B| \cos\varphi \tag{1-3}$$

式中

$$|A| = \sqrt{X_1^2 + Y_1^2 + Z_1^2}, \quad |B| = \sqrt{X_2^2 + Y_2^2 + Z_2^2}$$

$$\cos\varphi = \frac{A \cdot B}{|A| |B|} = \frac{X_1 X_2 + Y_1 Y_2 + Z_1 Z_2}{\sqrt{X_1^2 + Y_1^2 + Z_1^2} \sqrt{X_2^2 + Y_2^2 + Z_2^2}} \tag{1-4}$$

在 MATLAB 中，提供了 dot() 函数求两个向量的数量积。函数的调用格式如下。

$C = \text{dot}(A, B)$：其功能是求两个向量 A 与 B 的数量积 C。需要注意，两向量 A 与 B 必须同是 3 维。还有另一种方法求两向量 A 与 B 的数量积 C，即

$C = \text{sum}(A.*B)$

【例 1-34】 用 MATLAB 函数计算向量 $a=[1\ 1\ -4]$ 与 $b=[2\ -2\ 1]$ 的点积，并用空间解析几何的基本原理公式加以验算。

程序代码如下。

```
syms x1 y1 z1 x2 y2 z2;
a = sqrt(x1^2 + y1^2 + z1^2);
b = sqrt(x2^2 + y2^2 + z2^2);
c = x1 * x2 + y1 * y2 + z1 * z2;
ab = subs(c,[x1 y1 z1 x2 y2 z2],[1 1 -4 2 -2 1])
a = [1 1 -4];
b = [2 -2 1];
c = dot(a,b)
d = sum(a.*b)
```

程序运行结果如下。

```
ab =    -4
c =     -4
d =     -4
```

即 $a \cdot b = -4$ 且计算正确。

5. 向量的叉积

两个 3 维向量的叉积就是两个向量的向量积、叉乘或外积,它的定义较为复杂。设两向量 A 与 B,其向量积 C 表示为 $C = A \times B$。向量积 C 是一个新向量,它必须满足以下三个条件。

(1) 新向量 C 的模:

$$|C| = |A||B|\sin\varphi \tag{1-5}$$

即向量 C 的模在数值上等于两向量 A 与 B 为两边的平行四边形的面积。式(1-5)中,φ 为两向量 A 与 B 间的夹角,可以通过式(1-4)确定。

(2) 新向量 C 同时垂直于向量 A 与 B,即向量 C 垂直于向量 A 与 B 所决定的平面。

(3) 新向量 C 正方向对应着"右手法则":即三个向量 A、B、C 附着于共同的起点,右手的拇指顺着 A 的方向,食指顺着 B 的方向,则 C 顺着中指的方向。

MATLAB 中,提供了 cross() 函数求两个向量的向量积。该函数的调用格式为

```
C = cross(A, B)
```

这种格式的函数命令的功能是求两个向量 A 与 B 的向量积 C。也需要注意,向量 A 与 B 必须同是 3 维,计算出的向量 C 也是 3 维的。

【例 1-35】 求向量 $a = [1\ 2\ 3]$ 与 $b = [4\ 5\ 6]$ 的点积与叉积。

程序代码如下。

```
clear;
a = [1 2 3];
b = [2 4 5];
c = dot(a,b)
d = sum(a.*b)
e = cross(a,b)
```

程序运行结果如下。

```
c =    25
d =    25
e =
      -2    1    0
```

即 $a \cdot b = 25$ 与 $a \times b = [-2\ 1\ 0]$。

6. 向量的混合积

两个 3 维向量的混合积由以上两个函数实现,一般先求两个同维向量的向量积,然后再计算两个同维向量的数量积,其先后顺序不可颠倒。请看以下示例。

【例1-36】 求向量 $a = [1\ 2\ 3]$ 与 $b = [4\ 5\ 6]$ 的混合积。

程序代码如下。

```
a = [1 2 3];
b = [4 5 6];
c = cross(a,b)
d = dot(a,cross(b,c))
```

程序运行结果如下。

```
c =
    -3    6   -3
d =    54
```

1.2.6 矩阵的特殊运算

除算术运算外,矩阵还有一些自身的特殊运算,如矩阵的行列运算、矩阵的逆运算、矩阵的秩运算、矩阵的特征值运算、矩阵的多种分解运算等。

1. 矩阵的行列运算

由 n 阶方阵 A 的元素所构成的行列式(各元素的位置不变)叫作方阵 A 的行列式,记作 $|A|$ 或 $\det A$。应注意,只有方阵才能计算行列式;还要注意,方阵与行列式是两个不同的概念,方阵 A 是一个线性代数定义的特殊量——按一定方式排成的并有自身运算规则的数表;n 阶行列式则是方阵 A 的所有元素按另外的运算法则所确定的一个数,关于运算法则参考以下示例。

在 MATLAB 中,计算方阵行列式的函数命令也是 det()。函数的输入参数就是计算的对象方阵 A,函数的输出参数则是计算的行列式的值。

【例1-37】 已知符号矩阵 $A = \begin{bmatrix} a_{11} & a_{12} \\ a_{21} & a_{22} \end{bmatrix}$ 与 $A_1 = \begin{bmatrix} a_{11} & a_{12} & a_{13} \\ a_{21} & a_{22} & a_{23} \\ a_{31} & a_{32} & a_{33} \end{bmatrix}$,试计算矩阵 A 与 A_1 的行列式的值。

(1) 用以下 MATLAB 语句计算符号矩阵 A 的 2 阶行列式。

```
A = sym('[a11 a12;a21 a22]')
B = det(A)
```

程序运行结果如下。

```
A =
[ a11, a12]
[ a21, a22]
B = a11 * a22 - a12 * a21
```

即

$$\det A = \det \begin{bmatrix} a_{11} & a_{12} \\ a_{21} & a_{22} \end{bmatrix} = a_{11}a_{22} - a_{12}a_{21} \qquad (1\text{-}6)$$

运行结果表明,2 阶矩阵行列式的运算法则是：从左上角到右下角的左对角线上两元素的乘积减去从右上角到左下角的右对角线上两元素的乘积。这个 2 阶矩阵行列式运算法则可以作为公式来使用。

（2）使用以下 MATLAB 语句计算符号矩阵 A_1 的 3 阶行列式。

```
A1 = sym('[a11 a12 a13;a21 a22 a23;a31 a32 a33]')
B1 = det(A1)
```

程序运行结果如下。

```
A1 =
[ a11, a12, a13]
[ a21, a22, a23]
[ a31, a32, a33]
 B1 =
a11 * a22 * a33 − a11 * a23 * a32 − a21 * a12 * a33 + a21 * a13 * a32 + a31 * a12 * a23 − a31 * a13 * a22
```

即

$$B_1 = \det A_1 = \det \begin{bmatrix} a_{11} & a_{12} & a_{13} \\ a_{21} & a_{22} & a_{23} \\ a_{31} & a_{32} & a_{33} \end{bmatrix}$$

$$= a_{11}a_{22}a_{33} + a_{21}a_{13}a_{32} + a_{31}a_{12}a_{23} - a_{31}a_{13}a_{32} - a_{12}a_{21}a_{33} - a_{11}a_{23}a_{33} \tag{1-7}$$

对应着以上矩阵 A_1 与行列式 B_1，得到 3 阶矩阵行列式运算的对角线规则：左对角线上三元素的乘积、平行于左对角线的不完全左对角线上两元素与隔开左对角线的右上角和左下角元素的乘积三项取正号；右对角线上三元素的乘积、平行于右对角线的不完全右对角线上两元素与隔开右对角线的左上角和右下角元素的乘积三项取负号。这个 3 阶矩阵行列式运算法则可以作为公式来使用。

【例 1-38】 试计算矩阵 $a = \begin{bmatrix} 1 & 3 & -2 \\ -1 & 2 & 4 \\ 502 & 497 & -490 \end{bmatrix}$ 与 $b = \begin{bmatrix} 9 & 5 & 8 \\ 1 & 1 & 2 \\ 3 & 2 & 1 \end{bmatrix}$ 行列式的值。

程序代码如下。

```
clear;
a = [1 3 − 2; − 1 2 4;502 497 − 490];
b = [9 5 8;1 1 2;3 2 1];
a1 = det(a)
b1 = det(b)
```

程序运行结果如下。

```
a1 =         4588
b1 =      − 10
```

即 $a_1 = \det a = 4588$ 与 $b_1 = \det b = -10$。

2. 矩阵的逆运算

对于 n 阶方阵 A，如果有一个 n 阶方阵 B 与单位阵 E，使

$$A \cdot B = B \cdot A = E \tag{1-8}$$

则说矩阵 A 是可逆的，并把矩阵 B 称为 A 的逆矩阵，记作 $B = A^{-1}$。求矩阵的逆矩阵，在科研与工程技术中极为广泛而重要。符号矩阵逆矩阵运算的条件是：对象 A 必为方阵且方阵 A 的行列式 $|A| \neq 0$ 即 A 为非奇异方阵，其运算规则为

$$A^{-1} = \frac{1}{|A|} A^* \tag{1-9}$$

式中，A^* 为方阵 A 的伴随矩阵。在 MATLAB 中，可直接计算矩阵的逆矩阵，其函数命令为 inv()，其调用格式为

inv(A)：函数的输入参量 A 是逆矩阵运算的对象矩阵，返回的就是对象矩阵 A 的逆矩阵。

当矩阵 A 为一长方阵时，可以求矩阵 A 的伪逆矩阵。在 MATLAB 中，计算长方阵的伪逆矩阵的函数命令为 pinv()，其调用格式为

pinv(A)：函数的输入参数 A 是伪逆矩阵运算的对象矩阵，返回的就是对象矩阵 A 的伪逆矩阵。

【例 1-39】 试分别计算矩阵 $a = \begin{bmatrix} 1 & 3 & -2 \\ -1 & 2 & 4 \\ 502 & 497 & -490 \end{bmatrix}$ 与 $b = \begin{bmatrix} 2 & 3 & 4 & 5 \\ 3 & 4 & 5 & 6 \\ 4 & 5 & 6 & 7 \end{bmatrix}$ 的逆矩阵与伪逆矩阵。

其代码如下。

```
clear;
a = [1 3 - 2; -1 2 4;502 497 - 490];
b = [2 3 4;3 4 5;4 5 6;5 6 7];
a1 = inv(a)
b1 = pinv(b)
```

程序运行结果如下。

```
a1 =
   - 0.6469      0.1037      0.0035
     0.3309      0.1120    - 0.0004
   - 0.3272      0.2199      0.0011
b1 =
   - 0.9000    - 0.3833      0.1333      0.6500
   - 0.1000    - 0.0333      0.0333      0.1000
     0.7000      0.3167    - 0.0667    - 0.4500
```

3. 矩阵的秩运算

矩阵秩的概念与矩阵的子式密切相关。在矩阵 A 中任取 k 列，位于这些行列交叉处的元素按原来的位置次序而得的 k 阶行列式，叫作矩阵 A 的 k 阶子式。矩阵 A 的不等于 0 的子式的最高阶数称为矩阵 A 的秩，记为 rank$A$。在 MATLAB 中求矩阵的秩的函数命令为 rank()。其调用格式为

rank(**A**)：函数的输入参量 **A** 是求矩阵的秩的对象矩阵，返回的就是对象矩阵 **A** 的秩。

【例 1-40】 试计算矩阵 $a=\begin{bmatrix} 3 & 1 & 0 & 2 \\ 1 & -1 & 2 & -1 \\ 1 & 3 & -4 & 4 \end{bmatrix}$ 与 $b=\begin{bmatrix} 3 & 2 & -1 & -3 & -1 \\ 2 & -1 & 3 & 1 & -3 \\ 7 & 0 & 5 & -1 & -8 \end{bmatrix}$ 的秩。

其代码如下。

```
clear;
a=[3 1 0 2;1 -1 2 -1;1 3 -4 4];
b=[3 2 -1 -3 -1;2 -1 3 1 -3;7 0 5 -1 -8];
c=rank(a)
d=rank(b)
```

程序运行结果如下。

```
c =     2
d =     3
```

即 rank(a)=2 与 rank(b)=3。

4．矩阵的特征值运算

矩阵的特征值与特征向量是矩阵计算的重要内容，在科学研究与工程技术中经常遇到。现将与矩阵特征值及特征向量有关的概念简介如下。

若 **A** 是 n 阶方阵，**E** 是 n 阶单位阵，**A**、**E** 与数 λ 构成的矩阵 $\lambda \boldsymbol{E}-\boldsymbol{A}$ 叫作矩阵 **A** 的特征矩阵；特征矩阵的行列式

$$|\lambda \boldsymbol{E}-\boldsymbol{A}|=\begin{bmatrix} \lambda-a_{11} & -a_{12} & \cdots & -a_{1n} \\ -a_{21} & \lambda-a_{22} & \cdots & -a_{2n} \\ \vdots & \vdots & \ddots & \vdots \\ -a_{n1} & -a_{n2} & \cdots & \lambda-a_{nn} \end{bmatrix}$$

是 λ 的一个 n 阶多项式，叫作矩阵 **A** 的特征多项式；关于行列式的方程 $|\lambda \boldsymbol{E}-\boldsymbol{A}|=0$ 叫作矩阵 **A** 的特征方程，它是一个关于 λ 的 n 次方程；特征方程 $|\lambda \boldsymbol{E}-\boldsymbol{A}|=0$ 的解 λ 叫作矩阵 **A** 的特征根或特征值，也称为矩阵 **A** 的特征多项式的根；又若 λ 是 **A** 的特征值，θ 为零向量，则称齐次线性方程组

$$(\lambda \boldsymbol{E}-\boldsymbol{A})x=\boldsymbol{\theta} \tag{1-10}$$

的非零解 x 为 **A** 对应于特征值 λ 的特征向量。求解矩阵的特征值与特征向量又称为矩阵的特征值分解。

在 MATLAB 中，使用 eig() 函数计算矩阵的特征值与特征向量。eig() 的调用格式有以下两种。

(1) $d=\text{eig}(\boldsymbol{A})$：输入参量 **A** 是待计算的对象矩阵，返回计算的矩阵 **A** 的特征值 d 是以列向量的形式给出的。如果矩阵 **A** 为实对称矩阵，其特征值为实数；如果矩阵 **A** 为非对称矩阵，其特征值为复数。

(2) $[\boldsymbol{V},\boldsymbol{D}]=\text{eig}(\boldsymbol{A})$：输入参量同上，返回计算的矩阵 **A** 的特征值（对角矩阵）**D** 与

特征向量矩阵 V,且满足 $A \cdot V = V \cdot D$。

【例 1-41】 试计算矩阵 $A = \begin{bmatrix} -1 & 1 & 0 \\ -4 & 3 & 0 \\ 1 & 0 & 2 \end{bmatrix}$ 的特征值、特征对角矩阵 D 与特征向量矩阵 V,并用式 $A \cdot V = V \cdot D$ 加以验证。

程序代码如下。

```
clear;
A = [-1 1 0;-4 3 0;1 0 2];
B = eig(A)
[V,D] = eig(A)
E = A * V
F = V * D
```

程序运行结果如下。

```
B =  2
     1
     1
V =
          0    0.4082    0.4082
          0    0.8165    0.8165
     1.0000   -0.4082   -0.4082
D =
     2    0    0
     0    1    0
     0    0    1
E =
          0    0.4082    0.4082
          0    0.8165    0.8165
     2.0000   -0.4082   -0.4082
F =
          0    0.4082    0.4082
          0    0.8165    0.8165
     2.0000   -0.4082   -0.4082
```

即矩阵 A 的特征值为 $\lambda_1 = 2$、$\lambda_2 = 1$ 与 $\lambda_3 = 1$,特征值对角矩阵 $D = \begin{bmatrix} 2 & 0 & 0 \\ 0 & 1 & 0 \\ 0 & 0 & 1 \end{bmatrix}$,还有特征向量矩阵 $V = \begin{bmatrix} 0 & 0.4082 & 0.4082 \\ 0 & 0.8165 & 0.8165 \\ 1.0000 & -0.4082 & -0.4082 \end{bmatrix}$,并且 $A \cdot V = V \cdot D$。

5. 矩阵分解

在算术中把一个整数分解成质因数的连乘积,在代数里将一个整式分解成几个整式因子,这些运算都是数学的基础运算。类似的问题在矩阵理论中叫作矩阵分解,即把一个给定的矩阵分解成几个较简单或性质比较常见的连乘矩阵,这在科学研究与工程技术的计算中都是非常重要的课题。

在 MATLAB 中,线性方程组的求解主要基于三个基本的矩阵分解:对称正定矩阵的分解(Cholesky 分解)、一般方阵的消去法(LU 分解)、矩形矩阵的正交分解(OR 分解)。这三个分解都使用三角矩阵,其中所有的元素位于对角线以上,以下的元素都为 0。包含三角矩阵的线性方程组使用左除或者是右除都能简单、快速地求解。

(1) 矩阵的 Cholesky 分解:若 A 是一个 $n×n$ 的对称正定矩阵,则存在对角线为正的上三角矩阵 R,使得

$$A = R^T · R \qquad (1-11)$$

从 A 求 R 就是 Cholesky 分解。在 MATLAB 中用 chol() 函数来实现 Cholesky 分解。函数的调用格式有以下两种。

① R=chol(A):输入参量 A 是运算对象矩阵,输出参量 R 为上三角矩阵,它满足 $A = R^T · R$。如果 A 不是正定矩阵,将给出出错信息。

② $[R, p]$=chol(A):输入参量同上,输出参量 R 也同上。此时不给出出错信息,如果 A 是正定矩阵,则返回 p=0;如果 A 不是正定矩阵,则返回的 p 为正整数,且上三角矩阵 R 的阶数 $n = p - 1$。

Cholesky 分解可用于对线性方程组 $A · x = b$ 进行快速求解:

$$x = R \backslash (R^T \backslash b) \qquad (1-12)$$

为了进行以下示例,这里介绍著名的 Pascal 矩阵。Pascal 矩阵是一对称方阵,第一行与第一列元素全为 1,除 $a_{11} = 1$ 外,其他对角线上的元素为其相邻前一行元素与其相邻前一列元素之和。

【例 1-42】 Pascal 矩阵的 Cholesky 分解示例。

程序代码如下。

```
clear;
a = pascal(3)
[R,p] = chol(a)
b = R.' * R
```

程序运行结果如下。

```
a =
     1     1     1
     1     2     3
     1     3     6
R =
     1     1     1
     0     1     2
     0     0     1
p =      0
b =
     1     1     1
     1     2     3
     1     3     6
```

运算结果表明,p=0,即三阶 Pascal 矩阵是正定矩阵;$B = A$,即矩阵 Cholesky 分解正确。

(2) 矩阵的 LU 分解：将任何一个方阵 A 分解为一个下三角矩阵 L 与一个上三角矩阵 U 的乘积的运算叫作 LU 分解，即有

$$A = L \cdot U \tag{1-13}$$

在 MATLAB 中用函数 lu() 来实现 LU 分解。函数的调用格式为

$$[L,U] = \mathrm{lu}(A)$$

函数的输入参量 A 是对象矩阵，输出参量 L 为分解的下三角矩阵的基本变换形式（行变换），U 为分解的上三角矩阵。

LU 分解也可用于对线性方程组 $A \cdot x = b$ 进行快速求解：

$$x = U \backslash (L \backslash b) \tag{1-14}$$

矩阵 A 行列式的值与矩阵 A 的逆还满足：

$$\det(A) = \det(L) . \det(U)$$

与

$$\mathrm{inv}(A) = \mathrm{inv}(L) . \mathrm{inv}(U)$$

【例 1-43】 试对矩阵 $A = \begin{bmatrix} 38 & 2 & 14 \\ 18 & 29 & 44 \\ 41 & 47 & 5 \end{bmatrix}$ 进行 LU 分解。

其代码如下。

```
clear;
A = [38 2 14;18 29 44;41 47 5];
[L,U] = lu(A)
B = L * U
C = det(A)
D = det(L) * det(U)
E = inv(A)
F = inv(U) * inv(L)
```

程序运行结果如下。

```
L =
    0.9268    1.0000         0
    0.4390   -0.2013    1.0000
    1.0000         0         0
U =
   41.0000   47.0000    5.0000
         0  -41.5610    9.3659
         0         0   43.6901
B =
    38     2    14
    18    29    44
    41    47     5
C =     -74448
D =     -74448
E =
    0.0258   -0.0087    0.0043
   -0.0230    0.0052    0.0191
    0.0046    0.0229   -0.0143
```

```
F =
    0.0258   -0.0087    0.0043
   -0.0230    0.0052    0.0191
    0.0046    0.0229   -0.0143
```

运行结果表明:
① 输出参量 L 为下三角矩阵的基本变换形式(行交换), U 为分解的上三角矩阵。
② L 与 U 满足 $\det(A)=\det(L).\det(U)$ 与 $\mathrm{inv}(A)=\mathrm{inv}(L).\mathrm{inv}(U)$。

(3) 矩阵的 QR 分解:将矩形矩阵 A 分解为一个正交矩阵 Q 与一个上三角矩阵 R 的乘积的运算叫作 QR 分解,即有

$$A = Q.R \tag{1-15}$$

在 MATLAB 中,用函数 qr() 来实现 QR 分解。函数的调用格式有以下两种。

$[Q,R]=\mathrm{qr}(A)$:函数的输入参量 A 是对象矩阵,输出参量是分解的正交矩阵 Q 与上三角矩阵 R,满足 $A=Q.R$。

$[Q,R,E]=\mathrm{qr}(A)$:函数的输出参量 E 是一个置转矩阵,其他同第一种格式,此时满足

$$A.E = Q.R \tag{1-16}$$

【例 1-44】 试对矩阵 $A = \begin{bmatrix} 1 & 1 & 1 \\ 2 & -1 & -1 \\ 2 & -4 & 5 \end{bmatrix}$ 进行 QR 分解。

程序代码如下。

```
clear;
A = [1 1 1;2 -1 -1;2 -4 5];
[Q,R,E] = qr(A)
TQ = Q.'*Q
B = Q*R
C = A*E
```

程序运行结果如下。

```
Q =
   -0.1925    0.6804   -0.7071
    0.1925   -0.6804   -0.7071
   -0.9623   -0.2722   -0.0000
R =
   -5.1962    3.4641   -1.7321
         0    2.4495   -1.2247
         0         0   -2.1213
E =
     0     0     1
     0     1     0
     1     0     0
TQ =
    1.0000   -0.0000    0.0000
   -0.0000    1.0000    0.0000
    0.0000    0.0000    1.0000
```

```
B =
    1.0000    1.0000    1.0000
   -1.0000   -1.0000    2.0000
    5.0000   -4.0000    2.0000
C =
    1    1    1
   -1   -1    2
    5   -4    2
```

运行结果表明：

① 输出参量 Q 为正交矩阵，R 为上三角矩阵。

② 分解的 Q、R 与 E 满足关系 $A.E = Q.R$。

(4) 矩阵的奇异值分解运算：矩阵的奇异值分解与前三种矩阵解是完全不同的。对于矩阵 A、复数域 C 与自然数 m、n，若 $A \in C^{m \times n}$，把矩阵 $A^T \cdot A$ 的 n 个特征值 $\lambda_i (i=1, 2, \cdots, n)$ 的算术平方根 $\sigma_i = \sqrt{\lambda_i} (i=1, 2, \cdots, n)$ 构成的矩阵叫作 A 的奇异值矩阵，求矩阵 A 的奇异值的过程就是矩阵的奇异值分解。

在 MATLAB 中，矩阵的奇异值分解用函数 svd() 来实现。函数的调用格式有以下两种。

$S = \text{svd}(A)$：函数的输入参量 A 是对象矩阵，输出参量 S 是矩阵 A 的奇异值对角矩阵。

$[U, S, V] = \text{svd}(A)$：函数的输出参量 U 与 V 是两个正交矩阵，且满足

$$A = U \cdot S \cdot V^T \qquad (1\text{-}17)$$

U、S 与 V 叫作矩阵 A 的奇异值分解三对组。

【例 1-45】 试对矩阵 $A = \begin{bmatrix} 9 & 8 \\ 6 & 8 \end{bmatrix}$ 进行奇异值分解。

程序代码如下。

```
clear;
A = [9 8;6 8];
ata = A' * A
[V,D] = eig(ata)
sigma = sqrt(D)
[U,S,V] = svd(A)
utu = U.' * U
VTV = V.' * V
usv = U * S * V'
```

程序运行结果如下。

```
ata =
   117   120
   120   128
V =
   -0.7231    0.6907
    0.6907    0.7231
```

```
D =
    2.3740         0
         0    242.6260
sigma =
    1.5408         0
         0    15.5765
U =
   -0.7705   -0.6375
   -0.6375    0.7705
S =
   15.5765         0
         0    1.5408
V =
   -0.6907   -0.7231
   -0.7231    0.6907
utu =
    1.0000    0.0000
    0.0000    1.0000
VTV =
    1    0
    0    1
usv =
    9.0000    8.0000
    6.0000    8.0000
```

运行结果表明：

① 矩阵 $\boldsymbol{A}^{\mathrm{T}} \cdot \boldsymbol{A}$ 的 n 个特征值 λ_i 的算术平方根 $\sigma_i = \sqrt{\lambda_i}\,(i=1,2,\cdots,n)$ 构成的矩阵就是 $\boldsymbol{A}$ 的奇异值矩阵 $\boldsymbol{S}$。

② 参量 $\boldsymbol{U}$ 与 $\boldsymbol{V}$ 是两个正交矩阵。

③ $\boldsymbol{U}$ 与 $\boldsymbol{V}$ 满足 $\boldsymbol{A}=\boldsymbol{U} \cdot \boldsymbol{S} \cdot \boldsymbol{V}^{\mathrm{T}}$。

1.2.7 数组的运算

1. 数组的关系运算

在 MATLAB 中，关系运算与逻辑运算只适用于数组，不适用于矩阵。数组的关系运算符已经介绍过，现将其运算规则予以说明。

(1) 关系运算的优先级高于算术运算，低于逻辑运算。

(2) 运算符<、<=、>、>=只比较实部，而运算符==与~=则同时比较实部与虚部。

(3) 若两个标量比较，其关系成立者，运算结果为逻辑真(1)；否则为逻辑假(0)。

【例 1-46】 数组的关系运算示例。

程序代码如下。

```
a = [1 + 2i];
b = [4 + 5i];
s = a == b
```

程序运行结果如下。

```
s =     0
```

(4) 若一个标量与一个数组比较,则将标量与数组的每一个元素逐个比较,其运算结果为一个与数组大小(行列数)相同的数组,其元素由"1"与"0"组成,其关系成立者,运算结果为逻辑真(1);否则为逻辑假(0)。

【例1-47】 标量与数组比较示例。

程序代码如下。

```
a = 9;
b = [3 6 9;2 5 8];
s = b < a
```

程序运行结果如下。

```
s =
     1     1     0
     1     1     1
```

(5) 若两个数组比较,数组维数大小(行、列数)须相同,将两个数组对应的每一个元素逐个比较,其运算结果为一个与比较数组大小相同的数组,其元素由"1"与"0"组成,其关系成立者,运算结果为逻辑真(1);否则为逻辑假(0)。

【例1-48】 数组与数组比较示例。

程序代码如下。

```
e = [1 5;8 9];
f = [3 6;5 7];
s = e > f
```

程序运行结果如下。

```
s =
     0     0
     1     1
```

2. 数组的逻辑运算

数组的逻辑运算符也已经介绍过,现将其运算规则予以说明。

(1) 逻辑运算规定:非 0 元素代表逻辑真(1); 0 元素代表逻辑假(0)。

(2) 若两个标量做逻辑与比较,两个标量全为非 0 时,运算结果为 1,否则为 0。

【例1-49】 两个标量逻辑与运算示例。

```
clear;
a = 1;b = 1;
c = 1;d = 0;
e = 0;f = 1;
g = 0;h = 0;
a&b
c&d
e&f
g&h
```

程序运行结果如下。

```
ans =      1
ans =      0
ans =      0
ans =      0
```

（3）若两个标量做逻辑或比较，两个标量全为 0 时，运算结果为 0，否则为 1。

【例 1-50】 两个标量逻辑或运算示例。

程序代码如下。

```
clear;
a = 1;b = 1;
c = 1;d = 0;
e = 0;f = 1;
g = 0;h = 0;
s0 = a|b
s1 = c|d
s2 = e|f
s3 = g|h
```

程序运行结果如下。

```
s0 =      1
s1 =      1
s2 =      1
s3 =      0
```

（4）逻辑运算中，not 的优先级最高，and 与 or 有相同的优先级（xor 只有函数形式）；还可用括号改变运算优先权。

（5）若一个标量与一个数组做比较，则将标量与数组的每一个元素逐个比较，其运算结果为一个与数组大小（行列数）相同的数组，其元素由 1 与 0 组成。

【例 1-51】 标量与数组的逻辑或运算示例。

程序代码如下。

```
clear;
c = 6;
d = [4 0 6;0 8 0];
s = d|c
```

程序运行结果如下。

```
s =
     1     1     1
     1     1     1
```

（6）若两个数组做比较，数组维数大小（行、列数）须相同，将两个数组对应的每一个元素逐个比较，其运算结果为一个与比较数组大小相同的数组，其元素由 1 与 0 组成。

【例 1-52】 数组与数组的逻辑与运算示例。

程序代码如下。

```
clear;
e = [1 0;8 3];
f = [2 1;5 9];
s = e&f
```

程序运行结果如下。

```
s =
    1   0
    1   1
```

1.2.8 字符串

在 MATLAB 中,字符串作为字符数组用单引号引用到程序中。

【例 1-53】 字符串作为字符数组的示例。

```
c = 'Hello MATLAB'
```

程序运行结果如下。

```
c = Hello MATLAB
```

请注意,变量 c 实际上是一个 1×9 字符数组,因为字符数组中空格也算一个字符。

在 MATLAB 中,字符是以 ASCII 码的格式存储的,用户可以使用如下命令查看变量 c 在 MATLAB 内部的存储格式:

```
x = double(c)
```

回车后显示如下。

```
x =
    72  101  108  108  111   32   77   65   84   76   65   66
```

可以看到,变量 c 中的每个元素被转换成 ASCII 码的相应数组。

用户还可以使用函数 char() 将 ASCII 码的相应数字转换还原成字符。例如,输入以下指令:

```
c = char(x)
```

回车后显示如下。

```
c = Hello MATLAB
```

1.3 MATLAB 多项式及其运算

多项式运算是数学中最基本的运算之一,在许多学科里都有着非常广泛的应用。MATLAB 提供了许多多项式运算函数,如多项式的求值、求根、多项式的微积分运算、曲线拟合、插值以及部分分式展开等,常用的多项式操作函数如表 1-3 所示。

表 1-3 常用的多项式操作函数

函　数	功 能 描 述	函　数	功 能 描 述
Conv	多项式相乘、卷积	Polyval	多项式求值
Deconv	多项式相除、反卷积	Polyvalm	矩阵多项式评价
Poly	用多项式的根求多项式系数	Residue	部分分工展开(残差运算)
Polyer	多项式求导	Roots	多项式求根
Polyfit	多项式拟合		

1.3.1 多项式求值

MATLAB 提供的求值函数为 polyval() 和 polyvalm(),有些资料也称为多项式评价。

格式如下。

```
polyval(p, x)
polyvalm(p, x)
```

其中,x 既可以是复数,也可以是矩阵或者数组。两个函数的区别是,前者是按照数组运算规则来计算多项式的值,而后者 x 必须为方阵,且是按照矩阵运算规则来计算多项式的值。

【例 1-54】 求多项式 $f(x)=2x^3+5x^2+7x-2$ 在区间 $[-2,10]$ 均匀取 100 个点的 $f(x)$ 值,并画出曲线图形。

程序代码如下。

```
clear;
x = linspace( - 2,10);
p = [2 5 7 - 2];
v = polyval(p,x);
plot(x,v);
title('2x^3 + 5x^2 + 7x - 2');
xlabel('x');
```

得到了多项式 $f(x)$ 值,如图 1-3 所示。

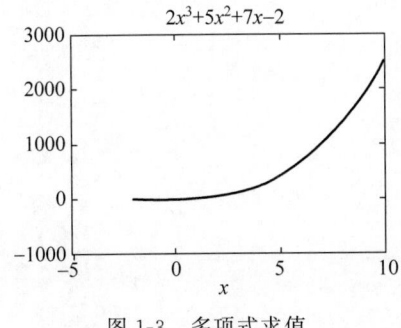

图 1-3 多项式求值

1.3.2 多项式求根

多项式求根运算在数学计算中非常常见。在 MATLAB 中提供函数 roots() 来求根，可以通过函数 poly() 由多项式的根得出多项式系数，它们互为逆函数。

格式如下。

```
r = roots(p);
p = poly(r);
```

【例 1-55】 求多项式 $f(x)=x^3+6x^2+11x+6$ 的根以及依据根得出多项式的系数。程序代码如下。

```
clear;
p = [1 6 11 6];
r = roots(p)
r =
     -3.0000
     -2.0000
     -1.0000
p = poly([-3 -2 -1])
p =
     1    6    11    6
```

1.3.3 部分分式展开

在信号处理和控制系统的分析应用中，常常需要将分母多项式和分子多项式构成的传递函数进行部分分式展开。运用 residue() 函数可实现部分分式展开操作。

$$\frac{b(s)}{a(s)} = \frac{r_1}{s-p_1} + \frac{r_2}{s-p_2} + \cdots + \frac{r_n}{s-p_n} + k(s)$$

格式如下。

```
[r,p,k] = residue(b,a)：a、b 分别为分子和分母多项式系数的行向量，r 为留数行向量。
[b,a] = residue(r,p,k)：p 为极点行向量，k 为直项行向量。
```

【例 1-56】 求表达式 $f(s)=\dfrac{5s^3+3s^2-2s+7}{-4s^3+8s+3}$ 的部分分式展开分子。

程序代码如下。

```
b = [5 3 -2 7];
a = [-4 0 8 3];
[r,p,k] = residue(b,a)
[b,a] = residue(r,p,k)
r =
     -1.4167
     -0.6653
     1.3320
p =
     1.5737
     -1.1644
     -0.4093
```

```
k =
    -1.2500
b =
    -1.2500    -0.7500     0.5000    -1.7500
a =
     1.0000    -0.0000    -2.0000    -0.7500
```

所以,部分分式展开的表达式为 $f(s)=\dfrac{-1.25^3-0.75s^2+0.5s-1.75}{s^3-2s-0.75}$。

1.3.4 多项式乘除

多项式的乘法运算和除法运算在 MATLAB 中分别通过函数 conv() 和 deconv() 来实现,同时,卷积和反卷积运算也使用这两个函数。

格式如下。

```
w = conv(u, v)
[q, r] = deconv(v, u)
```

【例 1-57】 求多项式 $f(x)=5x^3+6x^2+3x+9$ 和 $g(x)=7x^4+8x^3+3x^2+10x+2$ 的乘积。

程序代码如下。

```
clear;
u = [5 6 3 9];
v = [7 8 3 10 2];
w = conv(u, v)
w =
    35    82    84   155   151    69    96    18
```

这样,得到两个多项式相乘后的结果为

$$T(x)=35x^7+82x^6+84x^5+155x^4+151x^3+69x^2+96x+18$$

【例 1-58】 求例 1-57 中两个多项式的商。

程序代码如下。

```
[q, r] = deconv(u, v)              % 用 u 除以 v
q =     0
r =
         5     6     3     9
[q, r] = deconv(v, u)              % 用 v 除以 u
q =
    1.4000   -0.0800
r =
         0         0   -0.7200   -2.3600    2.7200
conv(q, u) + r                     % 验算得到的结果
ans =
    7.0000    8.0000    3.0000   10.0000    2.0000
```

从例子中可以看出,在多项式除法运算时,不一定能够整除,可能会有余子式 r。

1.3.5 多项式的微积分

在 MATLAB 中有专门的函数 polyder() 来做多项式的微分运算,而未提供积分运算的函数,一般通过式子 $[p./\text{length}(p):-1:1,k]$ 来进行积分运算。

格式如下。

```
m = polyder(p)
```

【例 1-59】 求多项式 $f(x)=5x^3+6x^2+3x+9$ 微分。

程序代码如下。

```
p=[5 6 3 9];
m=polyder(p)
m =
    15   12    3
```

所以,微分后得到的多项式为 $g(x)=15x^2+12x+3$。

【例 1-60】 对例 1-59 中得到的多项式 $g(x)=15x^2+12x+3$ 求积分。

程序代码如下。

```
>> p=[5 6 3 9];
m=polyder(p);
s=length(m):-1:1
s =
    3    2    1
>> p=[m./s,0]
p =
    5    6    3    0
```

所以,得到多项式 $g(x)=15x^2+12x+3$ 的积分是 $f(x)=5x^3+6x^2+3x+0$。

1.4 插值与拟合

在已知数据中,用较简单的插值函数 $\phi(x)$ 通过所有样本点,并对邻近数据进行估值计算称为插值。

插值函数 $\phi(x)$ 必须通过所有样本点。然而在有些情况下,样本点的取得本身就包含着实验中的测量误差,这一要求无疑是保留了这些测量误差的影响,满足这一要求虽然使样本点处"误差"为零,但会使非样本点处的误差变得过大,很不合理。为此,提出了另一种函数逼近方法——数据拟合法,它不要求构造的近似函数 $\phi(x)$ 全部通过样本点,而是"很好地逼近"它们。

插值与拟合在生产和科学实验中都有着广泛的应用。MATLAB 提供了进行插值与拟合运算的函数,可以方便地进行插值与拟合运算。

1.4.1 一维插值问题

一维插值是进行数据分析的重要手段,MATLAB 提供了 interp1() 函数进行一维多项式插值。interp1()函数使用多项式技术,用多项式函数通过所提供的数据点,并计算目标插值点上的插值函数值,其调用格式请参看示例。

其中,interp1()的插值方法有以下 4 种。

'nearest'——最邻近插值。

'linear'——线性插值,为默认设置。

'PCHIP'——三次插值。

'spline'——三次样条插值。

【例 1-61】 已知的数据点来自函数,根据生成的数据进行插值处理,得出较平滑的曲线直接生成数据。

先绘制样本点图,其代码如下。

```
x = 0:0.12:1;
y = (x.^2 - 3 * x + 5). * exp( - 5 * x). * sin(x);    % 等距输入样本点
plot(x,y,'ro',x,y)                                    % 绘制样本点(已知数据点),如图 1-4(a)所示
```

可以看出,由这样的数据直接连线绘制出的曲线十分粗糙,可以再选择一组插值点,然后直接调用 interp1()函数进行插值。

```
x1 = 0:0.02:1;                                   % 要插值点
y1 = (x1.^2 - 3 * x1 + 5). * exp( - 5 * x1). * sin(x1);
y2 = interp1(x,y,x1);                            % 默认为线性插值
y3 = interp1(x,y,x1,'spline');                   % 三次样条插值
y4 = interp1(x,y,x1,'nearest');                  % 最邻近插值
y5 = interp1(x,y,x1,'PCHIP');                    % 三次 Hermite 插值
plot(x1,[y2' y3' y4' y5'],'k - .',x,y,'ro',x1,y1) % 绘图比较各插值方法计算结果
legend('linear','spline','nearest','PCHIP','样本点','原函数');
% 计算各插值方法最大计算误差
[max(abs(y1 - y2)),max(abs(y1 - y3)),max(abs(y1 - y4)),max(abs(y1 - y5))];
ans =
    0.0614    0.0086    0.1598    0.0177
```

分别选择各种插值方法,可以得出插值函数曲线与理论曲线,它们之间的比较如图 1-4(b)所示。

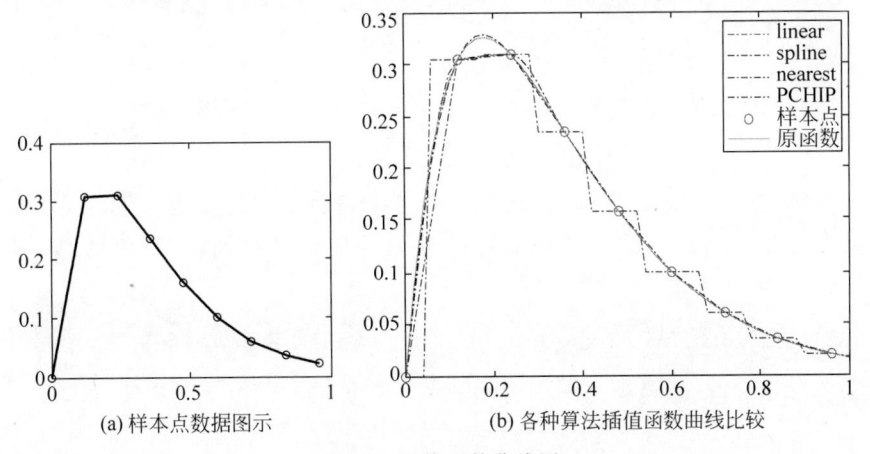

(a) 样本点数据图示 (b) 各种算法插值函数曲线比较

图 1-4 插值函数曲线图

1.4.2 二维插值问题

二维插值是对两个自变量的插值。二维插值在图像处理和数据可视化方面有着非常重要的应用。MATLAB 提供了两个函数 interp2() 和 griddata() 来实现此功能。其中,interp2()函数用于对二维网格数据进行插值;griddata()函数用于二维随机数据点的插值。

1. 二维网格数据插值

MATLAB 提供了二维网格数据插值函数 interp2(),其用法与 interp1()类似,其调用格式请参看以下示例。

【例 1-62】 由 $z=f(x,y)=(x^2-2x)\mathrm{e}^{-x^2-y^2-xy}$ 可计算出一些较稀疏的网格数据,对整个函数曲面进行各种插值拟合,并比较插值效果。

绘制已知数据的网格图,其代码如下。

```
clear;
[x,y] = meshgrid(-3:0.6:3,-2:0.4:2);
z = (x.^2 - 2*x).*exp(-x.^2 - y.^2 - x.*y);
surf(x,y,z);                %绘制已知数据的网格图,如图1-5(a)所示
axis([-3,3,-2,2,-0.7,1.5]);
```

选择较密的插值点,则可以用下面的 MATLAB 语句采用默认的插值算法进行插值,得出的结果如图 1-5(b)所示。

```
[x1,y1] = meshgrid(-3:0.2:3,-2:0.2:2);
z1 = interp2(x,y,z,x1,y1);
surf(x1,y1,z1);
axis([-3,3,-2,2,-0.7,1.5]);
```

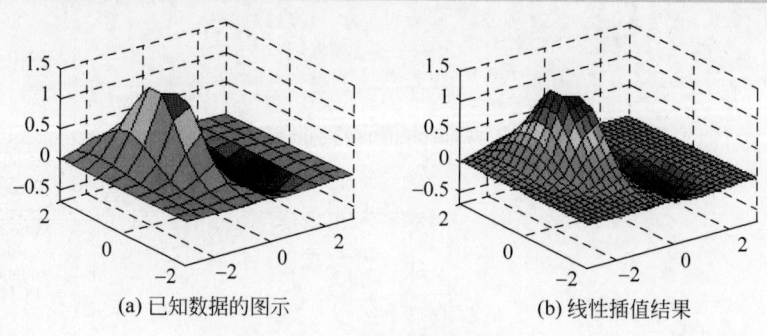

(a) 已知数据的图示 (b) 线性插值结果

图 1-5 二维函数插值比较

可以看出,默认的线性插值方法还原后的三维表面图在很多地方还是很粗糙。可以用下面的命令分别由立方插值选项和样条插值选项来进行插值,得出的结果如图 1-6 所示。

```
[x1,y1] = meshgrid(-3:0.2:3,-2:0.2:2);
z2 = interp2(x,y,z,x1,y1,'cubic');
surf(x1,y1,z2);
```

```
axis([-3,3,-2,2,-0.7,1.5]);
figure;
z3 = interp2(x,y,z,x1,y1,'spline');
surf(x1,y1,z3);
axis([-3,3,-2,2,-0.7,1.5]);
```

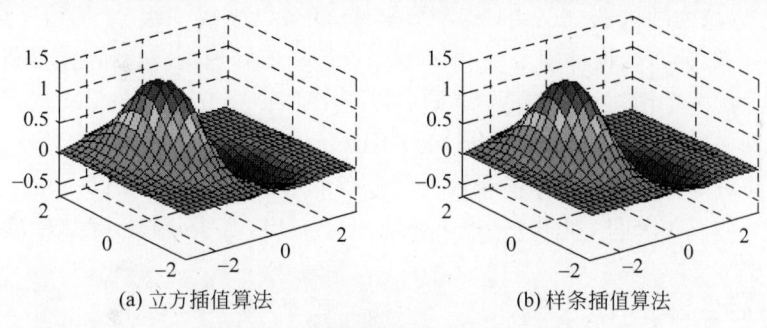

(a) 立方插值算法　　　　　　　(b) 样条插值算法

图 1-6　二维函数其他插值结果比较

可以看出，这样的插值结果还是比较理想的。

通过下面的误差分析，可以对'cubic'和'spline'两种插值方法做进一步的比较。因为网格已知，故可以由已知函数计算出 z 的精确值 z_0，可以通过下面的语句求出两种算法得出的矩阵 z_2 和 z_3 与真值 z_0 之间误差的绝对值，分别如图 1-7(a) 和图 1-7(b) 所示。可以看出，选择样条方法的插值精度要远高于立方插值算法，所以在实际应用中建议选用'spline'插值选项。

```
z0 = (x1.^2 - 2*x1).*exp(-x1.^2 - y1.^2 - x1.*y1);
surf(x1,y1,abs(z0-z2));
axis([-3,3,-2,2,0,0.08]);
figure;
surf(x1,y1,abs(z0-z3));
axis([-3,3,-2,2,0,0.08]);
```

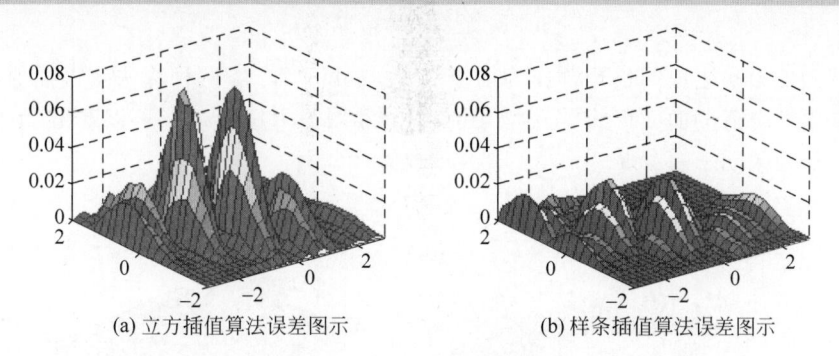

(a) 立方插值算法误差图示　　　　(b) 样条插值算法误差图示

图 1-7　二维函数的误差

2. 二维随机数据点的插值

通过上面的例子可以看出，interp2() 函数能够较好地进行二维插值运算。但该函数有一个重要的缺陷，就是它只能处理以网格形式给出的数据。如果已知数据不是以网格形式给出的，则该函数是无能为力的。在实际应用中，大部分问题都是以实测的多组

(x_i,y_i,z_i) 点给出的,所以不能直接使用函数 interp2() 进行二维插值。

MATLAB 提供了一个更一般的 griddata() 函数,用来专门解决这样的问题。其调用格式请参考以下示例。

【例 1-63】 已知二元函数 $z=f(x,y)=(x^2-2x)\mathrm{e}^{-x^2-y^2-xy}$,在 $x\in[-3,3]$,$y\in[-2,2]$ 矩形区域内随机选择一组 (x_i,y_i) 坐标,就可以生成一组 z_i 的值。以这些值为已知数据,用一般分布数据插值函数 gridata() 进行插值处理,并进行误差分析。

这里选择 199 个随机数构成的点,则可以用下面的语句生成 x,y,z 向量,但由于这些数据不是网格数据,所以得出的数据向量不能直接用三维曲面的形式表示。但可以用下面的语句将各个样本点在 $x-y$ 平面上的分布形式显示出来,如图 1-8(a)所示,也可以绘制出样本点的三维分布,如图 1-8(b)所示。可以看出,这些分布点是比较随机的。

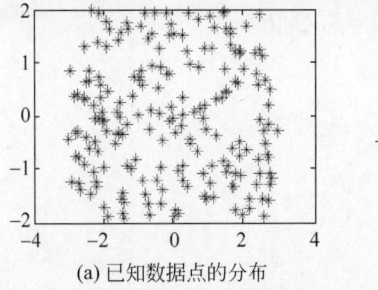

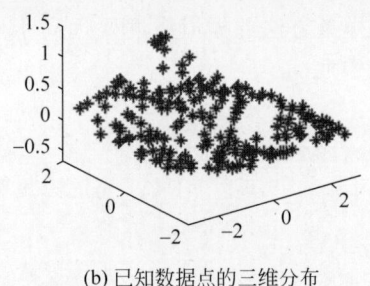

```
clear;
x = -3 + 6 * rand(199,1);
y = -2 + 4 * rand(199,1);
z = (x.^2 - 2 * x). * exp( - x.^2 - y.^2 - x. * y);    % 生成已知数据
plot(x,y,'*');                                          % 样本点的二维分布
figure;
plot3(x,y,z,'*');                                       % 样本点的三维分布
axis([ - 3,3, - 2,2, - 0.7,1.5]);
```

(a) 已知数据点的分布　　　　　　(b) 已知数据点的三维分布

图 1-8　已知样本数据显示

用下面的语句生成网格矩阵作为插值点,用'cubic'和'v4'两种算法获得插值结果,还可以绘制出拟合后的曲面形式,分别如图 1-9(a)和图 1-9(b)所示。可以看出,用'v4'算法得出的结果效果明显更好些。

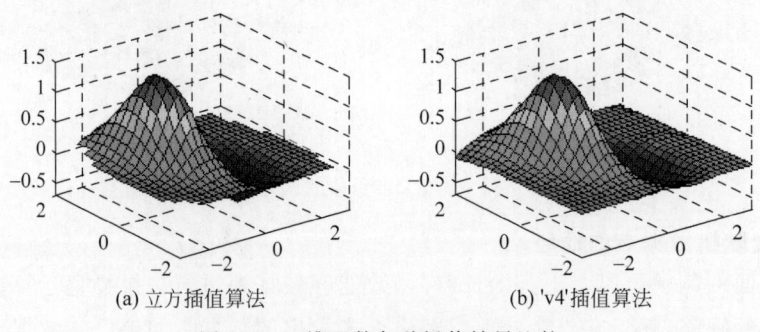

(a) 立方插值算法　　　　　　(b) 'v4'插值算法

图 1-9　二维函数各种插值结果比较

```
[x1,y1] = meshgrid( -3:0.2:3, -2:0.2:2);
z1 = griddata(x,y,z,x1,y1,'cubic');
surf(x1,y1,z1);
axis([ -3,3, -2,2, -0.7,1.5]);
figure;
z2 = griddata(x,y,z,x1,y1,'v4');
surf(x1,y1,z2);
axis([ -3,3, -2,2, -0.7,1.5]);
```

还可以进一步进行误差分析。用下面的语句可以先计算出在新网格点处函数值的精确解,并用这些点和两种方法计算出来的误差,得出如图 1-10(a)和图 1-10(b)所示的误差曲面。可见,用'v4'选项的插值结果明显优于立方插值算法,所以在实际应用中建议采用该算法。

```
z0 = (x1.^2 - 2 * x1). * exp( -x1.^2 - y1.^2 - x1. * y1); %新网格各点的函数值
surf(x1,y1,abs(z0 - z1));
axis([ -3,3, -2,2,0,0.15]);
figure;
surf(x1,y1,abs(z0 - z2));
axis([ -3,3, -2,2,0,0.15]);
```

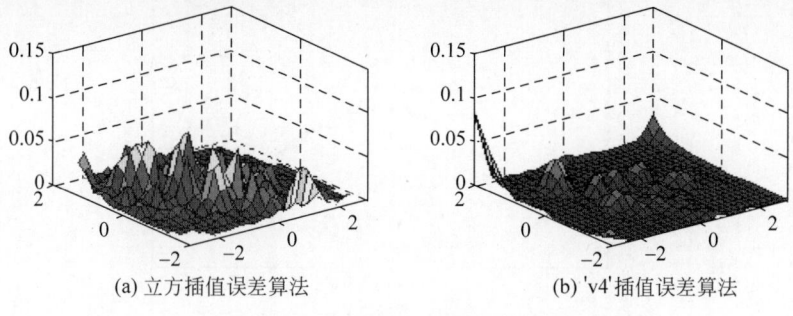

(a) 立方插值误差算法   (b) 'v4'插值误差算法

图 1-10　二维函数各种插值误差比较

1.4.3　曲线拟合

插值函数 $\phi(x)$ 必须通过所有样本点。然而,在有些情况下,样本点的取得本身就包含着实验中的测量误差,这一要求无疑是保留了这些测量误差的影响,满足这一要求虽然使样本点处"误差"为零,但会使非样本点处的误差变得过大,很不合理。为此,提出了另一种函数逼近方法——数据的拟合,它不要求构造的近似函数 $\phi(x)$ 全部通过样本点,而是"很好地逼近"它们。常用的数据拟合方法有多项式拟合和最小二乘拟合。

1. 多项式拟合

多项式拟合可以通过 MATLAB 提供的 polyfit() 函数实现。该函数调用格式请参看以下示例。

【例 1-64】 已知的数据点来自函数 $f(x)=1/(1+25x^2)$,$-1 \leqslant x \leqslant 1$,根据生成的数据点进行多项式曲线拟合,观察拟合效果。

%取不同的多项式阶次,使用如下语句获得多项式拟合,并绘制出拟合曲线与原函数曲线进行对比,如图 1-11 所示。

```
clear;
x0 = -1 + 2 * [0:10]/10;
y0 = 1./(1 + 25 * x0.^2);
x = -1:0.01:1;
y1 = 1./(1 + 25 * x.^2);
p2 = polyfit(x0,y0,2);
y2 = polyval(p2,x);
p5 = polyfit(x0,y0,5);
y5 = polyval(p5,x);
p8 = polyfit(x0,y0,8);
y8 = polyval(p8,x);
p10 = polyfit(x0,y0,10);
y10 = polyval(p10,x);
plot(x,y1,x,y2,'r:',x,y5,'.',x,y8,'-',x,y10,'-.');
legend('原函数','二次拟合','五次拟合','八次拟合','十次拟合');
```

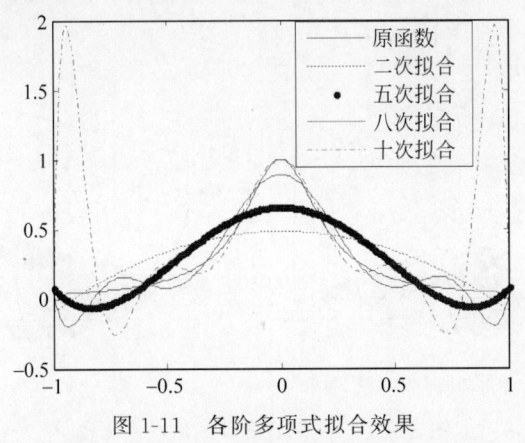

图 1-11 各阶多项式拟合效果

由该例可以看出,多项式拟合并不是阶数越高越好,多项式拟合的效果也并不一定是很精确的,有时结果是相当差的,甚至说是完全错误的。

2. 最小二乘拟合

假设有一组数据 $x_i, y_i, i = 1, 2, \cdots, N$,且已知这组数据满足某一函数原型 $\hat{y}(x) = f(a, x)$,其中,a 是待定系数向量,则最小二乘曲线拟合的目标就是求出这一组待定系数的值,使得目标函数 $J = \min_a \sum_{i=1}^{N} [y_i - \hat{y}(x_i)]^2 = \min_a \sum_{i=1}^{N} [y_i - y(a, x_i)]^2$ 为最小。在 MATLAB 的最优化工具箱中提供了 lsqcurvefit() 函数,可以解决最小二乘曲线拟合的问题。该函数调用格式请参看以下示例。

【例 1-65】 已知数据 (x_i, y_i) 满足 $y_i = 0.12 \mathrm{e}^{-0.213 x_i} + 0.54 \mathrm{e}^{-0.17 x_i} \sin(1.23 x_i)$,其中,$x_i = 10(i-1)/100, i = 1, 2, \cdots, 101$。并已知该数据满足函数原型 $y(x) = a_1 \mathrm{e}^{-a_2 x} + a_3 \mathrm{e}^{-a_4 x} \sin(a_5 x)$,其中,$a_i$ 为待定系数。采用最小二乘曲线拟合的目的就是获得这些待

定系数,使得目标函数的值最小。

已知的函数原型,其代码如下。

```
clear;
f = inline('a(1) * exp( - a(2) * x) + a(3) * exp( - a(4) * x). * sin(a(5) * x)','a','x');
```

建立起函数的原型,则可以由下面的语句得出待定系数向量。

```
x = 0:0.1:10;
y = 0.12 * exp( - 0.213 * x) + 0.54 * exp( - 0.17 * x). * sin(1.23 * x);
[xx,res] = lsqcurvefit(f,[1 1 1 1 1],x,y);
xx',res
Optimization terminated: first - order optimality less than OPTIONS.TolFun,
 and no negative/zero curvature detected in trust region model.
ans =
    0.1200
    0.2130
    0.5400
    0.1700
    1.2300
res =
  1.7928e - 016
```

可以看出,这样得出的待定系数精度较高,接近于理论值 $a = [0.12, 0.213, 0.54, 0.17, 1.23]^T$,如果想进一步提高精度,则需要修改最优化的选项,这时函数的调用格式也将发生变化。

```
ff = optimset;
ff.TolFun = 1e - 20;
ff.TolX = 1e - 15;              % 修改精度限制
[xx,res] = lsqcurvefit(f,[1 1 1 1 1],x,y,[],[],ff);
xx',res
Optimization terminated: first - order optimality less than OPTIONS.TolFun,
 and no negative/zero curvature detected in trust region model.
ans =
    0.1200
    0.2130
    0.5400
    0.1700
    1.2300
res =       0
>> x1 = 0:0.1:10;
y1 = f(xx,x1);
plot(x1,y1,x,y,'ro');
legend('拟合曲线','样本点');
```

其中,两个空矩阵表示 a 向量的上下限,由于对这些参数的范围无限制,故采用了默认的表示形式。可以看出,修改误差后,得出的拟合待定系数更加精确。绘制出的拟合曲线与样本点如图 1-12 所示。

图 1-12　拟合效果比较

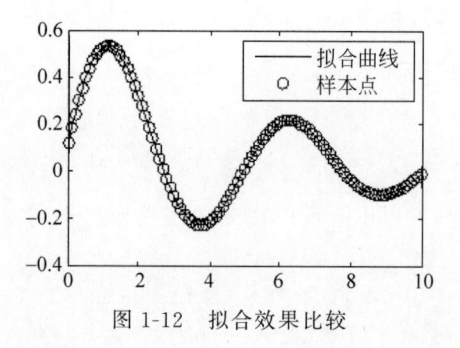

1.5　线性方程组求解

在 MATLAB 中,关于线性方程组的解法一般可以分为两类:一类是直接解法,就是在没有舍入误差的情况下,通过有限步的矩阵初等运算来求得方程组的解;另一类是迭代解法,就是先给定一个解的初始值,然后按照一定的迭代算法进行逐步逼近,求出更精确的近似解。

1.5.1　方程组解法

1. 直接解法

1) 利用左除运算符的直接解法

线性方程组的直接解法大多基于高斯消元法、主元素消元法、平方根法和追赶法等。在 MATLAB 中,这些算法已经被编成了现在的库函数或运算符,因此,只需调用相应的函数或运算符即可完成线性方程组的求解。其中,最简单的方法就是使用左除运算符"\"。程序会自动根据输入的系数矩阵判断选用哪种方法进行求解。

直接参看示例,应用直接解法求线性方程的解。

【例 1-66】　用直接解法求解下列线性方程组。

$$\begin{cases} 2x_1 + x_2 - 5x_3 + x_4 = 13 \\ x_1 - 5x_2 + 7x_4 = -9 \\ 2x_2 + x_3 - x_4 = 6 \\ x_1 + 6x_2 - x_3 - 4x_4 = 0 \end{cases}$$

程序代码如下。

```
clear;
a = [2,1,-5,1;1,-5,0,7;0,2,1,-1;1,6,-1,-4];
b = [13,-9,6,0]';
x = a\b
x =
   -66.5556
    25.6667
   -18.7778
    26.5556
```

2）利用矩阵的分解求解线性方程组

矩阵分解是指根据一定的原理用某种算法将一个矩阵分解成若干个矩阵的乘积。常见的矩阵分解有 LU 分解、QR 分解、Cholesky 分解，以及 Schur 分解、Hessenhberg 分解、奇异分解等。这里着重介绍前三种常见的分解。通过这些分解方法求解线性方程组的优点是运算速度快、可以节省存储空间。

（1）LU 分解。

矩阵的 LU 分解就是将一个矩阵表示为一个交换下三角矩阵和一个上三角矩阵的乘积形式。线性代数中已经证明，只要方阵 A 是非奇异的，LU 分解总是可以进行的。

MATLAB 提供的 lu() 函数用于对矩阵进行 LU 分解，其调用格式有两种，请参看以下示例。

【例 1-67】 利用第一种格式，设 $A = \begin{bmatrix} 1 & -1 & 1 \\ 5 & -4 & 3 \\ 2 & 1 & 1 \end{bmatrix}$，则对矩阵 A 进行 LU 分解的代码如下。

```
>> clear;
>> A = [1, -1, 1; 5, -4, 3; 2, 1, 1]
A =
     1    -1     1
     5    -4     3
     2     1     1
>>[L,U] = lu(A)
L =
    0.2000   -0.0769    1.0000
    1.0000         0         0
    0.4000    1.0000         0
U =
    5.0000   -4.0000    3.0000
         0    2.6000   -0.2000
         0         0    0.3846
```

为检验结果是否正确，其代码如下。

```
>> LU = L * U
LU =
     1    -1     1
     5    -4     3
     2     1     1
```

说明结果是正确的。例中所获得的矩阵 L 并不是一个下三角矩阵，但经过各行互换后，即可获得一个下三角矩阵。

利用第二种格式对矩阵 A 进行 LU 分解。

```
>>[L,U,P] = lu(A)
L =
    1.0000         0         0
    0.4000    1.0000         0
    0.2000   -0.0769    1.0000
```

```
U =
    5.0000   -4.0000    3.0000
         0    2.6000   -0.2000
         0         0    0.3846
P =
     0     1     0
     0     0     1
     1     0     0
>> LU = L * U                          % 这种分解其乘积不为 A
LU =
     5    -4     3
     2     1     1
     1    -1     1
>> inv(P) * L * U                      % 考虑矩阵 P 后其乘积等于 A
ans =
     1    -1     1
     5    -4     3
     2     1     1
```

（2）QR 分解。

对矩阵 X 进行 QR 分解，就是把 X 分解为一个正交矩阵 Q 和一个上三角矩阵 R 的乘积形式。QR 分解只能对方阵进行。MATLAB 的函数 qr() 可用于对矩阵进行 QR 分解，其调用格式有两种，请参看以下示例。

利用格式一，设

$$A = \begin{bmatrix} 1 & -1 & 1 \\ 5 & -4 & 3 \\ 2 & 7 & 10 \end{bmatrix}$$

则对矩阵 A 进行 QR 分解的代码如下。

```
clear;
A = [1, -1,1;5, -4,3;2,7,10];
[Q,R] = qr(A)
Q =
   -0.1826   -0.0956   -0.9785
   -0.9129   -0.3532    0.2048
   -0.3651    0.9307   -0.0228
R =
   -5.4772    1.2780   -6.5727
         0    8.0229    8.1517
         0         0   -0.5917
```

为检验结果是否正确，输入代码如下。

```
>> QR = Q * R
QR =
    1.0000   -1.0000    1.0000
    5.0000   -4.0000    3.0000
    2.0000    7.0000   10.0000
```

说明结果是正确的。利用第二种格式对矩阵 A 进行 QR 分解：

```
>> [Q,R,E] = qr(A)
Q =
    -0.0953   -0.2514   -0.9632
    -0.2860   -0.9199    0.2684
    -0.9535    0.3011    0.0158
R =
   -10.4881   -5.4347   -3.4325
         0    6.0385   -4.2485
         0         0    0.4105
E =
     0     0     1
     0     1     0
     1     0     0
>> Q * R/E                    % 验证 A = Q * R * inv(E)
ans =
    1.0000   -1.0000    1.0000
    5.0000   -4.0000    3.0000
    2.0000    7.0000   10.0000
```

（3）Cholesky 分解。

如果矩阵 X 是对称正定的，则 Cholesky 分解将矩阵 X 分解成一个下三角矩阵和上三角矩阵的乘积。设上三角矩阵为 R，则下三角矩阵为其转置，即 $X = R'R$。MATLAB 函数 chol(X) 用于对矩阵 X 进行 Cholesky 分解，其也有两种调用格式，请参看以下示例。

设

$$A = \begin{bmatrix} 2 & 1 & 1 \\ 1 & 2 & -1 \\ 1 & -1 & 3 \end{bmatrix}$$

则对矩阵 A 进行 Cholesky 分解的代码如下。

```
clear;
A = [2,1,1;1,2, -1;1, -1,3];
R = chol(A)
R =
    1.4142    0.7071    0.7071
         0    1.2247   -1.2247
         0         0    1.0000
```

可以验证 $A = R'R$。

```
>> R' * R
ans =
    2.0000    1.0000    1.0000
    1.0000    2.0000   -1.0000
    1.0000   -1.0000    3.0000
```

利用第二种格式对矩阵 A 进行 Cholesky 分解：

```
>> [R,p] = chol(A)
R =
    1.4142    0.7071    0.7071
         0    1.2247   -1.2247
         0         0    1.0000
p =
     0
```

结果中 $p=0$,这表示矩阵 A 是一个正定矩阵。如果试图对一个非正定矩阵进行 Cholesky 分解,则将得出错误信息,所以,chol( )函数还可以用来判定矩阵是否为正定矩阵。

2. 迭代解法

迭代解法非常适合求解大型系数矩阵的方程组。在数值分析中,迭代解法主要包括 Jacobi 迭代法、Gauss-Serdel 迭代法、超松弛迭代法和两步迭代法。首先用一个例子说明迭代法的思想。

为了求解线性方程组

$$\begin{cases} 10x_1 - x_2 = 9 \\ -x_1 + 10x_2 - 2x_3 = 7 \\ -2x_2 + 10x_3 = 6 \end{cases}$$

将方程改写为

$$\begin{cases} x_1 = 10x_2 - 2x_3 - 7 \\ x_2 = 10x_1 - 9 \\ x_3 = \dfrac{1}{10}(6 + 2x_2) \end{cases}$$

这种形式的好处是将一组 x 代入右端,可以立即得到另一组 x。如果两组 x 相等,那么它就是方程组的解,不相等可以继续迭代。例如,选取初值 $x_1=x_2=x_3=0$,则经过一次迭代后,得到 $x_1=-7, x_2=-9, x_3=0.6$,然后再继续迭代。可以构造方程的迭代公式为

$$\begin{cases} x_1^{(k+1)} = 10x_2^{(k)} - 2x_3^{(k)} - 7 \\ x_2^{(k+1)} = 10x_1^{(k)} - 9 \\ x_3^{(k+1)} = 0.6 + 0.2x_2^{(k)} \end{cases}$$

1) Jacobi 迭代法

Jacobi 迭代法的 MATLAB 函数文件 Jacobi.m 如下。

```
function [y,n] = jacobi(A,b,x0,eps)
if nargin == 3
    eps = 1.0e-6;
elseif nargin < 3
    error
    return
end
D = diag(diag(A));              % 求 A 的对角矩阵
L = -tril(A,-1);                % 求 A 的下三角阵
```

```
    U = - triu(A,1);              % 求 A 的上三角阵
    B = D\(L + U);
    f = D\b;
    y = B * x0 + f;
    n = 1;                        % 迭代次数
    while norm(y - x0)>= eps
        x0 = y;
        y = B * x0 + f;
        n = n + 1;
    end
```

【例 1-68】 用 Jacobi 迭代求解下列线性方程组。设迭代初值为 0，迭代精度为 10^{-6}。

$$\begin{cases} 10x_1 - x_2 = 9 \\ -x_1 + 10x_2 - 2x_3 = 7 \\ -2x_2 + 10x_3 = 6 \end{cases}$$

在命令中调用函数文件 jacobi.m，代码如下。

```
clear;
A = [10, -1,0; -1,10, -2;0, -2,10];
b = [9,7,6]';
[x,n] = jacobi(A,b,[0,0,0]',1.0e-6)
x =
    0.9958
    0.9579
    0.7916
n =      11
```

2) Gauss-Serdel 迭代法

Gauss-Serdel 迭代法的 MATLAB 函数文件 gausser.m 如下。

```
function [y,n] = gausser(A,b,x0,eps)
if nargin == 3
    eps = 1.0e - 6;
elseif nargin < 3
    error
    return
end
D = diag(diag(A));                % 求 A 的对角矩阵
L = - tril(A, -1);                % 求 A 的下三角阵
U = - triu(A,1);                  % 求 A 的上三角阵
G = (D - L)\U;
f = (D - L)\b;
y = G * x0 + f;
n = 1;                            % 迭代次数
while norm(y - x0)>= eps
    x0 = y;
    y = G * x0 + f;
    n = n + 1;
end
```

【例 1-69】 用 Gauss-Serdel 迭代法求解下列线性方程组。设迭代初值为 0,迭代精度为 10^{-6}。

$$\begin{cases} 10x_1 - x_2 = 9 \\ -x_1 + 10x_2 - 2x_3 = 7 \\ -2x_2 + 10x_3 = 6 \end{cases}$$

在命令中调用函数文件 gausser.m,代码如下。

```
clear;
A = [10, -1,0; -1,10, -2;0, -2,10];
b = [9,7,6]';
[x,n] = gausser(A,b,[0,0,0]',1.0e-6)
x =
    0.9958
    0.9579
    0.7916
n =     7
```

由此可见,一般情况下,Gauss-Serdel 迭代比 Jacobi 迭代要收敛快一些。但这也不是绝对的,在某些情况下,Jacobi 迭代收敛而 Gauss-Serdel 迭代却可能不收敛,见以下示例。

【例 1-70】 分别用 Jacobi 迭代和 Gauss-Serdel 迭代法求解下列线性方程组,看是否收敛。

$$\begin{bmatrix} 1 & 2 & -2 \\ 1 & 1 & 1 \\ 2 & 2 & 1 \end{bmatrix} \begin{bmatrix} x_1 \\ x_2 \\ x_3 \end{bmatrix} = \begin{bmatrix} 9 \\ 7 \\ 6 \end{bmatrix}$$

程序代码如下。

```
clear;
a = [1,2, -2;1,1,1;2,2,1];
b = [9;7;6];
[x,n] = jacobi(a,b,[0,0,0]')
x =
    -27
     26
      8
n =     4
[x,n] = gausser(a,b,[0,0,0]')
x =
    NaN
    NaN
    NaN
n =         1012
```

可见对此方程,用 Jacobi 迭代收敛,而 Gauss-Serdel 迭代不收敛。因此,在使用迭代法时,要考虑算法的收敛性。

1.5.2 求线性方程组的通解

线性方程组的求解分为两类：一类是求方程组的唯一解（即特解），另一类是求方程组的无穷解（即通解）。这里对线性方程组 $Ax=b$ 的求解理论做一个归纳。

(1) 当系数矩阵 A 是一个满秩方阵时，方程 $Ax=b$ 称为恰定方程，方程有唯一解 $x=A^{-1}b$，这是最基本的一种情况。一般用 $x=A\backslash b$ 求解速度更快。

(2) 当方程组右端向量 $b=0$ 时，方程称为齐次方程组。齐次方程组总有零解，因此称解 $x=0$ 为平凡解。当系数矩阵 A 的秩小于 n（n 为方程组中未知变量的个数）时，齐次方程组有无穷多个非平凡解，其通解中包含 $n-\text{rank}(A)$ 个线性无关的解向量，用 MATLAB 函数 null(A,'r') 可求得基础解系。

(3) 当方程组右端向量 $b\neq 0$ 时，系数矩阵的秩 rank(A) 与其增广矩阵的秩 rank([A,b]) 是判断其是否有解的基本条件。

① 当 rank(A)=rank([A,b])=n 时，方程组有唯一解 $x=A\backslash b$ 或 $x=\text{pinv}(A)*b$。

② 当 rank(A)=rank([A,b])<n 时，方程组有无穷多个解，其通解＝方程组的一个特解＋对应的齐次方程组 $Ax=0$ 的通解。可以用 $A\backslash b$ 求得方程组的一个特解，用 null(A,'r') 求得该方程组所对应的齐次方程组的基础解系，基础解系中包含 $n-\text{rank}(A)$ 个线性无关的解向量。

③ 当 rank(A)<rank([A,b]) 时，方程组无解。

有了上面的这些讨论，下面设计一个求解线性方程组的函数文件 line_sol.m。

```
function [x,y] = line_sol(A,b)
[m,n] = size(A);
y = [ ];
if norm(b)> 0                              % 非齐次方程组
    if rank(A) == rank([A,b])
        if rank(A) == n                    % 有唯一解
            disp('原方程组有唯一解 x');
            x = A\b;
        else                               % 方程组有无穷多个解,基础解系
            disp('原方程组有无穷个解,特解为 x,其齐次方程组的基础解系为 y');
            x = A\b;
            y = null(A,'r');
        end
    else
        disp('方程组无解');                % 方程组无解
        x = [ ];
    end
else                                       % 齐次方程组
    disp('原方程组有零解 x');
    x = zeros(n,1);                        % 零解
    if rank(A)< n
        disp('方程组有无穷个解,基础解系为 y');  % 非零解
        y = null(A,'r');
    end
end
```

下面看两个应用示例,例中调用 line_sol.m 文件来解线性方程组。

【例 1-71】 求解方程组:
$$\begin{cases} x_1 - 2x_2 + 3x_3 - x_4 = 1 \\ 3x_1 - x_2 + 5x_3 - 3x_4 = 2 \\ 2x_1 + x_2 + 2x_3 - 2x_4 = 3 \end{cases}$$

程序代码如下。

```
clear;
a = [1, -2,3, -1;3, -1,5, -3;2,1,2, -2];
b = [1;2;3];
[x,y] = line_sol(a,b)
```

输出结果如下。

```
方程组无解
x =      [ ]
y =      [ ]
```

说明该方程组无解。

【例 1-72】 求方程组的通解。
$$\begin{cases} x_1 + x_2 - 3x_3 - x_4 = 1 \\ 3x_1 - x_2 - 3x_3 + 4x_4 = 4 \\ x_1 + 5x_2 - 9x_3 - 8x_4 = 0 \end{cases}$$

程序代码如下。

```
clear;
format rat
a = [1,1, -3, -1;3, -1, -3,4;1,5, -9, -8];
b = [1,4,0]';
[x,y] = line_sol(a,b);
x,y
format short              % 恢复默认的短格式输出
```

输出结果如下。

```
原方程组有无穷个解,特解为 x,其齐次方程组的基础解系为 y
Warning: Rank deficient, rank = 2,   tol =    8.8373e - 015.
> In line_sol at 11
x =
       0
       0
    -8/15
     3/5
y =
     3/2        -3/4
     3/2         7/4
      1          0
      0          1
```

所以原方程组的通解为

$$X = k_1 \begin{bmatrix} 3/2 \\ 3/2 \\ 1 \\ 0 \end{bmatrix} + k_2 \begin{bmatrix} -3/4 \\ 7/4 \\ 0 \\ 1 \end{bmatrix} + \begin{bmatrix} 0 \\ 0 \\ -8/15 \\ 3/5 \end{bmatrix}$$

，其中 k_1、k_2 为任意常数。

1.6 非线性方程与最优化问题

1.6.1 非线性方程数值求解

非线性方程的求根方法很多,常用的有牛顿迭代法,但该方法需要求原方程的导数,而在实际运算中这一条件有时是不能满足的,所以又出现了弦截法、二分法等其他方法。MATLAB 提供了有关函数用于非线性方程求解。

1. 单变量非线性方程求解

在 MATLAB 中提供了一个 fzero() 函数,可以用来求单变量非线性方程的根。该函数的调用格式请参看以下示例。

【例 1-73】 求 $f(x) = x - \dfrac{1}{x} + 5$ 在 $x_0 = -5$ 和 $x_0 = 1$ 作为迭代初值时的零点。

先建立函数文件 fx.m：

```
function f = fz(x)
f = x - 1/x + 5;
```

然后调用 fzero() 函数求根：

```
>> fzero('fz', -6)              % 以 -6 作为迭代初值
ans =
    -5.1926
>> fzero('fz', 2)               % 以 2 作为迭代初值
ans =
     0.1926
```

2. 非线性方程组的求解

在 MATLAB 的最优化工具箱中提供了非线性方程组的求解函数 fsolve(),其调用格式参看以下示例。

最优化工具箱提供了 20 多个优化参数选项,用户可以使用 optimset() 函数将它们显示出来。下面仅列出一些常用的选项。

(1) Display 选项：该选项决定函数调用中间结果的显示方式,其中,'off' 为不显示,'iter' 表示每步都显示,'final' 只显示最终结果。

(2) LargeScale 选项：表示是否用大规模问题算法,取值为 'on' 或 'off'。在求解中小型问题时,通常将该选项设置为 'off'。

(3) MaxIter 选项：表示最大允许迭代次数,默认为 400 次。选择空矩阵则表示取默认值。

(4) TolFun 选项：表示目标函数误差容限，选择空矩阵则表示默认值 10^{-6}。

(5) TolX 选项：表示自变量误差容限，选择空矩阵则表示默认值 10^{-6}。

可以先用 option=optimset 命令来调入一组默认选项值，如果想改变其中某个参数，则可以调用 optimset() 函数完成。例如，optimset('Display','off') 将设定 Display 选项为 'off'。也可以更直观地用结构体属性的方式设置新参数。例如，不求解大规模问题时最好用下面的语句关闭大规模问题解法选项：

```
option = optimset;
option.LargeScale = 'off '
```

这样可以将 LargeScale 选项设为 'off '。

【例 1-74】 求下列方程组在 (1,1,1) 附近的解并对结果进行验证。

$$\begin{cases} \sin x + y + z^2 e^x = 0 \\ x + y + z = 0 \\ xyz = 0 \end{cases}$$

首先建立函数文件 myfun.m。

```
function f = myfun(X)
x = X(1);
y = X(2);
z = X(3);
f(1) = sin(x) + y + z.^2 * exp(x);
f(2) = x + y + z;
f(3) = x * y * z;
```

在给定的初值 $x_0=1, y_0=1, z_0=1$ 下，调用 fsolve() 函数求方程的根。

```
>> X = fsolve('myfun',[1,1,1],optimset('Display','off'))
X =
    0.0224   -0.0224   -0.0000
>> q = myfun(X)
q =
  1.0e-006 *
   -0.5931   -0.0000    0.0006
```

可见得到了较高精度的结果。

【例 1-75】 求圆和直线的两个交点。

$$\text{圆：} x^2 + y^2 + z^2 = 9$$

$$\text{直线：} \begin{cases} 3x + 5y + 6z = 0 \\ x - 3y - 6z - 1 = 0 \end{cases}$$

该问题即为求解方程组：

$$\begin{cases} x^2 + y^2 + z^2 - 9 = 0 \\ 3x + 5y + 6z = 0 \\ x - 3y - 6z - 1 = 0 \end{cases}$$

使用 fsolve() 函数求解方程组时，必须先估计出方程组的根的大致范围。所给直线的方向数是(-12,24,-14),故其与球心在坐标原点的球面的交点大致是(-1,1,-1)和(1,-1,1)。以这两点作为迭代初值。

先建立方程组函数文件 fxyz.m。

```
function f = fxyz(X)
x = X(1);
y = X(2);
z = X(3);
f(1) = x^2 + y^2 + z^2 - 9;
f(2) = 3 * x + 5 * y + 6 * z;
f(3) = x - 3 * y - 6 * z - 1;
```

再在 MATLAB 命令窗口输入如下代码。

```
>> X1 = fsolve('fxyz',[-1,1,-1],optimset('Display','off'))    %求第一个交点
X1 =
    -0.9508    2.4016    -1.5259
>> X2 = fsolve('fxyz',[1,-1,1],optimset('Display','off'))     %求第二个交点
X2 =
     1.4180   -2.3361     1.2377
```

1.6.2 无约束最优化问题求解

无约束最优化问题的一般描述为

$$\min_{x} f(\boldsymbol{x})$$

其中,$\boldsymbol{x}=[x_1,x_2,\cdots,x_n]^T$,该数学表示的含义亦即求取一组 $\boldsymbol{x}$,使得目标函数 $f(\boldsymbol{x})$ 为最小,故这样的问题又称为最小化问题。

在实际应用中,许多科学研究和工程计算问题都可以归结为一个最小化问题,如能量最小、时间最短等。MATLAB 提供了三个求最小值的函数,它们的调用格式分别如下。

(1) [x,fval]=fminbnd(filename,x_1,x_2,option):求一元函数在 (x_1,x_2) 区间中的极小值点 x 和最小值 fval。

(2) [x,fval]=fminsearch(filename,x_0,option):基于单纯形算法求多元函数的极小值点 x 和最小值 fval。

(3) [x,fval]=fminunc(filename,x_0,option):基于拟牛顿法求多元函数的极小值点 x 和最小值 fval。

确切地说,这里讨论的也只是局域极值的问题(比全域最小问题要复杂得多)。filename 是定义目标函数的 M 文件名。fminbnd 的输入变量 x_1、x_2 分别表示研究区间的左、右边界。fminsearch 和 fminunc 的输入变量 x_0 是一个向量,表示极值点的初值。option 为优化参数。当目标函数的阶数大于 2 时,使用 fminunc 比 fminsearch 更有效,但当目标函数高度不连续时,使用 fminsearch 效果较好。

MATLAB 没有专门提供求函数最大值的函数,但只要注意到 $-f(x)$ 在区间 (a,b) 上的最小值就是 $f(x)$ 在 (a,b) 的最大值,所以 fminbnd($-f$,x_1,x_2)返回函数 $f(x)$ 在区间 (x_1,x_2) 上的最大值。

【例 1-76】 求函数

$$f(x) = x - \frac{1}{x} + 5$$

在区间(−10,1)和(1,10)上的最小值点。

首先建立函数文件 fx.m。

```
function f = fx(x)
f = x - 1/x + 5;
```

上述函数文件也可用以下语句代替：

```
f = inline('x - 1/x + 5')
```

再在 MATLAB 命令窗口输入如下代码。

```
>> [x,fmin] = fminbnd('fx', -10, -1)        %求函数在(-10,-1)内的最小值点和最小值
x =
    -9.9999
fmin =
    -4.8999
>> fminbnd('fx',1,10)
ans =
     1.0001
```

【例 1-77】 设

$$f(x,y,z) = x + \frac{y^2}{4x} + \frac{z^2}{y} + \frac{2}{z}$$

求函数 f 在(0.5, 0.5, 0.5)附近的最小值。

建立函数文件 fxyz2.m。

```
function f = fxyz2(u)
x = u(1);
y = u(2);
z = u(3);
f = x + y.^2./x/4 + z.^2./y + 2./z;
```

在 MATLAB 命令窗口输入如下代码。

```
>> [u,fmin] = fminsearch('fxyz2',[0.5 0.5 0.5])        %求函数的最大值和最小值
u =
    0.5000    1.0000    1.0000
fmin =
    4.0000
```

1.6.3 有约束最优化问题求解

有约束最优化问题的一般描述为

$$\min_{x\ \text{s.t.}\ G(x) \leqslant 0} f(x)$$

其中，$x = [x_1, x_2, \cdots, x_n]^T$，该数学表示的含义亦即求取一组 x，使得目标函数 $f(x)$ 为

最小,且满足约束条件 $G(x) \leqslant 0$。记号 s.t. 是英文 subject to 的缩写,表示 x 要满足后面的约束条件。

约束条件可以进一步细化如下。

(1) 线性不等式约束：$Ax \leqslant b$。

(2) 线性等式约束：$A_{eq}x = b_{eq}$。

(3) 非线性不等式约束：$Cx \leqslant 0$。

(4) 非线性等式约束：$C_{eq}x = 0$。

(5) x 的下界和上界：$L_{bnd} \leqslant x \leqslant U_{bnd}$。

MATLAB 最优化工具箱提供了一个 fmincon() 函数,专门用于求解各种约束下的最优化问题。其调用格式参看以下示例。

【例 1-78】 求解有约束最优化问题。

$$x \quad \text{s.t.} \begin{cases} \min f(x) = 0.4x_2 + x_1^2 + x_2^2 - x_1x_2 + \dfrac{1}{30}x_1^3 \\ x_1 + 0.5x_2 \geqslant 0.4 \\ 0.5x_1 + x_2 \geqslant 0.5 \\ x_1 \geqslant 0, x_2 \geqslant 0 \end{cases}$$

首先编写目标函数 M 文件 fop.m。

```
function f = fop(x)
f = 0.4 * x(2) + x(1)^2 + x(2)^2 - x(1) * x(2) + 1/30 * x(1)^3;
```

再设定约束条件,并调用 fmincon() 函数求解此约束最优化问题。

```
x0 = [0.5;0.5];
a = [-1, -0.5; -0.5, -1];
b = [-0.4; -0.5];
lb = [0;0];
option = optimset;
option.LargeScale = 'off';
option.Display = 'off';
[x,f] = fmincon('fop',x0,a,b,[],[],lb,[],[],option)
```

输出结果为

```
x =
    0.3394
    0.3303
f =
    0.2456
```

第 2 章

MATLAB绘图功能

强大的绘图功能是 MATLAB 的特点之一。MATLAB 提供了一系列的绘图函数，用户无须过多考虑绘图细节，只需给出一些基本参数就能得到所需图形，这一类函数称为高层绘图函数。除此之外，MATLAB 还提供了直接对图形句柄进行操作的底层绘图操作。这类操作将图形的每个图形元素（如坐标轴、曲线、曲面或文字等）看作一个独立的对象，系统给每个图形对象分配一个句柄，以后可以通过该句柄对该图形元素进行操作，而不影响图形的其他部分。高层绘图操作简单明了、方便高效，是用户最常使用的绘图方法，而低层绘图操作控制和表现图形的能力更强，为用户更加自主地绘制图形创造了条件。事实上，MATLAB 的高层绘图函数都是利用低层绘图函数建立起来的。

2.1 二维图形绘制

二维图形是将平面坐标上的数据点连接起来的平面图形。可以采用不同的坐标系，除直角坐标系外，还可采用对数坐标、极坐标。数据点可以用向量或矩阵形式给出，类型可以是实型或复数型。二维图形的绘制无疑是其他绘图操作的基础。

2.1.1 绘制二维曲线的常用函数

在 MATLAB 中，最基本且应用最为广泛的绘图函数为 plot() 函数，利用它可以在二维平面上绘制出不同的曲线。

1. plot() 函数的基本用法

plot() 函数用于绘制 xy 平面上的线性坐标曲线图，因此需要提供一组 x 坐标及其各点对应的 y 坐标，这样就可以绘制分别以 x 和 y 为横、纵坐标的二维曲线。plot() 函数的基本调用格式为

```
plot(x,y)
```

其中，x 和 y 为长度相同的向量，分别用于存储 x 坐标和 y 坐标数据。

【例 2-1】 在 $0 \leqslant x \leqslant 2\pi$ 区间内,绘制曲线 $y = 2\mathrm{e}^{-0.5x} \sin(2\pi x)$。

程序代码如下。

```
x = 0:pi/100:2 * pi;
y = 2 * exp( - 0.5 * x). * sin(2 * pi * x);
plot(x,y)
```

程序执行后,打开一个图形窗口,在其中绘制如图 2-1 所示的曲线。

【例 2-2】 绘制曲线:

$$\begin{cases} x = t\cos(3t) \\ y = t\sin^2 t \end{cases} \quad -\pi \leqslant t \leqslant \pi$$

这是以参数方程形式给出的二维曲线,只要给定参数向量,再分别求出 x、y 向量即可绘出曲线。代码如下。

```
t = - pi:pi/100:pi;
x = t. * cos(3 * t);
y = t. * sin(t). * sin(t);
plot(x,y);
```

运行程序,得到的图形如图 2-2 所示。

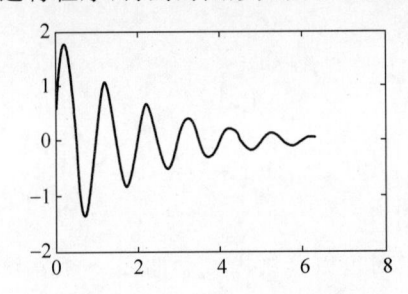

图 2-1　$y = 2\mathrm{e}^{-0.5x} \sin(2\pi x)$ 的曲线 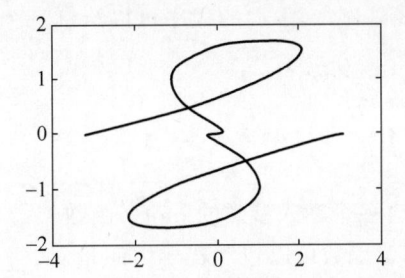　　图 2-2　以参数方程形式给出的二维曲线

以上提到 plot() 函数的自变量 x、y 为长度相同的向量,这是最常见和最基本的情况。实际应用中还有一些变化,下面分别说明。

(1) 当 x 是向量,y 是有一维与 x 同维的矩阵时,则绘制出多条不同色彩的曲线。曲线条数等于 y 矩阵的另一维数,x 被作为这些曲线共同的横坐标。例如,下列程序可在同一坐标中同时绘制出正弦和余弦曲线。

```
x = linspace(0,2 * pi,100);
y = [sin(x);cos(x)];
plot(x,y)
```

程序首先产生一个行向量 x,然后分别求取行向量 $\sin(x)$ 和 $\cos(x)$,并将它们构成矩阵 y 的两行,最后在同一坐标中同时绘制两条曲线。

(2) 当 x、y 是同维矩阵时,则以 x、y 对应列元素为横、纵坐标分别绘制曲线,曲线条数等于矩阵的列数。例如,在同一坐标中同时绘制出正弦和余弦曲线,可用下面的程序。

```
t = linspace(0,2 * pi,100);
x = [t;t]';
```

```
y = [sin(t);cos(t)];
plot(x,y)
```

（3）plot()函数最简单的调用格式是只包含一个输入参数：

```
plot(x)
```

在这种情况下，当 x 是实向量时，则以该向量元素的下标为横坐标，元素值为纵坐标画出一条曲线，这实际上是绘制折线图。当 x 是复数向量时，则分别以该向量元素实部和虚部为横、纵坐标绘制出一条曲线。例如，下面的程序可以绘制一个单位圆。

```
t = 0:0.01:2*pi;
x = exp(i*t);                    % x 是一个复数向量
plot(x)
```

注意：

程序中的 i 是虚数单位，这样 x 是一个复数向量。为了保证这一点，i 不能被赋予其他的值。

当 x 是实数矩阵时，则按列绘制每列元素值相对其下标的曲线，曲线条数等于 x 矩阵的列数。当输入参数是复数矩阵时，则按列分别以元素实部和虚部为横、纵坐标绘制多条曲线。例如，下面的程序可以绘制三个同心圆。

```
t = 0:0.01:2*pi;
x = exp(i*t);
y = [x;2*x;3*x]';
plot(y)
```

2. 含多个输入参数的 plot()函数

plot()函数可以包含若干组向量对，每一向量对可以绘制出一条曲线。含多个输入参数的 plot()函数调用格式为

```
plot(x₁,y₁,x₂,y₂,…,xₙ,yₙ)
```

（1）当输入参数都为向量时，x_1 和 y_1，x_2 和 y_2，…，x_n 和 y_n 分别组成一组向量对，每一组向量对的长度可以不同。每一向量对可以绘制出一条曲线，这样可以在同一坐标内绘制出多条曲线。例如，下面的程序可以在同一坐标中同时绘制出三条正弦曲线。

```
x = linspace(0,2*pi,100);
plot(x,sin(x),x,2*sin(x),x,3*sin(x))
```

（2）当输入参数有矩阵形式时，配对的 x、y 按对应列元素为横、纵坐标分别绘制曲线，曲线条数等于矩阵的列数。分析下列程序绘制的曲线。

```
x = linspace(0,2*pi,100);
y1 = sin(x);
y2 = 2*sin(x);
y3 = 3*sin(x);
x = [x;x;x]';
y = [y1;y2;y3]';
plot(x,y,x,cos(x))
```

x 和 y 都是含有三列的矩阵,它们组成输入参数对,绘制出三条正弦曲线;x 和 $\cos(x)$ 都是向量,它们组成输入参数对,绘制出一条余弦曲线。

3. 含选项的 plot( )函数

MATLAB 提供了一些绘图选项,用于确定所绘曲线的线型、颜色和数据点标记符号。这些选项如表 2-1 所示,它们可以组合使用。例如,'b-'表示蓝色点曲线,'y:d'表示黄色虚线并用菱形符标记数据点。当选项省略时,MATLAB 规定,线型一律用实线,颜色将根据曲线的先后顺序依次采用表 2-1 给出的前 7 种颜色。含选项的 plot( )函数调用格式为

plot(x_1,y_1,选项 1,x_2,y_2,选项 2,…,x_n,y_n,选项 n)

表 2-1 线型、颜色和标记符号选项

线	型	颜	色	标	识	符	号
—	实线	b	蓝色	.	点	s	方块符(square)
:	虚线	g	绿色	o	圆圈	d	菱形符(diamond)
-.	点画线	r	红色	x	叉号	V	朝下三角符号
--	双画线	c	青色	+	加号	∧	朝上三角符号
		m	品红色	*	星号	<	朝左三角符号
		y	黄色			>	朝右三角符号
		k	黑色			p	五角星符(pentagram)
		w	白色			h	六角星符(hexgram)

【例 2-3】 用不同线型和颜色在同一坐标内绘制曲线 $y = 2\mathrm{e}^{-0.5x}\sin(2\pi x)$ 及其包络线。

代码如下。

```
clear;
x = (0:pi/100:2 * pi)';
y1 = 2 * exp( - 0.5 * x) * [1, - 1];
y2 = 2 * exp( - 0.5 * x). * sin(2 * pi * x);
x1 = (0:12)/2;
y3 = 2 * exp( - 0.5 * x1). * sin(2 * pi * x1);
plot(x,y1,'m:',x,y2,'b-- ',x1,y3,'rp');
```

运行程序,如图 2-3 所示。

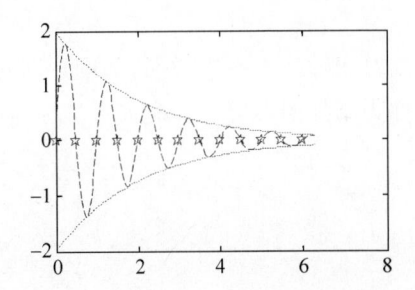

图 2-3 用不同线型和颜色绘制曲线效果

4. 双纵坐标函数 plotyy()

在 MATLAB 中，如果需要绘制出具有不同纵坐标的两个图形，可以使用 plotyy() 函数。这种图形能把函数值具有不同量纲、不同数量级的两个函数绘制在同一坐标中，有利于图形数据的对比分析。plotyy() 函数的调用格式为

```
plotyy(x1,y1,x2,y2)
```

其中，x_1,y_1 对应一条曲线，x_2,y_2 对应另一条曲线。横坐标的标度相同，纵坐标有两个，左纵坐标用于 x_1,y_1 数据对，右纵坐标用于 x_2,y_2 数据对。

【例 2-4】 用不同标度在同一坐标内绘制曲线 $y_1=\mathrm{e}^{-0.5x}\sin(2\pi x)$ 及曲线 $y_2=1.5\mathrm{e}^{-0.2x}\sin x$。

代码如下。

```
clear;
x1 = 0:pi/100:2 * pi;
x2 = 0:pi/100:3 * pi;
y1 = exp( - 0.5 * x1). * sin(2 * pi * x1);
y2 = 1.5 * exp( - 0.2 * x2). * sin(x2);
plotyy(x1,y1,x2,y2);
```

运行程序，如图 2-4 所示。

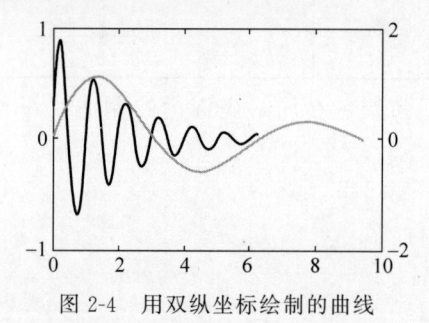

图 2-4 用双纵坐标绘制的曲线

2.1.2 绘制图形的辅助操作

绘制完图形后，可能还需要对图形进行一些辅助操作，以使图形意义更加明确，可读性更强。

1. 图形标注

在绘制图形的同时，可以对图形加上一些说明，如图形名称、坐标轴说明以及图形某一部分的含义等，这些操作称为添加图形标注。有关图形标注函数的调用格式为

```
xlabel(x 轴说明)
ylabel(y 轴说明)
title(图形名称)
text(x,y,图形说明)
legend(图例 1,图例 2,…)
```

其中，xlabel()、ylabel() 和 title() 函数分别用于说明坐标轴的名称和图形。text() 函数是在

(x,y) 坐标处添加图形说明。添加文本说明也可以用 gtext 命令，执行该命令时，十字坐标光标自动跟随鼠标移动，单击鼠标即可将文本放置在十字光标处，如命令 gtext('cos(x)')，即可放置字符串 cos(x)。legend()函数用于绘制曲线所用线型、颜色或数据点标记图例，图例放置在图形空白处，用户还可以通过鼠标移动图例，将其放到所希望的位置。除 legend()函数外，其他函数同样适用于三维图形，z 坐标轴说明用 zlabel()函数。

2. 坐标控制

在绘制图形时，MATLAB 可以自动根据要绘制曲线数据的范围选择合适的坐标刻度，使得曲线能够尽可能清晰地显示出来。所以，一般情况下用户不必选择坐标轴的刻度范围。但是，如果用户对坐标系不满意，可利用 axis()函数对其重新设定。该函数的调用格式为

```
axis([xmin xmax ymin ymax zmin zmax])
```

如果只给出前 4 个参数，则 MATLAB 按照给出的 x、y 轴的最小值和最大值选择坐标系范围，以便绘制出合适的二维曲线。如果给出了全部参数，则系统按照给出的三个坐标轴的最小值和最大值选择坐标系范围，以便绘制出合适的三维图形。

axis()函数功能丰富，常用的用法如下。

axis equal：纵、横坐标轴采用等长刻度。

axis square：产生正方形坐标系（默认为矩形）。

axis auto：使用默认设置。

axis off：取消坐标轴。

axis on：显示坐标轴。

给坐标加网格线用 grid 命令来控制。grid on/off 命令控制是画还是不画网格线，不带参数的 grid 命令在两种状态之间进行切换。

给坐标加边框用 box 命令来控制。box on/off 命令控制是加还是不加边框线，不带参数的 box 命令在两种状态之间进行切换。

【例 2-5】 绘制分段函数曲线并添加图形标注。

$$f(x) = \begin{cases} \sqrt{x}, & 0 \leqslant x < 4 \\ 2, & 4 \leqslant x < 6 \\ 5 - x/2, & 6 \leqslant x < 8 \\ 1, & x \geqslant 8 \end{cases}$$

代码如下。

```
clear;
x1 = 0:pi/100:2 * pi;
x2 = 0:pi/100:3 * pi;
y1 = exp( - 0.5 * x1). * sin(2 * pi * x1);
y2 = 1.5 * exp( - 0.2 * x2). * sin(x2);
plotyy(x1,y1,x2,y2);
>> clear;
x = linspace(0,10,100);
```

```
y = [];
for x1 = x
    if x1 >= 8
        y = [y,1];
    elseif x1 >= 6
        y = [y,5 - x1/2];
    elseif x1 >= 4
        y = [y,2];
    elseif x1 >= 0
        y = [y,sqrt(x1)];
    end
end
plot(x,y)
axis([0 10 0 2.5]);                      % 设置坐标轴
title('分段函数曲线');                      % 加图形标题
xlabel('Variable x');                    % 加 x 轴说明
ylabel('Variable y');                    % 加 y 轴说明
text(2,1.3,'y = x^{1/2}');               % 在指定位置添加图形说明
text(4.5,1.9,'y = 2');
text(7.3,1.5,'y = 5 - x/2');
text(8.5,0.9,'y = 1');
```

运行程序,如图 2-5 所示。

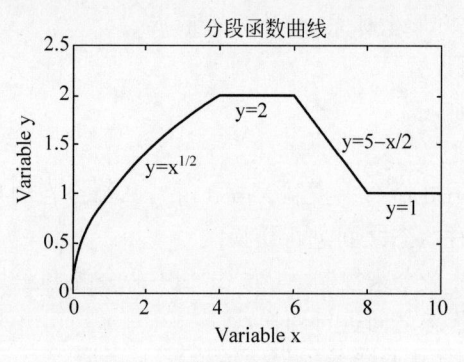

图 2-5　给图形添加图形标注

3. 图形保持

一般情况下,每执行一次绘图命令,就刷新一次当前图形窗口,图形窗口原有图形将不复存在。若希望在已存在的图形上再继续添加新的图形,可使用图形保持命令 hold。hold on/off 命令控制是保持原有图形还是刷新原有图形,不带参数的 hold 命令在两种状态之间进行切换。

【例 2-6】　用图形保持功能在同一坐标内绘制曲线 $y = 1.5\mathrm{e}^{-0.5x}\sin(2\pi x)$ 及其包络线。

代码如下。

```
clear;
x = (0:pi/100:2 * pi)';
y1 = 1.5 * exp( - 0.5 * x) * [1, - 1];
```

```
y2 = 1.5 * exp( - 0.5 * x). * sin(2 * pi * x);
plot(x,y1,'b:');
axis([0,1.5 * pi, - 1.5,1.5]);          % 设置坐标
hold on;                                 % 设置图形保持状态
plot(x,y2,'r');
legend('包络线','包络线','曲线 y');      % 加图例
hold off;                                % 关闭图形保持
grid on
```

运行程序，如图 2-6 所示。

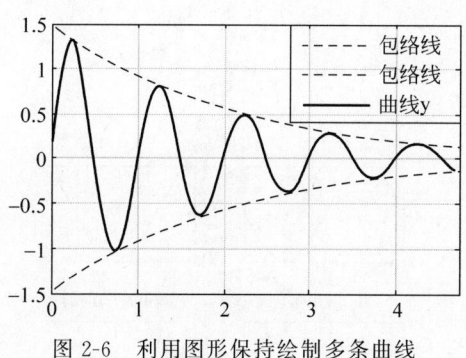

图 2-6　利用图形保持绘制多条曲线

4. 图形窗口的分割

在实际应用中，经常需要在一个图形窗口内绘制若干个独立的图形，这就需要对图形窗口进行分割。分割后的图形窗口由若干个绘图区组成，每一个绘图区可以建立独立的坐标系并绘制图形。同一图形窗口中的不同图形称为子图。MATLAB 系统提供了 subplot() 函数，用来将当前图形窗口分割成若干个绘图区。每个区域代表一个独立的子图，也是一个独立的坐标系，可以通过 subplot() 函数激活某一区，该区为活动区，所发出的绘图命令都是作用于活动区域。subplot() 函数的调用格式为

```
subplot(m,n,p)
```

该函数将当前图形窗口分成 $m \times n$ 个绘图区，即 m 行，每行 n 个绘图区，区号按行优先编号，且选定第 p 个区为当前活动区。在每一个绘图区允许以不同的坐标系单独绘制图形。

【例 2-7】 在一个图形窗口中以子图形式同时绘制正弦、余弦、正切、余切曲线。
代码如下。

```
clear;
x = linspace(0,2 * pi,60);
y = sin(x);
z = cos(x);
t1 = sin(x)./(cos(x) + eps);
t2 = cos(x)./(sin(x) + eps);
subplot(2,2,1);
plot(x,y);
title('sin(x)');
axis([0,2 * pi, - 1,1]);
```

```
subplot(2,2,2);
plot(x,z);
title('cos(x)');
axis([0,2*pi,-1,1]);
subplot(2,2,3);
plot(x,t1);
title('tangent(x)');
axis([0,2*pi,-40,40]);
subplot(2,2,4);
plot(x,t2);
title('cotangent(x)');
axis([0,2*pi,-1,1]);
```

运行程序,如图 2-7 所示。

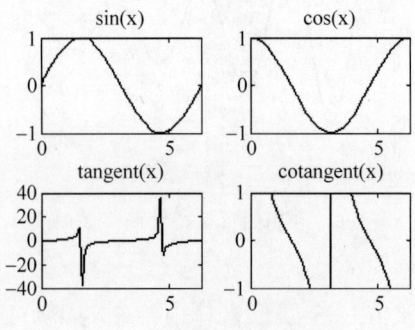

图 2-7 图形窗口的分割

例中将图形窗口分割成 2×2 个绘图区,编号从 1 到 4,各区分别绘制一幅图形,这是最规则的情况。实际上,还可以做更灵活的分割。示例如下。

```
clear;
x = linspace(0,2*pi,60);
y = sin(x);
z = cos(x);
t1 = sin(x)./(cos(x) + eps);
t2 = cos(x)./(sin(x) + eps);
subplot(2,2,1);                    % 选择 2×2 区中的 1 号区
stairs(x,y);
title('sin(x) - 1');
axis([0,2*pi,-1,1]);
subplot(2,1,2);                    % 选择 2×1 区中的 2 号区
stem(x,y);
title('sin(x) - 2');
axis([0,2*pi,-1,1]);
subplot(4,4,3);                    % 选择 4×4 区中的 3 号区
plot(x,y);
title('sin(x)');
axis([0,2*pi,-1,1]);
subplot(4,4,4);                    % 选择 4×4 区中的 4 号区
plot(x,z);
```

```
title('cos(x)');
axis([0,2*pi,-1,1]);
subplot(4,4,7);                     %选择4×4区中的7号区
plot(x,t1);
title('tangent(x)');
axis([0,2*pi,-40,40]);
subplot(4,4,8);                     %选择4×4区中的8号区
plot(x,t2);
title('cotangent(x)');
axis([0,2*pi,-40,40]);
```

程序运行结果如图 2-8 所示。利用坐标轴对象操作可以对图形窗口进行任意分割。

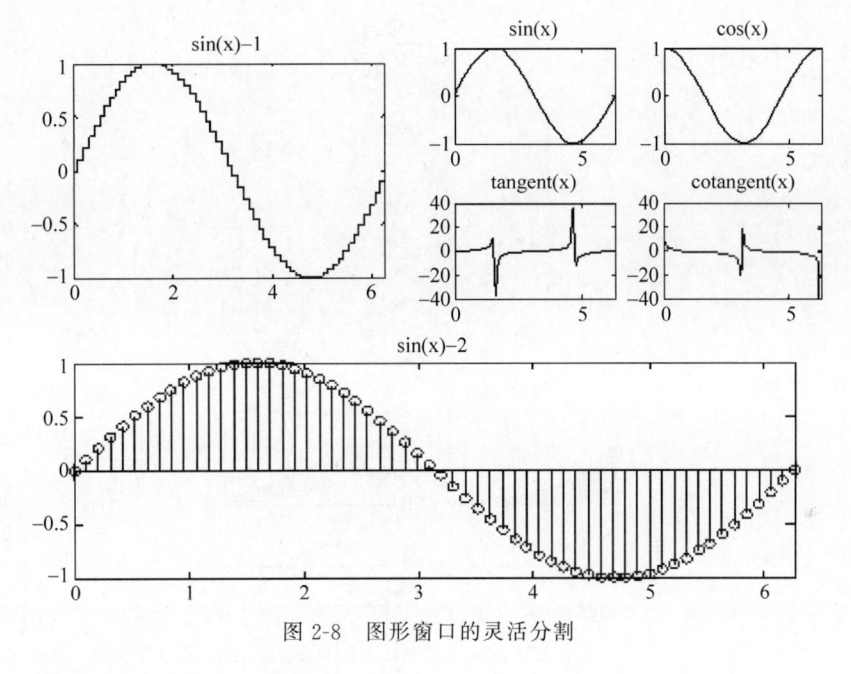

图 2-8 图形窗口的灵活分割

2.1.3 绘制二维图形的其他函数

1. 其他形式的线性直角坐标图

在线性直角坐标系中，其他形式的图形有条形图、阶梯图、杆图和填充图等，所采用的函数分别如下。

```
bar(x, y, 选项)
stairs(x, y, 选项)
stem(x, y, 选项)
fill(x_1, y_1, 选项1, x_2, y_2, 选项2, …)
```

前三个函数的用法与 plot() 函数相似，只是没有多输入变量形式。fill() 函数按向量元素下标渐增次序依次用直线段连接 x、y 对应元素定义的数据点。假如这样连接所得折线不封闭，那么 MATLAB 将自动把该折线的首尾连接起来，构成封闭多边形。然后

将多边形内部涂满指定的颜色。

【例 2-8】 分别以条形图、填充图、阶梯图和杆图形式绘制曲线 $y=1.5\mathrm{e}^{-0.5x}\sin x$。代码如下。

```
clear;
x = 0:0.35:7;
y = 1.5 * exp( - 0.5 * x);
subplot(2,2,1);
bar(x,y,'r');
title('bar(x,y,"r")');
axis([0 7 0 2]);
subplot(2,2,2);
fill(x,y,'g');
title('fill(x,y,"g")');
axis([0 7 0 2]);
subplot(2,2,3);
stairs(x,y,'b');
title('stairs(x,y,"b")');
axis([0 7 0 2]);
subplot(2,2,4);
stem(x,y,'m');
title('stem(x,y,"m")');
axis([0 7 0 2]);
```

运行程序,如图 2-9 所示。

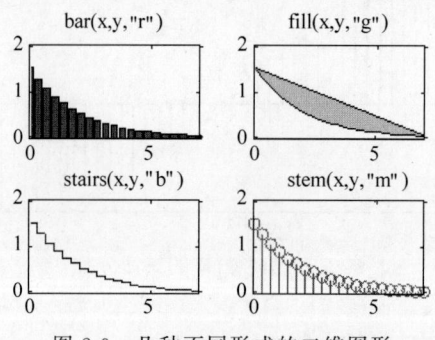

图 2-9 几种不同形式的二维图形

2. 极坐标图

polar()函数用来绘制极坐标图,其调用格式为

```
polar(the,rho,选项)
```

其中,the 为极坐标极角,rho 为极坐标矢径,选项的内容与 plot()函数相似。

【例 2-9】 绘制 $\rho=\sin(2\theta)\cos(2\theta)$ 的极坐标图。
代码如下。

```
clear;
the = 0:0.01:2 * pi;
rho = sin(2 * the). * cos(2. * the);
polar(the,rho,'r');
```

运行程序，如图 2-10 所示。

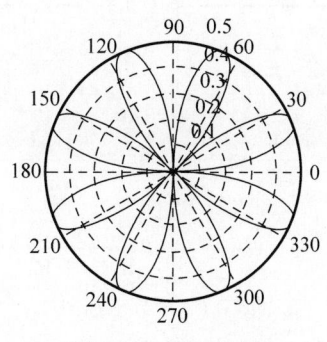

图 2-10　极坐标图

3. 对数坐标图形

在实际应用中经常用到对数坐标，例如，控制理论中的 Bode 图。MATLAB 提供了绘制对数和半对数坐标曲线的函数，调用格式为

```
semilogx(x₁,y₁,选项 1, x₂, y₂, 选项 2, …)
semilogy(x₁,y₁,选项 1, x₂, y₂, 选项 2, …)
loglog(x₁,y₁,选项 1, x₂, y₂, 选项 2, …)
```

其中，选项的定义与 plot() 函数完全一致，所不同的是坐标轴的选取。semilogx() 函数使用半对数坐标，x 轴为常用对数刻度，而 y 轴仍保持线性刻度。semilogy() 函数也使用半对数坐标，y 轴为常用对数刻度，而 x 轴仍保持线性刻度。loglog() 函数使用全对数坐标，x、y 轴均采用常用对数刻度。

【例 2-10】　绘制 $y=10x^2$ 的对数坐标图，并与直角线性坐标图进行比较。

代码如下。

```
clear;
x = 0:0.1:10;
y = 10 * x .* x;
subplot(2,2,1);
plot(x,y);
title('plot(x,y)');grid on;
subplot(2,2,2);
semilogx(x,y);
title('semilogx(x,y)');grid on;
subplot(2,2,3);
semilogy(x,y);
title('semilogy(x,y)');grid on;
subplot(2,2,4);
loglog(x,y);
title('loglog(x,y)');grid on;
```

运行程序，如图 2-11 所示。

在前面介绍过利用冒号表达式或 linspace() 函数产生线性坐标向量，MATLAB 还提供了一个实用的函数 logspace()，它可以按对数等距地分布来产生一个向量。该函数的调用格式为

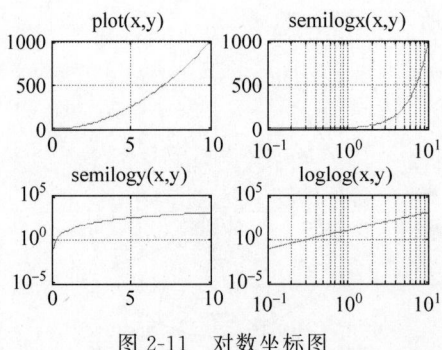

图 2-11　对数坐标图

```
logspace(a, b, n)
```

其中，a 和 b 是生成向量的第一个和最后一个元素，n 是元素总数。当 n 省略时，自动产生 50 个元素。

4. 对函数自适应采样的绘图函数

前面介绍了很多绘图函数，基本的操作方法为：先取足够稠密的自变量向量 x，然后计算出函数值向量 y，最后用绘图函数绘图。在取数据点时一般都是等间隔采样，这对绘制高频率变化函数不够精确。例如函数 $f(x)=\cos(\tan(\pi x))$，在 $(0,1)$ 范围有无限多个振荡周期，函数变化率大。为提高精度，绘制出比较真实的函数曲线，就不能等间隔采样，而必须在变化率大的区段密集采样，以充分反映函数的实际变化规律，进而提高图形的真实度。fplot()函数可自适应地对函数进行采样，能更好地反映函数的变化规律。该函数的调用格式为

```
fplot(filename, lims, tol, 选项)
```

其中，filename 为函数名，以字符串形式出现。它可以是由多个分量函数构成的行向量，分量函数可以是函数的直接字符串，也可以是内部函数名或函数文件名，但自变量都必须为 x。lims 为 x、y 的取值范围，以行向量形式出现，取二元向量[xmin, xmax]时，x 轴的范围被人为确定，取四元向量[xmin, xmax, ymin, ymax]时，x、y 轴的范围被人为确定。tol 为相对允许误差，其系统默认值为 $2e-3$。选项定义与 plot()函数相同。例如：

```
fplot('sin(x)', [0,2 * pi]," * ")
fplot('[sin(x),cos(x)]',[0,2 * pi, - 1.5,.5],1e-3,'r.')        %绘制正、余弦曲线
```

观察上述语句绘制的正余弦曲线采样点的分布，可发现曲线变化率大的区段，采样点比较密集。

【**例 2-11**】　用 fplot()函数绘制 $f(x)=\cos(\tan(\pi x))$ 的曲线。

先建立 myf.m 文件：

```
function y = myexample(x)
y = cos(tan(pi * x));
```

再用 fplot()函数绘制 myexample.m 函数的曲线：

```
>> fplot('myexample',[-0.4,1.4],1e-4)
```

得到如图 2-12 所示曲线。从图 2-12 中可看出，在 $x=0.5$ 附近采样点十分密集。也可以直接用 fplot() 函数绘制 $f(x)=\cos(\tan(\pi x))$ 的曲线：

```
>> fplot('cos(tan(pi*x))',[-0.4,1.4],1e-4)
```

5. 其他形式的二维图形

MATLAB 提供的绘图函数还有很多，例如，用来表示各元素占总和的百分比的饼图、复数的相量图等。示例如下。

（1）某次考试优秀、良好、中等、及格、不及格的人数分别为 9、21、19、18、7，试用饼图进行成绩统计分析。

（2）绘制复数的相量图：2+3i、6.3-i 和 -1.2+4i。

代码如下。

```
subplot(1,2,1);
pie([9,21,19,18,7]);
title('饼图');
legend('优秀','良好','中等','及格','不及格');
subplot(1,2,2);
compass([2+3i,6.3-i,-1.2+4i]);
title('相量图');
```

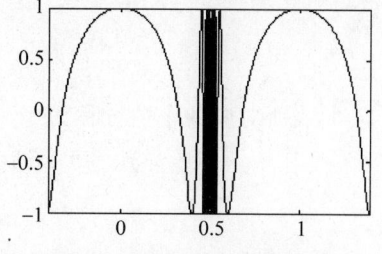

图 2-12 自适应采样绘图

运行程序，如图 2-13 所示。

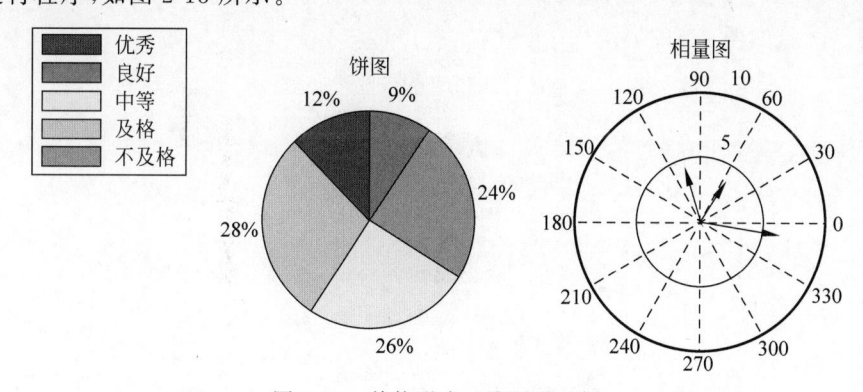

图 2-13 其他形式二维图形示例

2.2 三维图形绘制

2.2.1 绘制三维曲线的常用函数

最常用的三维图形函数为 plot3()，它将二维绘图函数 plot() 的有关功能扩展到三维空间，可用来绘制三维曲线。plot3() 函数与 plot() 函数用法十分相似，其调用格式为

```
plot3(x₁,y₁,z₁,选项1,x₂,y₂,z₂,选项2,…,xₙ,yₙ,zₙ,选项n)
```

其中每一组 x、y、z 组成一组曲线的坐标参数,选项的定义和 plot() 函数相同。当 x、y、z 是同维向量时,则 x、y、z 对应元素构成一条三维曲线。当 x、y、z 是同维矩阵时,则以 x、y、z 对应列元素绘制三维曲线,曲线条数等于矩阵列数。

【例 2-12】 绘制空间曲线:

$$\begin{cases} x^2 + y^2 + z^2 = 64 \\ y + z = 0 \end{cases}$$

曲线所对应的参数方程为

$$\begin{cases} x = 10\cos t \\ y = 3\sqrt{3}\sin t \\ z = -3\sqrt{3}\sin t \end{cases} \quad 0 \leqslant x \leqslant 2\pi$$

代码如下。

```
clear;
t = 0:pi/50:2 * pi;
x = 8 * cos(t);
y = 4 * sqrt(2) * sin(t);
z = - 4 * sqrt(2) * sin(t);
plot3(x,y,z,'o');
title('Line in 3 - D Space');
text(0,0,0,'origin');
xlabel('x');ylabel('y');
zlabel('z');grid;
```

运行程序,如图 2-14 所示。

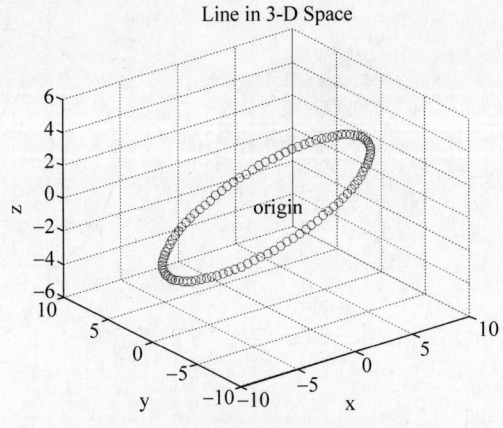

图 2-14 三维函数绘制珍珠项链

2.2.2 三维曲面图绘制

1. 平面网格坐标矩阵的生成

绘制 $z = f(x,y)$ 所代表的三维曲面图,先要在 xy 平面选定一矩形区域,假定矩形

区域 $D=[a,b]×[c,d]$,然后将 $[a,b]$ 在 x 方向分成 m 份,将 $[c,d]$ 在 y 方向分成 n 份,分别作平行于两坐标轴的直线,将区域 D 分成 $m×n$ 个小矩形,生成代表每一个小矩形顶点坐标的平面网格坐标矩阵,最后利用有关函数绘图。

产生平面区域内的网格坐标矩阵有以下两种方法。

(1) 利用矩阵运算生成。

```
x = a:dx:b
y = (c:dy:d);
x1 = ones(size(y)) * x;
y1 = y * ones(size(x));
```

上述语句执行后,矩阵 **X** 的每一行都是向量 **x**,行数等于向量 **y** 的元素的个数,矩阵 **Y** 的每一列都是向量 **y**,列数等于向量 **x** 的元素的个数。于是 **X** 和 **Y** 相同位置上的元素 $(X(i,j))$,$(Y(i,j))$ 恰好是区域 D 的 (i,j) 的网格点的坐标。若根据每一个网格点上的 x、y 坐标求函数值 z,则得到函数值矩阵 **Z**。显然,**X**、**Y**、**Z** 各列或各行所对应坐标,对应于一条空间曲线,空间曲线的集合组成空间曲面。

(2) 利用 meshgrid() 函数生成。

```
x = a:dx:b;
y = c:dy:d;
[X,Y] = meshgrid(x,y);
```

语句执行后,所得到的网格坐标矩阵 **X**、**Y** 与方法(1)得到的相同。当 $x=y$ 时,meshgrid() 函数可写成 meshgrid(x)。

【例 2-13】 已知 $8<x<30$,$12<y<35$,求不定方程 $3x+4y=135$ 的整数解。

代码如下。

```
x = 9:29;
y = 13:34;
[X,Y] = meshgrid(x,y);        % 在[9,29]×[13,34]区域生成网格坐标
z = 3 * X + 4 * Y;
k = find(z == 135);            % 找出解的位置
X(k)',Y(k)'                    % 输出对应位置的 X,Y 即方程的解
```

显示如下。

```
ans =
     9    13    17    21    25
ans =
    27    24    21    18    15
```

即方程共有 5 组解:(9,27)、(13,24)、(17,21)、(21,18)、(25,15)。

2. 绘制三维曲面的函数

MATLAB 提供了 mesh() 函数和 surf() 函数来绘制三维曲面图。mesh() 函数用于绘制三维网格图。在不需要绘制特别精细的三维曲面图时,可以通过三维网格图来表示三维曲面。surf() 函数用于绘制三维曲面图,各线条之间的补面用颜色填充。mesh() 函数和 surf() 函数的调用格式为

```
mesh(x, y, z, c)
surf(x, y, z, c)
```

一般情况下，x、y、z 是维数相同的矩阵。x、y 是网格坐标矩阵，z 是网格点上的高度矩阵，c 用于指定在不同高度下的颜色范围。c 省略时，MATLAB 认为 $c=z$，亦即颜色的设定是正比图形的高度的，这样就可以得出层次分明的三维图形。当 x、y 省略时，把 z 矩阵的列下标当作 x 轴坐标，把 z 矩阵的行下标当作 y 轴坐标，然后绘制三维曲面图。当 x、y 是向量时，要求 x 的长度必须等于 z 矩阵的列数，y 的长度等于 z 矩阵的行数，x、y 向量元素的组合构成网格点的 x、y 坐标，z 坐标则取自 z 矩阵，然后绘制三维曲面图。

【例 2-14】 用三维曲面图绘制出 $z=\sin y\cos x$。

为便于分析各种三维曲面的特征，下面画出了三种不同形式的曲面。

代码 1：

```
clear;
x = 0:0.1:2 * pi;
[x,y] = meshgrid(x);
z = sin(y).* cos(x);
plot3(x,y,z);                      % 绘制图 2-15
xlabel('x-axis');ylabel('y-axis');zlabel('z-axis');
title('plot3-1');grid on;
```

代码 2：

```
clear;
x = 0:0.1:2 * pi;
[x,y] = meshgrid(x);
z = sin(y).* cos(x);
mesh(x,y,z);                       % 绘制图 2-16
xlabel('x-axis');ylabel('y-axis');zlabel('z-axis');
title('mesh');grid on;
```

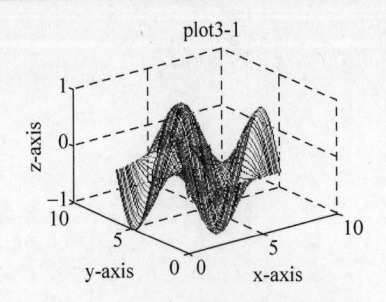

图 2-15　用 plot3() 绘制的曲面图　　　图 2-16　三维网格图

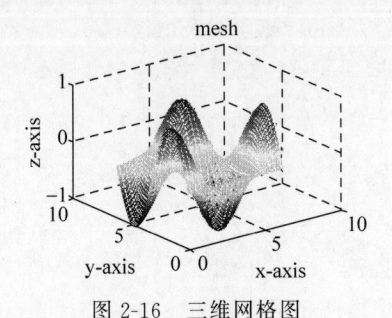

代码 3：

```
clear;
x = 0:0.1:2 * pi;
[x,y] = meshgrid(x);
z = sin(y).* cos(x);
```

```
surf(x,y,z);                              %绘制图 2-17
xlabel('x - axis');ylabel('y - axis');zlabel('z - axis');
title('surf');grid on;
```

程序执行结果分别如图 2-15、图 2-16 及图 2-17 所示。从图中可以发现,网格图(mesh)中线条有颜色,线条间补面无颜色。曲面图(surf)的线条是黑色,线条间补面有颜色。还可进一步观察到曲面图补面颜色和网格图线条颜色都是沿 z 轴变化的。用 plot3() 绘制的三维曲面实际上由三维曲线组合而成。

【例 2-15】 绘制两个直径相等的圆管的相交图形。

代码如下。

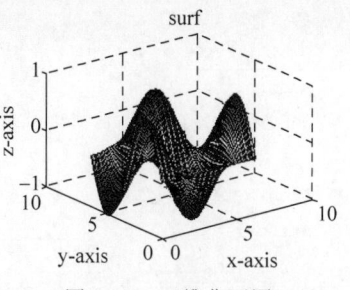

图 2-17 三维曲面图

```
%两个等直径圆管的交线
m = 35;
z = 1.5 * (0:m)/m;
r = ones(size(z));
the = (0:m)/m * 2 * pi;
x1 = r' * cos(the);
y1 = r' * sin(the);                %生成第一个圆管的坐标矩阵
z1 = z' * ones(1,m + 1);
x = ( - m:2:m)/m;
x2 = x' * ones(1,m + 1);
y2 = r' * cos(the);                %生成第二个圆管的坐标矩阵
z2 = r' * sin(the);
surf(x1,y1,z1);                    %绘制竖立的圆管
axis equal;axis off;
hold on;
surf(x2,y2,z2);
axis equal;axis off;
title('两个圆管的交线');
hold off;
```

运行程序,如图 2-18 所示。

图 2-18 两曲面与其交线

函数 surf() 也有两个类似的函数,即具有等高线的曲面函数 surfc() 和具有光照效果的曲面函数 surfl()。

【例 2-16】 在 xy 平面内选择区域 $[-7,7] \times [-7,7]$,绘制函数

$$z = \frac{\sin\sqrt{x^2 + y^2}}{\sqrt{x^2 + y^2}}$$

的 4 种三维曲面图。

代码如下。

```
[x,y] = meshgrid( - 7:0.5:7);
z = sin(sqrt(x.^2 + y.^2))./sqrt(x.^2 + y.^2 + eps);
subplot(2,2,1);
surfc(x,y,z);
title('surfc(x,y,z)');
subplot(2,2,2);
surfl(x,y,z);
title('surfl(x,y,z)');
subplot(2,2,3);
meshc(x,y,z);
title('meshc(x,y,z)');
subplot(2,2,4);
meshz(x,y,z);
title('meshz(x,y,z)');
```

运行程序,如图 2-19 所示。

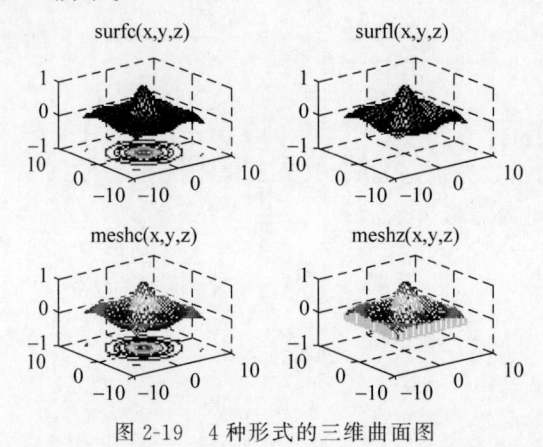

图 2-19　4 种形式的三维曲面图

3. 标准三维曲面

MATLAB 提供了一些函数用于绘制标准三维曲面,这些函数可以产生相应的绘图数据,常用于三维图形的演示。例如,sphere()函数和 cylinder()函数分别适用于绘制三维球面和柱面。其调用格式可参看以下示例。

MATLAB 还有一个 peaks()函数,称为多峰函数,常用于三维曲面的演示。该函数可以用来生成绘制数据矩阵,矩阵元素由函数

$$f(x,y) = 3(1-x^2)e^{-x^2-(y+1)^2} - 10\left(\frac{x}{5} - x^3 - y^5\right)e^{-x^2-y^2} - \frac{1}{3}e^{-(x+1)^2-y^2}$$

在矩形区域 $[-3,3]\times[-3,3]$ 的等分网格上的函数值确定。调用格式可参看以下示例。

【例 2-17】 绘制标准三维曲面图形。

代码如下。

```
t = 0:pi/15:2 * pi;
[x,y,z] = sphere;
```

```
subplot(1,3,1);
surf(x,y,z);
subplot(1,3,2);
[x,y,z] = cylinder(2 + sin(t),30);
surf(x,y,z);
subplot(1,3,3);
[x,y,z] = peaks(30);
meshz(x,y,z);
```

运行程序,如图 2-20 所示。

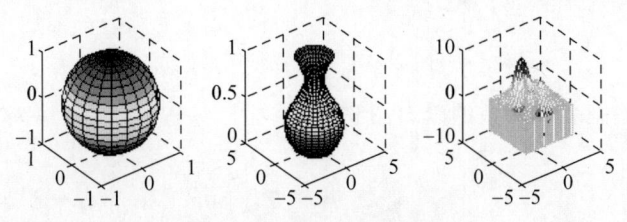

图 2-20　标准三维曲面图

2.2.3　其他三维图形绘制

在介绍二维图形时,曾提到条形图、杆图、饼图和填充图等特殊图形,它们还可以以三维形式出现,使用的函数分别是 bar3()、stem3()、pie3()和 fill3()。

它们的绘制格式可参看以下示例。

【例 2-18】　绘制三维图形。

(1) 以三维杆图形式绘制曲线 $y = 2\sin(x)$。

(2) 用随机的顶点坐标值画出 5 个黄色三角形。

(3) 绘制魔方阵的三维条件图。

(4) 已知 x=[2014,1982,2123,3177],绘制三维饼图。

代码如下。

```
subplot(2,2,1);
y = 2 * sin(0:pi/15:2 * pi);
stem3(y);
subplot(2,2,2);
fill3(rand(3,6),rand(3,6),rand(3,6),'y');
subplot(2,2,3);
bar3(magic(4));
subplot(2,2,4);
pie3([2014,1982,2123,3177]);
```

运行程序,如图 2-21 所示。

除了上面讨论的三维图形外,常用图形还有瀑布图和三维曲面的等高线图。绘制瀑布图用 waterfall()函数,它的用法及图形效果与 meshz()函数相似,只是它的网格线是在 x 轴方向出现,具有瀑布效果。等高线图分为二维和三维两种形式,分别使用函数 contour()和 contour3()绘制。调用格式请参看以下示例。

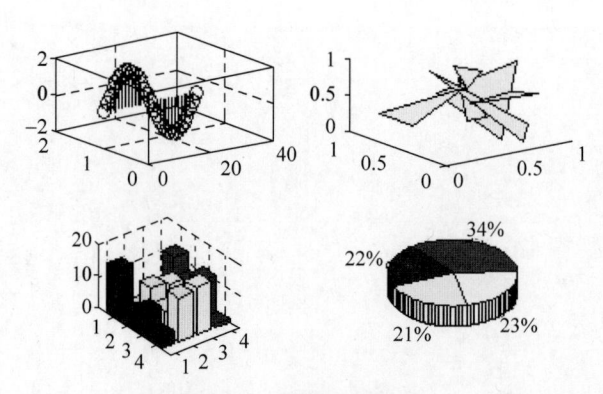

图 2-21 其他三维图形

【例 2-19】 绘制多峰函数的瀑布图和等高线图。

代码如下。

```
subplot(1,2,1);
[x,y,z] = peaks(30);
waterfall(x,y,z);
xlabel('x-axis');ylabel('y-axis');zlabel('z-axis');
subplot(1,2,2);
contour3(x,y,z,15,'r');                    % 其中 15 代表等高线的高度
xlabel('x-axis');ylabel('y-axis');zlabel('z-axis');
```

运行程序，如图 2-22 所示。

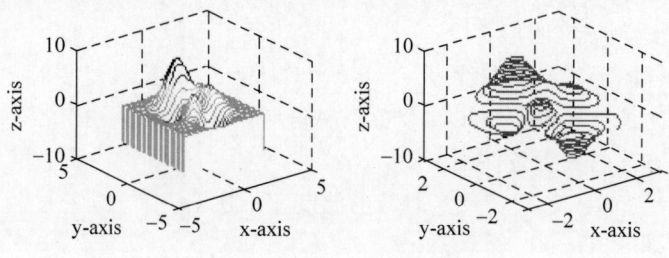

图 2-22 瀑布图和三维等高线图

2.2.4 透明度作图

在 MATLAB 中使用 hidden( ) 函数控制移除三维图形中显示的隐藏线。隐藏线条的移除其实是显示从视点上看因为被其他物体遮住而模糊不清的线。其调用格式如下。

```
hidden on
```

对当前图形打开隐藏线移除的状态，因此三维图后方的线会被前面的线遮住，简单来说就是会透视被叠压的图形。

```
hidden off
```

对当前图形关闭隐藏移除的状态，因此三维图后方的线将不会被前面的线遮住，也就是说该三维图会变成一个透明的图。

```
hidden
```

切换 hidden 为 on 或 off 的状态。

【例 2-20】 绘制一个三维图形,一个球体包住网目图,并且将球体设置为透明。
代码如下:

```
[x,y,z] = sphere(25);
x = 8.5 * x;
y = 8.5 * y;
z = 8.5 * z;
peaks;shading interp;            % 使用 interp 渲染方式
colormap(hot);                   % 使用 hot 颜色映射值
hold on;
mesh(x,y,z);hold off;            % 以 mesh 来绘制球体数据
axis equal;                      % 产生等长的坐标轴以便于球体的显示
axis off                         % 将坐标轴隐藏
```

输出结果如图 2-23(a)所示。现在在以上代码中加入以下语句:

```
hidden off                                  % 将球体设置为透明
```

得到的结果如图 2-23(b)所示。

(a) 非透明球体　　(b) 透明球体

图 2-23　透明作图效果

2.2.5　立体可视化

除了前面介绍的常用网格图、表面图和等高线图外,MATLAB 还提供了一些立体可视函数用于绘制更为复杂的立体和向量对象。这些函数通常在三维空间中构建标量和向量的图形。由于这些函数构建的是立体而不是一个简单的表面,因此它们需要三维数组作为输入参数,其中,三维数组的每一维分别代表一个坐标轴,三维数组中的点定义了坐标轴栅格和坐标轴上的坐标点。如果要绘制的函数是一个标量函数,则绘图函数需要 4 个三维数组,其中 3 个数组各代表一个坐标轴,第 4 个数组代表了这些坐标处的标量数据,这些数组通常记作 X、Y、Z 和 V。如果要绘制的函数是一个向量函数,则绘图函数需要 6 个三维数组,其中 3 个各表示一个坐标轴,另外 3 个用来表示坐标点处的向量,这些数组通常记作 X、Y、Z、U、V 和 W。

要正确合理地使用 MATLAB 提供的立体和向量可视化函数,用户需要对与立体和向量有关的一些术语有所了解。例如,散度(Divergence)和旋度(Curl)用于描述向量过程,而等值面(Isosurfaces)和等值顶(Isocaps)则用于描述立体的视觉外观。如果用户要

生成和处理比较复杂的立体对象,就需要参考相应的文献对这些术语进行深入了解。在此并不详细介绍这些术语的含义,只通过以下几个示例进行应用。

【例 2-21】 利用标量函数构建立体图形示例。

代码如下。

```
>> x = linspace( - 4,4,16);
y = 1:25;
z = - 5:5;
[X,Y,Z] = meshgrid(x,y,z);
size(X)
```

显示如下。

```
ans =
    25    16    11
```

上面的代码演示了 meshgrid() 函数在三维空间中的应用。其中,X、Y、Z 为定义栅格的 3 个三维数组。这 3 个数组分别是从 x、y 和 z 经过三维栅格扩展形成的。我们需要定义一个以这 3 个数组为自变量的标量函数 V,代码如下。

```
>> V = sqrt(X.^2 + cos(Y).^2 + Z.^2);
```

这样,利用标量函数 $v = f(x,y,z)$ 定义一个立体对象所需要的数据已全部给出。为了使该对象可视化,可以利用下面的代码查看该立体对象的一些截面。

```
slice(X,Y,Z,V,[0,4],[5,15],[ - 4 6])
xlabel('X - axis');
ylabel('Y - axis');
```

运行程序,如图 2-24 所示。

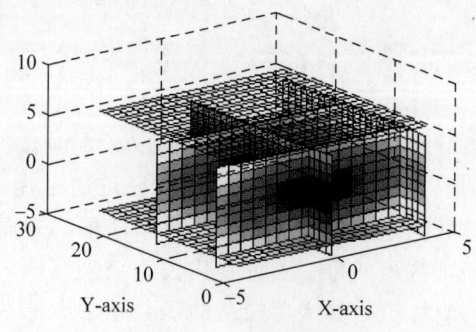

图 2-24 立体截面图

除了查看立体对象的截面之外,寻找使 V 等于某个特定值的表面(称为等值面)也十分常见。在 MATLAB 中,这一操作可以用 isosurface() 函数来实现,该函数与 delaunay() 函数类似,由这些三角形构成等值面。下面给出一个绘制等值面的示例。

【例 2-22】 绘制等值面示例。

代码如下。

```
[X,Y,Z,V] = flow(13);
f1 = isosurface(X,Y,Z,V,-2);
subplot(1,2,1);
p = patch(f1);
set(p,'FaceColor',[0.5 0.5 0.5],'EdgeColor','Black');    % 设置面属性
view(3);
axis equal; grid on;                                     % 按比例显示图形,打开网格
subplot(1,2,2);
p = patch(shrinkfaces(f1,0.3));
set(p,'FaceColor',[0.5 0.5 0.5],'EdgeColor','Black');
view(3);
axis equal; grid on;                                     % 按比例显示图形,打开网格
```

运行程序,如图2-25所示。

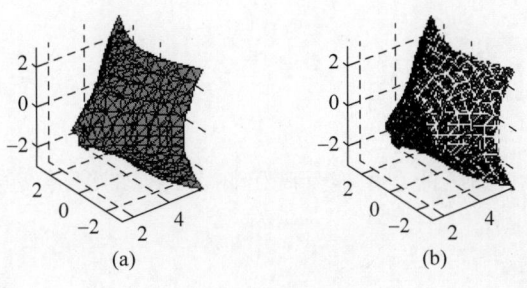

图 2-25 三维等值图

图2-25(b)还展示了函数shrinkfaces()的用法,顾名思义,该函数的功能为使表面收缩。

三维数据也可以通过用smooth3()函数来过滤而实现其平滑化,参看以下示例。

【例2-23】 smooth3()函数用法。

代码如下。

```
clear;
data1 = rand(12,12,12);
data2 = smooth3(data1,'box',3);
subplot(1,2,1);
p = patch(isosurface(data1,0.5),'FaceColor','Blue','EdgeColor','none');
patch(isocaps(data1,0.5),'FaceColor','interp','EdgeColor','none');
isonormals(data1,p);
view(3);
axis vis3d tight off;
camlight;lighting phong;
subplot(1,2,2);
p = patch(isosurface(data2,0.5),'FaceColor','Blue','EdgeColor','none');
patch(isocaps(data2,0.5),'FaceColor','interp','EdgeColor','none');
isonormals(data2,p);
view(3);
axis vis3d tight off;                % 设置坐标轴比例因子相等
camlight;lighting phong;             % 生成摄像机函数并将其放在合适的位置
```

运行程序,效果如图2-26所示。

(a)　　　　　　　　　　　(b)

图 2-26　三维数据平滑

上边的例子展示了函数 isocaps() 和 isonormals() 的用法。函数 isocaps() 生成块状图的外层表面。函数 isonormals() 调整所画碎片的属性,使得所显示的图形有正确的光照效果。

2.3　图形颜色映像的应用

在图形表示过程中,颜色的运用能反映出许多其他的图形信息,所以颜色映像运用也是一个十分重要的环节。

1. 基本的着色技术

由于色彩在表现图形时非常重要,因此 MATLAB 特别重视色彩处理,而色图是 MATLAB 着色的基础。

语句 colormap(**M**) 将矩阵 **M** 当作当前图形窗口所用的颜色映像。例如,colormap(cool) 装入了一个有 64 个输入项的 cool 颜色映像。colormap default 装入了默认的颜色映像 hsv。其他颜色映像请读者参看联机帮助文档。在此不再介绍。

函数 colormap() 的调用格式如下。

```
colormap(MAP)
```

该函数用于把当前图形的颜色映像设为 MAP,MAP 可以是 MATLAB 提供的颜色映像,如"jet",也可以自己定义颜色映像矩阵。需要注意的是,矩阵 MAP 的行数不限,但必须为 3 列。

我们一直在讲颜色映像,那么这些映像对应的到底是怎样的颜色呢? 我们并没有一个直观的认识,下面就来介绍能将颜色映像直观显示的函数。

2. 颜色映像的直观显示

颜色映像的直观显示有如下几个知识点。

1) 观察颜色映像矩阵元素

可以通过多个途径来显示一个颜色映像,其中一个方法就是观察颜色映像矩阵的元素。在 MATLAB 命令窗口中输入如下命令。

```
>> hot(8)
```

显示如下。

```
ans =
    0.3333         0         0
    0.6667         0         0
    1.0000         0         0
    1.0000    0.3333         0
    1.0000    0.6667         0
    1.0000    1.0000         0
    1.0000    1.0000    0.5000
    1.0000    1.0000    1.0000
```

上面的数据显示出第一行是 1/3 红色,而最后一行是白色。

2) rgbplot()函数

函数 rgbplot()直接把颜色映像矩阵中的三列数分别用红、绿、蓝三种颜色画出来,例如:

```
>> rgbplot(hot)
```

效果如图 2-27 所示。

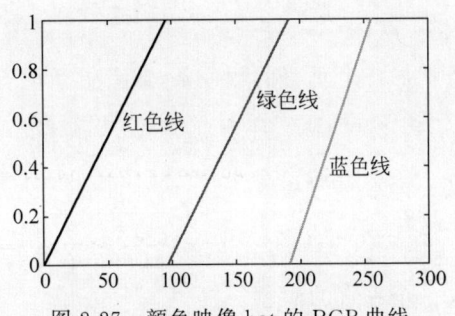

图 2-27 颜色映像 hot 的 RGB 曲线

上面绘制的就是颜色映像 hot 矩阵中的 RGB 数据,图中的红色线(左边)对应着矩阵的第 1 列;绿色线(中间)对应着矩阵的第 2 列;蓝色线(右边)对应着矩阵的第 3 列。从图中可以分析颜色的变换过程,图中从左到右表示颜色映像从开始到结束的变化,从下向上表示颜色的强度由小到大。开始三种颜色都是 0 或接近 0,因而是黑色;之后红色增强,而绿色和蓝色仍为 0,这一段为红色;红色到 1 后,绿色开始增强,蓝色仍然为 0,红色和绿色逐渐合成为黄色;绿色达到 1 后,蓝色逐渐增强,当蓝色最后也达到 1 后,三种颜色合成白色。

3) pcolor()函数

函数 pcolor()用于绘制伪彩色图。伪彩色是指绘图使用的色彩用于表示数据的大小,而不是自然的色彩。函数 pcolor()也可以用来显示一个颜色映像,具体调用格式如下。

```
pcolor(c)
```

该函数的作用是将矩阵 c 作为颜色矩阵,利用着色原理在平面网格点(i,j)的右上角小区域内用 $c(i,j)$对应的色谱矩阵的颜色着色。绘制后的伪彩色图还可以用 shading()函数调整其颜色的平滑度。例如:

```
>> pcolor(cool(20))
```

输出结果如图 2-28 所示。

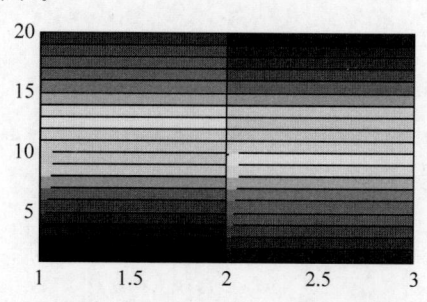

图 2-28　颜色映像 cool 的伪彩色图

4) colorbar() 函数

函数 colorbar() 在当前的图形窗口中增加水平或者垂直的颜色标尺以显示当前坐标轴的颜色映像。该函数的用法如下。

colorbar

如果当前没有颜色条就加一个垂直的颜色条，或者更新现有的颜色条。

colorbar('horiz')

在当前的图形下面放一个水平的颜色条。

colorbar('vert')

在当前的图形右边放一个垂直的颜色条。

3. 颜色映像的建立和修改

颜色映像就是矩阵，意味着用户可以像其他数组那样对它们进行操作。MATLAB 提供了一系列的函数建立和修改颜色映像矩阵，如表 2-2 所示。

表 2-2　建立和修改颜色映像矩阵函数

函数名称	描述
brighten()	通过调整一个给定的颜色映像来增加或者减少暗色的强度
caxis([cmin,cmax])	用于设置伪彩色的缩放比例。其中，cmin 和 cmax 分别表示当前颜色映像中第一个颜色和最后一个颜色对应的数据大小

【例 2-24】　如表 2-2 所示的两个函数示例。

代码如下。

```
[x,y] = meshgrid(-8:0.5:8);
r = sqrt(x.^2 + y.^2) + eps;
z = sin(r)./r;
mesh(x,y,z);
caxis([-0.2,0.5]);
colorbar('vert');
```

输出结果如图 2-29(a) 所示。

```
>> caxis([-0.2,2])
>> colorbar('vert')
```

输出结果如图2-29(b)所示。

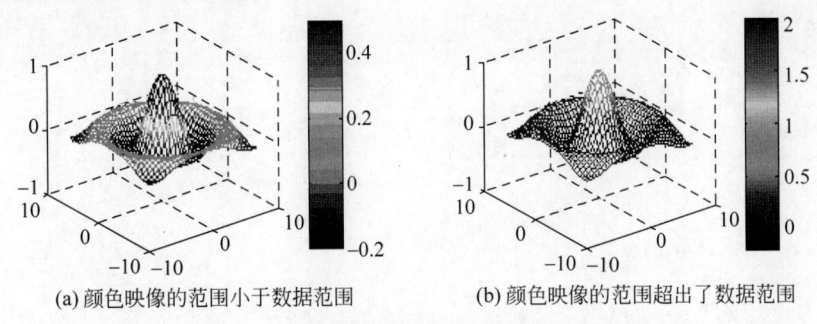

(a) 颜色映像的范围小于数据范围　　(b) 颜色映像的范围超出了数据范围

图2-29　建立和修改颜色映像矩阵函数示例

除此之外,用户还可以自定义颜色映像。

可以通过生成 $m×3$ 的矩阵 mymap 来建立用户的颜色映像,并用 colormap(mymap) 来安装它。颜色映像矩阵的每一个值都必须在 0 和 1 之间。如果用大于或小于 3 列的矩阵或者包含着比 0 小或者比 1 大的任意值,函数 colormap() 会提示一个错误信息,然后退出。也可以组合颜色映像,其结果有时是不可预料的。只有当所有元素都在 0 与 1 之间时,才能保证结果是一个有效的颜色映像。

2.4　光照和材质处理

2.4.1　光照处理

使用光照处理能够把图形表现得更加逼真,得到非常真实的视觉效果。为了创建光照效果,MATLAB 提供了光源(Light)图形对象。用 light() 函数可以创建 Light 对象,该函数的调用格式为

```
light('Color',选项1,'Style',选项2,'Position',选项3)
```

Light 对象有三个重要的属性。其中,Color 属性确定光的颜色,选项 1 取 RGB 三元组或相应的颜色字符;Style 属性确定光源的类型,选项 2 有 'infinite' 和 'local' 两个取值,分别表示无穷远光和近光;Position 属性指定光源的位置,选项 3 取三维坐标点组成的向量形式 $[x,y,z]$。对无穷远光,它表示穿过该点射向原点;对于近光,它表示光源所在位置。假如函数不包含任何参数,则采用默认设置:白光、无穷远、穿过(1,0,1)点射向坐标原点。

利用 lighting 命令可以设置光照模式,其格式为

```
lighting 选项
```

其中,选项有 4 种取值:flat、gouraud、phong、none。flat 选项使得入射光均匀洒落在图形对象的每个面上,是默认选项;gouraud 选项先对顶点颜色插补,再对顶点勾画的面上

颜色进行插补,用于表现曲面;phong 选项对顶点处的法线插值,再计算各个像素的反光,它生成的光照效果好,但更费时;none 选项关闭所有光源。

【例 2-25】 绘制光照处理后的球面并观察不同光照模式下的效果。

代码如下。

```
[x,y,z] = sphere(20);
subplot(1,4,1);
surf(x,y,z);
axis equal;shading interp;
hold on;
subplot(1,4,2);
surf(x,y,z);axis equal;
light('Position',[0,1,1]);
shading interp;lighting flat;
hold on;
plot3(0,1,1,'p');
text(0,1,1,'light');
subplot(1,4,3);
surf(x,y,z);axis equal;
light('Position',[0,1,1]);
shading interp;
lighting gouraud;
hold on;
subplot(1,4,4);
surf(x,y,z);axis equal;
shading interp;
lighting phong;
```

程序执行结果如图 2-30 所示。图中第一至第四个球分别是没有使用光照、使用 flat 光照、使用 gouraud 光照和使用 phong 光照时的显示效果,第二个球还标出了光源的位置。

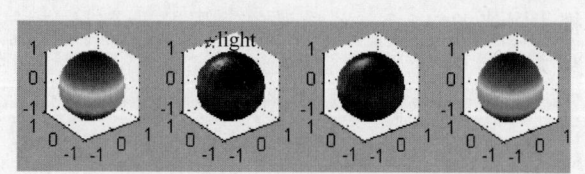

图 2-30 光照处理后的图形

2.4.2 材质处理

材质体现了图形对象的反射特性,修改区域块和曲面对象的反射特性,可以改变在场景中应用光照时对象的显示外观。这些特性包括镜面反射和漫反射、环境光、镜面反射指数、镜面反射光的颜色和背面光照。可以组合使用这几种特性来生成特殊的显示效果。

1. 镜面反射和漫反射

区域块和曲面对象的 SpecularStrength 属性用来控制对象表面镜面反射的强度,属性值取 0～1 的数,默认值为 0.9。DiffuseStrength 属性用来控制对象表面漫反射的强度,属性值取 0～1 的数,默认值为 0.6。

2. 环境光

环境光不是镜面光,它均匀地洒在场景中的所有对象上。只有在坐标系中有 Light 对象时环境光才可见。AmbientStrength 属性是一个用于区域块和曲面对象的属性,确定特定对象上环境光的强度,属性值取 0～1 的数,默认值为 0.3。

3. 镜面反射指数

镜面反射光的大小与区域块和曲面对象的 SpecularExponent 属性有关,该属性的值介于 1～500,默认值为 10。

4. 镜面反射光的颜色

镜面反射光的颜色可以有一个变化范围,即从对象颜色与光源颜色的组合色变到只有光源颜色。区域块和曲面对象的 SpecularColorReflectance 属性控制这个颜色,属性值取 0～1 的数,默认值为 1。

5. 背面光照

背面光照可用于显示对象内表面和外表面的差别。区域块和曲面对象的 BackFaceLighting 属性控制该效果,属性取值为 unlit、lit 和 reverselit(默认)。

6. material()函数

使用 material()函数也可以设置区域块和曲面对象的表面反射特性。该函数的调用格式如下。

(1) material shiny:镜面反射光的强度比漫反射光和环境光的强度要高得多,镜面光的颜色只取决于光源的颜色。

(2) material dull:主要进行漫反射,没有镜面反射,但是反射光的颜色只与光源有关。

(3) material metal:镜面反射很强,环境光和漫反射光较弱,反射光的颜色与光源和对象的颜色都有关系。

(4) material([ka kd ks]):设置对象的环境光、漫反射光和镜面光的强度。

(5) material([ka kd ks n]):设置环境光、漫反射光、镜面光的强度以及对象的镜面反射指数。

(6) material([ka,kd,ks,n,sc]):设置环境光、漫反射光、镜面光的强度、对象的镜面反射指数以及镜面反射光的颜色。

(7) material default:将环境光、漫反射光、镜面光的强度、对象的镜面反射指数和镜面反射光的颜色设置为默认值。

注意:material 命令设置坐标系中所有区域块和曲面对象的 AmbientStrength、DiffuseStrength、SpecularStrength、SpecularExponent 和 SpecularColorReflectance 属性。坐标系中必须有一个可见的 Light 对象。

【例 2-26】 生成一个球体和一个立方体,观察不同光照属性对应的显示效果。

代码如下。

```
sphere(35);
h = findobj('Type','surface');
```

```
set(h,'FaceLighting','phong','FaceColor','interp',...
    'EdgeColor',[0.4 0.4 0.4],'BackFaceLighting','lit');
hold on;
vert = [2 0 -1;2 1 -1;3 0 0;3 0 -1;2 0 0;2 1 0;3 1 0;3 0 0];
fac = [1 2 3 4;2 6 7 3;4 3 7 8;1 5 8 4;1 2 6 5;5 6 7 8];
patch('Faces',fac,'Vertices',vert,'FaceColor','r');
light('Position',[1 3 2]);
light('Position',[-3 -1 3]);
material shiny;
axis equal;
hold off
```

程序中用 findobj() 函数查找 Type 属性为 surface 的对象，从而可以获取该球面的句柄，进而设置其属性。球面使用了 phong FaceLighting 属性值，因此生成了最平滑的光照插值效果。vert 和 fac 定义立方体。默认时，立方体使用 flat FaceLighting 属性值增强每个边的可见性。material shiny 命令会影响立方体和球体的反射属性。因为球体是闭合的，所以 BackFaceLighting 属性从默认设置变成了正常光照，删除了不必要的边缘效应。程序运行后，生成的图形效果如图 2-31 所示。

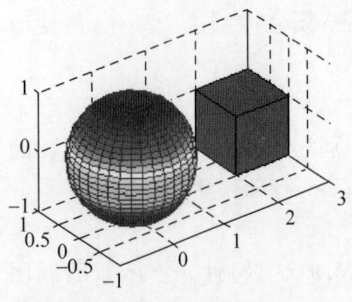

图 2-31　光照属性设置效果

2.5　图像显示技术

2.5.1　图像简介

在 MATLAB 中，图像（Image）通常由数据矩阵和色彩矩阵组成。根据图像着色方法的不同，MATLAB 图像可以分为三类：索引图像（Indexed Image）、亮度图像（Intensity Image）和真彩色图像（True Color or RGB Image）。

索引图像是带有颜色表矩阵的，图像数据矩阵中的数据通常被解释成指向颜色表的矩阵的索引号。图像颜色表矩阵可以是任何有效的颜色表：即任何包含有效 RGB 数据的 $m \times 3$ 的数组。如果索引图像的图像数据数组为 $X(i,j)$，颜色表数组为 cmap，则每个图像像素 $P_{i,j}$ 的颜色就是 cmap$(X(i,j),:)$。这要求 X 中的数据值必须是位于 [1, length(cmap)] 范围之内的整数。如果用户已经获得图像数据和颜色表，可以使用下面的命令显示这幅图像。

```
>> image(X);colormap(cmap)
```

亮度图像的图像数据矩阵通常表示该图像的亮度值。该类型图像通常用于显示由灰度或单色颜色表染色的图像，有时也用于其他颜色表染色的图像。亮度图像对数据范围没有要求，不一定要像索引图像那样位于 [1, length(cmap)] 范围之内。用户可以指定亮度图像的数据范围，并且将其作为指向颜色表的索引。如下面的例子：

```
>> image(X,[0 1]);colormap(gray)
```

将 X 的值限制在 $[0\ 1]$ 之间, 并将 0 指向颜色表的第一个颜色, 将 1 指向颜色表的最后一个颜色, 介于 0 和 1 之间的数据被用来作为指向颜色表中其他颜色的索引。如果在上面的语句中省略 $[0\ 1]$, 则意味着不对 X 进行限定, 也就是说, X 的数据范围是 $[min(min(X))\ max(max(X))]$。

真彩色 (也叫 RGB) 图像通常由一个包含有效 RGB 值的 $m \times n \times 3$ 的数组创建。该数组的行和列声明了像素的位置, 也声明了图像中每一个像素的颜色值。也就是说, 像素 $P_{i,j}$ 将用 $X(i,j,:)$ 所声明的颜色绘制。由于真彩色图像已经将颜色信息包含在图像数据中, 因此它不需要颜色表。如果计算机硬件不支持真彩色图像 (例如, 它只有一块 8 位显卡), 那么 MATLAB 就利用颜色近似和抖动来显示图像。真彩色图像的显示比较简单, 如下例所示。

```
>> image(X)
```

其中, X 是一个 $m \times n \times 3$ 的真彩色图像。X 可以包含双精度数据, 也可以包含 unit8、unit16 类型的数据。

如果事先不知道图像的类别, 那么就先用 imfinfo 指令获取该图像的信息, 然后再进行读操作。图像着色类型不同, 其显示和写入指令也不同。以下命令可以用来获取图像文件的特征数据 (特别是着色类型 ColorType)。

```
>> imfinfo(FileName)
```

指令 imfinfo 将产生一个构架数组。不管数组的大小如何, 在构架上都有一个名为 ColorType 的域, 域中存放着如下三种"图像着色类型字符串"。

- indexed: 变址着色的图像。
- grayscale: 灰度着色的图像。
- truecolor: 真彩着色的图像。

Parameter/Value 用来修改对象属性。常用的 Parameter/Value 随图像格式不同而不同, 具体情况如表 2-3 所示。

表 2-3 常用的 Parameter/Value

格式	Parameter	Value	默 认 值
JPEG	Quality	$[0, 100]$ 之间的任何数	75
TIFF	Compression	"none" "packbits", 对二维图可选 "ccitt"	二维图像用 "ccitt"; 其余用 "packbits"
	Description	任何字符串	空串
HDF	Compression	"none" "rle" "jpeg"	"rle"
	WriteMode	"overwrite" "append"	"overwrite"
	Quality	$[0, 100]$ 之间的任何数	75

2.5.2 图像的读取

不同的类型图像有自己固定的数据格式。要在 MATLAB 下使用其他软件中使用的图像, 需要用 imread() 函数读取该图像。这实际上也是一个数据转换的过程, 即把该图像的数据转换为 MATLAB 图像的数据格式。函数 imread() 的调用格式如下。
- A＝imread(filename,fmt)：返回存放图像的变量名 A。
- $[X, \text{MAP}]$＝imread(filename, fmt)：返回图像的数值存放矩阵 X 和颜色矩阵 MAP。
- $[\cdots]$＝imread(filename)：返回图像的信息。

其中，filename 为图像的文件名；fmt 指定图像的类型，可以为 JPEG(jpg 或 jpeg)、TIFF(tif 或者 tiff)、BMP(bmp)、PNG(png)、HDF(hdf)、PCX(pcx) 和 XWD(xwd)；A 为图像文件中读出并转换为 MATLAB 可识别的图像格式的数据；X 为保存索引图像数据的数组；MAP 为保存相关颜色映像的数组。

【例 2-27】 imread() 函数应用示例。

```
>> A = imread('link.jpg','jpg');
size(A)
ans =
    104   139     3
>> A = imread('link','jpg');
>> size(A)
ans =
    104   139     3
>> A = imread('link.jpg');
>> size(A)
ans =
    104   139     3
```

可以通过上述三种方式来读取真彩色文件 link.jpg。读者可以看到三维数组 A 有三个面，它依次为 R、G、B 三个颜色，而面上的数据则分别是这三种颜色的强度值，面中的元素对应于图像中的像素点，因而面中的行数和列数与图像中像素的行数和列数是一致的。

MATLAB 中的函数 imwrite() 用于把图像输出到文件，调用格式如下。
- imwrite(A, filename, fmt)：将变量 A 以 fmt 格式存为 flename。
- imwrite($\cdots$, filename)：将当前图像矩阵以文件名 filename 存储。
- imwrite($\cdots$, 'ProName', 'ProVal', $\cdots$)：根据属性名 ProName 的值另存图像数据。

其中，参数 filename 和 fmt 与函数 imread() 相同。而在第三条命令中，参数随着 fmt 的改变而改变，具体请参阅 MATLAB 帮助文件。

MATLAB 支持的一些常用图像/图形格式如表 2-4 所示。

表 2-4 MATLAB 支持的一些常用图像/图形格式

格式名称	描　述	可识别扩展名
JPEG	联合图像专家组	.jpg、.jpeg
TIFF	加标识的图像文件格式	.tif、tiff
PNG	可移植网络图形	.png
GIF	图形交换格式	.gif
BMP	Windows 位图	.bmp

续表

格式名称	描　　述	可识别扩展名
HDF	面向对象的自描述图像格式	.hdf
XWD	X Window 转储	.xwd
ICO	图标资源文件	.ico
CUR	光标资源文件	.cur
RAS	光栅图像位图	.ras
PCX	Windows 画刷图形	.pcx
PGM	简便灰度图像	.pgm
PBM	简便位图格式	.pbm
PPM	简便像素图形	.ppm

对于表 2-4 中的 GIF 格式图像，imread() 函数支持，但是 imwrite() 函数不支持。

2.5.3　图像的显示

众所周知，数字图像是指将一幅二维图像表示成一个数值矩阵，矩阵的元素被解释为像素的颜色值（或灰度值），或被解释为调色板颜色的索引号。为了显示由矩阵表示的数字图像，MATLAB 最一般的做法是将矩阵的每个元素对应到当前色谱的某个行标号，并取出该行的颜色值作为图像相应点的颜色。一般来说，每幅图的色调不同，因此作为图像必须有自己特殊的色图，这样才能真实地显示图像。

MATLAB 用函数 image() 显示图像，其调用格式如下。

(1) image(C)：把矩阵 C 作为一幅图像画出。

(2) image(x,y,C)：在 (x,y) 确定的位置上画 C 的元素。

(3) image(x,y,C,'ProName','ProValue',…)：指定属性名和属性值，在 (x,y) 确定的位置上画 C 的元素。

(4) image('ProName','ProValue',…)：只接受属性名和属性值的输入。

(5) h = image(…)：返回刚生成的图片对象的句柄属性值向量。

另一个与 image() 函数类似的函数是 imagesc()，它的命令格式与 image() 一样。image(X) 是将数据矩阵 X 的值直接作为索引号在色谱矩阵中提取 RGB 颜色值进行着色的。事实上，对于任何矩阵 X，image(X) 可以生成一幅图像。如果 X 的元素的数值大小十分接近，或超出色谱矩阵的长度，那么 image(X) 就不能有效地用图像表达矩阵 X，而函数 imagesc() 就可以做到这一点。imagesc() 在功能上与 image() 是一样的，只是按线性变换的方式计算索引号，即与 pcolor() 使用的方法相同。于是，imagesc(X) 生成的图像将受到 caxis() 函数的影响。

【例 2-28】　在根目录下有一图像文件 moon.jpg，在图形窗口显示该图像。

代码如下。

```
[x,cmap] = imread('moon.jpg');     % 读取图像的数据阵和色图阵
image(x);                          % 显示图像
colormap(cmap);
axis image off;                    % 保持宽高比并取消坐标轴
```

运行程序,如图 2-32 所示。

图 2-32　图像显示

2.6　动画制作技术

有两种常见的动画形式:一种是影片动画,预先制作图形,存储在图形缓冲区,然后逐帧播放,适用于难以实时绘制的复杂画面,计算量大,占用内存多,但回放速度快,画面连贯;另一种是实时动画,保持图形窗口中绝大部分的像素色彩不变,而只是更新部分像素的颜色从而构成运动图像,适用于每次变化较少、图形精度变化不是很高的场合。

1. 影片动画制作

如果将 MATLAB 产生的多幅图形保存起来,并利用系统提供的函数进行播放,就可以产生动画效果。MATLAB 提供了三个函数用于捕捉和播放动画,分别为 getframe()、moviein()和 movie()。

getframe()函数可截取每一幅画面信息而形成一个很大的列向量。该向量可保存到一个变量中。显然,保存 n 幅图就需一个大矩阵。

moviein(n)函数用来建立一个足够大的 n 列矩阵。该矩阵用来保存 n 幅画面的数据,以备播放。之所以要事先建立一个大矩阵,是为了提高程序运行速度。

movie(m,n)函数播放由矩阵 m 所定义的画面 n 次,默认时播放一次。

【例 2-29】 播放一个直径不断变化的球体。

代码如下。

```
[x,y,z] = sphere(45);
m = moviein(32);                    % 建立一个 32 列大矩阵
for i = 1:32
    surf(i*x,i*y,i*z);              % 绘制球面
    m(:,i) = getframe;              % 将球面保存到 m 矩阵
end
movie(m,11);                        % 播放球面 11 次
```

2. 实时动画制作

制作实时动画的基本方法是:先画出初始图形,再计算活动对象的新位置,并在新位置上把它显示出来,最后擦除原位置上原有的对象,刷新屏幕。重复操作即可产生动画效果。

在 MATLAB 中,利用图形的 EraseMode 属性,可以实现以下三种重要的擦除方式。

(1) None：在图形对象变化时，不做任何擦除而直接在原图形上绘制。

(2) Background：在图形对象被擦除后，MATLAB 将原来对象的颜色设为背景颜色，实现擦除。这种模式将原来的图形对象完全擦除，包括该对象下面的所有对象。

(3) Xor：对象的绘制和擦除由该对象颜色与屏幕颜色的异或而定。只绘制与屏幕颜色不一样的新对象点。这种模式只擦除与屏幕颜色不一样的原对象点，而不损害被擦对象下面的其他对象。大多数 MATLAB 动画都采用这种擦除方式。

当新对象属性设置后，应该及时刷新屏幕，从而使新对象显示出来。这些操作依靠命令 drawnow 完成。drawnow 命令迫使 MATLAB 暂停目前的任务序列而去刷新屏幕。若没有 drawnow 命令，MATLAB 要等任务序列执行完后才去刷新屏幕。一般来说，在实时动画中，为更新屏幕，执行 drawnow 命令是必需的。

【例 2-30】 模拟布朗运动。

代码如下。

```
n = 35;                                    % 指定布朗运动的点数
a = 0.02;                                  % 指定温度
% 产生 n 个随机点(x,y)，处于 -0.5 到 0.5 之间
x = rand(n,1) - 0.5;
y = rand(n,1) - 0.5;
h = plot(x,y,'.');                         % 绘制随机点
axis([-1 1 -1 1]);
axis square;
grid off;
set(h,'EraseMode','Xor','MarkerSize',24);  % 设置擦除模式为 Xor
% 循环 4900 次，产生动画效果
for i = linspace(1,10,4900)
    drawnow
    x = x + a * randn(n,1);                % 在坐标点附近添加随机噪声
    y = y + a * randn(n,1);
    set(h,'xdata',x,'ydata',y);            % 通过改变数据属性来重新绘图
end
```

运行程序，如图 2-33 所示。

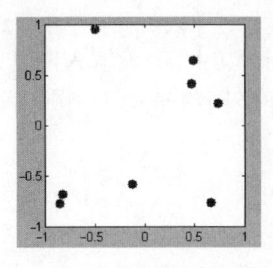

图 2-33 实时动画效果

第 3 章

线性神经网络

线性神经网络是由一个或者多个线性神经元组成的网络,它和感知器的区别在于每个线性神经元的传递函数都是线性函数,输出是一段区间值,而感知器的传递函数是符号函数,输出为二值量-1 或 1。线性神经网络主要应用领域有:函数拟合与逼近、预测、模式识别等。

线性神经网络的输出表达式为

$$y = \text{purelin}(w\boldsymbol{p} + b)$$

其中,$\boldsymbol{p}$ 是输出向量;y 是输出值;w 为权值;b 是阈值或者偏置;purelin 为线性传递函数,为过零点斜率为 1 的线性函数。

线性神经网络的学习规则采用的是 LMS(Least Mean Square,最小均方差)算法,这种学习规则的基本思想是:寻找最佳的权值和阈值,使得各个神经元的输出均方误差最小。

3.1 线性神经元模型及结构

3.1.1 神经元模型

线性神经元模型如图 3-1 所示,其中,R 为输入向量元素的数目。

从网络结构上看,和感知器神经网络结构类似,不同的是神经元的传递函数是线性传递函数 purelin,如图 3-2 所示。

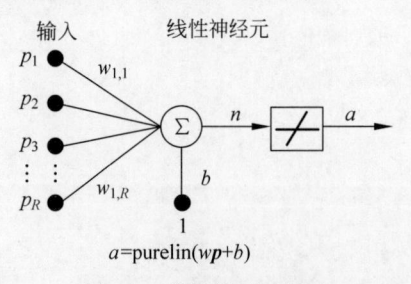

图 3-1 线性神经元模型

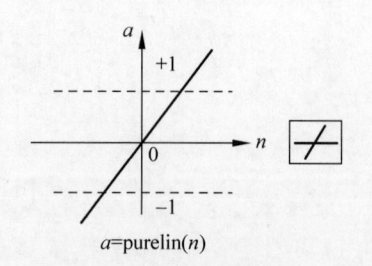

图 3-2 线性传递函数

由于线性神经网络中神经元的传递函数为线性函数,其输入/输出之间是简单的比例关系。单个线性神经元可以通过下式计算:
$$a = \text{purelin}(n) = \text{purelin}(w\boldsymbol{p}+b) = w\boldsymbol{p}+b$$

3.1.2 线性神经网络结构

图 3-3 中给出一个具有 R 个输出 S 个神经元的单层线性神经元网络的形式,输出向量数目和神经元数目相等,也是 S 个。权值矩阵为 $\boldsymbol{W}$,阈值为 b,这种网络也称为 Madaline 网络。

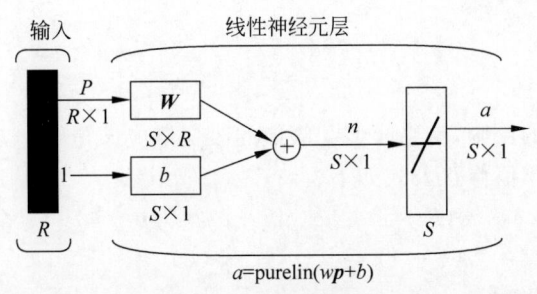

图 3-3 线性神经网络

这里介绍的单层线性神经网络结构,和多层线性神经网络一样有用。因为对于每一个多层线性神经网络而言,都可以设计出一个性能相当的单层线性神经网络。

3.2 LMS 学习算法

LMS 学习算法是基于负梯度下降的原则来减小网络的训练误差。最小均方误差学习算法也属于监督类学习算法。令 $\boldsymbol{p}_k = (p_1(k), p_2(k), \cdots, p_R(k))$ 表示网络的输入向量,$\boldsymbol{d}_k = (d_1(k), d_2(k), \cdots, d_s(k))$ 表示网络的期望输出向量,$\boldsymbol{y}_k = (y_1(k), y_2(k), \cdots, y_s(k))$ 表示网络的实际输出向量。其中,$k = 1, 2, \cdots, m$,表示输入向量与对应的期望输出向量样本对的数量,计算出实际输出向量与相应的期望输出向量的误差,并且依据误差来调整网络的权值和阈值,使该误差逐渐减小。LMS 学习规则就是要减小这些误差平方和的均值,定义如下:
$$\text{mse} = \frac{1}{m}\sum_{k=1}^{m} e^2(k) = \frac{1}{m}\sum_{k=1}^{m}(d(k)-y(k))^2$$

从最小均方误差的定义可以看出,它的性能指标是一个二次方程,所以它要么具有全局最小值,要么没有最小值,而选择什么样的输入向量恰恰会决定网络的性能指标会有什么样的最小值。

如果考虑第 k 次循环时训练误差的平方对网络权值和阈值的二阶偏微分,会得到公式:
$$\frac{\partial e^2(k)}{\partial w_{ij}} = 2e(k)\frac{\partial e(k)}{\partial w_{ij}}$$

其中,$j = 1, 2, \cdots, S$。
$$\frac{\partial e^2(k)}{\partial b} = 2e(k)\frac{\partial e(k)}{\partial b}$$

再计算此时的训练误差对网络权值和阈值的一阶偏微分：

$$\frac{\partial e(k)}{\partial w_{ij}} = \frac{\partial [d(k) - y(k)]}{\partial w_{ij}} = \frac{\partial e}{\partial w_{ij}}[d(k) - (\boldsymbol{Wp}(k) + b)]$$

或者

$$\frac{\partial e(k)}{\partial w_{ij}} = \frac{\partial e}{\partial w_{ij}}\left[d(k) - \left(\sum_{i=1}^{R} w_{ij}\boldsymbol{p}_i(k) + b\right)\right], \quad j = 1, 2, \cdots, S$$

其中，$p_i(k)$ 表示第 k 次循环中的第 i 个输入向量。则有：

$$\frac{\partial e(k)}{\partial w_{ij}} = -\boldsymbol{p}_i(k)$$

$$\frac{\partial e(k)}{\partial b} = -1$$

根据负梯度下降的原则，网络权值和阈值的改变量应该是 $2\eta e(k)\boldsymbol{p}(k)$ 和 $2\eta e(k)$。所以网络权值和阈值修正公式如下。

$$w(k+1) = w(k) + 2\eta e(k)\boldsymbol{p}^{\mathrm{T}}(k)$$
$$b(k+1) = b(k) + 2\eta e(k)$$

式中：η——学习率。

当 η 取较大值时，可以加快网络的训练速度，但是如果 η 的值太大，会导致网络稳定性的降低和训练误差的增加。所以，为了保证网络进行稳定的训练，学习率 η 的值必须选择一个合适的值。

重复以上求解过程，直到达到预定的精度，算法结束。

3.3 LMS 学习率的选择

如果在线性神经网络中，学习率参数 η 的选择非常重要，直接影响了神经网络的性能和收敛性。

3.3.1 稳定收敛的学习率

如前所述，η 越小，算法的运行时间就越长，算法也就记忆了更多过去的数据。因此，η 的倒数反映了 LMS 算法的记忆容量大小。

η 往往需要根据经验选择，且与输入向量的统计特性有关。尽管我们小心翼翼地选择学习率的值，仍有可能选择了一个过大的值，使算法无法稳定收敛。

1996 年，Hayjin 证明，只要学习率 η 满足下式，LMS 算法就是按方差收敛的。

$$0 < \eta < \frac{2}{\lambda_{\max}}$$

其中，$\lambda_{\max}$ 是输入向量 $x(n)$ 组成的自相关矩阵 $\boldsymbol{R}$ 的最大特征值。由于 $\lambda_{\max}$ 常常不可知，因此往往使用自相关矩阵 $\boldsymbol{R}$ 的迹来代替。按定义，矩阵的迹是矩阵主对角线元素之和：

$$\mathrm{tr}(\boldsymbol{R}) = \sum_{i=1}^{O} \boldsymbol{R}(i, i)$$

同时，矩阵的迹又等于矩阵所有特征值之和，因此一般有 $\mathrm{tr}(\boldsymbol{R}) > \lambda_{\max}$。只要取

$$0 < \eta < \frac{2}{\text{tr}(\boldsymbol{R})} < \frac{2}{\lambda_{\max}}$$

即可满足条件。按定义,自相关矩阵的主对角线元素就是各输入向量的均方值。因此公式又可以写成:

$$0 < \eta < \frac{2}{\text{向量均方值之和}}$$

3.3.2 学习率逐渐下降

在感知器学习算法中曾提到,学习率 η 随着学习的进行逐渐下降比始终不变更加合理。在学习的初期,用比较大的学习率保证收敛速率,随着迭代次数增加,减小学习率以保证严谨,确保收敛。一种可能的学习率下降方案为

$$\eta = \frac{\eta_0}{n}$$

在这种方法中,学习率会随着迭代次数的增加较快下降。另一种方法是指数式下降:

$$\eta = c^n \eta_0$$

c 是一个接近 1 而小于 1 的常数。Darken 与 Moody 于 1992 年提出搜索-收敛 (Search-then-Converge Schedule)方案,公式为

$$\eta = \frac{\eta_0}{1 + \left(\frac{n}{\tau}\right)}$$

其中,η_0 与 τ 均为常量。当迭代次数较小时,学习率 $\eta \approx \eta_0$,随着迭代次数增加,学习率逐渐下降,公式近似于:

$$\eta = \frac{\eta_0}{0 + \left(\frac{n}{\tau}\right)} = \frac{\tau \eta_0}{n}$$

LMS 算法的一个缺点是,它对输入向量自相关矩阵 $\boldsymbol{R}$ 的条件数敏感。当一个矩阵的条件数比较大时,矩阵就称为病态矩阵,如果这种矩阵中的元素做微小改变,可能会引起相应线性方程的解的很大变化。

3.4 线性神经网络的构建

3.4.1 生成线性神经元

构造一个如图 3-4 所示的具有两个输入端的单线性神经元网络。其权值矩阵 w 是一个行向量,网络输出为

$$a = \text{purelin}(n) = \text{purelin}(w\boldsymbol{p} + b) = w\boldsymbol{p} + b \tag{3-1}$$

或者

$$a = w_{1,1}\boldsymbol{p}_1 + w_{1,2}\boldsymbol{p}_2 + b \tag{3-2}$$

和感知器网络一样,线性神经网络也具有一个分界线,由输入向量决定,即 $n=0$ 时,方程 $w\boldsymbol{p}+b=0$,其分类示意图如图 3-5 所示。

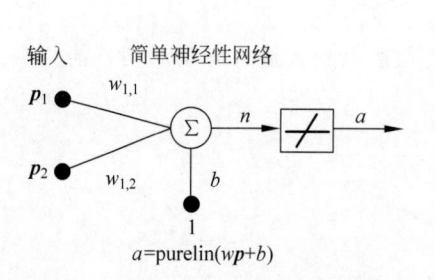

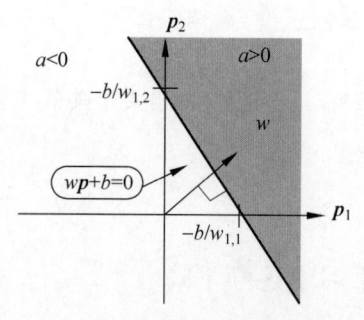

图 3-4　二输入单神经元线性网络结构　　图 3-5　二输入线性神经网络分类示意图

输入向量在分界线右上部时,输出大于 0;输入向量在左下部时,输出则小于 0。这样,线性神经网络就可以用来研究分类问题。然而应用线性神经网络进行分类的前提是:进行分类的问题是线性可分的,这方面和感知器网络的局限性是相同的。

【例 3-1】 应用 newlin()函数设计一个双输入单输出线性神经网络。

```
>> clear all;
net = newlin([-1,1;-1,1],1);
W = net.IW{1,1}                    % 网络权值默认为 0
W =
     0     0
>> b = net.b{1}
b =
     0
```

也可以给定权值与阈值,如:

```
>> net.b{1} = [-9];
>> b = net.b{1}
b =
    -9
>> % 对输入向量 p 应用函数 sim()进行仿真,并输出仿真结果
>> p = [3;5];
>> a = sim(net,p)
a =
    38
```

从上述可见,应用 newlin()函数可以构建一个线性神经网络并随意调整权值和阈值,还可以利用 sim()函数进行仿真。

3.4.2　线性滤波器

首先需要了解一下应用于线性神经网络中的触发延迟线,如图 3-6 所示。从左端接入输入向量,通过 TDL,发生($N-1$)延迟。TDL 的输出是一个 N 维向量,相当于当前输入向量的前一时刻的输入信号。

如果在线性神经网络中应用了触发延迟线,则将产生如图 3-7 所示的线性滤波器。线性滤波器的输出为

$$a(k) = \text{purelin}(wp+b) = \sum_{i=1}^{R} w_{1,i} a(k-i+1) + b \tag{3-3}$$

这样的网络可以应用于信号处理滤波,下面举例说明。

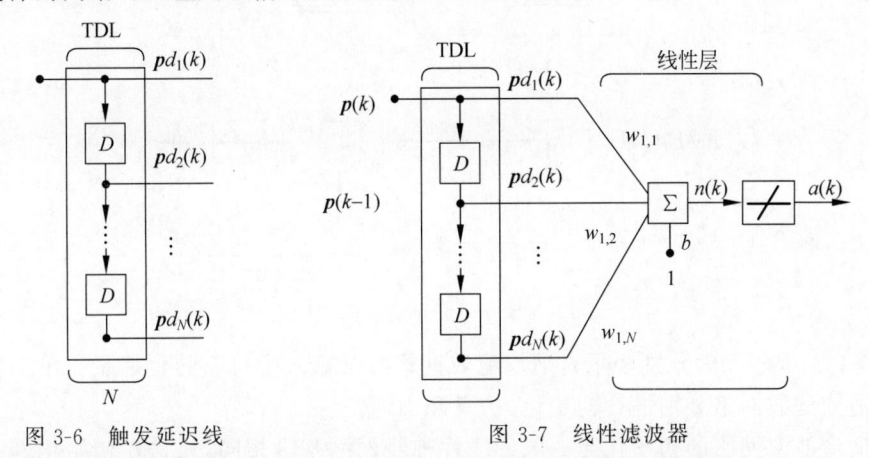

图 3-6 触发延迟线

图 3-7 线性滤波器

【例 3-2】 假设输入向量 p,期望输出向量 T,以及初始输入延迟 P_1。

```
>> clear all;
P = {1 2 1 3 3 2};
Pi = {1 3};
T = {5.0 6.1 4.0 6.0 6.9 8.0};
% 应用 newlind()构建一个网络以满足上面的输入/输出关系和延迟条件
net = newlind(P,T,Pi);
% 验证下一个网络的输出
Y = sim(net,P,Pi)
```

运行程序,输出如下。

```
Y =
    [4.9824]    [6.0851]    [4.0189]    [6.0054]    [6.8959]    [8.0122]
```

由此可见,网络输出和期望输出有一定的差距,但它们是合理的。任何情况下,均方误差都是最小的。

3.4.3 自适应线性滤波

自适应滤波网络的生成可以采用两种方式:一种是通过调用 newlin()函数直接生成带有延迟链的自适应滤波网络;另一种则是首先利用 newlin()函数生成不带延迟链的线性网络,然后通过网络重定义将延迟链加入预先生成的线性网络中。图 3-8 为一个单神经元自适应滤波网络的结构示意图。

该自适应滤波网络可以采用如下两种方式来生成(假设网络输入范围为[0,10])。

方式一:

```
net = newlin([0, 10], 1,[0 1 2]);
```

方式二:

```
net = newlin([0, 10], 1);
net.inputWeights{1,1}.delays = [0 1 2];
```

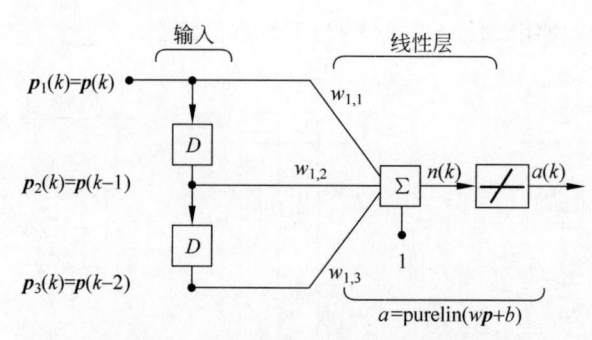

图 3-8 单神经元自适应滤波网络

其中,[0 1 2]中各元素分别表示自适应滤波网络各维输入所对应的延迟量。下面对所生成的自适应滤波网络分别进行初始化、仿真和训练。

自适应滤波网络的初始化与一般的线性神经网络基本相同,只是在初始化网络权值和阈值的同时,自适应滤波网络还要对延迟输入的初始值进行设置。

3.5 线性神经网络的训练

自适应线性元件的网络训练过程可以归纳为以下三个步骤。

(1) 表达：计算训练的输出向量 $A = W * P + B$,以及与期望输出之间的误差 $E = T - A$。

(2) 检查：将网络输出误差的平方和与期望误差相比较,如果其值小于期望误差,或训练已达到事先设定的最大训练次数,则停止训练,否则继续。

(3) 学习：采用 W-H 学习规则计算新的权值和偏差,并返回(1)。

每进行一次上述三个步骤,被认为是完成一个训练循环次数。

如果网络训练获得成功,那么将一个不在训练中的输入向量输入网络中时,网络的输出趋于与其相关联的输出向量。这个特性被称为泛化,这在函数逼近以及输入向量分类的应用中是相当有用的。

如果经过训练,网络仍不能达到期望目标,可以有两种选择：或检查一下所要解决的问题,是否适用于线性网络；或对网络进行进一步的训练。

虽然只适用于线性网络,W-H 学习规则仍然是重要的,因为它展现了梯度下降法是如何来训练一个网络的,此概念后来发展成反向传播法,使之可以训练多层非线性网络。

3.6 线性神经网络与感知器的对比

不同神经网络有不同的特点和适用领域。尽管感知器与线性神经网络在结构和学习算法上都没有什么太大的差别,甚至是大同小异,但仍能从细小的差别上找到其功能的不同点。它们的差别主要表现在以下两点。

1. 网络传输函数

LMS算法将梯度下降法用于训练线性神经网络,这个思想后来发展成反向传播法,具备可以训练多层非线性网络的能力。

感知器与线性神经网络在结构上非常相似,唯一的区别在于传输函数:感知器传输函数是一个二值阈值元件,而线性神经网络的传输函数是线性的,这就决定了感知器只能做简单的分类,而线性神经网络还可以实现拟合或逼近。在应用中也确实如此,线性神经网络可以通过对网络的训练,得出线性逼近关系,这一特点可以在系统辨识或模式联想中得到应用。

2. 学习算法

学习算法要与网络的结构特点相适应。感知器的学习算法是最早提出的可收敛的算法,LMS算法与它关系密切,形成上也非常类似,它们都采用了自适应的思想。

在计算上,从表面看 LMS 算法似乎与感知器学习算法没什么两样。这里需要注意一个区别:LMS 算法得到的分类边界往往处于两类模式的正中间,而感知器学习算法在刚刚能正确分类的位置就停下来了,从而使分类边界离一些模式距离过近,使系统对误差更敏感。这一区别与两种神经网络的不同传输函数有关。

3.7 线性神经网络函数

MATLAB 神经网络工具箱中为线性神经网络提供了大量的函数,它们可分别用于线性网络的设计、创建、分析、训练及仿真等,下面给予介绍。

3.7.1 创建函数

在 MATLAB 神经网络工具箱中,提供了三个函数用于线性神经网络的创建。

1. newlin()函数

newlin()函数用于创建一个线性层,在 MATLAB 中推荐使用 linearlayer()函数。线性层是一个单独的层次,它的权函数为 dotprod(),输入函数为 netsum(),传递函数为 purelin()。线性层一般用作信号处理和预测中的自适应滤波器。函数的调用格式为

```
net = newlin(PR,S,ID,LR)
```

其中,PR 为由 R 个输入元素的最大值和最小值组成的 $R\times 2$ 维矩阵;S 为输出向量的数目;ID 为输入延迟向量,默认为[0];LR 为学习速率,默认为 0.01;net 函数返回值,一个新的线性层。

```
net = newlin
```

表示在一个对话框中创建一个新的网络

【例 3-3】 应用 newlin()创建线性网络。

```
>> clear all;
P1 = {0 -1 1 1 0 -1 1 0 0 1};
T1 = {0 -1 0 2 1 -1 0 1 0 1};
net = newlin(P1,T1,[0 1],0.01);
Y1 = net(P1)
```

```
P2 = {1 0 -1 -1 1 1 1 0 -1};
T2 = {2 1 01 -2 0 2 2 1 0};
net = newlin(P2,T2,[0 1],0.01);
Y2 = net(P2)
net = init(net);
P3 = [P1 P2];
T3 = [T1 T2];
net.trainParam.epochs = 200;
net.trainParam.goal = 0.01;
net = train(net,P3,T3);
Y3 = net([P1 P2])
```

运行程序,输出如下,网络训练过程如图 3-9 所示。

```
Y1 =
    [0]    [0]    [0]    [0]    [0]    [0]    [0]    [0]    [0]    [0]
Y2 =
    [0]    [0]    [0]    [0]    [0]    [0]    [0]    [0]    [0]
Y3 =
1～8 列
[0.2061] [-0.5191] [-0.0458] [1.9084] [1.1832] [-0.5191] [-0.0458] [1.1832]
9～15 列
[0.2061] [0.9313] [1.9084] [1.1832] [-0.5191] [-1.4962] [-0.0458]
16～19 列
[1.9084] [1.9084] [1.1832] [-0.5191]
```

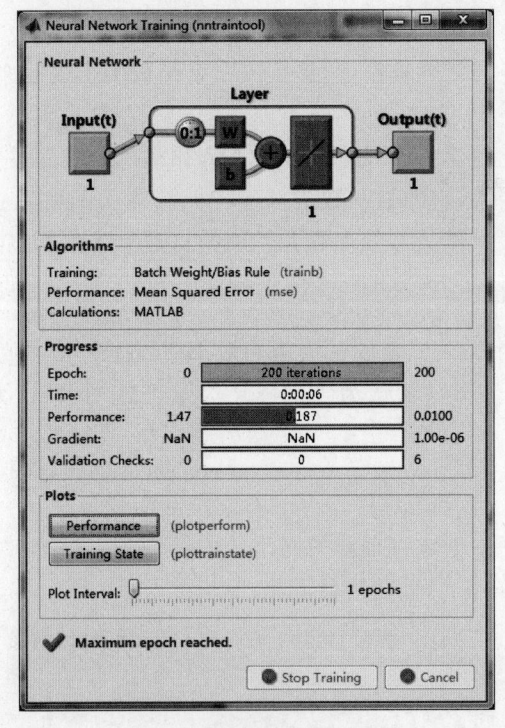

图 3-9 网络训练过程图

2. linearlayer()函数

在 MATLAB R2014b 后的版本的神经网络工具箱中,此函数用来替代 newlin()函数。该函数用于设计静态或动态的线性系统。函数的调用格式为

```
linearlayer(inputDelays,widrowHoffLR)
```

其中,inputDelays 为输入延迟的行向量,默认为 1:2;widrowHoffLR 为学习速率,默认为 0.01。

【例 3-4】 使用默认参数,利用 linearlayer()函数训练一个神经网络。

```
>> clear all;
x = {0 -1 1 1 0 -1 1 0 0 1};
t = {0 -1 0 2 1 -1 0 1 0 1};
net = linearlayer(1:2,0.01);
[Xs,Xi,Ai,Ts] = preparets(net,x,t);
net = train(net,Xs,Ts,Xi,Ai);
view(net)
Y = net(Xs,Xi);
perf = perform(net,Ts,Y)
```

运行程序,输出如下,网络训练过程如图 3-10 所示,网络训练结果如图 3-11 所示。

```
perf =
    0.2396
```

图 3-10 网络训练过程

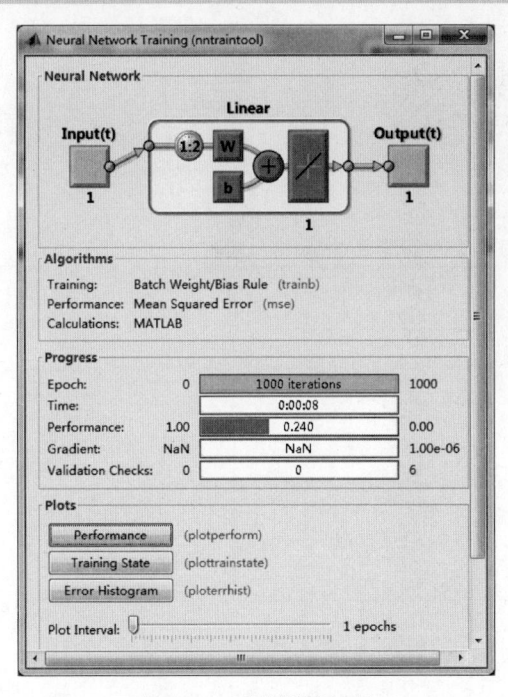

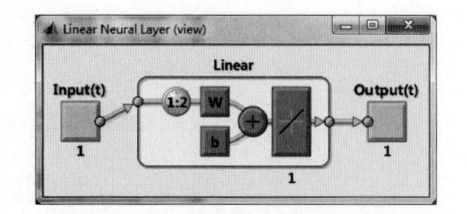

图 3-11 网络创建线性神经网络层

3. newlind()函数

该函数可以设计一个线性层,它通过输入向量和目标向量来计算线性层的权值和阈

值。函数的调用格式为

```
net = newlind(P,T,P_i)
```

其中，P 为 Q 组输入向量组成的 $R\times Q$ 维矩阵；T 为 Q 组目标分类向量组成的 $S\times Q$ 维矩阵；P_i 为初始输入延迟状态的 ID 个单元阵列，每个元素 $P_i\{i,k\}$ 都是一个 $R_i\times Q$ 维的矩阵，默认为空；net 为一个线性层，它的输出误差平方和对于输入 P 来说具有最小值。

【例 3-5】 利用 newlind() 创建一个线性神经网络，并进行仿真及直线拟合。

```
>> clear all;
x = -5:5;
y = 3*x-7;                              % 直线方程为 y=3x-7
randn('state',2);                       % 设置种子，便于重复执行
y = y + randn(1,length(y))*1.55;        % 加入噪声的直线
plot(x,y,'ro');
P = x;T = y;
net = newlind(P,T);                     % 用 newlind() 建立线性层
% 新的输入样本
new_x = -5:0.2:5;
new_y = sim(net,new_x);                 % 仿真
hold on;
plot(new_x,new_y);
legend('原始数据点','最小二乘拟合直线');
title('newlind()函数用于最小二乘拟合直线');
disp('线性网络的权值：')
net.iw
disp('线性网线的阈值：')
net.b
```

运行程序，输出如下，效果如图 3-12 所示。

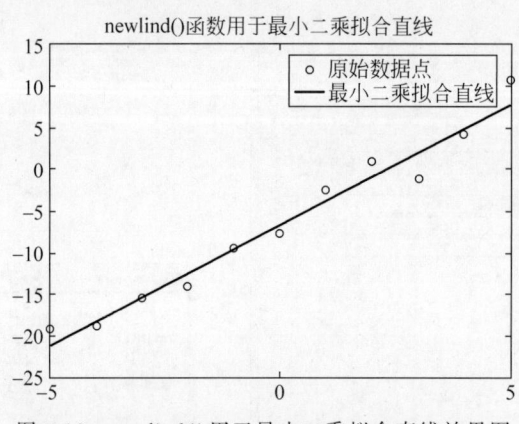

图 3-12 newlind()用于最小二乘拟合直线效果图

线性网络的权值：

```
ans =
    [2.9193]
```

线性网线的阈值：

```
ans =
    [ - 6.6690]
```

拟合得到的直线方程为 $y=2.9193x-6.6690$ 与原方程 $y=3*x-7$ 比较接近。

3.7.2 传输函数

在 MATLAB 中，也提供了相关 purelin() 函数实现线性网络的传输。神经元最简单的传输函数是简单地从神经元输入到输出的线性传输函数，输出仅被神经元所附加的偏差所修正。线性传输函数常用于由 Widrow-Hoff 或 BP 准则来训练的神经网络中，函数的调用格式为

A = purelin(N,FP)：N 为 $S×Q$ 维的网络输入（列）向量矩阵，FP 为性能参数（可忽略），返回网络输入向量 N 的输出矩阵 A。

info = purelin('code')：依据 code 值的不同，返回不同的信息。

- 当 code=name 时表示返回传输函数的全称。
- 当 code=active 时返回有传输函数最小、最大值的有效输入范围。
- 当 code=output 时返回有传输函数的最小、最大值的二元向量。
- 当 code=fullderiv 时，返回 1 或 0，具体取决于 dA_dN 是 $S×S×Q$ 还是 $S×Q$。
- 当 code=fpnames 时返回函数参数的名称。
- 当 code=fpdefaults 时返回默认的函数参数。

【例 3-6】 产生一个线性 S 型传输函数。

```
>> clear all;
n = -5:0.1:5;
a = purelin(n);
plot(n,a)
```

运行程序，效果如图 3-13 所示。

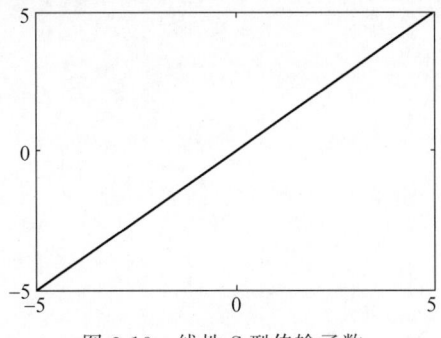

图 3-13 线性 S 型传输函数

3.7.3 学习函数

在 MATLAB 神经网络工具箱中，提供了 learnwh() 函数及 maxlinlr() 函数用于线性神经网络的学习，下面给予介绍。

1. learnwh()函数

该函数为 W-H 学习函数,也称为 Delta 准则或最小方差准则学习函数。它可以修改神经元的权值和阈值,使输出误差的平方和最小。它沿着误差平方和的下降最快方向连续调整网络的权值和阈值,由于线性神经网络的误差性能表面是抛物面,仅有一个最小值,因此可以保证网络是收敛的,前提是学习速率不超出由函数 maxlinlr() 计算得到的最大值。函数的调用格式为

$[dW, LS] = learnwh(W, P, Z, A, N, T, E, gW, gA, D, LP, LS)$:参数 W 为 $S \times R$ 维的权值矩阵(或 $S \times 1$ 维的阈值向量);P 为 Q 组 R 维的输入向量矩阵(或 Q 组单个输入);Z 为 Q 组 S 维的加权输入向量;A 为 $S \times Q$ 的输出向量;N 为 Q 组 S 维的网络输入向量;E 为 Q 组 S 维的误差向量($E = T - Y$,T 为网络的目标向量,Y 为网络的输出向量);gW 为 $S \times R$ 维的性能参数的梯度;gA 为 Q 组 S 维的性能参数的输出梯度;D 为 $S \times R$ 维的神经网元间隔距离;LP 为学习参数,如果没有则为[];LS 为学习状态,初始值为[]。输出参数 dW 为 $S \times R$ 维权值变化矩阵;LS 为新的学习状态。

info = learnwh('code'):针对不同的 code 返回相应的有用信息。

- pnames:表示返回学习参数的名称。
- pdefaults:表示返回默认的学习参数。
- needg:表示如果函数使用了 gW 或 gA,则返回 1。

【例 3-7】 用 leanrwh() 实现一个线性神经网络,解决例 3-5 中的直线拟合问题。

```
>> clear all;
x = -5:5;                               % 定义数据
y = 3 * x - 7;                          % 直线方程为 y = 3x - 7
randn('state',2);                       % 设置种子,便于重复执行
y = y + randn(1,length(y)) * 1.55;      % 加入噪声的直线
x = [ones(1,length(x));x];              % x 加上偏置
lp.lr = 0.01;                           % 学习率
Max = 150;                              % 最大迭代次数
ep1 = 0.1;                              % 均方差终止阈值
ep2 = 0.0001;                           % 权值变化终止阈值
% 初始化
w = [0 0];
% 循环更新
for i = 1:Max
    fprintf('第 %d 次迭代: \n',i)
    e = y - purelin(w * x);             % 求得误差向量
    ms(i) = mse(e);                     % 均方差
    ms(i)
    if(ms(i)< ep1)                      % 如果均方差小于某个值,则算法收敛
        fprintf('均方差小于指定数而终止\n');
        break;
    end
    dW = learnwh([],x,[],[],[],[],e,[],[],[],lp,[]);    % 权值调整量
    if(norm(dW)< ep2)                   % 如果权值变化小于指定值,则算法收敛
        fprintf('权值变化小于指定数而终止\n');
        break;
    end
```

```
        w = w + dW                              % 用 dW 更新权值
end
% 显示
fprintf('算法收敛于: \nw = ( % f, % f),MSE: % f\n',w(1),w(2),ms(i));
figure;
subplot(211);                                   % 绘制散点和直线
plot(x(2,:),y,'o');    title('散点与直线拟合结果');
xlabel('x');ylabel('y');
axis([ - 6 6,min(y) - 1,max(y) + 1]);
x1 = - 5:0.2:5;
y1 = w(1) + w(2) * x1;
hold on;
plot(x1,y1);
subplot(2,1,2);semilogy(1:i,ms,' - o');        % 绘制均方差下降曲线
xlabel('迭代次数');ylabel('MSE');title('均方差下降曲线');
```

运行程序,输出如下,效果如图 3-14 所示。

```
x =
     1    1    1    1    1    1    1    1    1    1
    -5   -4   -3   -2   -1    0    1    2    3    4    5
```

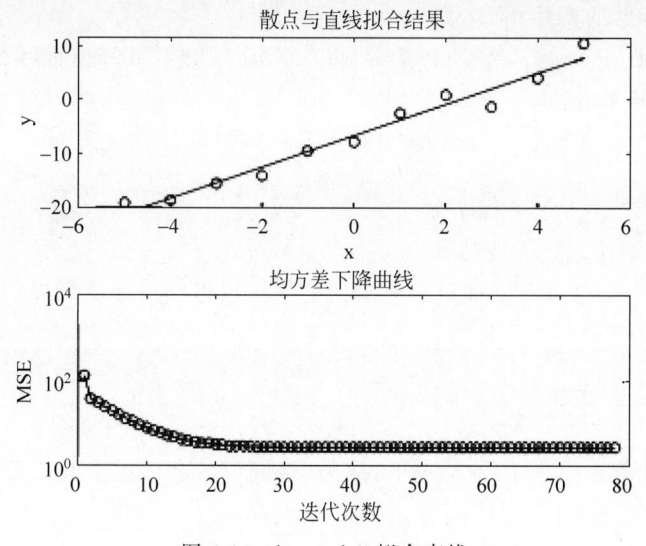

图 3-14 learnwh()拟合直线

第 1 次迭代:

```
ans =
    132.5929
w =
    - 0.7336    3.2112
```

第 2 次迭代:

```
ans =
    38.9751
```

```
w =
    -1.3865    2.8901
…
```

第78次迭代：

```
ans =
    2.8933
```

权值变化小于指定数而终止
算法收敛于：

```
w = (-6.668192,2.919306),MSE:2.893348
```

2. maxlinlr()函数

前面介绍到，线性神经网络的学习率应小心选择，否则可能出现收敛过慢或无法稳定收敛的问题。MATLAB提供了一个计算最大学习率的函数，其公式为

$$0 < \eta < \frac{2}{\lambda_{max}}$$

其中，λ_{max}为输入向量自相关矩阵的最大特征值。

maxlinlr()函数的调用格式为

lr = maxlinlr(P)：输入参数P为$R \times Q$维矩阵，对不带阈值的线性层得到一个所需要的最大学习速率lr。

在命令窗口中输入type maxlinlr命令可看到函数的计算代码为

```
lr = 0.9999/max(eig(p*p'));
```

eig()函数用于计算矩阵的特征值。

lr=maxlinlr(P,'bias')：针对带有阈值的线性层得到一个所需要的最大学习速率。计算代码为

```
p2 = [p; ones(1,size(p,2))];
lr = 0.9999/max(eig(p2*p2'));
```

【例3-8】 在给定输入P的情况下，分为"带阈值"与"不带阈值"两种情况求得该线性层所需的最大学习速率。

```
>> clear all;
P = [1 2 -4 7; 0.1 3 10 6];
disp('不带阈值速率为: ')
lr1 = maxlinlr(P)
disp('带阈值速率为: ')
lr2 = maxlinlr(P,'bias')
```

运行程序，输出如下。
不带阈值速率为：

```
lr1 =
    0.0069
```

带阈值速率为：

```
lr2 =
    0.0067
```

3.7.4 均方误差性能函数

mse()函数是线性神经网络的性能函数，以均方误差来评价网络的精确程度。函数的调用格式为

perf = mse(net, *t*, *y*, ew)：输入参数 net 为网络；*t* 为目标矩阵或单元阵列；*y* 为输出矩阵或单元数组；ew 为错误的权重(可选)；输出参数 perf 平均绝对误差。

【例 3-9】 计算一个矩阵的均方误差。

```
>> clear all;
>> randn('seed',2);          %设定随机种子
>> a = randn(3,4)            %3×4矩阵
a =
    0.2820   -0.7123    1.1219    1.8966
   -0.8983   -1.1757    1.0644    1.2472
    1.1428    0.1415    1.5076    1.0075
>> mse(a)                    %计算均方误差
ans =
    1.2445
>> b = a(:);                 %把矩阵a整理成向量
>> sum(b.^2)/length(b)       %手工计算均方误差
ans =
    1.2445
>> mse(b)                    %对向量b计算均方误差
ans =
    1.2445
```

由以上示例可看出，mse()会对矩阵或数组中的所有元素计算均方误差，最终返回一个标量值，所以数组的形状、元素的位置变化不影响 mse()函数的结果，假设所有形式的输入都被转换为向量 *x*，则计算公式为

$$\mathrm{mse}(\boldsymbol{x}) = \frac{1}{N}\sum_{i=1}^{N} x_i^2$$

式中，N 为向量长度。

3.8 线性神经网络的局限性

线性神经网络只能反映输入和输出样本矢量间的线性映射关系，和感知器神经网络一样，它也只能解决线性可分问题。由于线性神经网络的误差曲面是一个多维抛物面，所以在学习速率足够小的情况下，对于基于最小二乘梯度下降原理进行训练的线性神经网络总可以找到一个最优解。但是，尽管如此，对线性神经网络的训练并不一定总能达到零误差。线性神经网络的训练性能要受网络规则和训练样本集大小的限制。如果

线性神经网络的自由度（即神经网络所有权值和阈值的个数总和）小于训练样本集中"输入-目标"向量的对数,且各样本矢量线性无关,则网络训练不可能达到零误差,而只能得到一个使网络误差最小的解;反之,如果网络自由度大于样本集的个数,则会得到无穷多个使网络训练误差为零的解。此外,值得注意的是,线性神经网络的训练和性能要受到学习速率参数的影响,过大的学习速率可能会导致网络性能发散。

3.8.1 线性相关向量

在应用线性神经网络解决问题前,首先要判断该问题是否能用线性网络来解决。通常情况下,线性网络的自由度(权值和阈值的总和,即 $S \times R + S$)至少要等于约束的数目(输入/输出样本数 Q),这样才可以应用。但是当输入样本线性相关或没有阈值的时候,这种要求就不一定成立了。如果线性相关的输入量与期望输出向量之间并不匹配,则此问题是一个非线性问题,且这个问题得不到零误差解。

【例 3-10】 给定一个输入向量和期望输出向量 T 进行训练。

```
>> clear all;
P = [1.0 2.0 3.0;4.0 5.0 6.0];
T = [0.5 1.0 -1.0];
lr = maxlinlr(P,'bias');
net = newlin([0 10;0 10],1,[0],lr);
net.trainParam.show = 50;
net.trainParam.epochs = 500;
net.trainParam.goal = 0.001;
[net,tr] = train(net,P,T);
tr
```

运行程序,输出如下,训练过程如图 3-15 所示。

```
tr =
        trainFcn: 'trainb'
      trainParam: [1x1 struct]
      performFcn: 'mse'
    performParam: [1x1 struct]
        derivFcn: 'defaultderiv'
       divideFcn: 'dividetrain'
      divideMode: 'sample'
     divideParam: [1x1 struct]
         trainInd: [1 2 3]
           valInd: []
          testInd: []
             stop: 'Maximum epoch reached.'
       num_epochs: 500
        trainMask: {[1 1 1]}
          valMask: {[NaN NaN NaN]}
         testMask: {[NaN NaN NaN]}
       best_epoch: 499
             goal: 1.0000e-03
           states: {'epoch' 'time' 'perf' 'vperf' 'tperf' 'val_fail'}
            epoch: [1x501 double]
```

```
         time: [1x501 double]
         perf: [1x501 double]
        vperf: [1x501 double]
        tperf: [1x501 double]
     val_fail: [1x501 double]
    best_perf: 0.3474
   best_vperf: NaN
   best_tperf: NaN
```

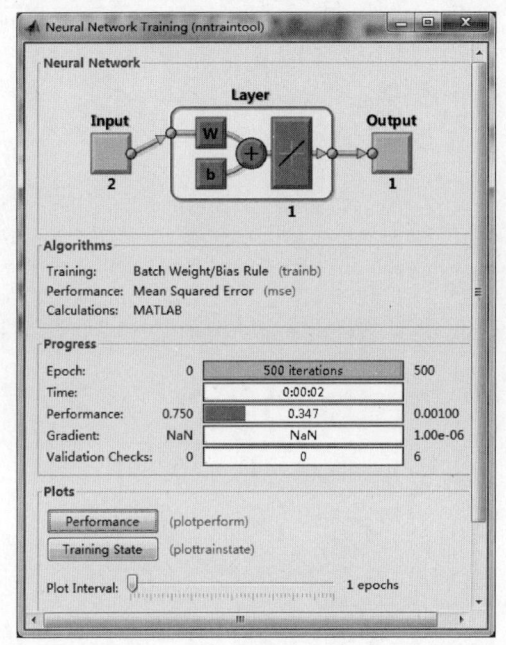

图 3-15　训练过程图

由此可见，输入向量具有相关性，而期望输出向量并不具有这种相关性，即输入/输出不匹配。应用 maxlinlr() 函数寻找训练用最快速最稳定的学习率，然后用 newlin() 函数生成一个线性神经元，并设置训练次数、训练精度、显示情况等进行训练。

达到最大训练次数后，仿真停止，但是训练精度并未达到。应用函数 sim() 求出给定输入向量的输出向量，对网络进行验证：

```
>> p = [1.0;4];
>> a = sim(net,p)
a =
    0.8971
```

仿真结果表明，网络输出值不等于期望输出值，且相差较大。由此可以得出结论：线性网络不能适应输入向量之间具有线性相关性的非线性问题。

3.8.2　学习速率过大

在网络设计中，学习速率的选取是影响收敛速度以及训练结果的一个很重要的因素。当学习速率过小的时候，依据 W-H 学习规则总能够训练网络满足精度要求；但是当学习速率较大时,则可能导致训练过程不稳定。MATLAB 工具箱函数给出了一个正确求解学习速率的函数 maxlinlr()。

下面以不同的学习速率再次训练网络以展现两种不希望的学习速率带来的影响。

【例 3-11】 为了能够清楚地观察到网络训练过程中权值的修正所带来的误差的变化情况,因此在程序中加入误差等高线图,并在其中显示每一次权值修正后的误差值位置。

```
>> clear all;
P = [1 -1.2];
T = [0.5 1];
[R,Q] = size(P);
[W,B] = size(T);
% 绘制误差曲面图
wrange = -2:0.2:2;                        % 限定 W 值的坐标范围
brange = -2:0.2:2;                        % 限定 B 值的坐标范围
ES = errsurf(P,T,wrange,brange,'purelin');% 求神经元的误差平面
mesh(ES,[60,30]);                         % 求神经元的误差平面,效果如图 3-16 所示
set(gcf,'color','w');                     % 将曲面图背景设为白色
```

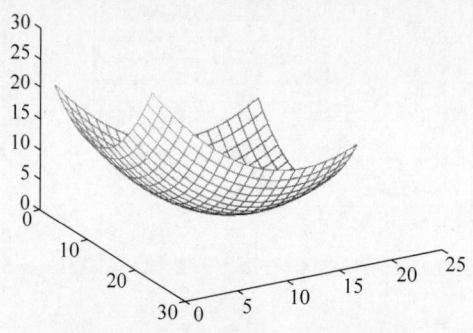

图 3-16 线性网络的误差曲面图

图 3-16 是由权值 w 和偏差 b 所决定的线性网络误差图,可以看到它是一个抛物线型的。

```
>> % 设计网络权值并绘制投影图
figure;
net = newlind(P,T);                       % 求理想的权值和偏差
dw = net.iw{1,1};                         % 赋理想的权值和偏差
db = net.b{1};                            % 赋理想的偏差
% 作等高线图,ES 为高,返回等高线矩阵 C,列向量 h 是线或对象的句柄
[C,h] = contour(wrange,brange,ES);
clabel(C,h);                              % 一条线一个句柄,被作为输入
colormap cool;                            % 桌面的颜色 cool(青和洋色)
axis('equal');
hold on;
plot(dw,db,'rp','LineWidth',2.5);
xlabel('W'); ylabel('B');
```

图 3-17 为图 3-16 的从上往下的投影图,图中的曲线称为等高线,线上的点具有相同的误差值。图中的"星号"代表用函数 newlind() 求出的误差最小值。

当运行以下程序,弹出如图 3-18 所示的选择列表框。

```
lr = menu('选择学习速率: ', …
    '1.2 * maxlinr', …
    '2.8 * maxlinr');
```

图 3-17 误差等高线图   图 3-18 选择列表框

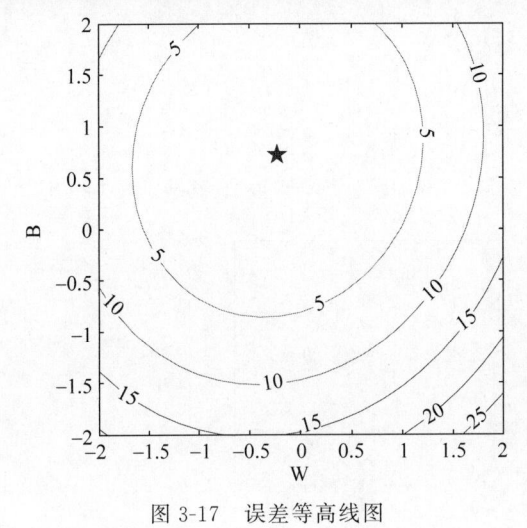

单击图 3-18 中的 1.2 * maxlinlr 按钮,并运行以下代码。

```
>> disp('')
% 训练权值
disp_freq = 1;
max_epoch = 28;
err_goal = 0.001;
if lr == 1
    lp.lr = 1.2 * maxlinlr(P,'bias');
else
    lp.lr = 2.8 * maxlinlr(P,'bias');
end
a = W + P + B;
A = purelin(a);
E = T - A;                          % 求误差
sse = sumsqr(E);                    % 求误差矩阵元素的平方和
errors = [sse];
for epoch = 1:max_epoch             % 训练权值
    if sse < err_goal
        epoch = epoch - 1;
        break;
    end
    lw = W;      lb = B;
    dw = learnwh([],P,[],[],[],[],E,[],[],[],lp,[]);
    db = learnwh(B,ones(1,Q),[],[],[],[],E,[],[],[],lp,[]);
    W = W + dw;
```

```
        B = B + db;
        a = W * P + B;
        A = purelin(a);
        E = T - A;
        sse = sumsqr(E);
        errors = [errors sse];            % 把误差变为一个行向量
        if rem(epoch,disp_freq) == 0
            plot([lw,W],[lb,B],'g-');     % 显示权值与偏差向量训练图,效果如图 3-19 所示
            drawnow
        end
end
hold off;
m = W * P + B;
a = purelin(m);
plot(a);                                  % 作每次训练的误差图,效果如图 3-20 所示
```

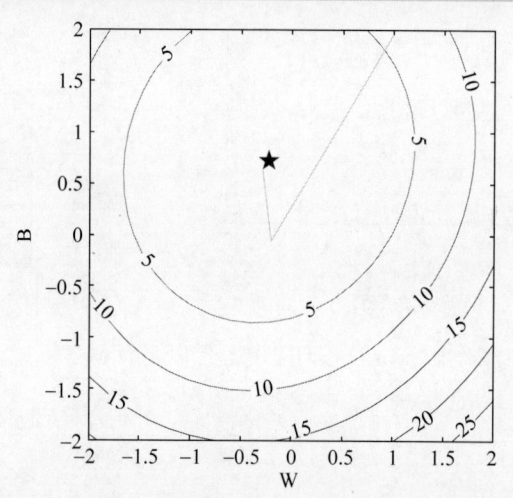

图 3-19　lr＝1.2 * maxlinlr 权向量修正的变化过程

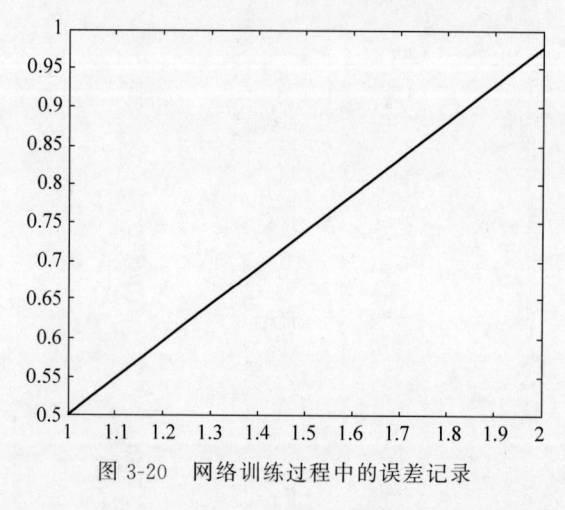

图 3-20　网络训练过程中的误差记录

当单击图 3-18 中的 2.8 * maxlinlr 按钮时,并执行以下代码,可得到如图 3-21 和图 3-22 所示效果图。

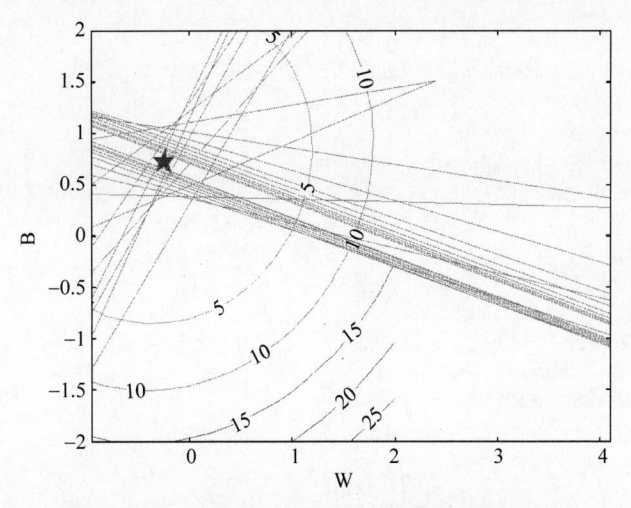

图 3-21　lr=2.8*maxlinlr 权向量修正的变化过程

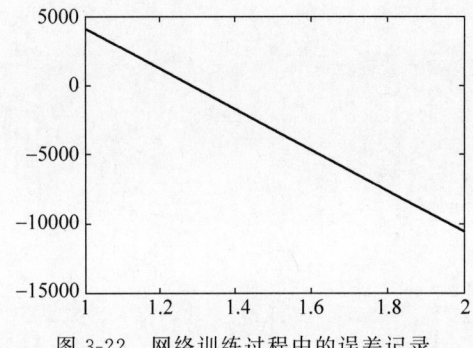

图 3-22　网络训练过程中的误差记录

正如所看到的,由于学习速率太大,虽然能够使权值得到较大的修正,但由于过量而产生了振荡。不过误差在其权值振荡过程中仍然能够直线下降,在经过十多次循环后就达到了误差的最小值。如果学习速率再加大,可能就不是这么幸运了。

由图 3-21 和图 3-22 可看出,由于其学习速率太大,网络的权值修正过程总是在最小误差方向上运动,但每一次都由于过大的调整使其偏离期望目标越来越远,其误差是向增加而不是减少的方向移动。由此可得出结论:应选取较小的学习速率以保证网络收敛,而不应选太大的学习速率而使其发散。

3.8.3　不定系统

如果单线性神经网络只有一个输入向量,应用一组输入/输出样本进行训练。而此时,对应单输入、单输出网络,有两个可调整变量,即一个权值和一个阈值。那么问题是:约束条件只有一个,变量数目大于约束数目,这就是不定系统。

【例 3-12】　用线性神经网络演示不定系统。

```
>> clear all;
% 输入向量及期望输出向量
P = [+1.0];
```

```
T = [ + 0.5];
%给出权值和阈值的范围并绘制误差曲线及误差曲面等高线
w_range = - 1:0.2:1;
b_range = - 1:0.2:1;
ES = errsurf(P,T,w_range,b_range,'purelin');
plotes(w_range,b_range,ES);                         %效果如图3-23所示
%寻找训练用最快速稳定的学习率,创建生成一个线性神经元,并设置训练次数
maxlr = maxlinlr(P,'bias');
net = newlin([ - 2 2],1,[0],maxlr);
net.trainParam.goal = 1e - 10;
%设定训练参数,对网络进行训练,默认的学习规则为W-H规则,也可以在训练参数中修改
net.trainParam.epochs = 1;
net.trainParam.show = NaN;
h = plotep(net.IW{1},net.b{1},mse(T - sim(net,P)));
[net,tr] = train(net,P,T);
r = tr;
epoch = 1;
while true
    epoch = epoch + 1;
    [net,tr] = train(net,P,T);                      %效果如图3-24所示
    if length(tr.epoch)> 1
        h = plotep(net.IW{1},net.b{1},tr.perf(2),h);    %效果如图3-25所示
        r.epoch = [r.epoch epoch];
        r.perf = [r.perf tr.perf(2)];
        r.vperf = [r.vperf NaN];
        r.tperf = [r.tperf NaN];
    else
        break
    end
end
tr = r;
```

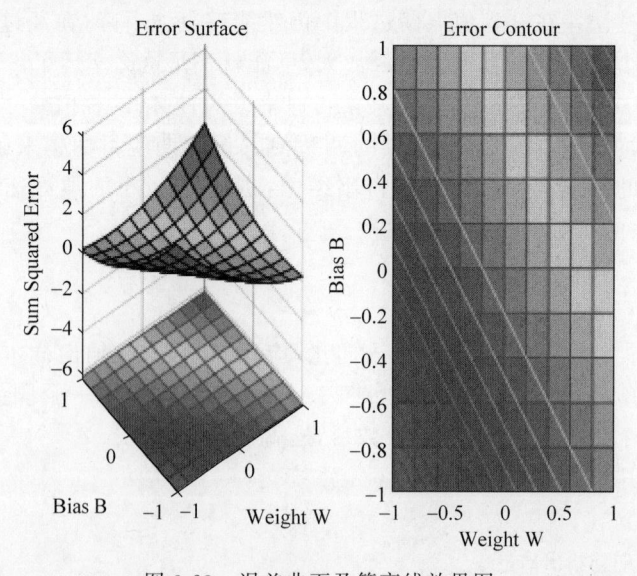

图 3-23 误差曲面及等高线效果图

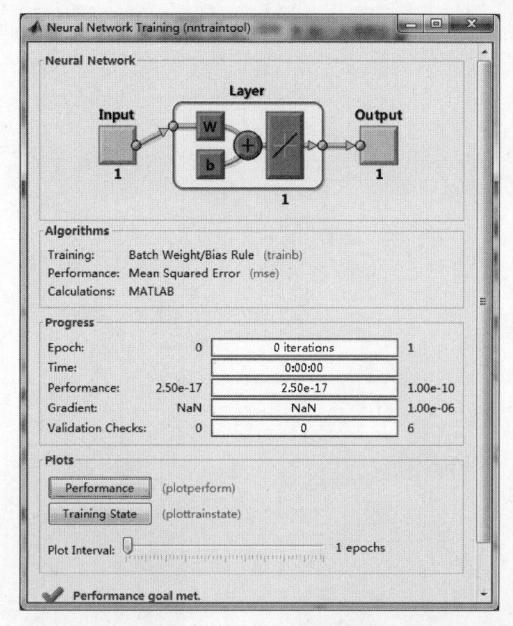

图 3-24 训练过程图

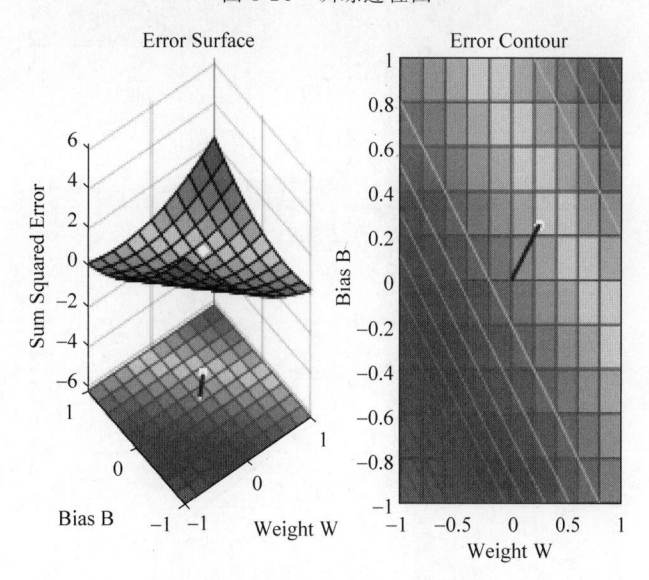

图 3-25 训练后误差曲面及等高线

下面再应用 newlind() 函数来求解。前面训练时应用 train() 函数,而此时应用 solvelin() 函数,结论不同。train() 在不同的初始条件下就会得到不同的结果,而 solvelin() 每一次的结果都相同。

```
>> solvednet = newlind(P,T);
hold on;
plot(solvednet.IW{1,1},solvednet.b{1},'ro')            % 效果如图 3-26 所示
% 绘制训练误差随时间变化的曲线,训练误差与训练精度有很大关系
hold off;
```

```
plotperf(tr,net.trainParam.goal);      % 绘制出的误差响应曲线如图 3-27 所示
>> % 对网络进行验证
p = 1.0;
a = sim(net,p)
a =
    0.5000
```

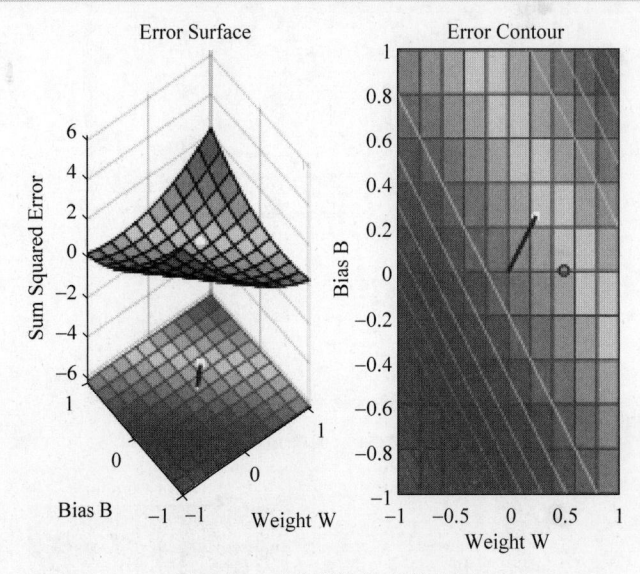

图 3-26 两种训练结果效果图

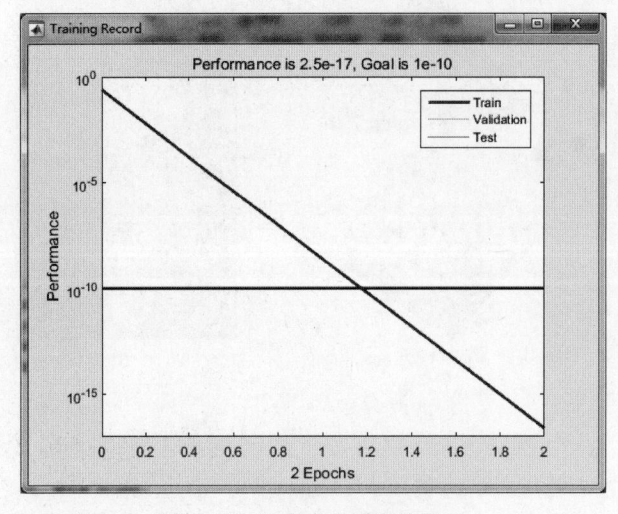

图 3-27 误差响应曲线效果图

3.9 线性神经网络的应用

线性神经网络只能实现线性运算，这一点与单层感知器比较类似，因此线性神经网络只能用于解决比较简单的问题。

单个线性神经网络只能解决线性可分问题,与或逻辑就是典型的线性可分问题,这里选择与逻辑作为实例。而异或逻辑则线性不可分,因此要使用多个线性神经网络问题间接实现。

3.9.1 逻辑与

逻辑与有两个输入、一个输出,因此对应的线性网络拥有两个输入节点、一个输出节点,如图 3-28 所示。

包括偏置,网络的训练中共需确定 3 个自由变量,而输入的训练向量则有 4 个,因此可以形成一个线性方程组:

$$\begin{cases} 0 \times x + 0 \times y + 1 \times b = 0 \\ 0 \times x + 1 \times y + 1 \times b = 0 \\ 1 \times x + 0 \times y + 1 \times b = 0 \\ 1 \times x + 1 \times y + 1 \times b = 1 \end{cases}$$

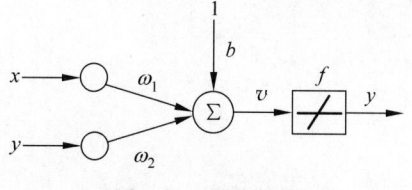

图 3-28 网络结构

由于方程的个数超过了自变量的个数,因此方程没有精确解,只有近似解,用伪逆的方法可以求得权值向量的值。

下面以分步的方式用线性神经网络得到相同的结果。

网络中需要求解的是权值 ω_1、ω_2 和偏置 b。把偏置加入权值中统一计算,定义总的权值向量

$$\boldsymbol{\omega} = [b, \omega_1, \omega_2]^T$$

定义输入

$$\boldsymbol{P} = \begin{bmatrix} 1, x_1, y_1 \\ 1, x_2, y_2 \\ \cdots \end{bmatrix}$$

期望输出

$$\boldsymbol{d} = [0, 0, 0, 1]$$

初始化,将权值和偏置初始化为零。令 $\boldsymbol{\omega} = [b, \omega_1, \omega_2]^T = [0, 0, 0]^T$。

根据以上叙述,使用工具箱函数可以实现与逻辑,代码为

```
>> clear all;
% 定义变量
p = [0 0 1 1; 0 1 0 1];                    % 输入向量
d = [0 0 0 1];                             % 期望输出向量
lr = maxlinlr(p, 'bias')                   % 根据输入矩阵求解最大学习率
% 线性网络实现
net1 = linearlayer(0, lr);                 % 创建线性网络
net1 = train(net1, p, d);                  % 线性网络训练
% 感知器实现
net2 = newp([-1 1; -1 1], 1, 'hardlim');   % 创建感知器
net2 = train(net2, p, d);                  % 感知器学习
% 显示
disp('线性网络输出:')
```

```
Y1 = sim(net1,p)
disp('线性网络二值输出: ');
Y11 = Y1 >= 0.5
disp('线性网络最终权值: ')
w1 = [net1.iw{1,1},net1.b{1,1}]
disp('感知器输出: ')
Y2 = sim(net2,p)
disp('感知器二值输出: ')
Y22 = Y2 >= 0.5
disp('感知器最终权值: ')
w2 = [net2.iw{1,1},net2.b{1,1}]
% 图形窗口输出
plot([0,0,1],[0,1,0],'ro');
hold on;
plot(1,1,'d');
x = -2:0.2:2;
y1 = 1/2/w1(2) - w1(1)/w1(2)*x - w1(3)/w1(2);   % 1/2 是区分 0 和 1 的阈值
plot(x,y1,'-');
y2 = -w2(1)/w2(2)*x - w2(3)/w2(2);              % hardlim()函数以 0 为阈值,分别输出 0 和 1
plot(x,y2,'--');
axis([-0.5 2 -0.5 2]);
xlabel('x');ylabel('ylabel');
title('线性神经网络用于求解与逻辑')
legend('0','1','线性神经网络分类面','感知器分类面')
```

运行程序,输出如下,训练过程如图 3-29 所示,得到分类面如图 3-30 所示。

```
lr =
    0.1569
```

线性网络输出:

```
Y1 =
    -0.2500    0.2500    0.2500    0.7500
```

线性网络二值输出:

```
Y11 =
    0    0    0    1
```

线性网络最终权值:

```
w1 =
    0.5000    0.5000    -0.2500
```

感知器输出:

```
Y2 =
    0    0    0    1
```

感知器二值输出:

```
Y22 =
    0    0    0    1
```

感知器最终权值：

```
w2 =
     2     1    -3
```

因此，线性网络得到的决策面为直线 $\frac{1}{2}(x+y)-\frac{1}{4}=\frac{1}{2}$，感知器得到的决策面为直线 $2x+1-3=0$。

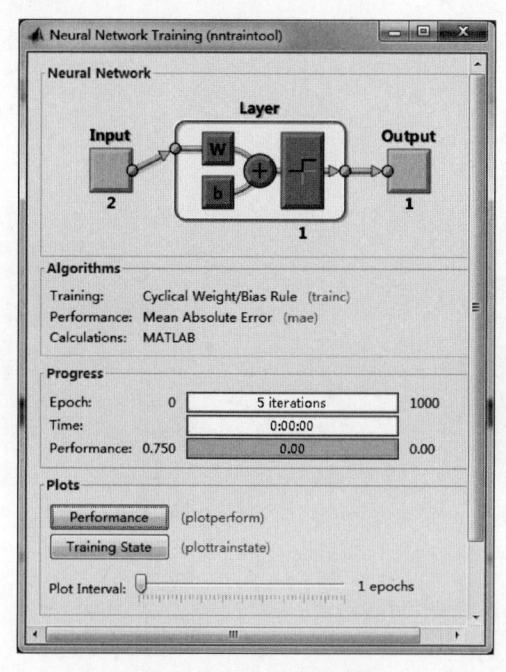

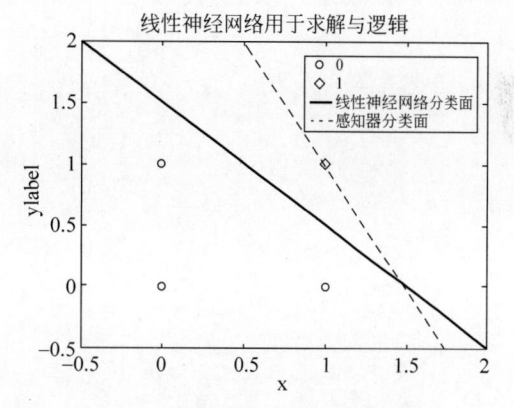

图 3-29　网络训练过程　　　　图 3-30　线性网络与感知器的比较

显然，线性网络得到的分类面大致位于两类坐标点的中间位置，而感知器得到的分类面恰好穿过其中一个坐标点。在另外一些场合，感知器得到的分类面也离训练的模式很近，从这一点上说，线性神经网络优于感知器。造成这种差别的原因并不在于学习算法，尽管通常认为 LMS 算法更合理，但两者在计算上几乎拥有相同的形式。

感知器更新权值向量：$\omega(n+1)=\omega(n)+\eta[d(n)-y(n)]x(n)$

线性神经网络更新权值向量：$\omega(n+1)=\omega(n)+\eta\boldsymbol{x}^{\mathrm{T}}(n)e(n)$

根本原因在于，感知器使用了二值阈值元件，输出值只能为两种（0/1 或 1/-1），因此，只要有一次达到某个值，该值使得二值化后的输出是正确的，那么误差 $e(n)=[d(n)-y(n)]$ 就等于零，根据上面的公式，权值向量就不会再有实质性的更新了。而线性神经网络用线性的传输函数将结果直接输出，误差值可以根据输出值不断变化，从而使得权值根据误差变化不断获得更新，最终获得最小均方误差意义下的最优解。

3.9.2　逻辑异或

异或属于线性不可分问题，在此通过两种方法来实现。

1. 添加非线性输入

添加非线性输入的代价是输入向量维数变大,运算复杂度变大。结构如图 3-31 所示。

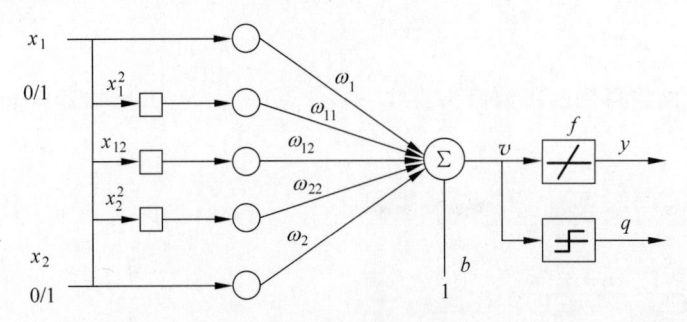

图 3-31 添加非线性输入

这种方法的思路是,既然运算过程中无法引入非线性运算的特性,那么就在输入端添加非线性成分。实现的代码为

```matlab
>> clear all;
%定义变量
p1 = [0 0 1 1;0 1 0 1];                      %原始输入向量
p2 = p1(1,:).^2;
p3 = p1(1,:).*p1(2,:);
p4 = p1(2,:).^2;
p = [p1(1,:);p2;p3;p4;p1(2,:)]               %添加非线性成分后的输入向量
d = [0 1 1 0];                               %期望输出向量
lr = maxlinlr(p,'bias')                      %根据输入矩阵求解最大学习率
%线性网络实现
net = linearlayer(0,lr);                     %创建线性网络
net = train(net,p,d);                        %线性网络训练
%显示
disp('网络输出:')
Y1 = sim(net,p)
disp('网络二值输出:')
Y11 = Y1>=0.5
disp('最终权值:')
w1 = [net.iw{1,1},net.b{1,1}]
%图形窗口输出
plot([0,1],[0,1],'ro');
hold on;
plot([0 1],[1 0],'d');
axis([-0.1 1.1 -0.1 1.1]);
xlabel('x');ylabel('y');
title('线性神经网络用于求解异或逻辑');
x = -0.1:0.1:1.1;
y = -0.1:0.1:1.1;
N = length(x);
X = repmat(x,1,N);
Y = repmat(y,N,1);
Y = Y(:);
Y = Y';
p = [X;X.^2;X.*Y;Y.^2;Y];
yy = net(p);
```

```
y1 = reshape(yy,N,N);
[C,h] = contour(x,y,y1);
clabel(C,h,0.5);
legend('0','1','线性神经网络分类面');
```

运行程序,输出如下,训练过程如图 3-32 所示,决策面如图 3-33 所示。

```
p =
     0     0     1     1
     0     0     1     1
     0     0     0     1
     0     1     0     1
     0     1     0     1
lr =
    0.1033
```

网络输出：

```
Y1 =
    0.0000    1.0000    1.0000    0.0000
```

网络二值输出：

```
Y11 =
     0     1     1     0
```

最终权值：

```
w1 =
    0.5000    0.5000   -2.0000    0.5000    0.5000    0.0000
```

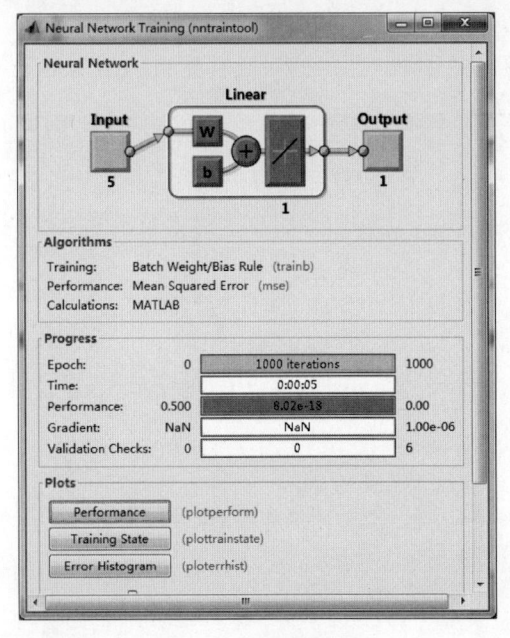

图 3-32 训练过程图

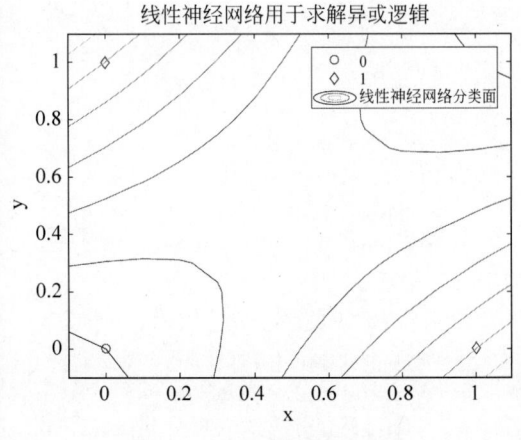

图 3-33 异或问题的决策面

2. 使用 Madaline

Madaline 的核心思想是使用多个线性神经元。在这里使用两个神经元，分别得到输出后再对输出值进行判断，得到最终的分类结果，其结构如图 3-34 所示。

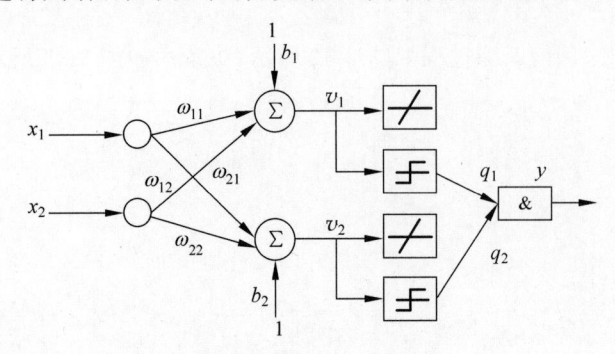

图 3-34 Madaline 结构图

对于异或问题，解决的方法是将其分为两个子问题，分别用一个线性神经元实现。两个神经元的期望输出分别如图 3-35 和图 3-36 所示。

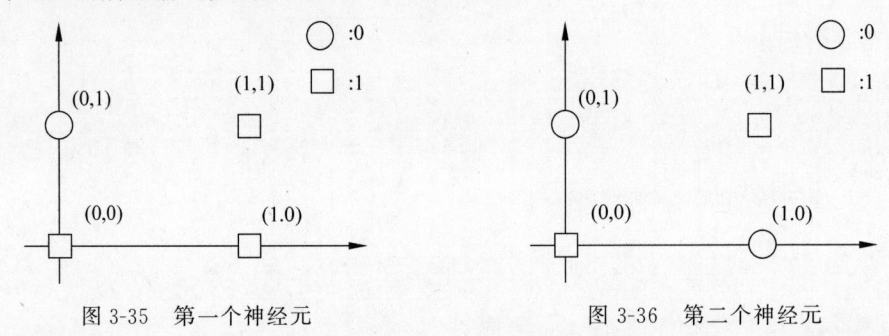

图 3-35 第一个神经元

图 3-36 第二个神经元

按照图中 1 与 0 的定义，两个神经元的输出必须取一次与非，最后算得的结果才符合异或运算的定义。其实现的 MATLAB 代码为

```matlab
>> clear all;
% 第一个神经元
P1 = [0,0,1,1;0,1,0,1];                % 输入向量
d1 = [1,0,1,1];                        % 期望输出向量
lr = maxlinlr(P1,'bias');              % 根据输入矩阵求解最大学习率
net1 = linearlayer(0,lr);              % 创建线性网络
net1 = train(net1,P1,d1);              % 线性网络训练
% 第二个神经元
P2 = [0,0,1,1;0,1,0,1];                % 输入向量
d2 = [1,1,0,1];                        % 期望输出向量
lr = maxlinlr(P2,'bias');              % 根据输入矩阵求解最大学习率
net2 = linearlayer(0,lr);              % 创建线性网络
net2 = train(net2,P2,d2);              % 线性网络训练
Y1 = sim(net1,P1);Y1 = Y1 >= 0.5;
Y2 = sim(net2,P2);Y2 = Y2 >= 0.5;
```

```
Y = ~(Y1&Y2);
% 显示
disp('第一个神经元最终权值: ')
w1 = [net1.iw{1,1}, net1.b{1,1}]
disp('第二个神经元最终权值: ')
w2 = [net2.iw{1,1}, net2.b{1,1}]
disp('第一个神经元测试输出: ')
Y1
disp('第二个神经元测试输出: ');
Y2
disp('最终输出: ');
Y
plot([0,1],[0,1],'ro');                    % 图形窗口输出
hold on;
plot([0,1],[1,0],'d');
x = -2:2:2;
y1 = 1/2/w1(2) - w1(1)/w1(2)*x - w1(3)/w1(2); % 第一条直线,1/2是区分0和1的阈值
plot(x,y1,'-');
y2 = 1/2/w2(2) - w2(1)/w2(2)*x - w2(3)/w2(2); % 第二条直线,1/2是区分0和1的阈值
plot(x,y2,'m:');
axis([-0.1,1.1,-0.1,1.1])
xlabel('x');ylabel('y');
title('Madaline用于求解异或逻辑')
legend('0','1','第一条直线','第二条直线');
```

运行程序,输出如下,训练过程如图3-37所示,解决异或问题效果如图3-38所示。

第一个神经元最终权值:

```
w1 =
    0.5000   -0.5000    0.7500
```

第二个神经元最终权值:

```
w2 =
   -0.5000    0.5000    0.7500
```

第一个神经元测试输出:

```
Y1 =
     1     0     1     1
```

第二个神经元测试输出:

```
Y2 =
     1     1     0     1
```

最终输出:

```
Y =
     0     1     1     0
```

图 3-37　网络训练过程

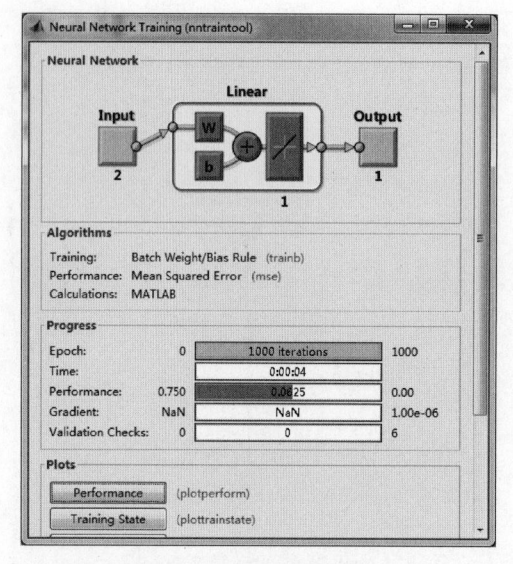

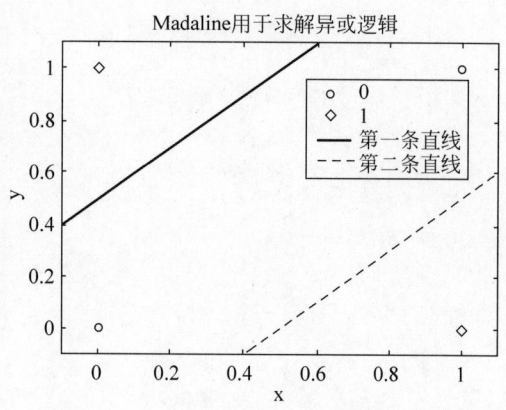

图 3-38　Madaline 解决异或问题的效果图

3.9.3　在噪声对消中的应用

使用自适应滤波器的线性滤波功能可以进行网络消噪。下面以飞行中飞机机长同乘客之间的广播模型为例来说明其工作原理。在飞行的飞机中,如果飞行员对着麦克风说话,驾驶座舱的引擎噪声将会混杂入他的声音信号中,这使得旅客听到的是非常嘈杂的声音。我们需要的是飞行员的声音而不是飞机引擎的噪声。如果可以获得引擎噪声样本并把它作为自适应滤波器的输入,那么就可以通过自适应滤波器来消除引擎噪声的影响。消除噪声的自适应滤波器的训练及其工作结构图如图 3-39 所示。

这里采用自适应神经元线性网络去逼近带有引擎噪声信号 $n(k)$ 的飞行员声音信号 $m(k)$。由引擎噪声信号 $n(k)$ 给网络提供输入信息,从图 3-39 中可以看到,网络通过自适应滤波器的输出信号去逼近混杂在声音信号中的噪声部分,调整自适应滤波器以便使误差 $e(k)$ 最小。由图 3-39 可得以下关系式:

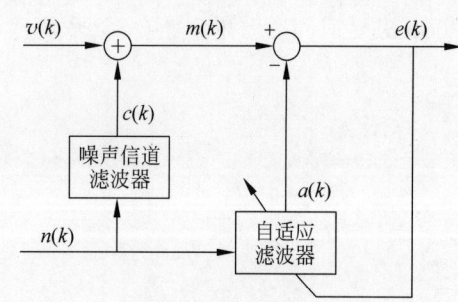

图 3-39　自适应滤波器消噪的训练及其工作结构图

$$m(k) = v(k) + c(k)$$
$$e(k) = m(k) - a(k)$$

由此可得:

$$e(k) = v(k) + c(k) - a(k)$$

当自适应滤波器成功地逼近信号 $c(k)$ 时,在得到的 $e(k)$ 信号中就只剩下了所需要的机长的声音信号了。

在进行网络的训练过程中,进行网络的训练过程中,将机长的声音信号置为0,并调节网络的权值,然后将训练完成后获得的网络再以同样的方式接入系统中加以应用。当网络工作时,由于网络消除了飞行员声音信号中的噪声信号,使其输出 $e(k)$ 仅为飞行员的声音。

这种去噪方法优于传统的滤波器,它把噪声从信号中之中近似完全地消去,而传统的低通滤波器只是通过高频时很小的放大倍数把噪声抑制掉。所以网络的逼近精度越高,消噪的效果越好。

下面通过示例来演示自适应滤波消噪处理。

【例 3-13】 对于一个最优的滤波器,希望通过滤波将信号中的噪声去掉,一般的滤波器很难完全做到。利用自适应线性网络实现噪声对消的原理如图 3-40 所示。

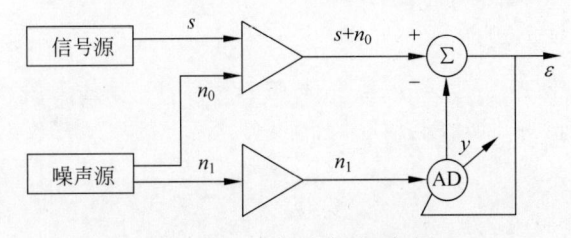

图 3-40 噪声对消原理框图

图中 s 为原始输入信号,假设为平稳的零均值随机信号;n_0 为与 s 不相关的随机噪声;n_1 为与 n_0 相关的信号;系统输出为 ε;$s+n_0$ 为 Adaline 神经元的预期输出,y 为 Adaline 神经元的输出。则

$$\varepsilon = s + n_0 - y$$

$$\begin{aligned}
E[\varepsilon^2] &= E[(s+n_0-y)^2] \\
&= E[s^2] + 2E[s \cdot (n_0-y)] + E[(n_0-y)^2] \\
&= E[\varepsilon^2] + E[(n_0-y)^2]
\end{aligned}$$

通过 Adaline 调节,得到

$$E_{\min}[s^2] = E_{\min}[s^2] + E_{\min}[(n_0-y)^2]$$

上式中,当 $E_{\min}[(n_0-y)^2] \to 0$ 时,$y \to n_0$,其输出 ε 为 s,则噪声被抵消。

采用这种系统来完成对胎儿心率的检测,可以得到十分满意的结果。由于测量胎儿的心率一定会受到母体心率的干扰,而且母亲心率很强,但与胎儿心率是相互独立的,所以可将母体心率作为噪声源 n_1 输入 Adaline 中,混有噪声的胎儿心率信号为目标响应,通过对消后,系统就可以得到清晰的胎儿心率。

这种系统还可以应用于电话中的回音对消。在电话通话的过程中,如果没有回音对消措施,那么,我们自身的声音会与来自对方的声音一起传到听筒中,而且自身的声音更强,影响通话的质量。可将自身的声音作为噪声源 n_1 输入 Adaline 中,混有对方声音的信号作为目标响应,通过对消后,系统就可以得到清晰的来自对方的声音信号。

这里假设传输信号为正弦波信号,噪声为随机噪声,进行自适应线性神经网络设计。

根据以上分析,Adaline 自适应线性神经元的输入向量为随机噪声 n_l;正弦波信号与随机噪声之和为 Adaline 神经元的目标向量；输出信号为网络调整过程中的误差信号。

其实现的 MATLAB 代码为

```
>> clear all;
% 定义输入向量和目标向量
time = 0.01:0.01:10;                              % 时间变量
noise = (rand(1,1000) - 0.5) * 4;                 % 随机噪声
input = sin(time);                                % 信号
p = noise;                                        % 将噪声作为 Adaline 的输入向量
t = input + noise;                                % 将噪声 + 信号作为目标向量
% 创建线性神经网络
net = newlin([-1 1],1,0,0.0005);
% 线性神经网络的自适应调整(训练)
net.adaptParam.passes = 70;
[net,y,output] = adapt(net,p,t);                  % 输出信号 output 为网络调整过程中的误差
% 绘制信号,叠加随机噪声的信号,输出信号的波形
hold on;
% 绘制信号的波形
subplot(3,1,1);plot(time,input,'r');
title('信号波形 sin(t)');
subplot(3,1,2);plot(time,t,'m');                  % 绘制叠加随机噪声信号的波形
xlabel('t');title('随机噪声波形 sin(t) + noise(t)');
% 绘制输出信号的波形
subplot(3,1,3);plot(time,output,'b');
xlabel('t');title('输出信号波形 y(t)');
```

运行程序,如图 3-41 所示。

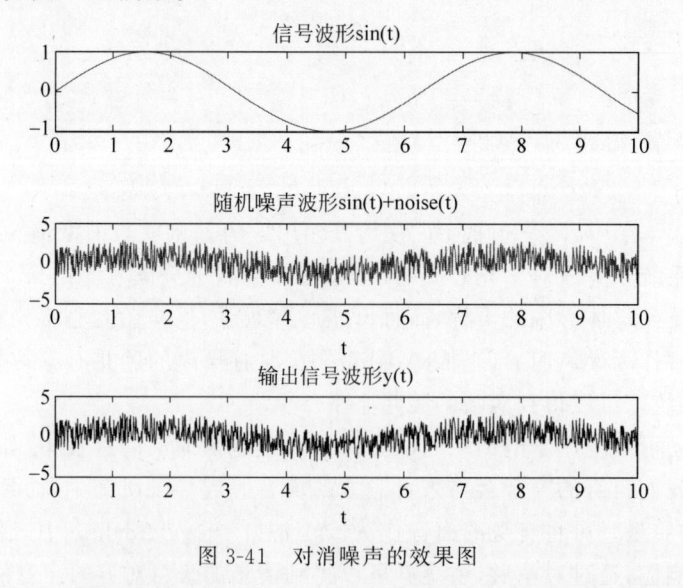

图 3-41 对消噪声的效果图

从图中可以看出,输出信号除了含有一定直流分量外,其波形与输入信号波形基本一致,消除了叠加的随机噪声。

3.9.4 在信号预测中的应用

实际上,物理系统的输入/输出关系式往往比较复杂,一般的形式为
$$y(k) = f(x(k-n), x(k-n+1), \cdots, x(k))$$
由上式,通过适当的设计网络的过程,使下式成立:
$$a(k) = x(k) = f(x(k-1), \cdots, x(k-n))$$
可以通过 $(k-1)$ 及以前测量的数据来完成 k 时刻的预测任务。设计过程如图 3-42 所示。

在这里需要特别注意,$x(k)$ 信号没有加在输入端。由此可见,训练网络的结构设计不是一成不变、生搬硬套的,一定要根据具体问题灵活应用和掌握。

设计的目的是使 $x(k) - a(k) = e(k) = 0$,即当求得 $e = 0$ 时,就可以得到网络输出 $x(k) = a(k)$ 的预测。预测的应用中,同样有一个需要确定输出与前几次延时阶次有关的问题,只有 r 确定正确了,预测的结果才准确。预测功能可被用在已知最近几年的产量或数据,从而预测明年的数值这类问题上。

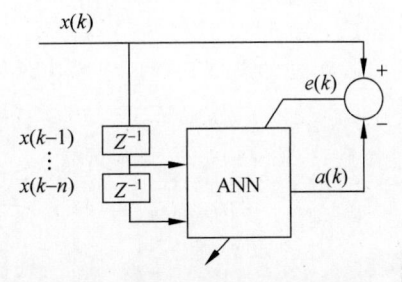

图 3-42 神经网络进行预测应用的设计结构图

注意只有确认所要预测的关系式确实是具有线性关系时,方可采用自适应线性网络来实现。

由此可见,都是自适应线性元件网络,不同的网络设计结构就能完成不同的任务,解决不同问题。灵活应用这种神经网络,就是要学会把不同的问题和网络结合起来,使之从数学理论上完成某种功能。虽然网络训练的都只是外部的输入/输出特性,但具体到每个应用中时是有很大的不同的。

【例 3-14】 实现自适应预测的线性网络。设自适应滤波器如图 3-43 所示,该滤波器的目的是要从输入信号的前两个时刻的值预测当前时刻的值。

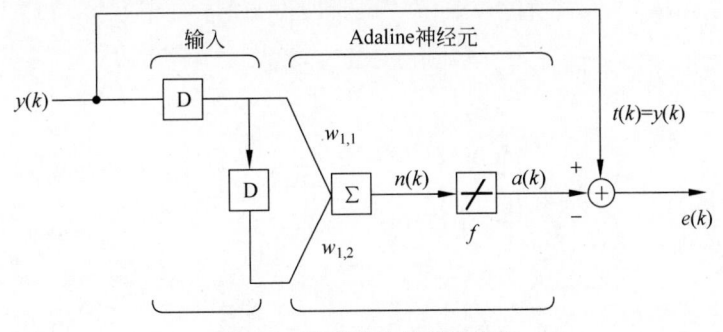

图 3-43 自适应滤波器示意图

图中 D 为延迟单元,多个延迟单元可以构成抽头延迟线,如图 3-44 所示。

设输入信号为一随机序列,试编写 MATLAB 程序,画出上述自适应滤波器的输入输出波形。

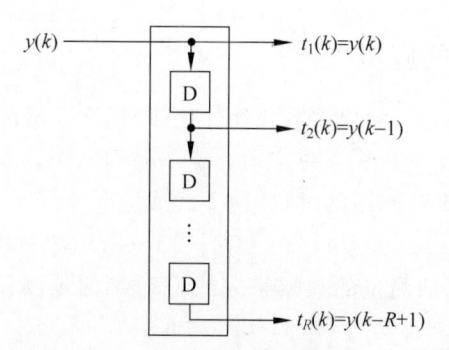

图 3-44　抽头延迟线

其实现的 MATLAB 程序代码如下。

```
>> clear all;
% 定义输入向量和目标向量
time = 0.5:0.5:20;                        % 时间变量
y = (rand(1,40) - 0.5) * 4;               % 定义随机输入信号
p = con2seq(y);                           % 将随机输入向量转换为串行向量
delays = [1 2];                           % 定义 Adaline 神经元输入延迟量
t = p;                                    % 定义 Adaline 神经元的数目向量
% 创建线性神经网络
net = newlin(minmax(y),1,delays,0.0005);
% 线性神经网络的自适应调整(训练)
net.adaptParam.passes = 70;
[net,a,output] = adapt(net,p,t);          % 输出信号 output 为网络调整过程中的误差
% 绘制随机输入信号/输出信号的波形
hold on;
subplot(3,1,1);plot(time,y,'r * - ');    % 输出信号 output 为网络调整过程中的误差
xlabel('t','position',[20.5, - 1.8]);
ylabel('随机输入信号 s(t)');
axis([0 20 - 2 2]);
subplot(3,1,2);
output = seq2con(output);
plot(time,output{1},'ko - ');             % 绘制预测输出信号的波形
xlabel('t','position',[20.5, - 1.8]);
ylabel('预测输出信号 y(t)');
axis([0 20 - 2 2]);
subplot(3,1,3);
e = output{1} - y;
plot(time,e,'k - ');                      % 绘制误差曲线
xlabel('t','position',[20.5, - 1.8]);
ylabel('误差曲线 e(t)');
axis([0 20 - 2 2]);
hold off;
```

运行程序，效果如图 3-45 所示。

从图中可以看出，输出信号波形与输入信号波形基本一致，误差较小，输出波形较好地预测了输入波形。

值得一提的是，在程序设计中，需要注意学习率和训练步长的选择。学习率过大，学

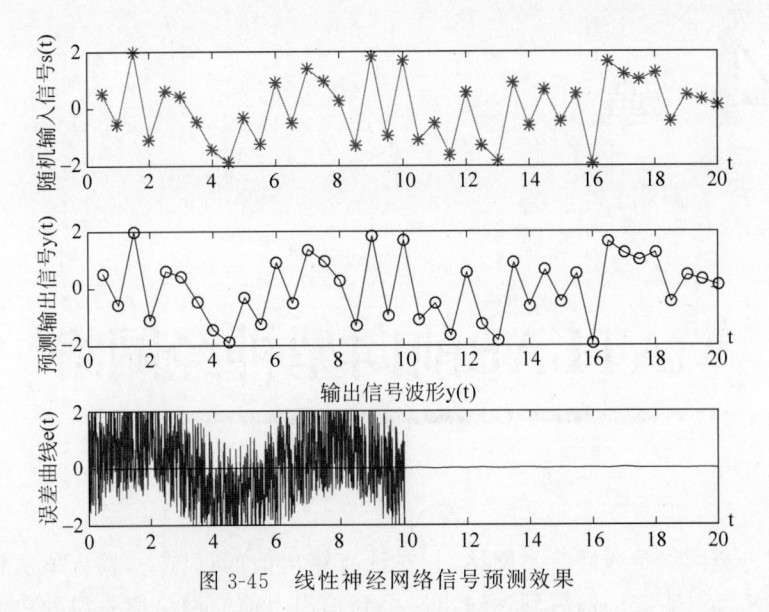

图 3-45 线性神经网络信号预测效果

习的过程将不稳定,且误差会更大;学习率过小,学习的过程将变慢,需要的训练步长数将加大。选择不当,将得不到满意的结果。

第 4 章

MATLAB前向型神经网络

前向型神经网络是这样一类网络,它在计算输出值的过程中,输入值从输入层单元向前逐层传播经过隐藏层最后到达输出层得到输出。前向网络第一层的单元与第二层所有的单元相连,第二层又与其上一层单元相连,同一层中的各单元之间没有连接。前向网络中神经元的激发函数,可采用线性硬阈值函数或单元上升的非线性函数等来表示。在训练过程中,它们的调节权值的算法都是采用有导师的delta学习规则。

对于前馈网络,根据神经元的传递函数不同、学习算法和网络结构上的区别,可以细分为感知器网络、线性网络、BP 网络、径向基网络及 GMDH 网络等不同的网络模型。本章针对以上网络模型,对其理论基础、训练算法进行简单说明,并重点介绍如何利用MATLAB 神经网络工具箱实现这些网络。

4.1 感知器

感知器模型是由美国学者 F. Rosenblatt 于 1958 年提出的。它与 MP 模型的不同之处是假定神经元的突触权值是可变的,这样就可以进行学习。感知器模型在神经网络研究中有重要的意义和地位,因为感知器模型包含自组织、自学习的思想。

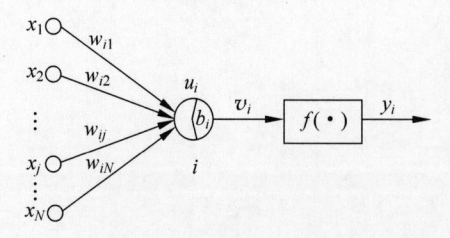

4.1.1 单层感知器模型

单层感知器模型如图 4-1 所示,它包括一个线性的累加器和一个二值阈值元件,同时还有一个外部偏差 b。线性累加器的输出作为二值阈值元件的输入,这样当二值阈值元件的输入是正数,神经元就产生输出 +1;反之,若其输入是负数,则产生输出 -1。即

$$y = \text{Sgn}\left(\sum_{j=1}^{m} w_{ij} x_j + b\right) \tag{4-1}$$

图 4-1 单层感知器模型

$$y = \begin{cases} +1, & 若(\sum_{j=1}^{m} w_{ij}x_j + b) \geqslant 0 \\ -1, & 若(\sum_{j=1}^{m} w_{ij}x_j + b) < 0 \end{cases} \tag{4-2}$$

使用单层感知器的目的就是让其对外部输入 $x_1, x_2, \cdots, x_m$ 进行识别分类,单层感知器可将外部输入分为两类：l_1 和 l_2。当感知器的输出为 +1 时,我们认为输入 $x_1, x_2, \cdots, x_m$ 属于 l_1 类,当感知器的输出为 -1 时,认为输入 $x_1, x_2, \cdots, x_m$ 属于 l_2 类,从而实现两类目标的识别。在 m 维信号空间,单层感知器进行模式识别的判决超平面由下式决定：

$$\sum_{j=1}^{m} w_{ij}x_j + b = 0 \tag{4-3}$$

图 4-2 给出了一种只有两个输入 x_1 和 x_2 的判决超平面的情况,它的判决边界是直线：$w_1x_1 + w_2x_2 + b = 0$。

决定判决边界为直线的主要参数是权值向量 w_1 和 w_2,通过合适的学习算法可训练出满意的 w_1 和 w_2。

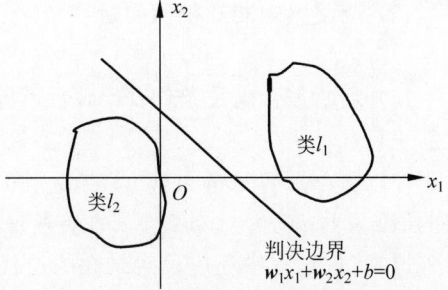

图 4-2 两类模式识别的判定问题

4.1.2 单层感知器的学习算法

单层感知器对权值向量的学习算法是基于迭代的思想,通常是采用纠错学习规则的学习算法。

为方便起见,将偏差 b 作为神经元突触权值向量的第一个分量加到权值向量中去,那么对应的输入向量也应增加一项,可设输入向量的第一个分量固定为 +1,这样输入向量和权值向量可分别写成如下的形式。

$$\boldsymbol{X}(n) = [+1, x_1(n), x_2(n), \cdots, x_m(n)]^{\mathrm{T}} \tag{4-4}$$

$$\boldsymbol{W}(n) = [b(n), w_1(n), w_2(n), \cdots, w_m(n)]^{\mathrm{T}} \tag{4-5}$$

其中,变量 n 表示迭代次数,$b(n)$ 可用 $w_0(n)$ 表示,则二值阈值元件的输入可重新写为

$$v = \sum_{j=0}^{m} w_j(n) x_j(n) = \boldsymbol{W}^{\mathrm{T}}(n) \boldsymbol{X}(n) \tag{4-6}$$

令式(4-6)等于零,即 $\boldsymbol{W}^{\mathrm{T}} \boldsymbol{X} = 0$ 可得在 m 维信号空间的单层感知器的判决超平面。学习算法如下。

(1) 设置变量和参量：

$\boldsymbol{X}(n) = [+1, x_1(n), x_2(n), \cdots, x_m(n)]^{\mathrm{T}}$,为输入向量,或称训练样本。

$\boldsymbol{W}(n) = [b(n), w_1(n), w_2(n), \cdots, w_m(n)]^{\mathrm{T}}$,为权值向量。

$b(n)$ 为偏差。

$y(n)$ 为实际输出。

$d(n)$ 为期望输出。

η 为学习速率。

n 为迭代次数。

(2) 初始化,赋给 $w_j(0)$ 一个较小的随机非零值,$n=0$。

(3) 对于一组输入样本 $\boldsymbol{X}(n)=[+1,x_1(n),x_2(n),\cdots,x_m(n)]^T$,指定它的期望输出 d(也称为导师信号)。其中,$\boldsymbol{X} \in l_1$ 时,$d=1$;当 $\boldsymbol{X} \in l_2$ 时,$d=-1$。

(4) 计算实际输出:
$$y(n)=\mathrm{Sgn}(\boldsymbol{W}^T(n)\boldsymbol{X}(n)) \tag{4-7}$$

(5) 调整感知器的权值向量:
$$\boldsymbol{W}(n+1)=\boldsymbol{W}(n)+\eta[d(n)-y(n)]\boldsymbol{X}(n) \tag{4-8}$$

(6) 判断是否满足条件:若满足,算法结束;若不满足,将 n 值增加1,转到第(3)步重新执行。

在以上学习算法的第(6)步需要判断是否满足条件,这里的条件可以是:误差小于设定的值 ε,即 $|d(n)-y(n)|<\varepsilon$;或者是权值的变化已很小,即 $|w(n+1)-w(n)|<\varepsilon$。另外,在实现过程中还应设定最大的迭代次数,以防止算法不收敛时,程序进入死循环。

在感知器学习算法中,重要的是引入了一个量化的期望输出 $d(n)$,其定义为

$$d(n)=\begin{cases}+1, & \text{如果 } \boldsymbol{X}(n) \text{ 属于 } l_1 \\ -1, & \text{如果 } \boldsymbol{X}(n) \text{ 属于 } l_2\end{cases} \tag{4-9}$$

这样就可以采用纠错学习规则对权值向量进行逐步修正。

对于线性可分的两类模式,可以证明单层感知器的学习算法是收敛的,即通过学习调整突触权值可以得到合适的判决边界,正确区分两类模式,如图4-3(a)所示。而对于线性不可分的两类模式,如图4-3(b)所示,无法用一条直线区分。因而单层感知器的学习算法是不收敛的,即单层感知器无法正确区分线性不可分的两类模式。

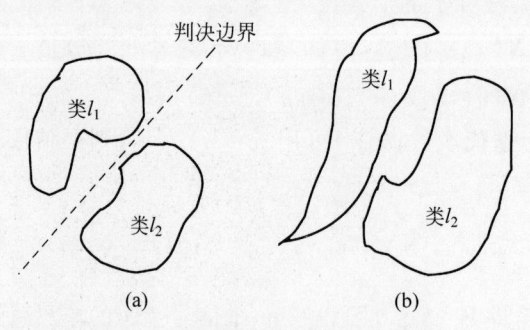

图4-3 线性可分与不可分的问题

【例 4-1】 试用单个感知器神经元完成下列分类,写出其训练的迭代过程,画出最终的分类示意图。已知

$$\left\{\boldsymbol{p}_1=\begin{bmatrix}2\\2\end{bmatrix},t_1=0\right\};\left\{\boldsymbol{p}_2=\begin{bmatrix}1\\-2\end{bmatrix},t_2=1\right\};$$

$$\left\{\boldsymbol{p}_3 = \begin{bmatrix} -2 \\ 2 \end{bmatrix}, t_3 = 0\right\}; \left\{\boldsymbol{p}_4 = \begin{bmatrix} -1 \\ 0 \end{bmatrix}, t_4 = 1\right\}$$

根据题意,神经元有两个输入量,传输函数为阈值型函数。于是以如图 4-4 所示感知器神经元完成分类。

(1) 初始化:$\boldsymbol{W}(0) = [0 \quad 0], b(0) = 0$。

(2) 第一次迭代:

$$a = f(n) = f[\boldsymbol{W}(0)\boldsymbol{p}_1 + b(0)]$$
$$= f\left([0 \quad 0]\begin{bmatrix} 2 \\ 2 \end{bmatrix} + 0\right) = f(0) = 1$$

$$e = t_1 - a = 0 - 1 = -1$$

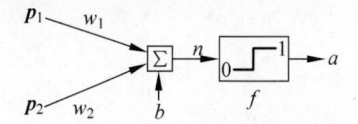

图 4-4 例 4-1 中的感知器神经元

因为输出 a 不等于目标值 t_1,故需要调整权值和阈值。

(3) 第二次迭代,以第二个输入样本作为输入向量,对调整后的权值和阈值进行计算:

$$a = f(n) = f[\boldsymbol{W}(1)\boldsymbol{p}_2 + b(1)] = f\left([-2 \quad -2]\begin{bmatrix} 1 \\ -2 \end{bmatrix} + (-1)\right) = f(1) = 1$$

$$e = t_2 - a = 1 - 1 = 0$$

因为输出 a 等于目标值 t_2,所以无须调整权值和阈值:

$$\boldsymbol{W}(2) = \boldsymbol{W}(1) = [-2 \quad -2]$$
$$b(2) = b(1) = -1$$

(4) 第三次迭代,以第三个输入样本作为输入向量,以 $\boldsymbol{W}(2)$、$b(2)$ 进行计算:

$$a = f(n) = f[\boldsymbol{W}(2)\boldsymbol{p}_3 + b(2)] = f\left([-2 \quad -2]\begin{bmatrix} -2 \\ 2 \end{bmatrix} + (-1)\right) = f(-1) = 0$$

$$e = t_3 - a = 0 - 0 = 0$$

因为输出 a 等于目标值 t_3,所以无须调整权值和阈值:

$$\boldsymbol{W}(3) = \boldsymbol{W}(2) = [-2 \quad -2]$$
$$b(3) = b(2) = -1$$

(5) 第四次迭代,以第四个输入样本作为输入向量,以 $\boldsymbol{W}(3)$、$b(3)$ 进行计算:

$$a = f(n) = f[\boldsymbol{W}(3)\boldsymbol{p}_4 + b(3)] = f\left([-2 \quad -2]\begin{bmatrix} -1 \\ 0 \end{bmatrix} + (-1)\right) = f(1) = 1$$

$$e = t_4 - a = 1 - 1 = 0$$

因为输出 a 等于目标值 t_4,所以无须调整权值和阈值:

$$\boldsymbol{W}(4) = \boldsymbol{W}(3) = [-2 \quad -2]$$
$$b(4) = b(3) = -1$$

(6) 以后各次迭代又从第一个输入样本开始,作为输入向量,以前一次的权值和阈值进行计算,直到调整后的权值和阈值对所有的输入样本,其输出的误差为零为止。进行第五次迭代:

$$a = f(n) = f[\boldsymbol{W}(4)\boldsymbol{p}_5 + b(4)] = f\left([-2 \quad -2]\begin{bmatrix} 2 \\ 2 \end{bmatrix} + (-1)\right) = f(9) = 0$$

$$e = t_5 - a = 0 - 0 = 0$$

因为输出 a 等于目标值 t_4,所以无须调整权值和阈值:

$$\boldsymbol{W}(5) = \boldsymbol{W}(4) = \begin{bmatrix} -2 & -2 \end{bmatrix}$$
$$b(5) = b(4) = -1$$

可以看出 $\boldsymbol{W} = \begin{bmatrix} -2 & -2 \end{bmatrix}$,$b = -1$ 对所有的输入样本,其输出误差为零,所以为最终调整后的权值和阈值。

(7) 因为 $n > 0$ 时,$a = 1$;$n \leqslant 0$ 时,$a = 0$,所以以 $n = 0$ 作为边界。于是可以根据训练后的结果画出分类示意图,如图 4-5 所示。

其边界由下列直线方程(边界方程)决定:

$$n = \boldsymbol{W}\boldsymbol{p} + b = \begin{bmatrix} -2 & -2 \end{bmatrix} \begin{bmatrix} p_1 \\ p_2 \end{bmatrix} + (-1)$$
$$= -2p_1 - 2p_2 - 1 = 0$$

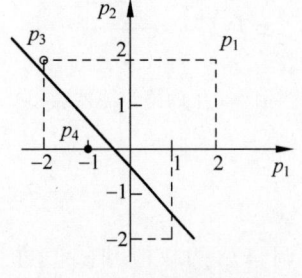

图 4-5 例 4-1 分类示意图

4.1.3 感知器的局限性

感知器神经网络的局限性在于:

(1) 感知器神经网络的传输函数一般采用阈值函数,所以输出值只有两种(0 或 1,−1 或 1)。

(2) 单层感知器网络只能用于解决线性可分的分类问题,而对线性不可分的分类问题无能为力。

(3) 感知器学习算法只适于单层感知器网络,所以一般感知器网络都是单层的。

4.1.4 单层感知器神经网络的 MATLAB 仿真

1. 感知器神经网络设计的基本方法

单层感知器神经网络的 MATLAB 仿真程序设计主要包括以下几个方面。

1) 以 newp 创建感知器神经网络

首先根据所要解决的问题,确定输入向量的取值范围和维数、网络层的神经元数目、传输函数和学习函数等;然后以单层感知器神经网络的创建函数 newp 创建网络。

2) 以 train 训练创建网络

构造训练样本集,确定每个样本的输入向量和目标向量,调用函数 train 对网络进行训练,并根据训练的情况决定是否调整训练参数,以得到满足误差性能指标的神经网络,然后进行存储。

3) 以 sim 对训练后的网络进行仿真

构造测试样本集,加载训练后的网络,调用函数 sim,对测试样本集进行仿真,查验网络的性能。

从以上过程可以看出,重要的感知器神经网络函数有 newp、train 和 sim,除此之外,还涉及 init、trainc、dotprod、netsum、mae、plotpc、plotpv 等。

2. 单层感知器神经网络的应用举例

下面以应用实例说明单层感知器神经网络的 MATLAB 仿真程序设计。程序中涉及其他 MATLAB 函数与命令。

【例 4-2】 给定样本输入向量 P、目标向量 T 及需要进行分类的输入向量组 Q，设计一个单层感知器，对其进行分类。

MATLAB 代码如下。

```
P = [ - 0.6 - 0.7 0.8; 0.9 0 1];
T = [1 1 0];
net = newp([ - 1 1; - 1 1],1);
% 返回画线的句柄,下一次绘制分类线时将旧的删除
he = plotpc(net.iw{1},net.b{1});
% 设置训练次数最大为 15
net.trainParam.epochs = 15;
net = train(net,P,T);
% 给定的输入向量
Q = [0.5 0.8 - 0.2; - 0.2 - 0.6 0.6];
Y = sim(net,Q);
figure;
% 绘制分类线
plotpv(Q,Y);
he = plotpc(net.iw{1},net.b{1},he)
```

运行结果如图 4-6 所示。由图可见，所设计的感知器对输入模式进行了成功的分类。感知器训练结果为

```
TRAINC, Epoch 0/15
TRAINC, Epoch 3/15
TRAINC, Performance goal met.
he =
    154.0012
```

可见，经过 3 次训练后，网络目标误差达到要求，如图 4-7 所示。

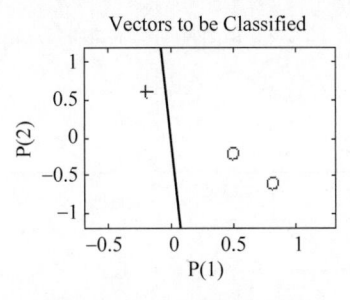

图 4-6　输入向量及分类线　　　　图 4-7　感知器训练过程

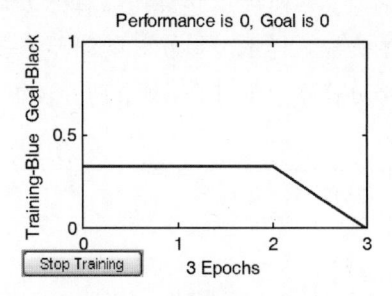

下面给出一个线性不可分的例子。给定一个双元素的输入向量组 P，每列都由 5 个元素组成，并给定一个目标向量 T。利用以下代码将其绘制在一个平面上。运行结果如图 4-8 所示。

```
P = [-0.5 -0.5 0.3 -0.1 -0.8; -0.5 0.5 -0.5 1 0];
T = [1 1 0 0 0];
plotpv(P,T)
```

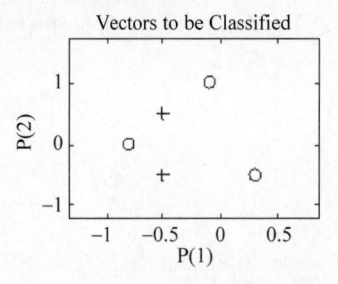

图4-8 样本点的分布及相应的类别

接下来尝试设计一个感知器,该感知器必须对输入向量 **P** 进行准确分类。利用函数 newp 创建一个感知器。

```
net = newp([-35 1;-2 45],1);
```

在利用感知器进行分类之前,首先需要对感知器进行初始化,将其权值设定为 0。这样一来,任何输入都将产生同样的输出,感知器也就不能进行分类了。

感知器必须经过训练才能应用,在这里使用自适应函数 adapt 对其进行训练。自适应的循环次数设定为 4 次,经过 24 次迭代后,训练停止。其 MATLAB 代码如下。

```
net.adaptParam.passes = 4;
linehandle = plotpc(net.iw{1},net.b{1});
for a = 1:24
    [net,Y,E] = adapt(net,P,T);
    linehandle = plotpc(net.iw{1},net.b{1},linehandle);
    drawnow;
end;
```

对输入样本的分类结果如图 4-9 所示。由图可见,对于这种线性不可分的模式,利用单层感知器是无法正确分类的。

【例 4-3】 利用感知器实现三输入的与门功能。

利用感知器可以训练一个三输入的与门功能,其真值表如表 4-1 所示。在这里使用两种方法训练神经网络:一种方法是采用全样本数据训练,而检验样本为输入样本增加 0.3 的误差;另一种方法是采用部分样本数据训练,剩余真值表数据作为检验样本数据。

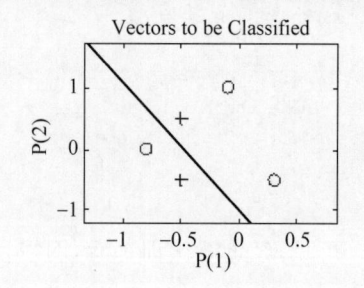

图4-9 线性不可分样本的分类结果

表 4-1 三输入与门真值表

样本数目	A	B	C	Y
1	0	0	0	0
2	0	0	1	0
3	0	1	0	0
4	0	1	1	0
5	1	0	0	0
6	1	0	1	0
7	1	1	0	0
8	1	1	1	1

训练方法一：采用全样本数据，检验样本增加 0.3。

```
% 输入样本数据
P = [0 0 0 0 1 1 1 1;
     0 0 1 1 0 0 1 1;
     0 1 0 1 0 1 0 1];
% 输入训练目标样本数据
T = [0 0 0 0 0 0 0 1];
% 构建单神经元感知器网络
net = newp([repmat([-1 2],3,1)],1);
% 训练单神经元感知器网络
E = 1;
while (sse(E))
    [net,Y,E,Pf,Af,tr] = adapt(net,P,T);
end
% 训练样本数据增加 0.3 的扰动
p = P + 0.3;
A = sim(net,p)
```

输出结果为

```
A =
     0     0     0     0     0     0     0     1
```

可以看出仿真结果完全正确，训练好的单神经元感知器网络对输入样本数据具有一定的抗扰动的能力，如果扰动过大，那么感知器网络将带有较大的误差，如扰动增加到 0.5 时，输入以下程序段。

```
p = P + 0.5;
A = sim(net,p)
A =
     0     0     0     1     0     1     1     1
```

从结果中可以看出，此时单神经元感知器训练误差比较大，有三组样本数据输出错误。所以，从该实例中可以发现，神经网络具有一定的抗干扰能力，但扰动过大时，神经网络适应能力将下降。

训练方法二：采用部分样本数据作为训练样本。

```
% 输入样本数据
P = [0 0 0 1 1 1;
     0 1 1 0 0 1;
     0 0 1 0 1 1];
% 输入训练目标样本数据
T = [0 0 0 0 0 1];
% 构建单神经元感知器网络
net = newp([repmat([-1 2],3,1)],1);
% 训练单神经元感知器网络
E = 1;
while (sse(E))
    [net,Y,E,Pf,Af,tr] = adapt(net,P,T);
end
```

```
%训练样本数据增加0.3的扰动
p=[0 1;0 1;1 0];
A=sim(net,p)
```

训练后输出结果为

```
A =
    0    1
```

从结果中可以看到,训练后的单神经元感知器网络对第 2 组检验数据,输出错误。从这个实例来看,当利用单神经元感知器网络实现逻辑门功能时,由于训练样本的数据空间不是特别大,所以应该采用全训练样本集,以确保感知器网络的正确性。

4.1.5 多层感知器神经网络及其 MATLAB 仿真

1. 多层感知器在神经网络中的设计方法

单层感知器由于其结构和学习规则上的局限性,其应用也受到一定的限制,即它只能对线性可分的向量集合进行分类。为了解决线性不可分的输入向量的分类问题,可以增加网络层。

由于感知器神经网络学习规则的限制,它只能对单层感知器神经网络进行训练,那么,如何进行多层感知器的神经网络设计呢?这里提供了一种二层神经感知器神经网络的设计方法。

(1) 把神经网络的第一层设计为随机感知层,且不对它进行训练,而是随机初始化它的权值和阈值,当它接收各输入元素的值时,其输出也是随机的。但其权值和阈值一旦固定下来,对输入向量模式的映射也随之确定下来。

(2) 以第一层的输出作为第二感知器层的输入,并对应输入模式,确定第二感知器层的目标向量,然后对第二感知器层进行训练。

(3) 由于第一随机感知器层的输出是随机的,所以在训练过程中,整个网络可能达到训练误差性能指标,也可能达不到训练误差性能指标。所以,当达不到训练误差指标时,需要重新对随机感知器层的权值和阈值进行初始化赋值,可以将其初始化函数设置为随机函数,然后用 init 函数重新初始化。程序一次运行的结果往往达不到设计要求,需要反复运行,直至达到要求为止。

2. 多层感知器神经网络的应用举例

【例 4-4】 单层感知器网络不能模拟异或函数的问题,这里用二层感知器神经网络来实现。

1) 问题分析

异或问题真值表见表 4-2。

表 4-2 异或问题真值表

输入 p_1	输入 p_2	输出 a
0	0	0
1	0	1

续表

输入 p_1	输入 p_2	输出 a
0	1	1
1	1	0

若把异或问题看成 p_1-p_2 平面上的点,则点 $A_0(0,0)$、$A_1(1,1)$ 表示输出为 0 的两个点,$B_0(1,0)$、$B_1(0,1)$ 表示输出为 1 的两个点,如图 4-10 所示。

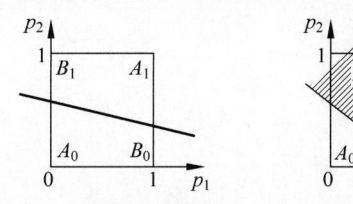

(a) 单层感知器的超平面划分　(b) 多层感知器的超平面划分

图 4-10　异或问题的图形表示

从图 4-10 中可以看出,无论在平面上怎样用一条直线也不可能将输出为 0 和 1 的两种模式分开,而用两条直线就能将输出为 0 和 1 的两种模式分开。

2) 神经网络的设计

根据以上分析,如果用二层感知器,每层感知器可以构成一条直线划分,则可以解决模拟异或函数的问题。以如图 4-11 所示二层神经网络来实现,其中隐层为随机感知器层 (net1),神经元数目设计为 3,其权值和阈值是随机的,它的输出作为输出层(分类层)的输入;输出层为感知器层(net2),其神经元数为 1,这里仅对该层进行训练。

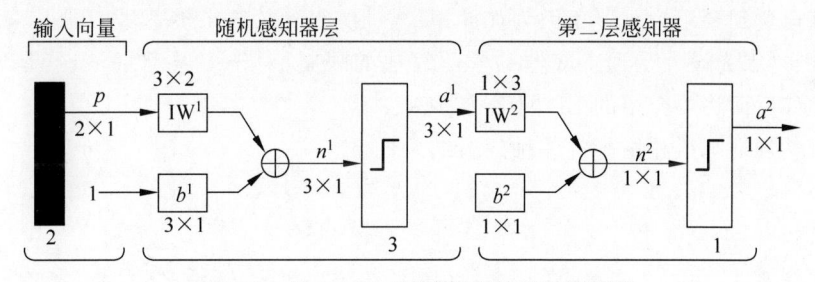

图 4-11　例 4-4 的二层感知器神经网络模型

3) 多层感知器神经网络的 MATLAB 实现

其代码如下。

```
clear all;
% 初始化随机感知器层
PR1 = [0 1;0 1];
net1 = newp(PR1,3);
net1.inputweights{1}.initFcn = 'rands';
net1.biases{1}.initFcn = 'rands';
net1 = init(net1);
IW1 = net1.iw{1}
B1 = net1.b{1}
```

```
% 随机感知器层仿真量
P1 = [0 0;0 1;1 0;1 1]';
[A1,Pf] = sim(net1,P1);

% 初始化第二感知器层
PR2 = [0 1;0 1;0 1];
net2 = newp(PR2,1);

% 训练第二感知器层
net2.trainParam.epochs = 10;
net2.trainParam.show = 1;
P2 = ones(3,4);
P2 = P2.*A1;
T2 = [0 1 1 0];
[net2,TR2] = train(net2,P2,T2);
epoch2 = TR2.epoch
perf2 = TR2.perf
IW2 = net2.iw{1}
B2 = net2.b{1}
% 存储训练后的网络
save net34 net1 net2
```

因为随机感知器层的输出是随机的,所以整个网络可能达到训练误差指标,也可能达不到训练误差指标。因此,当达不到训练误差指标时,需要重新对随机感知器层的权值和阈值进行初始化赋值,在本例程序中,是通过将其初始化函数设置为随机函数,然后用 init 函数重新初始化来实现的。该程序一次运行的结果可能达不到设计要求,需要反复运行,直至达到要求为止。正因为如此,每次训练得到的结果也不尽相同。

这样做是因为设计受到感知器的学习算法的限制,对于多层网络,当然有更好的学习算法,比如后面将要介绍的 BP 网络学习算法。

其中,达到训练误差指标的一种运行结果如下。

```
IW1 =
    0.7200   -0.0069
    0.7073    0.7995
    0.1871    0.6433
B1 =
   -0.6983
    0.3958
   -0.2433


TRAINC, Epoch 0/10
TRAINC, Epoch 1/10
TRAINC, Epoch 2/10
TRAINC, Epoch 3/10
TRAINC, Epoch 4/10
TRAINC, Epoch 5/10
TRAINC, Epoch 6/10
TRAINC, Epoch 7/10
TRAINC, Epoch 8/10
```

```
TRAINC, Epoch 9/10
TRAINC, Epoch 10/10
TRAINC, Maximum epoch reached.

epoch2 =
     0     1     2     3     4     5     6     7     8     9    10
perf2 =
  0.5000   0.7500   0.7500   0.5000   0.5000   0.7500   1.0000
  1.0000   0.2500   0.5000   0.5000
IW2 =
    -3     2    -2
B2 =
     2
```

训练误差性能曲线如图 4-12 所示。

下面为多层感知器神经网络仿真的 MATLAB 程序。

```
clear all;
% 加载训练后的网络
load net34 net2

% 随机感知器层仿真
P1 = [0 0;0 1;1 0;1 1]';
A1 = sim(net1,P1);

% 输出感知器层仿真,并输出仿真结果
P2 = ones(3,4);
P2 = P2.*A1;
A2 = sim(net2,P2)
```

输出仿真结果为

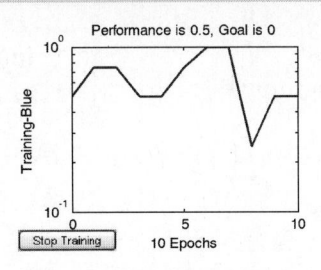

```
A2 =
     1     1     1     0
```

图 4-12 训练误差性能曲线

可以看出,所设计的网络可以正确模拟"异或"函数的功能。

4.1.6 用于线性分类问题的进一步讨论

可以把神经网络的实现功能看成输入到输出的映射,如果把每一种不同的输入看成一种输入模式,将其到输出的映射看成输出响应模式,则输入到输出的映射就变成输入模式空间到输出响应模式空间的映射。这种输入模式到输出模式的映射,就是模式分类问题。

1. 决策函数与决策边界

模式分类的基本内容是确定判决函数与决策边界。对于 C 类分类问题,按照判决规则可以把特征向量空间(或称模式空间)分成 C 个决策域。将划分决策域的边界称为决策边界,在数学上可以用解析形式将其表示成决策边界方程。用于表达决策规则的某些函数称为判决函数。判决函数与决策边界方程是密切相关的,而且它们都由相应的决策规则所确定。

神经网络用于模式分类,其决策函数为

$$f(n) = f(\boldsymbol{Wp} + \boldsymbol{b}) \tag{4-10}$$

决策边界由相应的决策函数和决策规则所确定。一般来说,当模式 p 为一维时,决策边界为一分界点;当 p 为二维时,决策边界为一直线;当 p 为三维时,决策边界为一平面;当 p 为 $n(n>3)$ 维时,决策边界为一超平面。图 4-13 画出了 $n=1,2,3$ 维的情况。

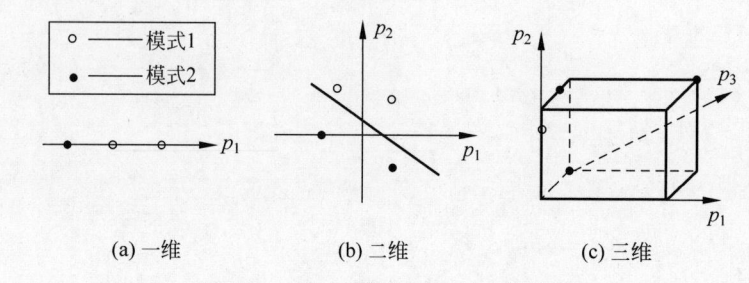

(a) 一维　　　　(b) 二维　　　　(c) 三维

图 4-13　输入维数不同时的决策边界

在 MATLAB 神经网络工具箱中,可以用 plotpc 函数绘制 $R \leqslant 3$ 感知器神经网络的分类线,函数详细说明请参见第 2 章内容。

2. 感知器的决策函数与决策边界

感知器神经元的传输函数为阈值型函数,若传输函数为 hardlim 函数,则其决策函数为

$$f(u) = \mathrm{hardlim}(\boldsymbol{Wp} + \boldsymbol{b}) = \begin{cases} 0, & \boldsymbol{Wp} + \boldsymbol{b} < 0 \\ 1, & \boldsymbol{Wp} + \boldsymbol{b} \geqslant 0 \end{cases} \tag{4-11}$$

其值只有 0 和 1 两种情况,所以决策边界由下列边界方程决定:

$$\boldsymbol{Wp} + \boldsymbol{b} = 0 \tag{4-12}$$

单层感知器只有一个边界方程,且为线性方程,所以它只能进行线性分类。

【例 4-5】 设计一个感知器神经网络,完成下列分类,以 MATLAB 编写仿真程序,并画出分类线。已知:

$$\boldsymbol{p}_1 = \begin{bmatrix} 0.5 \\ -1 \end{bmatrix}, t_1 = 0;\ \boldsymbol{p}_2 = \begin{bmatrix} 1 \\ 0.5 \end{bmatrix}, t_2 = 1;\ \boldsymbol{p}_3 = \begin{bmatrix} -1 \\ 0.5 \end{bmatrix}, t_3 = 1;\ \boldsymbol{p}_4 = \begin{bmatrix} -1 \\ -1 \end{bmatrix}, t_4 = 0$$

1) 问题分析

输入向量有两个元素,取值范围为 $[-1,1]$;输出向量有一个元素,是一个二值元素,取值为 0 或 1。由此可以确定单层感知器神经网络的结构:一个输入向量,包括两个元

素、一个神经元,神经元的传输函数为 hardlim。

2) MATLAB 程序设计

```
clear all;
% 初始化感知器网络
PR = [-1 1;-1 1];
net = newp(PR,1);
% net.layers{1}.transferFcn = 'hardlims';
% 训练感知器网络
P = [0.5 -1;1 0.5;-1 0.5;-1 -1]';
T = [0 1 1 0];
[net,TR] = train(net,P,T);
% 神经网络仿真的 MATLAB 程序
% 网络仿真
p = [0.5 -1;1 0.5;-1 0.5;-1 -1]';
A = sim(net,P);

% 绘制网络的分类结果及分类线
V = [-2 2 -2 2];
plotpv(p,A,V);
plotpc(net.iw{1},net.b{1});
```

仿真结果如下。

```
p =
    0.5000    1.0000   -1.0000   -1.0000
   -1.0000    0.5000    0.5000   -1.0000
A =
    0    1    1    0
```

分类结果及分类线如图 4-14 所示。

感知器是一种最简单的神经网络模型,它只能用于解决线性可分的问题,但它也是第一种具有训练算法的网络。本节通过对感知器的讨论,介绍了神经元、神经网络模型、神经网络训练与学习规则等基本知识,以及神经元和神经网络模型在 MATLAB NNET ToolBox 中的表示方法。用 MATLAB 对感知器神经网络进行仿真,最基本的三个函数是网络创建函数、网络训练函数和网络仿真函数。掌握感知器神经网络的基本知识及其仿真程序设计的一般方法,是学习其他神经网络模型的基础。

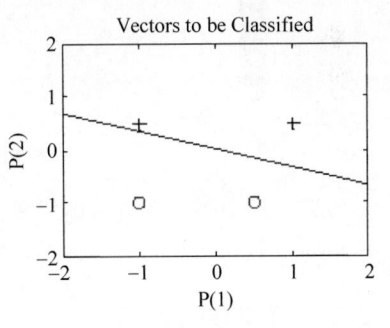

图 4-14 例 4-5 的分类结果及分类线

4.2 BP 网络

感知器神经网络的学习规则只能训练单层神经网络,而单层神经网络只能解决线性可分的分类问题。多层神经网络可以用于非线性分类问题,但需要寻找训练多层网络的学习算法。

1974年，P. Werbos 在其博士论文中提出了第一个适合多层网络的学习算法，但该算法并未受到足够的重视和广泛的应用，直到 20 世纪 80 年代中期，美国加利福尼亚的 PDP(Parallel Distributed Procession)小组于 1986 年发布了 *Parallel Distributed Processing* 一书，将该算法应用于神经网络的研究，才使之成为迄今为止最著名的多层网络学习算法——BP 算法，由此算法训练的神经网络，称为 BP 神经网络。在人工神经网络的实际应用中，BP 网络广泛应用于函数逼近、模式识别/分类、数据压缩等，80%～90%的人工神经网络模型是采用 BP 网络或它的变化形式，它也是前馈网络的核心部分，体现了人工神经网络最精华的部分。

4.2.1 BP 神经元及其模型

BP 神经网络模型如图 4-15 所示。

BP 神经元与其他神经元类似，不同的是，BP 神经元的传输函数为非线性函数，最常用的函数是 logsig 和 tansig 函数，有的输出层也采用线性函数(pureline)。其输出为

$$a = \text{logsig}(\boldsymbol{W}\boldsymbol{p} + b) \tag{4-13}$$

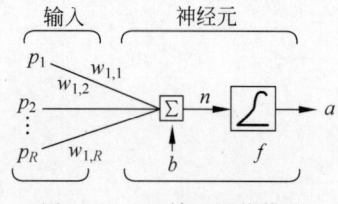

图 4-15 BP 神经网络模型

BP 网络一般为多层神经网络。由 BP 神经元构成的二层网络如图 4-16 所示。BP 网络的信息从输入层流向输出层，因此是一种多层前馈神经网络。

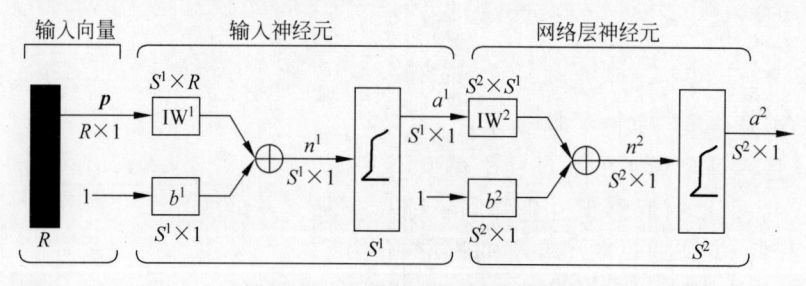

图 4-16 二层 BP 神经网络模型

如果多层 BP 网络的输出层采用 S 型传输函数(如 logsig)，其输出值将会限制在一个较小的范围内(0,1)；而采用线性传输函数则可以取任意值。

4.2.2 BP 网络的学习

在确定了 BP 网络的结构后，要通过输入和输出样本集对网络进行训练，亦即对网络的阈值和权值进行学习和修正，以使网络实现给定的输入输出映射关系。

BP 网络的学习过程分为以下两个阶段。

第一个阶段是输入已知学习样本，通过设置的网络结构和前一次迭代的权值和阈值，从网络第一层向后计算各神经元的输出。

第二个阶段是对权值和阈值进行修改，从最后一层向前计算各权值和阈值对总误差的影响(梯度)，据此对各权值和阈值进行修改。

以上两个过程反复交替,直到收敛为止。由于误差逐层往回传递,以修正层与层间的权值和阈值,所以称该算法为误差反向传播(Back Propagation)算法,这种误差反传学习算法可以推广到有若干个中间层的多层网络,因此该多层网络常被称为 BP 网络。标准的 BP 算法和 Widrow-Hoff 学习规则一样,是一种梯度下降学习算法,其权值的修正是沿着误差性能函数梯度的反方向进行的。针对标准 BP 算法存在的一些不足,出现了几种基于标准 BP 算法的改进算法,如变梯度算法、牛顿算法等。

1. BP 网络学习算法

1) 最速下降 BP 算法

(1) 最速下降 BP 算法(Steepest Descent Back Propagation,SDBP)。

对于如图 4-17 所示的 BP 神经网络,设 k 为迭代次数,则每一层权值和阈值的修正按式(4-14)进行:

$$x(k+1) = x(k) - \alpha g(k) \tag{4-14}$$

式中,$x(k)$ 为第 k 次迭代各层之间的连接权向量或阈值向量。

$g(k) = \dfrac{\partial E(k)}{\partial x(k)}$ 为第 k 次迭代的神经网络输出误差对各权值或阈值的梯度向量。负号表示梯度的反方向,即梯度的最速下降方向。

α 为学习速率,在训练时是一个常数。在 MATLAB 神经网络工具箱中,其默认值为 0.01,可以通过改变训练参数进行设置。

$E(k)$ 为第 k 次迭代的网络输出的总误差性能函数,在 MATLAB 神经网络工具箱中,BP 网络误差性能函数默认值为均方误差(Mean Square Error,MSE)。以二层 BP 神经网络为例,只有一个输入样本时,有

$$E(k) = E[e^2(k)] \approx \frac{1}{S^2} \sum_{i=1}^{S^2} [t_i^2 - a_i^2(k)]^2 \tag{4-15}$$

$$a_i^2(k) = f^2 \left\{ \sum_{j=1}^{S^2} [w_{i,j}^2(k) a_i^1(k) - b_i^2(k)] \right\}$$

$$= f^2 \left\{ \sum_{j=1}^{S^2} \left[w_{i,j}^2(k) f^1 \left(\sum_{j=1}^{S^1} (iw_{i,j}^1(k) p_i + ib_i^1(k)) \right) + b_i^2(k) \right] \right\} \tag{4-16}$$

若有 n 个输入样本:

$$E(k) = E[e^2(k)] \approx \frac{1}{nS^2} \sum_{j=1}^{S^1} \sum_{i=1}^{S^2} [t_i^2 - a_i^2(k)]^2 \tag{4-17}$$

根据式(4-15)或式(4-17)和各层的传输函数,可以求出第 k 次迭代的总误差曲面的梯度 $g(k) = \dfrac{\partial E(k)}{\partial x(k)}$,分别代入式(4-14),便可以逐次修正其权值和阈值,并使总的误差向减小的方向变化,直到达到所要求的误差性能为止。

从上述过程可以看出,权值和阈值的修正是在所有样本输入后,计算其总的误差后进行的,这种修正方式称为批处理。在样本数比较多时,批处理方式比分别处理方式的收敛速度快。

在 MATLAB 神经网络工具箱中,采用最速下降 BP 算法中的训练函数为 traingd。采用 traingd 训练 BP 网络的方法如下。

① 将网络训练函数(trainFcn)设置为 traingd,每个神经网络只有一个训练函数与之对应。

② 然后调用训练函数 traingd。

③ 与 traingd 相关的训练参数有 7 个:epochs,show,goal,time,min_grad,max_fail 和 lr。

(2) 最速下降 BP 算法的误差曲面。

对于如图 4-17 所示的 BP 神经网络,权值空间的维数为

$$n_w = R \times S^1 + S^2 \times S^1 \quad (4\text{-}18)$$

阈值空间的维数为

$$n_b = S^1 + S^2 \quad (4\text{-}19)$$

根据式(4-15)~式(4-19)可以看出,若要同时调整所有的权值和阈值,则误差函数的空间维数为

$$n_E = n_w + n_b = R \times S^1 + S^2 \times S^1 + S^1 + S^2 \quad (4\text{-}20)$$

一般 $n_E > 2$,所以误差曲面是一个具有复杂形状的 n_E 维超曲面,无法在三维空间表示出来。当然,可以只让其中的二维变量改变,而固定其他维变量,画出关于该二维变量的误差曲面图。对于单输入单个神经元,在 MATLAB 中其误差曲面可以由函数 errsurf 直接绘制,以如图 4-17 所示单输入单个 BP 神经元为例,设训练样本集为

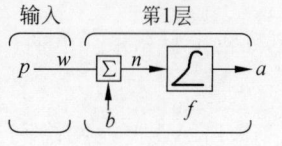

图 4-17 单输入单个 BP 神经元

P = [-6.0 -6.1 -4.1 -4.0 4.0 4.1 6.0 6.1];
T = [0 0 0.97 0.99 0.01 0.03 1 1];

则绘制其误差曲面的 MATLAB 程序代码如下。

```
P = [-6.0 -6.1 -4.1 -4.0 4.0 4.1 6.0 6.1];
T = [0 0 0.97 0.99 0.01 0.03 1 1];
W = -1:0.1:1;
B = -2.5:0.25:2.5;
ES = errsurf(P,T,W,B,'logsig');
plotes(W,B,ES,[60 30]);
```

其误差曲面是关于 ***W*** 和 ***B*** 的二维曲面,如图 4-18 所示。

因为 BP 神经元的传输函数为非线性函数,所以其误差函数往往有多个极小点。若误差曲面有两个极小点 m 和 n,则当学习过程中,如果误差先到达局部极小点 m 点,在该点的梯度为 $g_k=0$,则按式(4-20)将无法继续调整权值和阈值,学习过程结束,但尚未达到全局极小点 n。

另外一种情况是学习过程发生振荡,误差曲

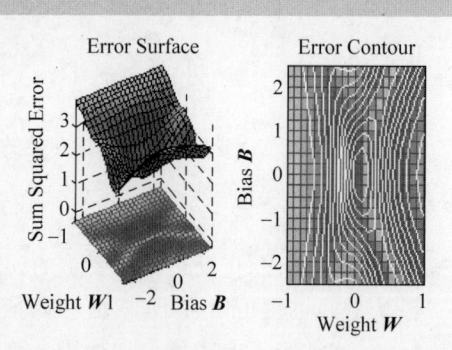

图 4-18 单个 BP 神经元的误差曲面和其等值线

面在 m 点和 n 点的梯度大小相同,但方向相反,如果第 k 次学习使误差落在 m 点,而第 $k+1$ 次学习又恰好使误差落在 n 点,那么按式(4-20)进行的权值和阈值调整,将在 m 点和 n 点重复进行,从而形成振荡。

从以上分析可以看出,最速下降 BP 算法可以使权值和阈值向量得到一个稳定的解,但存在一些缺点,如收敛速度慢,网络易陷于局部极小,学习过程常常发生振荡等。为了克服其不足,出现了许多改进算法。

2) 动量 BP 算法

动量 BP 算法(MOmentum Back Propagation, MOBP)是在梯度下降算法的基础上引入动量因子 $\eta(0<\eta<1)$:

$$\Delta x(k+1) = \eta \Delta x(k) + \alpha(1-\eta)\frac{\partial E(k)}{\partial x(k)} \tag{4-21}$$

$$x(k+1) = x(k) + \Delta x(k+1) \tag{4-22}$$

该算法是以前一次的修正结果来影响本次修正量,当前一次的修正量过大时,式(4-21)第二项的符号将与前一次修正量的符号相反,从而使本次的修正量减小,直到起到减小振荡的作用;当前一次的修正量过小时,式(4-21)第二项的符号将与前一次修正量的符号相同,从而使本次的修正量增大,直到起到加速修正的作用。可以看出,动量 BP 算法总是力图使在同一梯度方向上的修正量增加。动量因子 η 越大,同一梯度方向上的"动量"就越大。

在动量 BP 算法中,可以采用较大的学习率,而不会造成学习过程的发散,因为当修正过量时,该算法(即动量 BP 算法)总是可以使修正量减小,以保持修正方向向着收敛的方向进行;另一方面,动量 BP 算法总是加速同一梯度方向的修正量。上述两个方面表明,在保证算法稳定的同时,动量 BP 算法的收敛速率较快,学习时间较短。在 MATLAB 神经网络工具箱中,采用动量 BP 算法的训练函数为 traingdm。

函数 traingdm 与函数 traingd 一样,它不是被用户直接调用的,而是通过训练函数 train 调用的,所以在使用 traingdm 时必须将网络训练函数(trainFcn)设置为 traingdm。

3) 学习率可变的 BP 算法(Variable Learning rate Back Propagation, VLBP)

在最速下降 BP 算法和动量 BP 算法中,其学习率是一个常数,在整个训练的过程中保持不变,学习算法的性能对于学习率的选择非常敏感,学习率过大,算法可能振荡而不稳定;学习率过小,则收敛速度慢,训练的时间长。而在训练之前,要选择最佳的学习率是不现实的。事实上,可以在训练的过程中,使学习率随之变化,而使算法沿着误差性能曲面进行修正。

自适应调整学习率的梯度下降算法,在训练的过程中,力图使算法稳定,而同时又使学习的步长尽量地大,学习率则是根据局部误差曲面做出相应的调整。当误差以减小的方式趋于目标时,说明修正方向正确,可使步长增加,因此学习率乘以增量因子 k_{inc},使学习率增加;而当误差增加超过事先设定值时,说明修正过头,应减小步长,因此学习率乘以减量因子 k_{dec},使学习率减小,同时舍去使误差增加的前一步修正过程,即

$$a(k+1) = \begin{cases} k_{\text{inc}} a(k), & E(k+1) < E(K) \\ k_{\text{dec}} a(k), & E(k+1) > E(K) \end{cases} \tag{4-23}$$

在MATLAB神经网络工具箱中,采用学习率可变的最速下降BP算法的训练函数为traingda;采用学习率可变的动量BP算法的训练函数为traingdx。

4) 弹性算法(Resilient back-PROPagation,RPROP)

多层BP网络的隐层一般采用传输函数sigmoid,它把一个取值范围为无穷大的输入变量,压缩到一个取值范围有限的输出变量中。函数sigmoid具有这样的特性:当输入变量的取值很大时,其斜率趋于零,这样在采用最速下降BP法训练传输函数为sigmoid的多层网络时就带来一个问题,尽管权值和阈值离其最佳值很远,但此时梯度的幅度非常小,导致权值和阈值的修正量也很小,这样就使训练的时间变得很长。

RPROP算法的目的是消除梯度幅度的不利影响,所以在进行权值的修正时,仅用到偏导的符号,而其幅值却不影响权值的修正,权值大小的改变取决于与幅值无关的修正值。当连续两次迭代的梯度方向相同时,可将权值和阈值的修正值乘以一个增量因子,使其修正值增加;当连续两次迭代的梯度方向相反时,可将权值和阈值的修正值乘以一个减量因子,使其修正值减小;当梯度为零时,权值和阈值的修正值保持不变;当权值的修正发生振荡时,其修正值将会减小。如果权值在相同的梯度上连续被修正,则其幅度必将增加,从而克服了梯度幅度偏导的不利影响,即

$$\Delta x(k+1) = \Delta x(k+1) \cdot \text{sign}(g(k))$$
$$= \begin{cases} \Delta x(k) \cdot k_{\text{inc}} \cdot \text{sign}(g(k)) & \text{(当连续两次迭代的梯度方向相同时)} \\ \Delta x(k) \cdot k_{\text{dec}} \cdot \text{sign}(g(k)) & \text{(当连续两次迭代的梯度方向相反时)} \\ \Delta x(k) & \text{(当 } g(k)=0 \text{ 时)} \end{cases}$$

(4-24)

式中,$g(k)$为第k次迭代的梯度;$\Delta x(k)$为权值或阈值第k次迭代的幅度修正值,其初始值$\Delta x(0)$是用户设置的;增量因子k_{inc}和减量因子k_{dec}也是用户设置的。在MATLAB神经网络工具箱中,RPROP算法的训练函数为trainrp。

5) 变梯度算法(Conjugate Gradient Back Propagation,CGBP)

最速下降BP算法是沿着梯度最陡下降方向修正权值的,虽然误差函数沿着梯度的最陡下降方向进行修正,误差减小的速度是最快的,但收敛的速度不一定是最快的。在变梯度算法中,沿着变化的方向进行搜索,使其收敛速度比最陡下降梯度方向的收敛速度更快。

所有变梯度算法的第一次迭代都是沿着最陡梯度下降方向开始进行搜索的:

$$p(0) = -g(0) \tag{4-25}$$

然后,决定最佳距离的线性搜索沿着当前搜索的方向进行:

$$x(k+1) = x(k) + \alpha p(k) \tag{4-26}$$
$$p(k) = -g(k) + \beta(k) p(k-1) \tag{4-27}$$

式中,$p(k)$为第$k+1$次迭代的搜索方向,从式(4-27)可以看出,它由第k次迭代的梯度和搜索方向共同决定;系数$\beta(k)$在不同的变梯度设法中有不同的计算方法。

(1) Fletcher-Reeves修正算法。

Fletcher-Reeves修正算法是由R. Fletcher和C. M. Reeves提出的,在式(4-27)中,

系数 $\beta(k)$ 定义为

$$\beta(k) = \frac{g^T(k)g(k)}{g^T(k-1)g(k-1)} \tag{4-28}$$

这种变梯度算法的速度通常比变学习率算法的速率快得多，有时比 RPROP 算法还快。其所需的存储空间也只比普通算法略多一点，所以在连接权的数量很多时，时常选用该算法。在 MATLAB 神经网络工具箱中，采用 Fletcher-Reeves 修正算法的训练函数为 traincgf。

（2）Polak-Ribiere 修正算法。

Polak-Ribiere 算法是由 Polak 和 Ribiere 提出的，在式(4-28)中，系数 $\beta(k)$ 定义为

$$\beta(k) = \frac{\Delta g^T(k-1)g(k)}{g^T(k-1)g(k-1)} \tag{4-29}$$

此时 Fletcher-Reeves 修正算法就演变成 Polak-Ribiere 修正算法。

Polak-Ribiere 修正算法的性能与 Fletcher-Reeves 修正算法相差无几，但存储空间比 Fletcher-Reeves 修正算法略大。在 MATLAB 神经网络工具箱中，采用 Polark-Ribiere 修正算法的训练函数为 traincgp。

（3）Powell-Beale 复位算法。

对于所有的变梯度算法，搜索方向都会周期性地被复位成负的梯度方向，通常复位点出现在迭代次数和网络参数个数（权值和阈值）相等的地方，为了提高训练的有效性，另外一些复位的算法被提出，其中，Powell-Beale 复位算法是由 Beale 和 Powell 首先提出的。在此算法中，如果梯度满足下式：

$$|g^T(k-1)g(k)| \geq 0.2\|g(k)\|^2 \tag{4-30}$$

则搜索方向被复位成负的梯度方向，即 $p(k) = -g(k)$。

尽管对于任意给定的一个问题，该算法的性能难以预先确定，但可以肯定，在处理某些问题时 Powell-Beale 复位算法的性能比 Polak-Ribiere 修正算法的要略好些，其存储空间则比 Polak-Ribiere 修正算法的要略大些。在 MATLAB 神经网络工具箱中，采用 Powell-Beale 修正算法的训练函数为 traincgb。

（4）SCG(Scaled Conjugate Gradient)算法。

到目前为止讨论的各种变梯度算法在每次迭代时都需要确定线性搜索方向，而线性搜索的计算需要付出的代价是很大的，因为每一次搜索都需要对全部训练样本的网络响应进行多次计算。SCG 算法是由 Moller 提出的改进算法，它不需要在每一次迭代中都进行线性搜索，从而避免了搜索方向计算的耗时问题。其基本思想采用了模型信任区间逼近的原理。

SCG 算法也许比其他变梯度算法需要更多的迭代次数，但由于不需要在迭代中进行线性搜索，所以每次迭代的计算量大大减小。SCG 算法所需要的存储空间与 Fletcher-Reeves 修正算法的存储空间相差无几。

6）拟牛顿算法

牛顿法是一种基于二阶泰勒(Taylor)级数的快速优化算法。其基本方法是：

$$x(k+1) = x(k) - \boldsymbol{A}^{-1}(k)g(k) \tag{4-31}$$

式中，$A(k)$ 为误差性能函数在当前权值和阈值下的 Hessian 矩阵（二阶导数）。

$$A(k) = \nabla^2 F(x) \mid_{x=x(k)} \qquad (4-32)$$

牛顿法通常比变梯度法的收敛速度快，但对于前馈神经网络计算 Hessian 矩阵是很复杂的，付出的代价也很大。

有一类基于牛顿法的算法不需要求二导数，此类方法称为拟牛顿法（或正切法），在算法中的 Hessian 矩阵用其近似值进行修正，修正值被看成梯度的函数。

（1）BFGS（Boryden，Fletcher，Goldfarb and Shanno）算法。

在公开发表的研究成果中，拟牛顿法应用最为成功的有 Boryden、Fletcher、Goldfarb 和 Shanno 修正算法，合称为 BFGS 算法。

该算法虽然收敛所需的步长通常较少，但在每次迭代过程中所需要的计算量和存储空间比变梯度算法都要大，对近似 Hessian 矩阵必须进行存储，其大小为 $n \times n$，这里 n 为网络的连接权和阈值的数量。所以对于规模很大的网络用 RPROP 算法或任何一种变梯度算法可能好些；而对于规模较小的网络则用 BFGS 算法可能更有效。在 MATLAB 神经网络工具箱中，采用 BFGS 算法的训练函数为 trainbfg。

（2）OSS（One Step Secant）算法。

由于 BFGS 算法在每次迭代时比变梯度算法需要更多的存储空间和计算量，所以对于正切近似法减少其存储量和计算量是必要的。OSS 算法试图解决变梯度法和拟牛顿（正切）法之间的矛盾，该算法不必存储全部 Hessian 矩阵，它假定每一次迭代时，前一次迭代的 Hessian 矩阵具有一致性，这样做的另外一个优点是，在新的搜索方向进行计算时不必计算矩阵的逆。

该算法每次迭代所需的存储量和计算量介于梯度算法和完全拟牛顿算法之间。在 MATLAB 神经网络工具箱中，采用 OSS 算法的训练函数为 trainoss。

7）LM（Levenberg-Marquardt）算法

LM 算法与拟牛顿法一样，是为了在以近似二阶训练速率进行修正时避免计算 Hessian 矩阵而设计的。当误差性能函数具有平方和误差（训练前馈网络的典型误差函数）的形式时，Hessian 矩阵可以近似表示为

$$H = J^T J \qquad (4-33)$$

梯度的计算表达式为

$$g = J^T e \qquad (4-34)$$

式中，H 是包含网络误差函数对权值和阈值一阶导数的雅可比矩阵，e 是网络的误差向量。雅可比矩阵可以通过标准的前馈网络技术进行计算，比 Hessian 矩阵的计算要简单得多。类似于牛顿法，LM 算法用上述近似 Hessian 矩阵按式（4-35）进行修正。

$$x(k+1) = x(k) - [J^T J + \mu J]^{-1} J^T e \qquad (4-35)$$

当系数 μ 为 0 时，式（4-35）即为牛顿法；当系数 μ 的值很大时，式（4-35）变为步长较小的梯度下降法。牛顿法逼近最小误差的速度更快，更精确，因此应尽可能使算法接近于牛顿法，在每一步成功的迭代后（误差性能减小），使 μ 减小；仅在进行尝试性迭代后的误差性能增加的情况下，才使 μ 增加。这样，该算法每一步迭代的误差性能总是减小的。

LM 算法是为了训练中等规模的前馈神经网络（多达数百个连接权）而提出的最快速

算法,它对 MATLAB 实现也是相当有效的,因为其矩阵的计算在 MATLAB 中是以函数实现的,其属性在设置时变得非常明确。在 MATLAB 神经网络工具箱中,采用 LM 算法的训练函数为 trainlm。

2. BP 网络学习算法的比较

对于一个给定的问题,到底采用哪种训练方式,其训练速度最快,这是很难预知的,因为这取决于许多因素,包括给定问题的复杂性、训练样本集的数量、网络权值和阈值的数量、误差目标、网络的用途(如用于模式识别还是函数逼近)等。

但通过实验可以得出各种算法性能上的一些结论,通常对于包含数百个权值的函数逼近网络,LM 算法的收敛速度最快。如果要求的精度比较高,则该算法的优点尤其突出。在许多情况下,采用 LM 算法的训练函数 trainlm 可以获得比其他任何一种算法更小的均方误差。但当网络权值的数量增加时,trainlm 的优点将逐渐变得不很明显。另外,trainlm 对于模式识别相关问题的处理功能很弱,其存储空间比其他算法的大,通过调整 trainlm 的存储空间参数 mem_reduc,虽然可以在一定程度上减小对存储空间的要求,但却需要增加运行时间。

将 RPROP 算法的训练函数 trainrp 应用于模式识别时,其速度是最快的,但对于函数逼近问题该算法却不是最好的,其性能同样会随着目标误差的减小而变差。该算法所需的存储空间较其他算法相对要小一些。

变梯度算法,特别是 SCG 算法,在更广泛的问题中,尤其在网络规模较大的场合,其性能都很好。SCG 算法应用于函数逼近问题时,几乎与 LM 算法一样快(在网络规模较大时比 LM 算法更快);而应用于模式识别时几乎与 RPROP 算法一样快,其性能不像 RPROP 算法随着目标误差的减小而下降得那么快。变梯度算法对存储空间的要求相对也低一些。

BFGS 算法类似于 LM 算法,其所需的存储空间比 LM 算法的小,但其运算量却随网络的大小呈几何级数增长,因为对每次迭代过程都必须计算相应矩阵的逆矩阵。

变学习率算法通常比其他算法的速度要慢很多,而其存储空间与 RPROP 算法一样,但在应用于某些问题时该算法仍然很有用。在有些特定的情形下收敛速度慢一些反而好些,例如,如果用收敛速度太快的算法,可能得到的结果还达不到所要求的目标时训练就提前结束了,会错过使误差最小的点。

4.2.3 BP 网络的局限性

在人工神经网络的应用中,绝大部分的神经网络模型采用了 BP 网络及其变化形式,但这并不说明 BP 网络是完美的,其各种算法依然存在一定的局限性。BP 网络的局限性主要有以下几个方面。

1. 学习率与稳定性的矛盾

梯度算法进行稳定学习要求的学习率较小,所以通常学习过程的收敛速度很慢。附加动量算法通常比简单的梯度算法快,因为在保证稳定学习的同时,它可以采用很高的学习率,但对于许多实际应用,仍然太慢。以上两种算法往往只适用于希望增加训练次数的情况。如果有足够的存储空间,则对于中、小规模的神经网络通常可采用 Levenberg-

Mrquardt 算法；如果存储空间有问题，则可采用其他多种快速算法，例如，对于大规模神经网络采用 trainscg 或 trainrp 更合适。

2. 学习率的选择缺乏有效的方法

对于非线性网络，选择学习率也是一个比较困难的事情。对于线性网络，我们知道，学习率选择得太大，容易导致学习不稳定；反之，学习率选择得太小，则可能导致无法忍受的过长学习时间。不同于线性网络，我们还没有找到一个简单易行的方法，以解决非线性网络选择学习率的问题。对于快速训练算法，其默认参数值通常留有裕量。

3. 训练过程可能陷于局部最小

从理论上说，多层 BP 网络可以实现任意可实现的线性和非线性函数的映射，克服了感知器和线性神经网络的局限性。但在实际应用中，BP 网络往往在训练过程中，也可能找不到某个具体问题的解，比如在训练过程中陷入局部最小的情况。当 BP 网络在训练过程中陷入误差性能函数的局部最小时，可以通过改变其初始值，并经过多次训练，以获得全局最小。

4. 没有确定隐层神经元数的有效方法

如何确定多层神经网络隐层的神经元数也是一个很重要的问题，太少的隐层神经元会导致网络"欠适配"，太多的隐层神经元又会导致"过适配"。

4.2.4　BP 网络的 MATLAB 程序应用举例

1. BP 网络设计的基本方法

BP 网络的设计主要包括输入层、隐层、输出层及各层之间的传递函数几个方面。

1）网络层数

大多数通用的神经网络都预先确定了网络的层数，而 BP 网络可以包含不同的隐层。但理论上已经证明，在不限制隐层节点数的情况下，两层（只有一个隐层）的 BP 网络可以实现任意非线性映射。在模式样本相对较少的情况下，较少的隐层节点可以实现模式样本空间的超平面划分，此时，选择两层 BP 网络就可以了；当模式样本数很多时，减小网络规模，增加一个隐层是必要的，但 BP 网络隐层数一般不超过两层。

2）输入层的节点数

输入层起缓冲存储器的作用，它接收外部的输入数据，因此其节点数取决于输入向量的维数。例如，当把 32×32 大小的图像的像素作为输入数据时，输入节点数将为 1024。

3）输出层的节点数

输出层的节点数取决于两个方面，输出数据类型和表示该类型所需的数据大小。当 BP 网络用于模式分类时，以二进制形式来表示不同模式的输出结果，则输出层的节点数可根据待分类模式来确定。若设待分类模式的总数为 m，则有以下两种方法确定输出层的节点数。

（1）节点数即为待分类模式总数 m，此时对应第 j 个待分类模式的输出为

$$O_j = [\underbrace{00\cdots0\underset{j}{1}0\cdots00}]$$

即第 j 个节点输出为 1,其余输出均为 0。而以输出全为 0 表示拒识,即所输入的模式不属于待分类模式中的任何一种模式。

(2) 节点数为 $\log m_2$ 个。这种方式的输出是 m 种输出模式的二进制编码。

4) 隐层的节点数

一个具有无限隐层节点的两层 BP 网络可以实现任意从输入到输出的非线性映射。但对于有限个输入模式到输出模式的映射,并不需要无限个隐层节点,这就涉及如何选择隐层节点数的问题,而这一问题的复杂性,使得至今为止尚未找到一个很好的解析式,隐层节点数往往根据前人设计所得的经验和自己进行试验来确定。一般认为,隐层节点数与求解问题的要求、输入输出单元数多少都有直接的关系。另外,隐层节点数太多会导致学习时间过长;而隐层节点数太少,容错性差,识别未经学习的样本能力低,所以必须综合多方面的因素进行设计。

对于用于模式识别/分类的 BP 网络,根据前人经验,可以参照以下公式进行设计:

$$n = \sqrt{n_i + n_o} + a \tag{4-36}$$

式中,n 为隐层节点数;n_i 为输入节点数;n_o 为输出节点数;a 为 1~10 的常数。

5) 传输函数

BP 网络中的传输函数通常采用 S(Sigmoid)型函数:

$$f = \frac{1}{1 + e^{-x}} \tag{4-37}$$

在某些特定的情况下,还可能采用纯线性(pureline)函数。如果 BP 网络的最后一层是 Sigmoid 函数,那么整个网络的输出就限制在一个较小的范围内(0~1 的连续量);如果 BP 网络的最后一层是 pureline 函数,那么整个网络的输出可以取任意值。

6) 训练方法及其参数选择

针对不同的应用,BP 网络提供了多种训练、学习方法,帮助选择训练函数和学习函数及其参数等。

2. BP 网络应用举例

1) 用于模式识别与分类的 BP 网络

【例 4-6】 以 BP 神经网络实现对如图 4-19 所示两类模式的分类。

从如图 4-19 所示两类模式可以看出,分类为简单的非线性分类。有一个输入向量,包含两个输入元素;两类模式,使用一个输出元素即可表示;可以用如图 4-20 所示两层 BP 网络来实现分类。

根据如图 4-19 所示两类模式确定的训练样本为

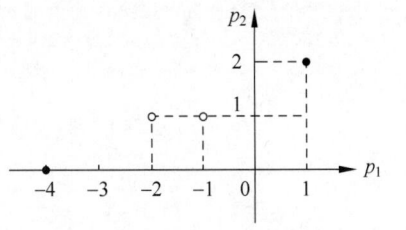

图 4-19 例 4-6 待分类模式

$$p = \begin{bmatrix} 1 & -1 & -2 & -4 \\ 2 & 1 & 1 & 0 \end{bmatrix}, \quad t = [0.2 \quad 0.8 \quad 0.8 \quad 0.2]$$

其中,因为 BP 网络的输出为 logsig 函数,所以目标向量的取值为 0.2 和 0.8,分别对应两类模式。在程序设计时,通过判决门限 0.5 区分两类模式。

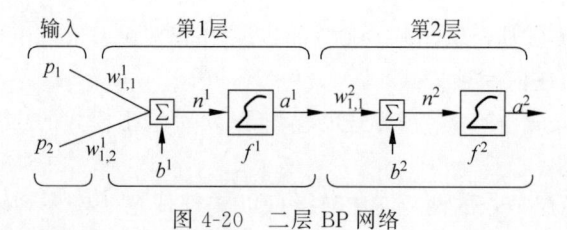

图 4-20 二层 BP 网络

因为处理的问题简单,所以采用最速下降 BP 算法(traingd 训练函数)训练该网络,以熟悉该算法的应用。

```
% 创建和训练 BP 的 MATLAB 程序
clear all;
% 定义输入向量和目标向量
P = [1 2; -1 1; -2 1; -4 0]';
T = [0.2 0.8 0.8 0.2];
% 创建 BP 网络和定义训练函数及参数
net = newff([-1 1; -1 1],[5 1],{'logsig' 'logsig'},'traingd');
net.trainParam.goal = 0.001;
net.trainParam.epochs = 5000;
% 训练神经网络
[net,tr] = train(net,P,T);
% 输出训练后的权值和阈值
iw1 = net.iw{1};
b1 = net.b{1};
iw2 = net.lw{2};
b2 = net.b{2};
```

BP 网络的初始化函数的默认值为 initnw。在本例中,将随机初始化权值和阈值,所以每次运行上述程序的结果将不相同。当达不到要求时,可以反复运行以上程序,直到满足要求为止。其中的一种运行结果如下。

```
TRAINGD, Epoch 0/5000, MSE 0.0242271/0.001, Gradient 0.0402598/1e-010
TRAINGD, Epoch 25/5000, MSE 0.0238301/0.001, Gradient 0.0394322/1e-010
TRAINGD, Epoch 50/5000, MSE 0.0234489/0.001, Gradient 0.0386496/1e-010
...
TRAINGD, Epoch 4950/5000, MSE 0.00359364/0.001, Gradient 0.0112599/1e-010
TRAINGD, Epoch 4975/5000, MSE 0.00356209/0.001, Gradient 0.0112065/1e-010
TRAINGD, Epoch 5000/5000, MSE 0.00353084/0.001, Gradient 0.0111531/1e-010
TRAINGD, Maximum epoch reached, performance goal was not met.
iw1 =
    -1.3176   -6.1050
     6.3150   -1.2373
     5.0119    3.7545
    -1.3784   -6.1587
     4.7074   -4.0190
b1 =
     6.2780
    -2.7471
    -0.0059
    -3.0678
     6.3720
iw2 =
    -3.1540   -3.1972    0.4336   -2.4313   -3.4589
```

```
b2 =
    4.1320
```

训练的误差性能曲线如图 4-21 所示,从曲线上可以看出,训练经过了 5000 次仍然未达到要求的目标误差 0.001,说明采用训练函数 traingd 进行训练的收敛速度是很慢的。

虽然训练的误差性能未达到要求的目标误差,但这并不妨碍我们以测试样本对网络进行仿真。

```
% 网络仿真的 MATLAB 程序
p = [1 2; -1 1; -2 1; -4 0]';
a2 = sim(net,p1)
a2 = a2 > 0.5
a2 =
    0    1    1    0
p1 =
    1   -1   -2   -4
    2    1    1    0
```

结果表明可以完成上述两类模式的分类。

2) 用于去除噪声的 BP 网络

【例 4-7】 利用 BP 神经网络去除噪声问题。

在 MATLAB 神经网络工具箱中,提供了 26 个大写字母的数据矩阵,利用 BP 神经网络可以进行字符识别处理。

输入训练样本数据和测试样本。

```
% 训练样本数据点
[AR,TS] = prprob;
A = size(AR,1);
B = size(AR,2);
C2 = size(TS,1);
% 测试样本数据点
CM = AR(:,13)
noisyCharM = AR(:,13) + rand(A,1) * 0.3
figure
plotchar(noisyCharM)
```

BP 网络训练采样全训练样本集,即使用所有 26 个大写字母,测试样本采样包含噪声的字母 M 数据点。字母 M 和对应包含噪声的字母 M 图形如图 4-22 所示。

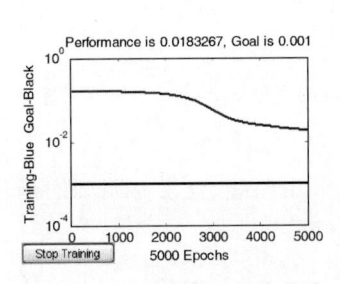

图 4-21 训练的误差性能曲线

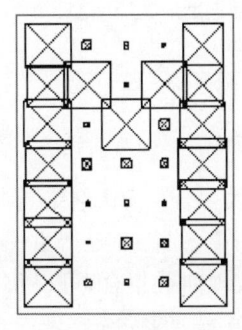

图 4-22 包含噪声的字母 M 图形

创建 BP 神经网络，并使用全训练数据点训练 BP 神经网络。

```
% 创建 BP 网络,并使用数据点训练网络
P = AR;
T = TS;
% 输入层包含 10 个神经元,输出层为 C2 个神经元,输入输出层分别使用 logsig 传递函数
net = newff(minmax(P),[10,C2],{'logsig' 'logsig'},'traingdx');
net.trainParam.show = 50;
net.trainParam.lr = 0.1;
net.trainParam.lr_inc = 1.05;
net.trainParam.epochs = 3000;
net.trainParam.goal = 0.01;
[net,tr] = train(net,P,T);
```

BP 网络训练过程曲线如图 4-23 所示。

回代检验和测试样本点的检验。

```
% 回代检验
A = sim(net,CM);
% 测试样本检验
a = sim(net,noisyCharM);
% 找到字母所在位置
pos = find(compet(a) == 1)
figure
% 绘制去除噪声后的字母
plotchar(AR(:,pos))
```

包含噪声的字母 M 经过 BP 网络后，输出结果如图 4-24 所示。BP 网络去除了字母 M 上的随机噪声。

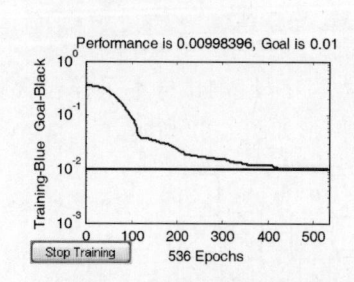

图 4-23　BP 网络训练过程曲线 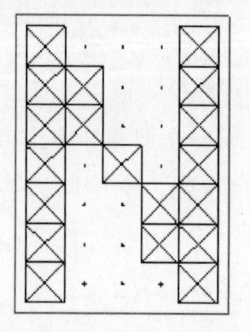　　图 4-24　包含噪声的字母 M 经过 BP 网络后输出结果

3) 用于曲线拟合的 BP 网络

在实际应用中，往往希望产生一些非线性的输入输出曲线，且没有明确的函数关系，借助神经网络实现曲线拟合，可以很方便地解决这一问题。

【例 4-8】　已知某系统输出 y 与输入 x 的部分对应关系如表 4-3 所示。设计一 BP 神经网络，完成 $y=f(x)$。

表 4-3　函数 $y=f(x)$ 的部分对应关系

x	−1	−0.9	−0.8	−0.7	−0.6	−0.5	−0.4	−0.3	−0.2	−0.1
y	−0.832	−0.423	−0.024	0.344	1.282	3.456	4.02	3.232	2.102	1.504
x	0	0.1	0.2	0.3	0.4	0.5	0.6	0.7	0.8	0.9
y	0.248	1.242	2.344	3.262	2.052	1.684	1.022	2.224	3.022	1.984

以隐层节点数为 15 的单输入和单输出两层 BP 网络来实现曲线拟合。

创建和训练 BP 网络的 MATLAB 程序如下。

```
clear all;
P = -1:0.1:0.9;
T = [ -0.832 -0.423 0.024 0.344 1.282 3.456 4.02 3.232 2.102 1.504
    0.248 1.242 2.344 3.262 2.052 1.684 1.022 2.224 3.022 1.984];
net = newff([ -1 1],[15 1],{'tansig' 'purelin'},'traingdx','learngdm');
net.trainParam.epochs = 2500;
net.trainParam.goal = 0.001;
net.trainParam.show = 10;
net.trainParam.lr = 0.05;
net = train(net,P,T);
```

训练结果如下。

```
TRAINGDX, Epoch 0/2500, MSE 11.0032/0.001, Gradient 16.8035/1e-006
...
TRAINGDX, Epoch 284/2500, MSE 0.000983867/0.001, Gradient 0.00777523/1e-006
TRAINGDX, Performance goal met.
```

训练的误差性能曲线如图 4-25 所示。

BP 网络仿真的 MATLAB 程序如下。

```
P = -1:0.1:0.9;
T = [ -0.832 -0.423 0.024 0.344 1.282 3.456 4.02 3.232 2.102 1.504
    0.248 1.242 2.344 3.262 2.052 1.684 1.022 2.224 3.022 1.984];
hold on;
plot(P,T,'r + ');
p = -1:0.01:0.9;
R = sim(net,p);
plot(p,R);
hold off;
```

曲线拟合如图 4-26 所示。实线为得到的拟合曲线；"+"为训练样本。从结果上看，

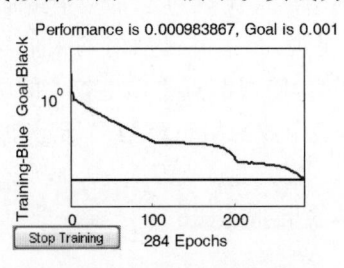

图 4-25　训练的误差性能曲线 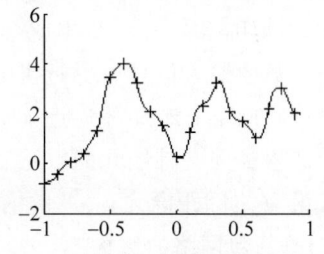　　　　图 4-26　用 sim 函数的仿真结果

可以对个别训练样本进行很好的拟合,但拟合曲线欠光滑,出现了"过适配"现象。如果改用 trainbr 训练函数进行训练,则曲线拟合会变得更光滑些,在此希望读者自行动手试一试其效果图。

4.3 径向基函数网络

众所周知,BP 网络用于函数逼近时,权值的调节采用的是负梯度下降法。这种调节权值的方法有其局限性,即收敛速度慢和局部极小等。本节主要介绍逼近能力、分类能力和学习速度等方面均优于 BP 网络的另一种网络——径向基函数网络(Radial Basis Function,RBF)。

4.3.1 径向基函数网络模型

径向基函数网络是一种二层前向型神经网络,包含一个具有径向基函数神经元的隐层和一个具有线性神经元的输出层。

1. 径向基函数神经元模型

如图 4-27 所示为一个有 R 个输入的径向基神经元模型。

径向基函数神经元的传递函数有各种各样的形式,但最常用的形式是高斯函数(radbas)。与前面介绍的神经元不同,神经元 radbas 的输入为输入向量 p 和权值向量 w 之间的距离乘以阈值 b。径向基传递函数可表示为如下形式。

$$\text{radbas}(n) = e^{-n^2} \tag{4-38}$$

径向基神经元模型如图 4-27 所示。

径向基函数的图形如图 4-28 所示。

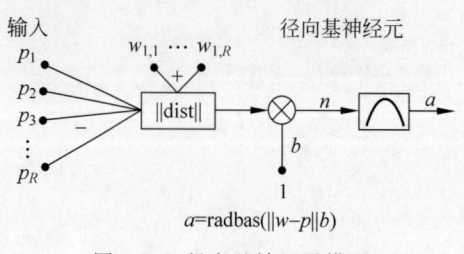

图 4-27 径向基神经元模型

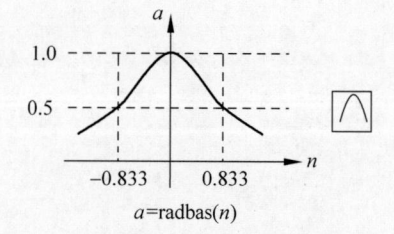

图 4-28 径向基函数的图形

从图 4-28 中可以看出,n 为 0 时,径向基函数的输出最大值为 1,即权值的向量 w 和输入向量 p 之间距离减小时,输出就会增加。也就是说,径向基函数对输入信号在局部产生响应。函数的输入信号 n 靠近函数的中央范围时,隐层节点将产生较大的输出。由此可以看出这种网络具有局部逼近能力,所以径向基函数网络也称为局部感知场网络。阈值 b 用于调整径向基神经元的敏感度。例如,假设神经元阈值为 $b=0.1$,那么对于任意与权值矢量 w 之间距离为 8.33 的输入向量 p,其输出都是 0.5。

2. 径向基函数网络的结构

径向基函数网络包括隐层和输出层。输入信号传递到隐层,隐层有 S^1 个神经元,节点函数为高斯函数；输出层有 S^2 个神经元，节点函数通常是简单的线性函数。其结构如图 4-29 所示。

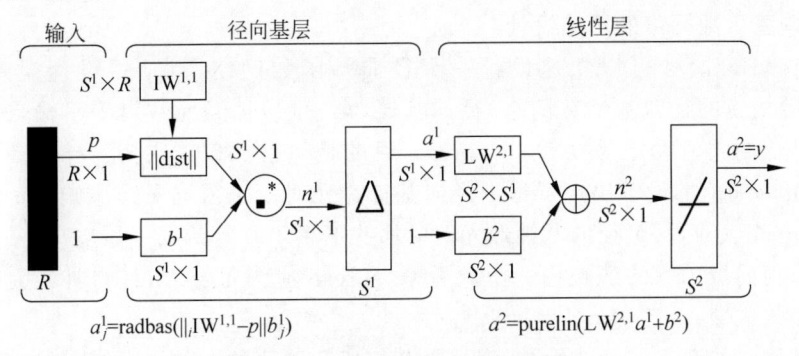

图 4-29 径向基函数网络的结构

其中，R 为输入向量元素的数目；S^1 为第一层神经元的数目；S^2 为第二层神经元的数目；a_j^1 为向量 a^1 的第 i 个元素；$_iIW^{1,1}$ 为权值矩阵 $IW^{1,1}$ 的第 i 个向量。

$\|dist\|$ 模块计算输入向量 p 和输入权值 $IW^{1,1}$ 的行向量之间的距离，产生 S^1 维向量，然后与阈值 b_1 相乘，再经过径向基传递函数从而得到第一层输出。第一层输出 a^1 可由下面的语句得到：

```
a{1} = radbas (netprod (dist (net.IW{1,1},p),net.b{1}))
```

实际上，函数 newrbe 和 newrb 在设计过程中已经包含这些细节，所以可以直接应用，然后再通过 sim 函数得到网络的输出。

3．径向基函数网络的工作原理

当输入向量加到网络输入端时，径向基层的每个神经元都会输出一个值，代表输入向量与神经元权值向量之间的接近程度。

(1) 如果输入向量与权值向量相差很多，则径向基层的输出接近于 0，经过第二层的线性神经元，输出也接近于 0。

(2) 如果输入向量与权值向量很接近，则径向基层的输出接近于 1，经过第二层的线性神经元，输出值就更靠近第二层权值。

在这个过程中，如果只有一个径向基神经元的输出为 1，而其他的神经元输出均为 0 或者接近 0，那么线性神经元层的输出就相当于输出为 1 的神经元相对应的第二层权值的值。一般情况下，不止一个径向基神经元的输出为 1，所以输出值也就会有所不同。

下面解析一下第一层的工作过程。

如图 4-29 所示，第一层神经元的网络输入为加权输入与相应的阈值的乘积，然后通过神经元函数 radbas 计算得到第一层神经元的网络输出。其中，加权输入表示输入向量与权值向量相等，加权输入即为 0，则第一层网络输入也为 0，那么第一层输出必然是 1；如果神经元的权值向量与输入向量之间距离恰为散布常数 spread 值，则加权输入为 spread，网络输入则为 0.8325，那么第一层神经元输出为 0.5。

4.3.2 径向基函数网络的构建

1. 径向基函数网络的严格设计

应用 newrbe 函数可以快速设计一个径向基函数网络,且使得设计误差为 0,由 newrbe 函数构建的径向基函数网络,径向基层(第一层)神经元数目等于输入向量的个数。径向基层的阈值设定为 0.8326/spread,目的是使得加权输入为 ±spread 时径向基层输出为 0.5,阈值的设置决定了每个径向基神经元对于输入向量产生响应的区域。例如,如果 spread 为 4,每个径向基神经元对应那些不小于 0.5 的第一层输出,其输入向量均在距离权值向量为 4 的区域内。由此看来,spread 应当足够大,使得神经元响应区域覆盖所有输入区域。

径向基网络的第二层为线性神经元层,其权值和阈值的调整需要满足输出向量与期望值相等的要求。

$$[W\{2,1\}\ b\{2\}] * [A\{1\}; \text{ones}] = T$$

其中,$A\{1\}$ 为第一层输出;$W\{2,1\}$ 为第二层权值,$b\{2\}$ 为第二层阈值,T 为期望值。如果计算第二层的权值和阈值,需要使得均方误差最小,计算调用方式如下。

$$\text{Wb} = T/[P; \text{ones}(1,Q)]$$

其中,Wb 为包含权值和阈值的向量。

在这个问题中,如果输入/输出样本有 R 个,问题有 R 个约束,而变量个数为 $R+1$ 个(R 个神经元的 R 个权值和 1 个阈值)。对于变量数目多于约束条件数目的线性问题,其解为无穷多个解。

应用 newrbe 函数构建一个零误差网络,其散布常数 spread 的设置是一个关键问题。如前所述,spread 需要足够大才能覆盖所有的输入区间,但是如果 spread 太大,则每个神经元的响应区域又会交叉过多,反而带来精度问题。

2. 更有效的径向基函数网络的设计

应用 newrbe 函数设计网络时,径向基神经元的数目与输入向量的个数相等,那么在输入向量较多的情况下,则需要很多的神经元,这就给网络设计带来一定的难度。函数 newrb 则能更有效地进行网络设计。

用径向基函数网络逼近函数时,newrb 函数可自动增加网络的隐层神经元数目,直到均方误差满足精度或者神经元数目达到最大为止。

函数 newrb 的设计方法与函数 newrbe 类似,唯一不同的是,newrb 函数每一次循环只产生一个神经元,而每增加一个径向基神经元,都能最大程度地降低误差,如果未达到精度要求则继续增加神经元,满足精度要求后则网络设计成功。程序终止条件是满足精度要求或者达到最大神经元数目。

应用 newrb 函数进行径向基函数神经网络设计时,散布常数是一个非常重要的参数,后面的实例将演示散布常数对网络设计的影响。

径向基网络和普通的前向网络有所不同,隐层神经元是径向基神经元而不是 tansig 或者 logsig 神经元,应用径向基网络设计有其特有的优势。

(1) 普通的前向网络中 sigmoid 神经元能够覆盖较大的输入区域,但是普通前向网络神经元数目在训练前就已经固定下来。而径向基神经元虽然只对相对较小的区域产生响应,但是在输入区间较大时,可以适当地增加径向基神经元来调整网络,从而达到精度要求。

(2) 径向基函数网络的设计比普通前向网络训练要省时得多。

4.3.3 RBF网络应用实例

这里将RBF网络结构应用于某地的地下水动态模拟与预测,演示训练样本集与检测样本集的构建、原始数据的预处理、神经网络的构建训练和检测及结构评价的整个过程。

1. 前期准备

地下水位主要受河道水流量、气温、饱和差、降水量和蒸发量等重要因子影响。由此从资料中归纳出24组数据,如表4-4所示。选定其中的1~19组作为训练样本,20~24组作为测试样本。

表4-4 地下水位及其影响因子监测数据表

序 号	河道水流量	气 温	饱 和 差	降 水 量	蒸 发 量	水 位
1	0.0177	0	0.0200	0.0054	0.0580	0.6725
2	0.0230	0	0.1000	0.0054	0	0.6943
3	0.0619	0.2424	0.1500	0.0323	0.2319	0.6376
4	0.2212	0.6061	0.4000	0.1613	0.5217	0.4891
5	0.0796	0.8182	0.8000	0.0968	0.7971	0.1616
6	0.1504	0.9697	0.9000	0.6075	0.8406	0.0699
7	0.1681	1.0000	0.7000	0.1559	0.6957	0.1092
8	0.1504	0.9394	0.5000	0.3978	0.5507	0.1048
9	0.1150	0.7576	0.4000	0.1129	0.2174	0.2533
10	0.1593	0.5606	0.4000	0.0806	0.3913	0.4017
11	0.0885	0.3030	0.5200	0.0753	0.2193	0.6201
12	0.2035	0.3182	0.3500	0.0591	0	0.6638
13	0	0.3333	0.1000	0.0054	0.0290	0.5764
14	1.0000	0.9697	0.4500	1.0000	0.6812	0.0437
15	0.6106	0.8788	0.4000	0.6129	0.5507	0
16	0.6814	0.6970	0.4000	0.3226	0.4058	0.0568
17	0.3982	0.4848	0.2000	0.1882	0.2609	0.2009
18	0.1858	0.3333	0.1000	0.0215	0.1304	0.4105
19	0.0708	0.0909	0	0.0323	0.0290	0.5153
20	0.0442	0.0909	0.1500	0.0108	0.0725	0.6070
21	0.1150	0.3030	0.2000	0.0215	0.4783	1.0000
22	0.1681	0.6061	0.6000	0	0.3478	0.4148
23	0.0708	0.8485	0.9000	0.1022	0.8261	0.1921
24	0.1327	0.9545	1.0000	0.4355	1.0000	0.0873

获得有关地下水位的数据后,在用于训练样本和测试样本之前,需要进行归一化处理。表 4-4 中的数据为已经归一化处理的数据。

2. 网络的创建、训练和测试

RBF 网络的输入层神经元个数取决于地下水位影响因子的个数,由表 4-4 可知,其个数为 5。由于输出层是地下水位的值,所以输出层神经元个数为 1。利用函数 newrbe 创建一个精确的神经网络,该函数在创建 RBF 网络时,自动选择隐含层的数目,使得误差为 0。MATLAB 代码为

```
SPREAD = 1.5;
net = newrbe(P,T,SPREAD);
```

其中,P 为输入向量,T 为目标向量,它们可从表 4-4 中得到。SPREAD 为径向基函数的分布密度,SPREAD 越大,函数越平滑,这里先取 1.5。由于网络的建立过程就是训练过程,因此,此时得到的网络 net 已经是训练好的了。

接下来对网络进行仿真,验证其预测性能。代码为

```
y = sim(net,P_test)
```

其中,P_test 为网络的测试样本,可以从表 4-4 中得出。运行结果为

```
y =
    0.6457    1.0825    0.3778    0.0052    0.1849
```

经过反归一化处理,可得到水位 H = 6.8581 7.8632 6.2538 5.3947 5.8007。

同实际值 H_0 = 6.77 7.67 6.33 5.82 5.58 相比较,可得出预测误差,对于地下水位的预报来说,网络的预报误差并不大。

此外,SPREAD 值的大小影响网络的预测精度。接下来,分别在 SPREAD = 2、3、4 或 5 的情况下计算网络的预报精度。代码如下:

```
y = rand(4,5);
for i = 1:4
    net = newrbe(P,T,i + 1);
    y(i,:) = sim(net,P_test);
end
plot(1:5,y(1,:) - t_test,'b');
hold on;
plot(1:5,y(2,:) - t_test,'r--');
hold on;
plot(1:5,y(3,:) - t_test,'g*');
hold on;
plot(1:5,y(4,:) - t_test,'.');
hold on;
y_bp = [0.1201 -0.2559 -0.1828 -0.1237 0.0001];
plot(1:5,y_bp,'*');
hold off;
```

结果如图 4-30 所示。可以看出,当 SPREAD 为 2 或 3 时,网络的预报误差最小。因此,本例中 SPREAD 为 2 或 3 都可得到理想的结果。图中"*"号表示为采用 BP 网络进

行地下水位预报的误差。

为了验证 RBF 网络相对于 BP 网络的优势,在本例中利用 BP 网络对地下水位进行重新预报。选择的 BP 网络为 $5\times11\times1$ 的结构,训练函数为 trainlm。经过 500 次训练后,对网络进行仿真,并计算网络的预测误差。误差变量用 y_bp 表示。综合对比后发现,对于预报精度来说,BP 网络明显不如 RBF 网络,而且 BP 网络的训练时间明显大于 RBF 网络,其训练速度比较慢。

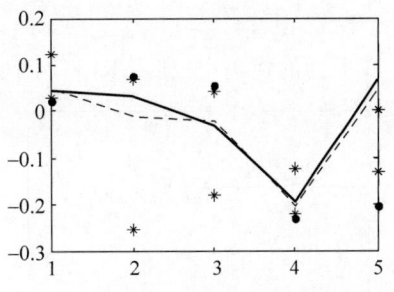

图 4-30 SPREAD 取不同值的预报误差

4.3.4 RBF 网络的非线性滤波

1. 非线性滤波

早期的数字信号处理和数字图像处理主要以线性滤波器为主要处理手段。线性滤波器由于数学表达式比较简单并且具有其他一些比较理想的特性,所以实现起来相对比较容易。然后,当信号中存在由系统非线性引起的噪声或非高斯叠加型噪声时,线性滤波器便不能很好地工作。目前,最优非线性滤波存在"实时"问题,即

(1) 滤波器权系数的实时计算。

(2) 非线性滤波器的实时实现。

描述系统的非线性差分方程如下。

状态方程:$x(n+1)=f(x(n))+v(n)$

观测方程:$y(n+1)=h(x(n))+w(n)$

其中,f 和 h 都是非线性函数,$w(n)$ 和 $v(n)$ 为零均值的白噪声序列。

所谓最优滤波,就是解决从观测值 $y(n)$ 估计出状态 $\hat{x}(n)$,且使得 $\hat{x}(n)$ 可以最好地接近 $x(n)$ 的问题。RBF 网络具有唯一的最佳逼近特性,因此尝试将其应用于最优滤波,即利用已知的采样数据对非线性函数做最优逼近。由 RBF 网络的输入/输出表达式可得 h 的估计值:

$$\hat{h}=\sum_{i=1}^{N}w_iR_i(\cdot)=\boldsymbol{W}^\mathrm{T}r(\cdot) \qquad (4-39)$$

其中,$\boldsymbol{W}=[w_i]_{i=1}^{N}$,$r=[R_i]_{i=1}^{N}$,$N$ 为训练次数。接下来,设计一个 RBF 网络,使得它可以在规定的精度内逼近 h。

2. 网络设计

输入样本为 $\boldsymbol{P}$,目标向量为 $\boldsymbol{T}$,代码如下所示。

```
P = [-1:0.1:1];
T = [-0.9602 0.5770 0.0729 0.3771 0.6405 0.6600 0.4609 0.1336 -0.2013 -0.4344 -0.5000
     -0.3930 0.1647 0.0988 0.3072 0.3960 0.3449 0.1816 -0.0312 -0.2189 -0.3201];
for i = 1:5
    net = newrbe(P,T,i);
```

```
        y(i,:) = sim(net,P);
end
```

在上面的代码中,利用 RBF 网络精确创建函数 newrbe,创建了一个准确的 RBF 网络,它已经可以逼近目标向量了。由于径向基函数的分布密度 SPREAD 可以影响网络的精度,因此这里将其设定为 1、2、3、4 和 5 共 5 个整数,观察它们对网络预测性能的影响。

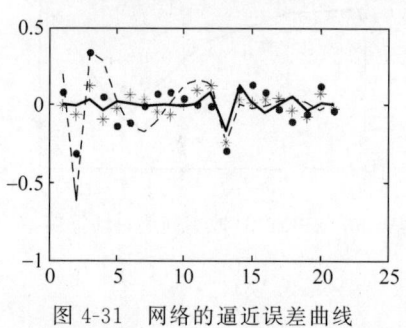

网络的逼近误差曲线如图 4-31 所示。由图可见,分布密度为 1 和 2 时,网络的逼近误差比较小,考虑到收敛速度和计算方面的原因,这里的分布密度选 1。

图 4-31 网络的逼近误差曲线

此时网络的输出结果为

```
y(1,:) =
 -0.9587    0.5671    0.1014    0.3379    0.6597    0.6715    0.4480
  0.1319   -0.1972   -0.4463   -0.4964   -0.3111   -0.0089    0.2262
  0.3166    0.3364    0.3448    0.2322   -0.0725   -0.2044   -0.3221
```

本实例的完整 MATLAB 代码如下。

```
P = [-1:0.1:1];
T = [-0.9602 0.5770 0.0729 0.3771 0.6405 0.6600 0.4609 0.1336 -0.2013 -0.4344 -0.5000
     -0.3930 0.1647 0.0988 0.3072 0.3960 0.3449 0.1816 -0.0312 -0.2189 -0.3201];
%创建 5 个 RBF 网络,分布密度分别为 1、2、3、4、5
for i = 1:5
    net = newrbe(P,T,i);
    y(i,:) = sim(net,P);
end
%绘制误差曲线
plot(1:21,y(1,:) - T);
hold on;
plot(1:21,y(2,:) - T,'*');
hold on;
plot(1:21,y(3,:) - T,'b.');
hold on;
plot(1:21,y(4,:) - T,'r--');
hold on;
plot(1:21,y(5,:) - T,'g-.');
hold off;
```

4.4 GMDH 网络

GMDH 的全称是 Group Method of Data Handling(数据处理的群方法)。GMDH 网络也称为多项式网络,它是前馈神经网络中常用的一种用于预测的神经网络。它的特点是网络结构不固定,而且在训练过程中不断地改变。

4.4.1 GMDH 网络理论

GMDH 网络的结构在训练过程中是变化的。如图 4-32 所示的是训练后的一个比较典型的 GMDH 网络。

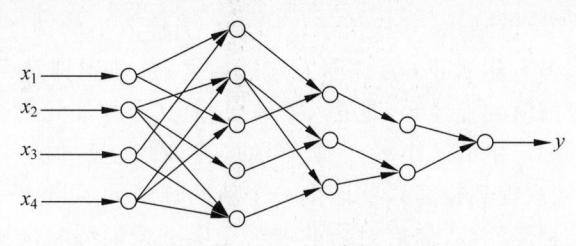

图 4-32 GMDH 网络结构

该网络有 4 个输入和 1 个输出。GMDH 网络的输入层将输入信号前向传递到中间层,中间层的每个神经元和前一层的 2 个神经元对应,因此,输出层的前一层(中间层)肯定只有 2 个神经元。

一般采用自适应线性元件作为 GMDH 网络中的神经元,如图 4-33 所示。该神经元的输入/输出关系为

$$Z_{k,l} = w_5 Z_{k-1,i}^2 + w_4 Z_{k-1,i} Z_{k-1,j} + w_3 Z_{k-1,j}^2 + w_2 Z_{k-1,i} + w_1 Z_{k-1,j} + w_0 \tag{4-40}$$

其中,$Z_{k,l}$ 表示第 k 层的第 l 个处理单元,且 $z_{0,l} = x_l$,$w_i (i=1,2,3,4,5)$ 为神经元的权值。由式(4-40)可见,GMDH 网络中的处理单元的输出是两个输入量的二次多项式,因此网络的每一层将使得多项式的次数增大 2 阶,其结果是网络的输出可以表示成输入的高阶($2k$)阶多项式,其中,k 是网络的层数(不含输入层)。

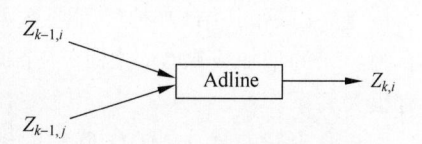

图 4-33 GMDH 网络中的神经元
(输入层神经元除外)

4.4.2 GMDH 网络的训练

训练一个 GMDH 网络,包括从输入层开始构造网络,调整每一个神经元的权值和增加网络层数直到满足映射精度为止。第一层的神经元数取决于输入信号的数量,每一个输入信号需要一个神经元。一般地,假定网络仅有一个输入,所以输入层只有一个神经元。假设在时刻 k 神经元的权值向量为

$$\boldsymbol{w}_k = [w_0, w_1, w_2, w_3, w_4, w_5]^T$$

输入向量为

$$\boldsymbol{x}_k = [1, x_1, x_1^2, x_1 x_2, x_2, x_2^2]$$

由 Widrow-Hoff 学习规则可知:

$$\boldsymbol{w}_{k+1}^T = \boldsymbol{w}_k^T + \alpha \frac{\boldsymbol{x}_k}{|\boldsymbol{x}_k|^2}(y_{dk} - \boldsymbol{w}_k \boldsymbol{x}_k^T) \tag{4-41}$$

其中,y_{dk} 为神经元在 k 时刻的目标输出向量,α 为学习速率,取值为[0.1,1]。按照

式(4-41)就可以调整神经元权值,降低神经元实际输出和目标输出之间的误差。

以上计算是在假定只有输入的前提下进行的。从权值调整公式可以看出,网络期望输出值 y_{dk} 出现在每个输入层神经元中,并希望通过训练使各神经元都能达到这一期望输出。对一个神经元来说,当训练数据集中每一个数据产生的均方差之和 S_E 达到最小时,对这个神经元的训练就结束,其权值予以固定。当输入层的神经元被全部训练一遍后,训练停止。这时,另一组数据(通常称为选择数据)被加到神经元上,并计算相应的 S_E。对那些 S_E 小于阈值的神经元,即放入下一层,而其余神经元则被舍弃,同时记录每一层神经元训练过程中产生的最小 S_E。若当前层在训练过程中产生的最小 S_E 小于前一层时(它表示网络精度得到提高),就产生一个新的神经元层,这一层中的神经元数取决于上一层中保留的神经元数,然后对新的神经元层进行训练和选择,而保持已训练的神经元层不变,这一过程一直进行到 S_E 不再减小为止。这时,取前一层神经元中误差最小的神经元的输出作为网络输出。当新的神经元层只有一个神经元,且该层的 S_E 小于前一层时,这一神经元就作为输出神经元。输出神经元确定以后,要对网络进行整理,所有与输出神经元无直接或间接联系的神经元都被舍弃,仅留下那些与输出有关的神经元。

4.4.3 基于 GMDH 网络的预测

一般来说,所有的神经网络均可用于预测。但是,对于一般的前馈网络来说,在网络结构建立以后,其结构(神经元层数及每层神经元个数)都是固定的,在训练过程中不会有神经元的增加或减少。因此一个网络的性能好坏与事前确定的该网络结构是否合适有很大关系。

与此不同的是,GMDH 网络的结构是在训练中动态确定的。在训练过程中,网络的神经元层数不断增加,每增加一层就增加一些新的神经元,而那些性能不好的神经元则被舍弃,因而每一层中的神经元数也是可变的。

下面是训练一个用于预测的 GMDH 网络的步骤。

(1) 数据预处理。包括数据规范化和除去数据中的静止直流成分。习惯上,对于已有的输入/输出样本,在进行神经网络的训练以前,首先进行归一化处理。

(2) 决定网络的输入信号数。对于预测,需要用到 n 个过去输出值。如果需要,n 的值可以通过计算相关系数确定。

(3) 将实验数据分成训练样本和预测样本。

(4) 建立输入神经元层。神经元数与输入信号数 i 有关。对每个输入信号,都有一个神经元与之对应。因此,相应的神经元数为 C_i^2。

(5) 将神经元权值的初始值设为 0。

(6) 将训练数据组作用于输入层的每一个神经元。在 k 时刻取 $y_{k-1}(k=1,2,\cdots)$ 作为输入信号,y_k 为期望输出,计算每一神经元的输入误差,并修正其权值和均方误差和,当均方差和大于上一循环计算值时,训练停止。

(7) 输入选择数据,计算每一神经元的输出均方差。根据差值确定一个阈值,选择方差小于阈值的神经元作为下一层神经元。

(8) 当本层最小均方差大于前一层神经元的最小均方差或本层仅有一个神经元时，停止训练过程。如果训练是由于最小方差偏大而停止的，则将前一层神经元作为输出层，并重新整理网络；若训练是因本层仅有一个神经元而停止的，且本次方差小于前一层时，则以本层神经元作为输出层并重新整理网络。所谓重新整理就是指舍弃那些与输出神经元没有联系的神经元。

(9) 利用评价数据组检查训练好的网络性能。评价数据组可以是上述样本数据和预测数据的结合，也可以是一组全新的数据。采用全新数据组可以在更广泛的基础上检查网络性能。

神经网络工具箱没有为 GMDH 网络提供有关的函数工具，因此，只有通过 MATLAB 的数学计算功能来实现以上的算法。

第 5 章

神经网络预测与控制

人脑是一个高度复杂的、非线性的并行信息处理系统,模仿人脑的工作机理建立起来的人工神经网络具备较强的非线性输入输出映射能力。如果将人工神经网络应用于预测控制,即形成神经网络预测控制(Neural Network Predictive Control,NNPC)。神经网络在处理非线性问题方面有着其他方法无法比拟的优势,而预测控制对于具有约束的卡边操作问题具有非常好的针对性,因此将神经网络与预测控制相结合,发挥各自的优势,对非线性、时变、强约束、大滞后工业过程的控制提供了一个很好的解决方法。

从本质上讲,神经网络预测控制还是预测控制,属于智能型预测控制的范畴,它将神经网络技术与预测控制相结合,弥补了传统预测控制算法精度不高、仅适用于线性系统、缺乏自学习和自组织功能、健壮性不强的缺陷。它可以处理非线性、多目标、约束条件等异常情况。神经网络具有函数逼近能力、自学习能力、复杂分类功能、联想记忆功能、快速优化计算能力,以及高度并行分布信息存储方式带来的强健壮性和容错性等优点。将神经网络与模型预测控制相结合,为解决复杂工业过程的控制,提供了强有力的工具。

5.1 电力系统负荷预报的 MATLAB 实现

负荷预测对电力系统控制、运行和计划都有着重要意义。电力系统负荷变化受多方面影响。一方面,负荷变化存在着由未知不确定因素引起的随机波动;另一方面,又具有周期变化的规律性,这也使得负荷曲线具有相似性。同时,由于受天气、节假日等特殊情况影响,又使负荷变化出现差异。由于神经网络所具有的较强的非线性映射等特性,它常被用于负荷预测。

5.1.1 问题描述

电力系统负荷短期预报问题的解决办法和方式可以分为统计技术、专家系统法和神经网络法三种。统计技术中所用的短期负荷模型一般可归为时间系统模型和回归模型。时间序列模型的缺点在于不能充分利用对负荷性能有很大影响的气候信息和其他因素,导致了预报的不准确和数据的不稳定。回归模型虽然考虑了气象信息等因素,但需要事先知道负荷与气象变量之间的函数关系,这是比较困难的。而且为了获得比较精确的预报结果,需要大量的计算,这一方法不能处理气候变量和与负荷之间的非平衡暂态关系。专家系统法利用了专家的经验知识和推理规则,使节假日或有重大活动日子的负荷预报精度得到了提高。但是,把专家知识和经验等准确地转换为一系列规则是非常不容易的。

众所周知,负荷曲线是与很多因素相关的一个非线性函数。对于抽取和逼近这种非线性函数,神经网络是一种合适的方法。神经网络的优点在于它具有模拟多变量而不需要对输入变量做复杂的相关假定的能力。它不依靠专家经验,只利用观察到的数据,可以从训练过程中通过学习来抽取和逼近隐含的输入/输出非线性关系。近年来的研究表明,相对于前两种方法,利用神经网络技术进行电力系统短期负荷预报可获得更高的精度。

在对短期负荷进行预报前,一个特别重要的问题是如何划分负荷类型或日期类型。纵观已经发表的文献资料,大体有以下几种划分模式。

(1) 将一周的 7 天分为工作日(星期一到星期五)和休息日(星期六和星期天)两种类型。

(2) 将一周分为星期一、星期二到星期四、星期五、星期六和星期日 5 种类型。

(3) 将一周的 7 天每天都视为一种类型,共有 7 种类型。

本例采用第三种负荷划分模式,把每一天看作不同的类型。

5.1.2 输入/输出向量设计

在预测日的前一天中,每隔 2h 对电力负荷进行 1 次测量,这样一来,一天共测得 12 组负荷数据。由于负荷值曲线相邻的点之间不会发生突变,因此后一时刻的值必然和前一时刻的值有关,除非出现重大事故等特殊情况。所以这里将前一天的实时负荷数据作为网络的样本数据。

此外,由于电力负荷还与环境因素有关,如最高和最低气温等,因此,还需要通过天气预报等手段获得预测日的最高气温、最低气温和天气特征值(晴天、阴天还是雨天)。以此形式表示天气特征值:0 表示晴天,0.5 表示阴天,1 表示雨天。这里将电力负荷预测日当天的气象特征数据作为网络的输入变量。因此,输入变量就是一个 15 维的向量。

显而易见,目标向量就是预测日当天的 12 个负荷值,即一天中每个整点的电力负荷。这样一来,输出变量就成为一个 12 维的向量。

获得输入和输出变量后,要对其进行归一化处理,将数据处理为[0,1]中的数据。归一化方法有很多种形式,这里采用如下公式。

$$\hat{x} = \frac{x - x_{\min}}{x_{\max} - x_{\min}} \tag{5-1}$$

前些年,我国南方一直处于"电荒"的被动境况,为了更好地利用电能,必须做好电力负荷的短期预报工作。这里以南方某缺电城市的 2004 年 7 月 10 日到 7 月 20 日的整点有功负荷值,以及 2004 年 7 月 11 日到 7 月 21 日的气象特征状态量作为网络的训练样本,预测 7 月 21 日的电力负荷,如表 5-1 所示,其中所有的数据都已经归一化了。

在样本中,输入向量为预测日前一天的电力实际负荷数据,目标向量是预测日当天的电力负荷。由于都是实际的测量值,因此,这些数据可以对网络进行有效的训练。如果从提高网络精度的角度出发,一方面可以增加网络训练样本的数目,另一方面还可以增加输入向量的维数。即或者增加每天的测量点,或者把预测日前几日的负荷数据作为输入向量。目前,训练样本数目的确定没有通用的方法,一般认为,样本过少可能使得网络的表达不够充分,从而导致网络外推的能力不够;而样本过多可能会出现样本冗余现象,既增加了网络的训练负担,也有可能出现信息量过剩使得网络出现过拟合现象。总之,样本的选取过程需要注意代表性、均衡性和用电负荷的自身特点,从而选择合理的训练样本。

表 5-1 用电负荷及气象特征

样本日期	电 力 负 荷	气象特征
2004-7-10	0.2452 0.1446 0.1314 0.2246 0.5532 0.6642 0.7015 0.6981 0.6821 0.6945 0.7549 0.8215	
2004-7-11	0.2217 0.1581 0.1408 0.2304 0.5134 0.5312 0.6819 0.7125 0.7265 0.6847 0.7826 0.8325	0.2415 0.3027 0
2004-7-12	0.2525 0.1627 0.1507 0.2406 0.5502 0.5636 0.7501 0.7352 0.7459 0.7015 0.8064 0.8516	0.2385 0.3125 0
2004-7-13	0.2016 0.1105 0.1243 0.1978 0.5021 0.5232 0.6819 0.6952 0.7015 0.6825 0.7825 0.7895	0.2216 0.2701 1
2004-7-14	0.2115 0.1201 0.1312 0.2019 0.5532 0.5736 0.7029 0.7032 0.7189 0.7019 0.7965 0.8025	0.2352 0.2506 0.5
2004-7-15	0.2335 0.1322 0.1534 0.2214 0.5623 0.5827 0.7198 0.7276 0.7359 0.7506 0.8092 0.8221	0.2542 0.3125 0
2004-7-16	0.2368 0.1432 0.1653 0.2205 0.5823 0.5971 0.7136 0.7129 0.7263 0.7513 0.8091 0.8217	0.2601 0.3198 0
2004-7-17	0.2342 0.1368 0.1602 0.2131 0.5726 0.5822 0.7101 0.7098 0.7127 0.7121 0.7995 0.8216	0.2579 0.3099 0
2004-7-18	0.2113 0.1212 0.1305 0.1819 0.4952 0.5312 0.6886 0.6898 0.6999 0.7323 0.7721 0.7956	0.2301 0.2867 0.5
2004-7-19	0.2005 0.1121 0.1207 0.1605 0.4556 0.5022 0.6553 0.6673 0.6798 0.7023 0.7521 0.7756	0.2234 0.2977 1
2004-7-20	0.2123 0.1257 0.1343 0.2079 0.5579 0.5716 0.7059 0.7145 0.7205 0.7401 0.8019 0.8136	0.2314 0.2977 0
2004-7-21	0.2119 0.1215 0.1621 0.2161 0.6171 0.6159 0.7155 0.7201 0.7243 0.7298 0.8179 0.8229	0.2317 0.2936 0

5.1.3 BP 网络设计

BP 网络是系统预测中应用特别广泛的一种网络形式,因此,这里采用 BP 网络对负荷值进行预报。根据 BP 网络的设计网络,一般的预测问题都可以通过单隐层的 BP 网络实现。由于输入向量有 15 个元素,所以网络输入层的神经元有 15 个,根据 Kolmogorov 定理可知,网络中间层的神经元可以取 31 个,而输出向量有 12 个,所以输出层中的神经元应该有 12 个。网络中间层的神经元传递函数采用 S 型正切函数 tansig,输出层神经元传递函数采用 S 型对数函数 logsig。这是因为函数的输出位于区间[0,1]中,正好满足网络输出的要求。

利用以下代码创建一个满足上述要求的 BP 网络。

```
threshold = [0 1;0 1;0 1;0 1;0 1;0 1;0 1;0 1;0 1;0 1;0 1;0 1;0 1;0 1;0 1];
net = newff(threshold,[31,12],{'tansig','logsig'},'trainlm');
```

其中,变量 threshold 用于规定输入向量的最大值和最小值,规定了网络输入向量的最大值为 1,最小值为 0。"trainlm"表示设定网络的训练函数为 trainlm,它采用 Levenberg-Marquardt 算法进行网络学习。

5.1.4 网络训练

网络经过训练后才可以用于电力负荷预测的实际应用,考虑到网络的结构比较复杂,神经元个数比较多,需要适当增大训练次数和学习速率。训练参数的设定如表 5-2 所示。

表 5-2 训练参数的设定

训练次数	训练目标	学习速率
1000	0.01	0.1

训练代码如下。

```
net.trainParam.epochs = 1000;
net.trainParam.goal = 0.01;
LP.lr = 0.1;
net = train(net,P,T);            %P 为输入向量,T 为目标向量
```

训练结果为

```
TRAINLM, Epoch 0/1000, MSE 0.218203/0.01, Gradient 11.1775/1e-010
TRAINLM, Epoch 25/1000, MSE 0.0505485/0.01, Gradient 0.00807259/1e-010
TRAINLM, Epoch 50/1000, MSE 0.0505202/0.01, Gradient 0.00901062/1e-010
TRAINLM, Epoch 53/1000, MSE 0.00872305/0.01, Gradient 5.82246/1e-010
TRAINLM, Performance goal met.
```

可见,经过 53 次训练后,网络误差达到要求,训练结果如图 5-1 所示。

训练好的网络还需要进行测试才可以判定是否可以投入实际应用,这里的测试数据就是利用表 5-1 中的 2004 年 7 月 20 日的电力负荷和 21 日的气象特征数据来预测 21 日的电力负荷,以检验预测误差是否满足要求。代码如下。

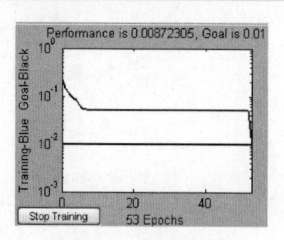

图 5-1 训练结果

```
P_test = [0.2123 0.1257 0.1343 0.2079 0.5579 0.5716 0.7059 0.7145 0.7205 0.7401 0.8019
0.8136 0.2317 0.2936 0]';
Out = sim(net,P_test);
```

这里利用仿真函数 sim 来计算网络的输出,运行结果为

```
Out =
    0.6334
    0.1279
    0.1323
    0.2314
    0.5903
    0.5963
    0.7097
    0.7265
    0.7403
    0.7115
    0.8157
    0.8185
```

预报误差曲线如图 5-2 所示。由图可见,网络预测值和真实值之间的误差是非常小的,除了第 1 次出现了一个相对比较大的误差之外,其余的误差都比较小。这完全满足应用要求。

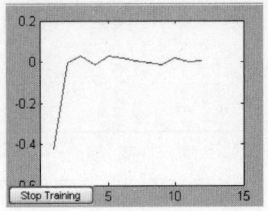

图 5-2 预报误差曲线

本例的完整 MATLAB 代码如下。

```
P = [0.2452 0.1446 0.1314 0.2246 0.5532 0.6642 0.7015 0.6981 0.6821 0.6945 0.7549 0.8215
0.2415 0.3027 0;
0.2217 0.1581 0.1408 0.2304 0.5134 0.5312 0.6819 0.7125 0.7265 0.6847 0.7826 0.8325
0.2385 0.3125 0;
0.2525 0.1627 0.1507 0.2406 0.5502 0.5636 0.7501 0.7352 0.7459 0.7015 0.8064 0.8516
0.2216 0.2701 1;
0.2016 0.1105 0.1243 0.1978 0.5021 0.5232 0.6819 0.6952 0.7015 0.6825 0.7825 0.7895
0.2352 0.2506 0.5;
0.2115 0.1201 0.1312 0.2019 0.5532 0.5736 0.7029 0.7032 0.7189 0.7019 0.7965 0.8025
0.2542 0.3125 0;
0.2335 0.1322 0.1534 0.2214 0.5623 0.5827 0.7198 0.7276 0.7359 0.7506 0.8092 0.8221
0.2601 0.3198 0;
0.2368 0.1432 0.1653 0.2205 0.5823 0.5971 0.7136 0.7129 0.7263 0.7513 0.8091 0.8217
0.2579 0.3099 0;
0.2342 0.1368 0.1602 0.2131 0.5726 0.5822 0.7101 0.7098 0.7127 0.7121 0.7995 0.8216
0.2301 0.2867 0.5;
0.2113 0.1212 0.1305 0.1819 0.4952 0.5312 0.6886 0.6898 0.6999 0.7323 0.7721 0.7956
0.2234 0.2977 1;
0.2005 0.1121 0.1207 0.1605 0.4556 0.5022 0.6553 0.6673 0.6798 0.7023 0.7521 0.7756
0.2314 0.2977 0]';
T = [0.2217 0.1581 0.1408 0.2304 0.5134 0.5312 0.6819 0.7125 0.7265 0.6847 0.7826 0.8325;
0.2525 0.1627 0.1507 0.2406 0.5502 0.5636 0.7501 0.7352 0.7459 0.7015 0.8064 0.8516;
0.2016 0.1105 0.1243 0.1978 0.5021 0.5232 0.6819 0.6952 0.7015 0.6825 0.7825 0.7895;
0.2115 0.1201 0.1312 0.2019 0.5532 0.5736 0.7029 0.7032 0.7189 0.7019 0.7965 0.8025;
```

```
    0.2335 0.1322 0.1534 0.2214 0.5623 0.5827 0.7198 0.7276 0.7359 0.7506 0.8092 0.8221;
    0.2368 0.1432 0.1653 0.2205 0.5823 0.5971 0.7136 0.7129 0.7263 0.7513 0.8091 0.8217;
    0.2342 0.1368 0.1602 0.2131 0.5726 0.5822 0.7101 0.7098 0.7127 0.7121 0.7995 0.8216;
    0.2113 0.1212 0.1305 0.1819 0.4952 0.5312 0.6886 0.6898 0.6999 0.7323 0.7721 0.7956;
    0.2005 0.1121 0.1207 0.1605 0.4556 0.5022 0.6553 0.6673 0.6798 0.7023 0.7521 0.7756;
    0.2123 0.1257 0.1343 0.2079 0.5579 0.5716 0.7059 0.7145 0.7205 0.7401 0.8019 0.8136]';
threshold = [0 1;0 1;0 1;0 1;0 1;0 1;0 1;0 1;0 1;0 1;0 1;0 1];
net = newff(threshold,[31,12],{'tansig','logsig'},'trainlm');
net.trainParam.epochs = 1000;
net.trainParam.goal = 0.01;
LP.lr = 0.1;
net = train(net,P,T);
P_test = [0.2123 0.1257 0.1343 0.2079 0.5579 0.5716 0.7059 0.7145 0.7205 0.7401 0.8019
0.8136 0.2317 0.2936 0]';
Out = sim(net,P_test)
%绘制预报误差曲线
X = [0.2119 0.1215 0.1621 0.2161 0.6171 0.6159 0.7155 0.7201 0.7243 0.7298 0.8179 0.8229]';
plot(1:12,X-Out)
```

5.2 地震预报的 MATLAB 实现

地震预报是地理问题研究领域中的一个重要课题，准确的地震预报可以帮助人们及时采取有效措施，降低人员伤亡和经济损失。引发地震的相关性因素很多。在实际地震预报中，前兆及地震学异常的时间和种类多少与未来地震震级大小有一定关系。但是异常与地震之间有较强的不确定性，同样一种预报方法或前兆在一些地震前可能异常很突出，但在另一些地震前则可能表现很不明显甚至根本不出现。同样，一些异常出现后，其后也不一定发生较强地震。因此地震前的各类异常与未来地震的震级及发震时间之间具有较强的非线性关系。这种孕育过程的非线性和认识问题的困难性使得人们很难建立较完善的物理理论模型，并通过某种解析表达式进行表达。而神经网络是一种高度自适应的非线性动力系统，通过 BP 神经网络学习可以得到输入与输出之间的高度非线性映射，因此使用神经网络可以建立起输入与输出之间的非线性关系。

相对于传统的预报方法，神经网络在处理这方面问题时有着独特的优势，主要体现在以下几个方面。

（1）容错能力强。由于网络的知识信息采用分布式存储，个别单元的损坏不会引起输出错误，这就使得预测或识别过程中容错能力强，可靠性高。

（2）预测或识别速度快。训练好的网络在对未知样本进行预测或识别时仅需要少量的加法和乘法，使得其运算速度明显快于其他方法。

（3）避开了特征因素与判别目标的复杂关系描述，特别是公式的表述。网络可以自己学习和记忆各输入量和输出量之间的关系。

本节将根据某地的地震资料，研究如何利用神经网络工具箱，实现基于神经网络的地震预报。

5.2.1 概述

以我国西部某地震常发地区的地震资料作为样本来源，实现基于神经网络的地震预报。根据这些地震资料,提取出 7 个预报因子和实际发生的震级 M 作为输入和目标向量。预报因子如下。

- 半年内 $M \geqslant 3$ 的地震累计频度。
- 半年内能量释放积累值。
- b 值。
- 异常地震群个数。
- 地震条带个数。
- 是否处于活动期内。
- 相关地震区地震震级。

一共收集了 10 个学习样本,如表 5-3 所示。

表 5-3 学习样本

地震累计频度	能量释放积累值	b 值	异常地震群个数	地震条带个数	是否处于活动期内	相关地震区地震震级	实际震级
0	0	0.62	0	0	0	0	0
0.3915	0.4741	0.77	0.5	1		0.3158	0.5313
0.2835	0.5402	0.68	0	1		0.3158	0.5938
0.6210	1.0000	0.63	1	1		1.0000	0.9375
0.4185	0.4183	0.67	0.5	1		0.7368	0.4375
0.2610	0.4948	0.71	0	1		0.2632	0.5000
0.9990	0.0383	0.75	0.5	1		0.9474	1.0000
0.5805	0.4925	0.71	0	0		0.3684	0.3570
0.0810	0.0692	0.76	0	0		0.0526	0.3215
0.3915	0.1230	0.98	0.5	0		0.8974	0.6563

表 5-3 中的前 7 项为学习样本中的输入因子,输出因子为实际震级。利用表 5-3 中的学习样本对网络进行训练。在训练前,应该对数据进行归一化处理。表 5-3 中的数据已经是归一化后的数据了。

5.2.2 BP 网络设计

还是采用单隐层的 BP 网络进行地震预测。由于输入样本为 7 维的输入向量,因此,输入层一共有 7 个神经元,则中间层应该有 15 个神经元。网络只有 1 个输出数据,则输出层只有 1 个神经元。因此,网络应该为 7×15×1 的结构。按照 BP 网络的一般设计原则,中间层神经元的传递函数为 S 型正切函数。由于输出已被归一化到区间[0,1]中,因此,输出层神经元的传递函数可以设定为 S 型对数函数。利用如下代码创建一个符合上述要求的 BP 网络。

```
threshold = [0 1;0 1;0 1;0 1;0 1;0 1;0 1];
net = newff(threshold,[15,1],{'tansig','logsig'},'traingdx');
```

其中,threshold 设定了网络输入向量的取值范围为[0,1],网络所用的训练函数为 traingdx,该函数以梯度下降法进行学习,并且学习速率是自适应的。

中间层的神经元个数是很难确定的,而这又在很大程度上影响着网络的预测性能。这里首先取 15 个,然后观察网络性能;之后,再分别取 10 个和 20 个,并与此时的预测性能进行比较,检验中间层神经元个数对网络性能的影响。当网络的预测误差最小时,网络中间层的神经元数目就是最佳值。

5.2.3 BP网络训练与测试

对于5.2.2节得到的网络,利用表5-3中的数据进行训练。训练后的网络才有可能满足实际应用的要求。训练参数的设定如表5-4所示,其他参数取默认值。

表5-4 训练参数的设定

训 练 次 数	训 练 目 标
1000	0.01

网络训练的代码如下。

```
net.trainParam.epochs = 1000;
net.trainParam.goal = 0.001;
% init 函数用于将网络初始化
net = train(net,P,T);
```

变量 P 和 T 分别表示网络的输入向量和目标向量,它们是从表5-3中得出的。训练结果为

```
TRAINGDX, Epoch 0/1000, MSE 0.0794687/0.001, Gradient 0.160538/1e-006
TRAINGDX, Epoch 25/1000, MSE 0.0710179/0.001, Gradient 0.140946/1e-006
TRAINGDX, Epoch 50/1000, MSE 0.0546656/0.001, Gradient 0.0899223/1e-006
TRAINGDX, Epoch 75/1000, MSE 0.0400886/0.001, Gradient 0.0369627/1e-006
TRAINGDX, Epoch 100/1000, MSE 0.0258163/0.001, Gradient 0.0304435/1e-006
TRAINGDX, Epoch 125/1000, MSE 0.00676289/0.001, Gradient 0.00813453/1e-006
TRAINGDX, Epoch 150/1000, MSE 0.00392037/0.001, Gradient 0.00236394/1e-006
TRAINGDX, Epoch 175/1000, MSE 0.00225321/0.001, Gradient 0.00154773/1e-006
TRAINGDX, Epoch 200/1000, MSE 0.00179582/0.001, Gradient 0.00324982/1e-006
TRAINGDX, Epoch 225/1000, MSE 0.00172195/0.001, Gradient 0.00128532/1e-006
TRAINGDX, Epoch 250/1000, MSE 0.0015196/0.001, Gradient 0.00118837/1e-006
TRAINGDX, Epoch 275/1000, MSE 0.00100928/0.001, Gradient 0.00091209/1e-006
TRAINGDX, Epoch 276/1000, MSE 0.000981278/0.001, Gradient 0.000899269/1e-006
TRAINGDX, Performance goal met.
```

仿真结果为

```
Y =
    0.2373   0.5275   0.2848   0.8190   0.6141   0.7020   0.4779
```

可见,经过276次训练后,网络的目标误差达到要求,训练结果如图5-3所示。

网络训练结束后,还必须利用另外一组地震数据对其进行测试,数据如表5-5所示。所谓测试,实际上是利用仿真函数来获得网络的输出,然后检查输出和实际测量值之间的误差是否满足要求。

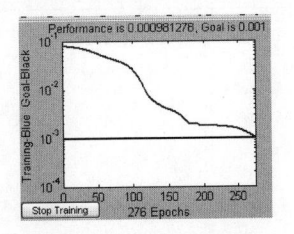

图5-3 训练结果

测试代码为

```
P_test = [0.0270 0.0742  0.62 0 0 0 0.2105;
          0.1755 0.3667  0.77 0 0.5 1 0.7368;
          0.4320 0.3970  0.68 0.5 0 1 0.2632;
          0.4995 0.4347  0.63 0 0 1 0.6842;
          0.6885 0.5842  0.67 0.5 0.5 1 0.4211;
          0.5400 0.8038  0.71 0.5 0.5 1 0.5789;
          0.1620 0.2565  0.75 0 0 1 0.4737]';
Y = sim(net,P_test)
```

输出结果为

```
Y =
  0.2373   0.5275   0.2848   0.8190   0.6141   0.7020   0.4779
```

表 5-5 测试数据

地震累计频度	能量释放积累值	b 值	异常地震群个数	地震条带个数	是否处于活动期内	相关地震区地震震级	实际震级
0.0270	0.0742	0.62	0	0	0	0.2105	0.1875
0.1755	0.3667	0.77	0	0.5	1	0.7368	0.4062
0.4320	0.3790	0.68	0.5	0	1	0.2632	0.4375
0.4995	0.4347	0.63	0	0	1	0.6842	0.5938
0.6885	0.5842	0.67	0.5	0.5	1	0.4211	0.6250
0.5400	0.8038	0.71	0.5	0.5	1	0.5789	0.7187
0.1620	0.2565	0.75	0	0	1	0.4737	0.3750

输出结果经过反归一化处理后得到预报震级，和实际震级相比较可得到网络的预报误差，如表 5-6 所示。

表 5-6 预报误差

实 际 震 级	预 报 震 级	预 报 误 差
4.4	4.5550	0.1550
5.1	5.3690	0.0631
5.2	4.9626	0.2374
5.7	5.5387	0.1613
5.8	5.9393	0.1393
6.1	5.9782	0.1218
5.0	4.9258	0.0742

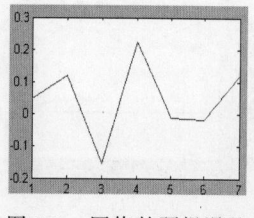

图 5-4 网络的预报误差

由表 5-6 可见，网络的预报误差比较小，因此，性能可以满足实际应用的要求。预报误差曲线如图 5-4 所示。

接下来，将网络中间层数目设置为 10 和 20，并分别进行训练和仿真，得到如下一组训练误差曲线和预报误差曲线。其中，如图 5-5 所示，为中间层神经元个数为 10 的情况下的训练误差曲线；如图 5-6 所示，为中间层神经元个数为 20 的情况下的训练误差曲线。

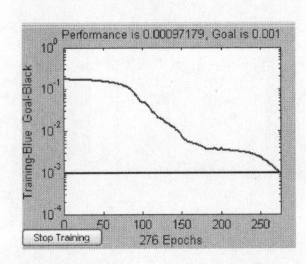

图 5-5　训练误差曲线(中间层神经元数目:10) 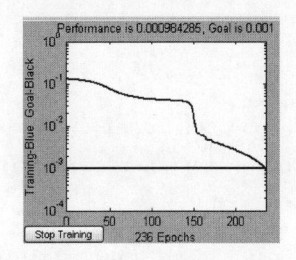　　图 5-6　训练误差曲线(中间层神经元数目:20)

此时针对测试数据得到的仿真结果为

```
Y =
    0.2585    0.5260    0.3561    0.4988    0.6719    0.7060    0.4646
```

可见,这种情况下网络的预报误差比较大。

中间神经元数目为 20 时,此时网络的仿真结果为

```
Y =
    0.0933    0.7257    0.7012    0.8313    0.7311    0.5966    0.6434
```

可见误差非常大。将三种情况下的误差进行对比,如图 5-7 所示,可见中间层神经元个数为 15 时,网络的预测性能最好。

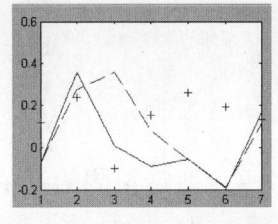

这也证明了一个重要的结论,就是中间层神经元个数的增加,虽然可以提高网络的映射精度,但并不意味着一定就会提高网络的性能。因此,在设计 BP 网络时,不能无限制地增加中间神经元的个数。

图 5-7　预测误差对比曲线

完整的 MATLAB 代码如下。

```
% 输入向量 P 和目标向量 T
P = [0 0    0.62 0   0   0   0;
     0.3915 0.4741 0.77 0.5 0.5 1 0.3158;
     0.2835 0.5402 0.68 0   0.5 1 0.3158;
     0.6210 1.000  0.63 1   .05 1 1.0000;
     0.4185 0.4183 0.67 1   0.5 1 1.0000;
     0.2160 0.4948 0.71 0   0   1 0.2632;
     0.9990 0.0383 0.75 0.5 1   0 0.9474;
     0.5805 0.4925 0.71 0   0   0 0.3684;
     0.0810 0.0692 0.76 0   0   0 0.0526;
     0.3915 0.1230 0.98 0.5 0   0 0.8974]';
T = [0 0.5313 0.5938 0.9375 0.4375 0.5000 1.0000 0.3750 0.3125 0.6563];
% 测试向量 P_test 和实际输出 T_test
P_test = [0.0270 0.0742   0.62 0   0   0 0.2105;
          0.1755 0.3667   0.77 0   0.5 1 0.7368;
          0.4320 0.3970   0.68 0.5 0   1 0.2632;
          0.4995 0.4347   0.63 0   0   1 0.6842;
          0.6885 0.5842   0.67 0.5 0.5 1 0.4211;
          0.5400 0.8038   0.71 0.5 0.5 1 0.5789;
          0.1620 0.2565   0.75 0   0   1 0.4737]';
```

```matlab
T_test = [0.1875 0.4062 0.4375 0.5938 0.6250 0.7187 0.3570];
threshold = [0 1;0 1;0 1;0 1;0 1;0 1;0 1];
a = [10 15 20];
for i = 1:3
    net = newff(threshold,[a(i),1],{'tansig','logsig'},'traingdx');
    net.trainParam.epochs = 1000;
    net.trainParam.goal = 0.001;
    % init 函数用于将网络初始化
    net = init(net);
    net = train(net,P,T);
    Y(i,:) = sim(net,P_test);
end
figure;
% 绘制误差曲线
% 中间层神经元个数为 10
plot(1:7,Y(1,:) - T_test);
hold on;
% 中间层神经元个数为 15
plot(1:7,Y(2,:) - T_test,'+');
hold on;
% 中间层神经元个数为 20
plot(1:7,Y(3,:) - T_test,'--');
hold off;
```

5.2.4 地震预测的竞争网络模型

自组织竞争神经网络能够对输入模式进行自组织训练和判断,并将其最终分为不同的类型。与 BP 神经网络方法相比,这种自组织、自适应的学习能力进一步拓宽了人工神经网络在模式识别、分类方面的应用。在地震预报中,有时需要根据各种地震活动性指标(包括前兆指标)将发生在不同时间、空间和强度的地震进行归类研究,根据这些样本的特征对其他样本进行外推预报。分类方法有模糊聚类、投影寻踪和神经网络等。这里采用自组织竞争网络对某地震例进行分类研究。

利用自组织竞争网络进行地震预报,首先应该提取有关地震预报的重要指标,确定网络结构。这里以我国某地及其邻近地区从 1987 年到 1989 年的地震趋势作为检验实例,研究的时间为 1 年,所选的 11 项地震活动指标如下。

- 次数最多的地震震级。
- b 值。
- 平均震级。
- 平均纬度。
- 平均纬度偏差。
- 平均经度。
- 平均经度偏差。
- 最大地震震级。

- ML 大于 115 的地震次数。
- 相邻两年的地震次数差。当绝对值超过均值一个数量级时,先除以 10 再取整。
- 相邻两年最大地震的震级差。当其为负数时进行乘 0.1 处理。

所有的实际地震数据如表 5-7 所示。利用前 10 年的数据参加竞争训练,最后 1 年的数据作为测试样本。按照震级的大小分为一般地震、中等地震和严重地震三类,因此这里需要设置神经元数目为三个。为了加快学习速度,将学习速度设定为 0.1。表 5-7 的数据是已经归一化处理以后的数据。

表 5-7 地震活动指标年值

年份	次数最多的地震震级	b 值	平均震级	平均纬度偏差	平均经度偏差	平均纬度	平均经度	最大地震震级	次数	次数差	震级差
1978	0.3125	0.45	0.4902	0.7639	0.93	0.4643	0.1765	3.9	0.0473	0.5	0.1
1979	0.3125	0.49	0.3333	0.8611	0.57	0	0	6.3	0.8581	12	2.4
1980	0	0.65	0.7647	1.0000	0.96	0.1876	0.0588	3.5	0.2162	0.03	0.28
1981	0	0.60	0.0196	0.8889	0.94	0.3214	0.1765	3.9	0.1081	0.2	0.4
1982	0.1875	0.50	0.3137	0.5972	0.80	0.1876	0.3529	5.0	0.1419	1.0	1.1
1983	0	0.62	0	0.8194	0.96	1.0000	0.2353	3.5	0	0.2	0.15
1984	1.000	0.36	1.0000	0	0.53	0.1876	1.0000	6.3	1.0000	15	2.8
1985	0.5000	0.43	0.5686	0.1528	0.70	0.1492	0.9412	4.1	1.0000	0	0.22
1986	0.1875	0.42	0.6471	0.7917	1.12	0.2857	0.5882	5.1	0.0405	0.02	1.0
1987	0.5000	0.43	0.6078	0.6528	0.89	0.3214	0.6471	5.4	0.0405	0	0.3
1988	0.3125	0.43	0.6078	0.8333	1.05	0.4286	0.5882	4.0	0.0878	1	0.14
1989	0.3161	0.45	0.5001	0.7853	1	0.4235	0.1825	4.1	0.0501	0.4	0.12

本实例的完整 MATLAB 代码如下。

```
P = [0.3125 0.3125 0 0 0.1875 0 1.000 0.5000 0.1875 0.5000;
    0.45 0.49 0.65 0.60 0.50 0.62 0.36 0.43 0.42 0.43;
    0.4902 0.3333 0.7647 0.0196 0.3137 0 1.0000 0.5686 0.6471 0.6078;
    0.7639 0.8611 1.0000 0.8889 0.5972 0.8194 0 0.1528 0.7917 0.6528;
    0.93 0.57 0.96 0.94 0.80 0.96 0.53 0.70 1.12 0.89;
    0.4643 0 0.1876 0.3214 0.1876 1.0000 0.1876 0.1492 0.2857 0.3214;
    0.1765 0 0.0588 0.1765 0.3529 0.2353 1.0000 0.9412 0.5882 0.6471;
    3.9 6.3 3.5 3.9 5.0 3.5 6.3 4.1 5.1 5.4;
    0.0473 0.8581 0.2162 0.1081 0.1419 0 1.0000 1.0000 0.0405 0.0405;
    0.5 12 0.03 0.2 1.0 0.2 15 0 0.02 0;
    0.1 2.4 0.28 0.4 1.1 0.15 2.8 0.22 1.0 0.3];
% 创建竞争型网络,竞争层神经元个数为 3,学习速率为 0.1
net = newc(minmax(P),3,0.1);
% 对网络进行训练
net = init(net);
net = train(net,P);
% 测试网络
y = sim(net,P);
y = vec2ind(y)
```

训练结果为

```
TRAINR, Epoch 0/100
TRAINR, Epoch 25/100
TRAINR, Epoch 50/100
TRAINR, Epoch 75/100
TRAINR, Epoch 100/100
TRAINR, Maximum epoch reached.
```

输出结果为

```
y =
     1     2     1     1     3     1     2     3     3     3
```

由此可见,表 5-7 中第 1、3、4、6 行属于第一类,即 1978 年、1980 年、1981 年和 1983 年属于第一类;2、7 行即 1979 年和 1984 年属于第二类。其余行的年份属于第三类。直接检查表中的数据,会发现属于同一类的数据是比较相似的,这也验证了以上分类的结果。

利用竞争型网络进行预报的原理为,通过训练样本对网络进行训练,训练好的网络中记忆了所有的分类模式。当输入一个新的样本后,激发了对应的神经元,就可以对新的样本进行分类。在本例中,可以预报地震属于哪一级。

接下来利用网络预测 1989 年地震属于哪一级,实际上这也是对网络进行测试。通过直接进行数据对比,认为 1989 年的震级应该和 1978 年的一致,因为两年的数据非常接近。MTALAB 代码如下。

```
P = [0.3125 0.45 0.5001 0.7853 1 0.4235 0.1825 4.1 0.0501 0.4 0.12]';
y = sim(net,P);
y = vec2ind(y)
```

输出结果为

```
y =
     1
```

由此可见,网络有着比较好的预报精度。

5.3 交通运输能力预测的 MATLAB 实现

运输系统作为神经经济系统中的一个子系统,在受外界因素影响和作用的同时,对外部经济系统也具有一定的反作用,使得运输需要同时受到来自运输系统内外两方面因素的影响。作为运输基础设施建设投资决策的基础,运输需求预测在国家和区域经济发展规划中具有十分重要的作用。其中,由于货物运输、地方经济及企业发展的紧密联系,货运需求预测成为货运需求和经济发展关系研究中的一个重要问题。因此,作为反映货物运输需求的一项重要指标,货运量预测研究和分析具有较强的实际意义。

5.3.1 背景概述

从货运量的产生来看,它是外部经济需求和运输系统供给两方面因素共同作用的结果。从外部经济系统的作用看,在经济体系内部存在许多影响货运需求的因素,将这些因素归纳起来有两大部分:一部分属于各种经济总量因素,如国有经济发展规模、工业发展规模及基建规模等;另一部分属于各种经济结构因素,如产业结构、工业结构等。货运需求不仅受国民经济总量的影响,还要受经济结构因素的影响。从内部运输系统的作用来看,也存在类似情况。因此,货运量影响因素总体上可分为规模因素和结构因素两类,其中,结构因素主要体现在产业结构和运输结构上,产业结构中最主要的是工业结构。在国民经济发展的不同阶段,规模因素和结构因素在货运量增长中所起的作用也不同,货运量的增长变化也呈现不同的形式。同时,由于运输市场中供需非均衡性客观存在,内外部系统对货运量的影响程度不一,而且由于作用形式复杂,这就使得货运量预测具有较大的复杂性和非线性等特点。

常用的货运量预测方式包括时间序列方法(移动平滑法、指数平滑法和随机时间序列方法)、相关(回归)分析法、灰色预测方法和作为多种方法综合的组合预测方法等。这些方法大都集中在对其因果关系回归模型和时间序列模型的分析上,所建立的模型不能全面和本质地反映所预测动态数据的内在结构和复杂特性,从而丢失了信息。人工神经网络作为一种并行的计算模型,具有传统建模方法所不具备的很多优点,有很好的非线性映射能力,对被建模对象的经验知识要求不多,一般不必事先知道有关被建模对象的结构、参数和动态特性等方面的知识,只需给出对象的输入/输出数据,通过网络本身的学习功能就可以达到输入与输出的映射关系。

货运量预测可以利用 BP 网络和 RBF 网络模型,但是这两种网络在用于预测时,存在收敛速度慢和局部极小的缺点,在解决样本量少且噪声较多的问题时,效果并不理想。广义回归神经网络 CRNN 在逼近能力、分类能力和学习速度上较 BP 网络和 RBF 网络有着较强的优势,网络最后收敛于样本量集聚较多的优化回归面,并且在样本数据缺乏时,预测效果也比较好,此外,网络还可以处理不稳定的数据。因此,本例尝试利用 GRNN 建立预测模型,对货运量进行预测。

5.3.2 网络创建与训练

GRNN(General Regression Neural Network,广义回归神经网络)的结构在前面已经介绍过。由前述可知,网络的第一层为径向基隐含层,神经元个数等于训练样本数,该层的权值函数为欧氏距离函数(用 $\|\text{dist}\|$ 表示),其作用为计算网络输入与第一层的权值 $IW_{1,1}$ 之间的距离,b^1 为隐含层的阈值。符号"·"表示 $\|\text{dist}\|$ 的输出与阈值 b^1 之间的关系。隐含层的传递函数为径向基函数,通常采用高斯函数作为网络的传递函数。

$$R_i(x) = \exp\left(\frac{\|x-c\|^2}{2\sigma_i^2}\right)$$

其中,σ_i 决定了第 i 个隐含层位置中基函数的形状,σ_i 越大,基函数越平滑,所以又称为光滑因子。

网络的第二层为线性输出层,其权函数为规范化点积权函数(用 nprod 表示),计算网络的向量 n^2,它的每个元素就是向量 a^1 和权值矩阵 $LW_{2,1}$ 每行元素的点积再除以向量 a^1 的各元素之和得到的,并将结果 n^2 提供给线性传递函数 $a^2 = \text{pureline}(n^2)$,计算网络输出。

  GRNN 连接权值的学习修正仍然使用 BP 算法。由于网络隐含层节点中的作用函数（基函数）采用高斯函数，高斯函数作为一种局部分布对中心径向对称衰减的非负非线性函数，对输入信号将在局部产生响应，即当输入信号靠近基函数的中央范围时，隐含层节点将产生较大的输出。由此看出这种网络具有局部逼近能力，这也是该网络学习速度更快的原因。此外，GRNN 中人为调节的参数少，只有一个阈值，网络的学习全部依赖数据样本，这个特点决定了网络得以最大限度地避免人为主观假定对预测结果的影响。

  根据对关于货运量影响因素的分析，这里分别取国内生产总值 GDP、工业总产值、铁路运输线路长度、复线里程比重、公路运输线路长度、等级公路比重、铁路货车数量和民用载货车辆数量 8 项指标作为货运量的影响因子，以货运总量、铁轮货运量和公路货运量作为货运量的输出因子，即网络的输出。由此构建 GRNN，由于光滑因子也可以影响网络的性能，因此这里需要不断进行尝试来确定最佳值。

  根据上面确定的网络输入和输出因子，利用 1995—2001 年共 7 年的历史统计数据作为网络的训练样本，2002—2003 年间共 2 年的历史统计数据作为网络的外推测试样本。输入样本和目标样本如表 5-8 和表 5-9 所示。

表 5-8　样本数据（输入样本）

年份	GDP	工业总产值	铁路运输线路长度	复线里程比重	公路运输线路长度	等级公路比重	铁路货车数量	民用载货车辆数量
1995	58 478	135 185	5.46	0.23	16.5	0.21	1005.3	585.44
1996	67 884	152 369	5.46	0.27	18.7	0.26	1005.6	575.03
1997	74 462	182 563	6.01	0.25	21.6	0.28	1204.6	601.23
1998	78 345	201 587	6.12	0.26	25.8	0.29	1316.5	627.89
1999	82 067	225 689	6.21	0.26	30.5	0.31	1423.5	676.95
2000	89 403	240 568	6.37	0.28	34.9	0.33	1536.2	716.32
2001	95 933	263 856	6.38	0.28	39.8	0.36	1632.2	765.24
2002	104 790	285 697	6.65	0.30	42.5	0.39	1753.2	812.22
2003	116 694	308 765	6.65	0.30	46.7	0.41	1865.5	875.26

表 5-9　样本数据（目标样本）

年份	货运量	铁路货运量	公路货运量
1995	102 569	52 365	46 251
1996	124 587	60 821	56 245
1997	148 792	69 253	67 362
1998	162 568	79 856	78 165
1999	186 592	91 658	90 548
2000	205 862	99 635	98 752
2001	226 598	109 862	102 564
2002	245 636	120 556	111 257
2003	263 595	130 378	120 356

  利用以下代码将表 5-9 中的数据归一化到区间[0,1]中。需要注意的是，对于已经位于区间[0,1]的数据，无须进行归一化处理。

```
p = [58478 135185 5.46 0.23 16.5 0.21 1005.3 585.44;
     67884 152369 5.46 0.27 18.7 0.26 1005.6 575.03;
     74462 182563 6.01 0.25 21.6 0.28 1204.6 601.23;
     78345 201587 6.12 0.26 25.8 0.29 1316.5 627.89;
     82067 225689 6.21 0.26 30.5 0.31 1423.5 676.95;
     89403 240568 6.37 0.28 34.9 0.33 1536.2 716.32;
     95933 263856 6.38 0.28 39.8 0.36 1632.2 765.24;
     104790 285697 6.65 0.30 42.5 0.39 1753.2 812.22;
     116694 308765 6.65 0.30 46.7 0.41 1865.5 875.26]';
t = [102569 52365 46251;
     124587 60821 56245;
     148792 69253 67362;
     162568 79856 78165;
     186592 91658 90548;
     205862 99635 98752;
     226598 109862 102564;
     245636 120556 111257;
     263595 130378 120356]';
a = [1 2 3 5 7 8];
P = p;
T = t;
for i = 1:6
    P(a(i),:) = (p(a(i),:) - min(p(a(i),:)))/(max(p(a(i),:)) - min(p(a(i),:)));
end
for i = 1:3
    T(i,:) = (t(i,:) - min(t(i,:)))/(max(t(i,:)) - min(t(i,:)));
end
```

数据处理结束后,接下来利用这些数据创建一个 GRNN 网络并进行训练与测试。由于训练样本是 1995—2001 年的数据,测试数据是 2002—2003 年的数据,此外,由于光滑因子对网络的性能影响比较大,因此需要不断尝试才可以获得最佳值。MATLAB 代码如下。

```
% 网络训练样本
% 输入向量 P_train
P_train = [P(:,1) P(:,2) P(:,3) P(:,4) P(:,5) P(:,6) P(:,7)];
% 目标向量 T_train
T_train = [T(:,1) T(:,2) T(:,3) T(:,4) T(:,5) T(:,6) T(:,7)];
% 网络测试样本
% 输入向量 P_test
P_test = [P(:,8) P(:,9)];
% 目标向量 T_test
T_test = [T(:,8) T(:,9)];
for i = 0.1:0.1:1
    net = newgrnn(P_train,T_train);
    % 网络对训练数据的逼近
    y_out = sim(net,P_train);
    % 网络的预测输出
    y = sim(net,P_test);
end
```

从上述代码中可以看出,将光滑因子分别设置为 0.1,0.2,…,0.5,经过对输出结果的检查发现,光滑因子越小,网络对样本的逼近性能就越强;光滑因子越大,网络对样本数据的逼近过程就越平滑。网络对训练样本的逼近误差如图 5-8 所示;网络的预测误差如图 5-9 所示。由图可见,当光滑因子为 0.1 时,无论是逼近性能还是预测性能,误差都比较小,随着光滑因子的增加,误差也在不断增长。

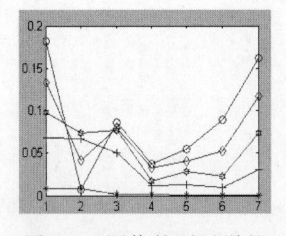

图 5-8 网络的逼近误差　　图 5-9 网络的预测误差

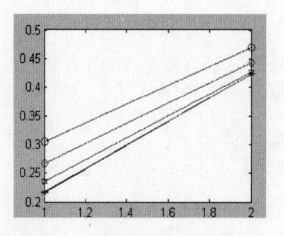

从误差的角度考虑,这里的光滑因子取 0.1,此时网络的测试输出为

```
y =
    0.7702    0.7702
    0.7370    0.7370
    0.7599    0.7599
```

经过反归一化处理后,实际结果为

```
yc =
    226590    228200
    109860    111420
    102560    104000
```

由此可见,网络的预测误差比较大,这是因为 2002—2003 年的数据较前几年的增加幅度比较大,而且这些数据同训练数据之间的距离也比较远,外推起来有一定的难度。此外,由于训练样本容量比较小,所以预测精度不是很高。考虑到这些因素,这里的预测结果还是可以接受的。

5.3.3　结论与分析

本例在分析了货运量的影响因素和预测特点的基础上,利用 GRNN 神经网络进行了货运量预测。经过预测效果的检验和分析,证明了 GRNN 神经网络在货运量预测中的应用是有效的,而且就具体网络训练而言,与 BP 神经网络相比,由于需要调整的参数比较少,只有一个光滑因子,因此可以更快地找到合适的预测网络,具有较大的计算优势。

本实例的完整 MATLAB 代码如下。

```
p = [58478 135185 5.46 0.23 16.5 0.21 1005.3 585.44;
     67884 152369 5.46 0.27 18.7 0.26 1005.6 575.03;
     74462 182563 6.01 0.25 21.6 0.28 1204.6 601.23;
     78345 201587 6.12 0.26 25.8 0.29 1316.5 627.89;
     82067 225689 6.21 0.26 30.5 0.31 1423.5 676.95;
```

```
        89403 240568 6.37 0.28 34.9 0.33 1536.2 716.32;
        95933 263856 6.38 0.28 39.8 0.36 1632.2 765.24;
        104790 285697 6.65 0.30 42.5 0.39 1753.2 812.22;
        116694 308765 6.65 0.30 46.7 0.41 1865.5 875.26]';
t = [102569 52365 46251;
        124587 60821 56245;
        148792 69253 67362;
        162568 79856 78165;
        186592 91658 90548;
        205862 99635 98752;
        226598 109862 102564;
        245636 120556 111257;
        263595 130378 120356]';
a = [1 2 3 5 7 8];
P = p;
T = t;
for i = 1:6
    P(a(i),:) = (p(a(i),:) − min(p(a(i),:)))/(max(p(a(i),:)) − min(p(a(i),:)));
end
for i = 1:3
    T(i,:) = (t(i,:) − min(t(i,:)))/(max(t(i,:)) − min(t(i,:)));
end
%网络训练样本
%输入向量 P_train
P_train = [P(:,1) P(:,2) P(:,3) P(:,4) P(:,5) P(:,6) P(:,7)];
%目标向量 T_train
T_train = [T(:,1) T(:,2) T(:,3) T(:,4) T(:,5) T(:,6) T(:,7)];
%网络测试样本
%输入向量 P_test
P_test = [P(:,8) P(:,9)];
%目标向量 T_test
T_test = [T(:,8) T(:,9)];
for i = 1:5
    net = newgrnn(P_train,T_train,i/10);
    %网络对训练数据的逼近
    temp = sim(net,P_train);
    j = 3 * i;
    y_out(j − 2,:) = temp(1,:);
    y_out(j − 1,:) = temp(2,:);
    y_out(j,:) = temp(3,:);
    %网络的预测输出
    temp = sim(net,P_test);
    y(j − 2,:) = temp(1,:);
    y(j − 1,:) = temp(2,:);
    y(j,:) = temp(3,:);
end
y1 = [y_out(1,:);y_out(2,:);y_out(3,:)];
y2 = [y_out(4,:);y_out(5,:);y_out(6,:)];
y3 = [y_out(7,:);y_out(8,:);y_out(9,:)];
y4 = [y_out(10,:);y_out(11,:);y_out(12,:)];
y5 = [y_out(13,:);y_out(14,:);y_out(15,:)];
y6 = [y(1,:);y(2,:);y(3,:)];
```

```
y7 = [y(4,:);y(5,:);y(6,:)];
y8 = [y(7,:);y(8,:);y(9,:)];
y9 = [y(10,:);y(11,:);y(12,:)];
y10 = [y(13,:);y(14,:);y(15,:)];
%计算逼近误差
for i = 1:7
    error1(i) = norm(y1(:,i) - T_train(:,i));
    error2(i) = norm(y2(:,i) - T_train(:,i));
    error3(i) = norm(y3(:,i) - T_train(:,i));
    error4(i) = norm(y4(:,i) - T_train(:,i));
    error5(i) = norm(y5(:,i) - T_train(:,i));
end
%计算预测误差
for i = 1:2
    error6(i) = norm(y6(:,i) - T_test(:,i));
    error7(i) = norm(y7(:,i) - T_test(:,i));
    error8(i) = norm(y8(:,i) - T_test(:,i));
    error9(i) = norm(y9(:,i) - T_test(:,i));
    error10(i) = norm(y10(:,i) - T_test(:,i));
end
%绘制逼近误差曲线
plot(1:7,error1,'-*');
hold on;
plot(1:7,error2,'-+');
hold on;
plot(1:7,error3,'-h');
hold on;
plot(1:7,error4,'-d');
hold on;
plot(1:7,error5,'-o');
hold off;
figure;
%绘制预测误差曲线
plot(1:2,error6,'-*');
hold on;
plot(1:2,error7,'-+');
hold on;
plot(1:2,error8,'-h');
hold on;
plot(1:2,error9,'-d');
hold on;
plot(1:2,error10,'-o');
hold off;
```

5.4 河道浅滩演变预测的 MATLAB 实现

由于河道中的浅滩碍航、滞洪,因此,无论是水利还是水运部门都对浅滩的演变规律和浅滩的治理非常重视。浅滩演变是河床演变的一部分,侧重枯水河床变化分析研究。浅滩演变预测的任务是根据过去和现在浅滩演变的情况,预测研究河段浅滩断面年内最小水深和浅滩平均淤积厚度。目前以浅滩演变预测的泥沙数学模型的研究尽管取得了很大发展,但由于水、沙和边界的复杂性,很难考虑预测中的各种随机因素;物理模型在实验时对水、沙模拟也存在一定的困难,且研究费用高;实测资料分析法,以定性分析和推理为主,所得结论受研究者的经验影响。因此,有必要根据浅滩演变的特点探索浅滩演变预测的新方法。浅滩河段可视为一个非线性动态系统,浅滩的演变实质上是系统对输入的水流、泥沙进行调整的结果。神经网络模型具有很强的非线性映射能力和柔性网络结构,以及高度的容错性和健壮性,适于非线性问题的研究,因此,神经网络模型的特点正好适合于浅滩演变的预测。

5.4.1 基于 BP 网络的演变预测

BP 网络由于结构简单,具有较强的非线性映射能力,是应用最广泛的一类神经网络。因此,这里首先采用 BP 网络建立预测模型。

1. 影响因子分析

从通航目的出发,河道浅滩演变预测关注的是浅滩处年平均淤积厚度和浅滩断面年内最小水深。因此,预测模型的输出因子是浅滩断面年内最小水深 $H_{\min}$ 和年平均淤积厚度 ΔZ。

输入因子和选取与浅滩的形成和影响浅滩形成变化的诸因素有关。从河床演变理论及河流地貌动力学角度出发,可以判断,影响浅滩断面年内最小水深和浅滩年平均淤积厚度的主要因素有:

(1) 上游来流量 Q 和来流过程 $Q \sim t$。
(2) 上游输沙量 G 和输沙过程 $G \sim t$,泥沙组成 $d_s \sim P_s$。
(3) 河段比降 J。
(4) 河床形态 $\sqrt{B/H}$ 和床沙组成 $d_p \sim P_b$。
(5) 人类活动的影响。

在上述因素中,前 4 个因素对不同的河流影响的程度是不相同的。对于冲积性平原河流,第 1、第 2 两个因素起主导作用。对于山区河流,第 3、第 4 两个因素起主要作用。第 5 个因素对河段冲淤的影响,视不同情况,其影响程度和范围不同。

在上述各因素中,河段平均比降难以获取,但是,比降的变化与研究河段的上下游水位密切相关,而上游水位与上游流量通常具有相关性,人工神经网络要求各输入因子相互独立,因此上游水位不计入输入因子,下游水位 Z_D 视为一个输入因子。床沙组成与推移质输沙率密切相关,因为获得长期床沙组成逐年变化的资料不容易,而选推移质输沙率作为输入因子。河道浅滩演变预测的人工神经网络模型的输入因子有 Q、$Q \sim t$、G、$G \sim t$、g_b、$d_s \sim P_s$、$\sqrt{B/H}$ 和 Z_D。于是,浅滩断面年内最小水深 $H_{\min}$ 和年平均淤积厚度 ΔZ 可表示为

$$H_{\min} = f_1(Q, Q \sim t, G, G \sim t, d_s \sim P_s, g_b, \sqrt{B/H}, Z_D)$$

$$\Delta Z = f_2(Q, Q \sim t, G, G \sim t, d_s \sim P_s, g_b, \sqrt{B/H}, Z_D)$$

对于具体的研究河段,视问题的具体情况,还可以对上述因子做进一步的取舍。

2. 样本中各因子的获取

在浅滩断面年内最小水深和年平均淤积厚度预测模型建立中,输入和输出因子的获取是关键环节。一般而言,系统输入因子中:Q、$Q\sim t$、G、$G\sim t$、$d_s\sim P_s$ 和 Z_D 为水文资料,可从研究河段上下游水文站获取。g_b、$\sqrt{B/H}$ 和 H_{min} 利用地理信息系统技术和图像处理技术,通过研究河段多年的地形图,并进行数字化处理,得到数字化冲淤等值图和栅格地图,选取每年的浅滩部位进行统计来获取。

由于是选取年平均情况作为样本因子进行预测计算,因此所需资料的时间序列较长,常常会出现具有代表性的某一年份的地形资料缺测或遗失。这时可采用水深遥感技术,对缺损地形图的年份进行插补。具体步骤如下。

(1) 选取与缺测年份相邻的前后各一个年份的同期或相近时期的资料。

(2) 用缺测年份相邻的前一年和后一年的实测地形资料确定水深遥感模式,并分别反演出两个时期的遥感水深。

(3) 对缺测的那一年,采用"借地率定"方法率定水深遥感模式中的系数。方法一:选取与卫星图片资料相近时期,浅滩河段相邻水域有实测资料的断面(如水文站点的大断面)进行模式率定。方法二:选取与浅滩河段相邻或本河段内地形基本稳定、变化很小的部分水域进行模式率定。

(4) 用率定后的水深遥感模式反演缺测的那一年的水下地形。

(5) 用相邻的三个年份遥感水深计算两两之间的冲淤值,并在地理信息系统中产生冲淤等值图,供统计浅滩上有关的地理信息。

3. 实例分析

这里以某河段为研究对象,该河段河床由中粗沙组成,岸滩多为黏土和沙土,抗冲性差,易崩塌。从泥沙来源、河床多年的演变情况,以及从泥沙数学模拟和物理模型实验的结果看,河段河床演变以推移形式为主。河段进口有 A 地水文站,出口受 B 地水文站控制,水文资料获取方便。此外,本河段还有较多年份的地形资料,为河床边界条件提供了资料。

对于具体的研究河段,上述两式中的影响因子还需要进一步分析选取。该河段河床的冲淤变形以底沙为主,$Q\sim t$ 和 $G\sim t$ 的变化主要对悬沙冲淤变化显著的河段影响较大,而对底沙冲淤变化为主的河段影响相对较小,加之预测的是年平均情况,因此,$Q\sim t$ 和 $G\sim t$ 对河床冲淤的影响可忽略不计。就年变化情况而言,输入因子中的来流量取年平均流量,来沙量取年总输沙量。河段来沙组成 $d_s\sim P_s$ 在 20 世纪 70 年代与 20 世纪 80 年代基本一致,20 世纪 90 年代以后受水口大坝蓄水发电影响,与 20 世纪 80 年代泥沙组成有所差别,但 20 世纪 90 年代与 2000 年的泥沙组成基本一致,预测样本所选时段为 1990—2000 年。在此时段内,$d_s\sim P_s$ 对不同年份河床冲淤的影响可以不计。从推移质输沙率神经网络模型实验研究看,$g_b=f$(来水条件,来沙条件,河床边界条件,输沙反馈条件),也就是说,推移质输沙率不是真正意义上的独立变量,因此,g_b 也可以去掉。这样,上述两式中的影响因子就简化为 Q、G、Z_D 和 $\sqrt{B/H}$。

在该河段输入因子中,Q、G 和 Z_D 从 A 地和 B 地的水文站获取,$\sqrt{B/H}$、H_{min} 和

ΔZ 从航道图和冲淤等值图中提取。样本是研究对象与网络模型的接口。正确选取训练样本是非常重要的一步,它包括样本特征选取及样本数目确定。样本特征应该能很好地反映这类问题的基本特征,不仅在训练区内有代表性,而且在预测区内有普遍性。这要求浅滩演变预测样本具有普遍性,又要考虑特殊水文现象的影响。该河段于 1989 年开始建水电站,建电站以后河段的演变受电站影响,考虑到这一人为因素影响,研究时段选 1990—2000 年。在这 11 年里,该河段水文动力因素变化大,既有电站蓄水影响,又包含各种水文条件的变化情况,还包含来水、来沙各种组合情况,样本具有一致性。此外,在这一时段中,1992 年为丰水丰沙年,1996 年为少水少沙年,1998 年为该河段所在流域特大洪水中沙年,也考虑了特殊性。因此,该时段的样本覆盖性比较好,基本上涵盖了研究河段的各种水文情况,预测样本从水文条件的变化看既有代表性也有普遍性。根据样本选取原则,选择 1990—1999 年的数据作为网络训练样本,如表 5-10 所示。

表 5-10 样本数据

年份	Q	G	Z_D	$\sqrt{B}/H$	$H_{\min}$	ΔZ
1990	1520	510	5.155	33.88	0.7	1.9
1991	1468	521	5.321	35.79	0.6	1.798
1992	2412	1140	5.32	25.89	0.8	1.289
1993	1750	129	4.7	23.8	1	1.68
1994	1688	361	4.865	27.08	0.8	1.149
1995	1607	489	5.1	28.9	1.03	1.72
1996	1200	127	4.56	19.84	1.8	1.095
1997	1990	148	4.89	29.373	0.9	1.230
1998	1509	511	5.12	34.3	0.8	1.35
1999	1730	133	4.46	23.06	1.4	1.201

获得样本数据向量后,由于其中各个指标互不相同,原始样本中各向量的数量级差别很大,为了计算方便及防止部分神经元达到过饱和状态,在研究中对样本的输入进行归一化处理。

可以利用 MATLAB 实现向量的归一化过程,这里将样本数据都归一化到区间[0,1]。令 P 表示输入向量,T 表示目标向量,归一化代码如下。

```
%P 为原始输入数据
p = [
    1520 510 5.155 33.88;1468 521 5.321 35.79;
    2412 1140 5.32 25.89;1750 129 4.7 23.8;
    1688 361 4.865 27.08;1607 489 5.1 28.9;
    1200 127 4.56 19.84;1990 148 4.89 29.373;
    1509 511 5.12 34.3;1730 133 4.46 23.06]';
%T 为原始目标数据
t = [0.7 1.9;0.6 1.798;0.8 1.289;1 1.68;0.8 1.149;
    1.03 1.72;1.8 1.095;0.9 1.230;0.8 1.35;1.4 1.201]';
%P,T 分别表示归一化后的输入向量和目标向量
P = p;
T = t;
for i = 1:4
```

```
    P(i,:) = (p(i,:) − min(p(i,:)))/(max(p(i,:)) − min(p(i,:)));
end
% 归一化后的目标向量 A
for i = 1:2
    T(i,:) = (t(i,:) − min(t(i,:)))/(max(t(i,:)) − min(t(i,:)));
end
```

接下来设计网络的拓扑结构。由于单隐层 BP 网络的非线性映射能力比较强,这里采用单隐层的神经网络,而中间层的神经元个数需要通过实验来确定。由于输入神经元有 4 个,所以中间层神经元个数应该在 9~16 之间。因此,这里为中间层神经元个数选择 3 个值,分别为 9、12 和 15,并分别检查网络性能。

不同个数的隐单元组成的 BP 网络训练曲线分别如图 5-10~图 5-12 所示。通过比较发现,当中间层神经元个数为 9 和 15 时,网络的收敛速度比较快。

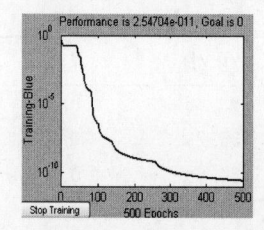

图 5-10　训练误差曲线(隐单元数:9) 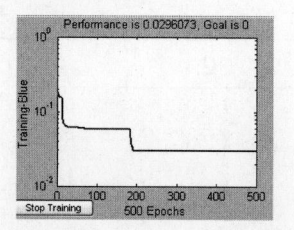　　图 5-11　训练误差曲线(隐单元数:12)

接下来观察网络的预测性能。在表 5-10 中的样本数据中选取 1990 年、1992 年、1994 年、1996 年、1997 年和 1999 年的数据作为网络的测试数据。预测误差曲线如图 5-13 所示。

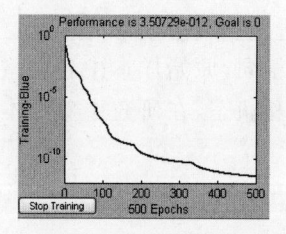

图 5-12　训练误差曲线(隐单元数:15) 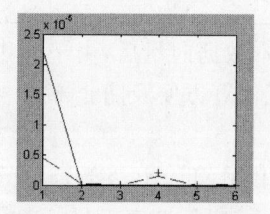　　图 5-13　预测误差曲线

由图 5-13 可见,不同结构的 BP 网络的预测误差都为 0,这是因为测试样本是从训练样本中选取的。由于训练的精度非常高,网络对每一组数据都精确地拟合了,所以出现预测误差为 0 的情况。要更准确地测试网络的性能,必须从训练样本以外的数据样本中选取测试样本。

本实例的完整 MATLAB 代码如下。

```
% P 为原始输入数据
p = [
    1520 510 5.155 33.88;1468 521 5.321 35.79;
    2412 1140 5.32 25.89;1750 129 4.7 23.8;
    1688 361 4.865 27.08;1607 489 5.1 28.9;
    1200 127 4.56 19.84;1990 148 4.89 29.373;
```

```
            1509 511 5.12 34.3;1730 133 4.46 23.06]';
%T为原始目标数据
t = [0.7 1.9;0.6 1.798;0.8 1.289;1 1.68;0.8 1.149;
    1.03 1.72;1.8 1.095;0.9 1.230;0.8 1.35;1.4 1.201]';
%P,T分别表示归一化后的输入向量和目标向量
for i = 1:4
    P(i,:) = (p(i,:) - min(p(i,:)))/(max(p(i,:)) - min(p(i,:)));
end
%归一化后的目标向量A
for i = 1:2
    T(i,:) = (t(i,:) - min(t(i,:)))/(max(t(i,:)) - min(t(i,:)));
end
%测试样本
P_test = [P(:,1) P(:,3) P(:,5) P(:,7) P(:,8) P(:,10)];
T_test = [T(:,1) T(:,3) T(:,5) T(:,7) T(:,8) T(:,10)];
%隐层单元个数向量
No = [9 12 15];
for i = 1:3
    net = newff(minmax(P),[No(i),2],{'tansig','logsig'});
    net.trainParam.epochs = 500;
    net = init(net);
    net = train(net,P,T);
    Temp = sim(net,P_test);
    y(2*i-1,:) = Temp(1,:);
    y(2*i,:) = Temp(2,:)
end
Y1 = [y(1,:);y(2,:)];
Y2 = [y(3,:);y(4,:)];
Y3 = [y(5,:);y(6,:)];
%求预测误差
for i = 1:6
    error1(i) = norm(Y1(:,i) - T_test(:,i));
    error2(i) = norm(Y2(:,i) - T_test(:,i));
    error3(i) = norm(Y3(:,i) - T_test(:,i))'
end
figure;
plot(1:6,error1);
hold on;
plot(1:6,error2,'-- ');
hold on;
plot(1:6,error3,' + ');
hold off;
```

5.4.2 基于RBF网络的演变预测

5.4.1节介绍了如何利用BP网络进行演变预测,可以看出,BP网络预测精度比较高,但训练误差收敛比较慢。本节基于同样的背景,尝试利用RBF网络进行演变预测。

首先进行网络创建。由于输入向量 **P** 和目标向量 **T** 都已经获得,因此,创建网络之前唯一需要确定的就是径向基函数的分布密度SPREAD。由于SPREAD的选择对网络性能有着比较重要的影响,因此,这里通过选择多个不同的SPERAD来确定最佳值。

MATLAB 代码如下。

```
for i = 1:5
    net = newrbe(P,T,i);
    temp = sim(net,P)
    y(2*i-1,:) = temp(1,:);
    y(2*i,:) = temp(2,:);
end
temp =
Columns 1 through 8
    0.0833   -0.0000    0.1667    0.3333    0.1667    0.3583    1.0000    0.2500
    0.1000    0.8733    0.2410    0.7267    0.0671    0.7764    0.0000    0.1667
    0.0833   -0.0000    0.1667    0.3333    0.1667    0.3583    1.0000    0.2500
    0.1000    0.8733    0.2410    0.7267    0.0671    0.7764    0.0000    0.1667
    0.0833   -0.0000    0.1667    0.3333    0.1667    0.3583    1.0000    0.2500
    0.1000    0.8733    0.2410    0.7267    0.0671    0.7764    0.0000    0.1667
    0.0833   -0.0000    0.1667    0.3333    0.1667    0.3583    1.0000    0.2500
    0.1000    0.8733    0.2410    0.7267    0.0671    0.7764    0.0000    0.1667
    0.0833   -0.0000    0.1667    0.3333    0.1667    0.3583    1.0000    0.2500
    0.1000    0.8733    0.2410    0.7267    0.0671    0.7764    0.0000    0.1667
Columns 9 through 10
    0.1677    0.6667
    0.3168    0.1317
    0.1677    0.6667
    0.3168    0.1317
    0.1677    0.6667
    0.3168    0.1317
    0.1677    0.6667
    0.3168    0.1317
    0.1677    0.6667
    0.3168    0.1317
```

所有网络对结果的预测都是一致的，这是因为测试数据就等于训练数据。而函数 newrbe 建立了一个准确的 RBF 网络。为了更加准确地测试网络的预测性能，需要从其他水文资料中寻找与训练样本不一致的样本数据。

5.5 农作物虫情预测的 MATLAB 实现

农作物的主要害虫常年对作物造成严重危害，使农业经济遭受严重损失。根据害虫的发生、发展规律，以及作物的物候和气象预报等资料，进行全面分析，做出其未来的发生期、发生量和危害程度等估计，预测害虫的未来发展动态，这项工作就叫作农作物虫情预测。虫情预测工作是进行害虫综合防治的必要前提，只有对害虫发生危害的预测做得及时准确，才可以正确地拟定综合防治计划，及时采取必要的措施，经济有效地压低害虫的发生数量，保证农作物的高产和稳产。

按照预测内容来划分，虫情预测可以分为发生期预测、发生量预测、迁飞害虫预测和灾害程度预测，以及操作估计等；按照预测时间长短划分，可以分为短期预测、中期预测和长期预测等。

我国关于虫情预测问题的研究,起步较早,目前主要采用以下三种方法。

(1) 统计法。根据多年的积累资料,探讨某种因素,如气候因素和物候现象等,与害虫某一虫态的发生期和发生量之间的关系,或害虫种群本身前后不同的发生期和发生量之间的相关关系,进行相关回归分析或数理统计计算,构建各种不同的预测模型。

(2) 实验法。应用生物学方法,主要求出各虫态的发育速率和有效积温,然后应用气象资料预测其发生期。另外,利用实验方法探讨营养、气候和天敌等因素对害虫生存和繁殖能力的影响,为害虫发生量的预测提供依据。

(3) 观察法。直接观察害虫的发生和作物物候的变化,明确虫口密度、生活史与作物生育期的关系。应用物候现象、发育进程、虫口密度和虫态历期等观察资料进行预测,是我国目前最通用的预测方法。该方法主要可以预测发生期、发生量和灾害程度。

5.5.1 基于神经网络的虫情预测原理

众所周知,虫害的发生和自然因素之间有着密切的联系,它同时受气温、日照和降雨量等因素的影响。影响虫害发生量的各因子之间存在复杂的相互作用。由于自身的缺点,利用传统方法很难建立起一个精确和完善的预测模型。而 BP 神经网络具有对非线性复杂系统预测的良好特性,可以有效地描述其本身具有的不确定、多输入等复杂的非线性特性。

从影响虫害发生量的气候因子角度来说,虫害发生量主要受以下三种因素制约。

(1) 温度。昆虫是变温动物,体温基本上是随着外界温度的变化而变化的。而外界温度的变化直接影响着昆虫代谢率的高低,从而直接影响昆虫生长发育、繁殖和生存等生命活动行为。昆虫对外界温度的变化适应不是无限的,而是有一定的适应范围。每种昆虫都有一定的温度适应范围,超过这一温度范围,昆虫的繁殖就会停止甚至死亡。了解每种害虫对温度的适应范围,对于分析和预测害虫的发生期和发生量有着重要的意义。

(2) 湿度和降雨。湿度和降雨可以直接影响昆虫的生长发育和生存。外界环境的湿度和降雨都是通过影响昆虫体内的含水量而产生作用的。所以,当外界环境的影响使得昆虫体内的水分调节失去平衡时,便可引起昆虫生长发育和繁殖等方面的反常表现。

(3) 光。对于昆虫来说,光并不是一种生存条件,但外界光因素与昆虫的趋向性、活动行为和生活方式等都有着直接或间接的联系。

自然界中的各个气候因素是相互影响、综合作用于昆虫的。在进行虫情预测时,不能够只根据某一项指标,而是要注意综合作用影响。

5.5.2 BP 网络设计

本实例的预测对象是我国某地的田间水稻。水稻螟虫是水稻的重要害虫之一,尤其是二化螟。从温度上说,二化螟的发生发展和温度的变化关系十分密切,二化螟的抗低温能力较强,抗高温能力较弱,适宜温度为 16~30℃,35℃ 以上的高温就容易使二化螟死亡。从降雨量角度讲，一方面，大量的降雨会导致气温下降，有利于二化螟的生存；另一方面，充沛的降雨会淹死大量的幼虫。因此，降雨对二化螟的影响是比较复杂的，需要综合考虑。

BP 网络的输入和输出层的神经元数目，是由输入和输出向量的维数确定的。输入向量的维数也就是影响因素的个数，这里综合考虑了影响虫情的各种因素，选取了平均气温、最低气温、日照时间和降雨量 4 个因素，所以输入层的神经元个数为 4。为了细化虫害的等级，这里将虫害发生量分为 4 级，目标输出模式为（０００１）、（００１０）、（０１００）和（１０００），分别对应 1 级、2 级、3 级和 4 级。因此，输出层神经元的个数也为 4。由于输出向量的元素为 0-1 值，因此，输出层神经元的传递函数为可选用 S 型对数函数 logsig。

实践表明，隐含层数目的增加可以提高 BP 网络的非线性映射能力，但是隐含层数目超过一定值，网络性能反而会降低。而单隐层的 BP 网络可以逼近一个任意的连续非线性函数。因此，这里采用单隐层的 BP 网络。隐含层的神经元个数直接影响着网络的非线性预测性能。这里根据 Kolmogorve 定理，设定网络的隐含层神经元个数为 9。按照一般的设计原则，隐含层神经元的传递函数为 S 型正切函数 tansig。

网络结构确定后，需要利用样本数据通过一定的学习规则进行训练，提高网络的适应能力。学习速率是训练过程的重要因子，它决定每一次循环中的权值变化量。在一般情况下，倾向于选择较小的学习速率保证学习的稳定性，这里取学习速率为 0.05。

本实例所使用的数据为该地区的田间水稻从 1996 年到 2003 年间的 5 月到 10 月的虫害发生程度及相应的气象数据。本来应该取 1996—2002 年的数据作为网络的学习训练样本，2003 年的数据作为预测样本，但这里限于篇幅原因，在利用神经网络工具箱进行编程时，只利用 2000—2002 年的数据作为训练样本，2003 年的数据作为预测样本。这样做的直接后果会导致网络预测精度下降，但这里我们更关心的是演示利用神经网络工具箱进行虫情预测的全过程。样本数据如表 5-11 所示。

表 5-11　归一化后的样本数据

年　份	月份	平均气温	最低气温	日照时间	降雨量	虫害程度
2000	5	−0.0909	−0.1408	−0.2500	−0.2984	0 0 0 1
	6	0.4825	0.3844	0.1250	0.3037	0 0 0 1
	7	0.9580	0.9718	0.9688	−0.7801	1 0 0 0
	8	0.6643	0.7183	0.5000	0.0419	1 0 0 0
	9	0.0350	0.0423	0.0000	−0.3665	0 0 0 1
	10	−0.6224	−0.6620	−0.0625	−0.8796	0 0 0 1
2001	5	−0.2727	−0.7324	0.5625	−0.7277	0 0 0 1
	6	−0.909	0.0000	0.8125	−0.6073	0 1 0 0
	7	0.9580	1.0000	0.6875	0.0733	1 0 0 0
	8	0.8601	0.9296	0.2812	−0.3979	1 0 0 0
	9	0.0909	0.0141	0.1563	−0.4660	1 0 0 0
	10	−0.9860	−1.0000	−0.5625	−0.4241	0 0 0 1

续表

年份	月份	平均气温	最低气温	日照时间	降雨量	虫害程度
2002	5	0.1189	−0.1127	0.6250	−0.6021	0 0 0 1
	6	0.3706	0.3521	0.0313	−0.6073	0 0 0 1
	7	0.6923	0.7324	−0.3125	0.2670	0 0 1 0
	8	0.6643	0.7324	−0.0625	0.1361	1 0 0 0
	9	−0.0350	0.0423	−0.5313	−0.8482	1 0 0 0
	10	−0.4266	−0.5070	−0.125	−0.8586	0 1 0 0
2003	5	0.0490	0.0000	−0.0937	−0.0995	0 0 0 1
	6	0.2587	0.3662	−0.5313	1.0000	0 0 1 0
	7	0.7203	0.8028	−0.1875	0.4346	0 0 1 0
	8	0.9301	0.9014	0.9688	−0.8691	1 0 0 0
	9	0.3287	0.3239	0.2813	−0.6702	0 0 0 1
	10	−0.6084	−0.5211	−0.2813	−0.4346	0 0 0 1

该实例完整的 MATLAB 代码如下。

```
% 构建训练样本中的输入向量 P
p1 = [ − 0.0909 0.4825 0.9580 0.6643 0.0350 − 0.6224;
       − 0.1408 0.3844 0.9718 0.7183 0.0423 − 0.6620;
       − 0.2500 0.1250 0.9688 0.5000 0.0000 − 0.0625;
       − 0.2984 0.3037 − 0.7801 0.0419 − 0.3665 − 0.8796];
p2 = [ − 0.2727 − 0.909 0.9580 0.8601 0.0909 − 0.9860;
       − 0.7324 0.0000 1.0000 0.9296 0.0141 − 1.0000;
         0.5625 0.8125 0.6875 0.2812 0.1563 − 0.5625;
       − 0.7277 − 0.6073 0.0733 − 0.3979 − 0.4660 − 0.4241];
p3 = [0.1189 0.3706 0.6923 0.6643 − 0.0350 − 0.4266;
       − 0.1127 0.3521 0.7324 0.7324 0.0423 − 0.5070;
         0.6250 0.0313 − 0.3125 − 0.0625 − 0.5313 − 0.125;
       − 0.6021 − 0.6073 0.2670 0.1361 − 0.8482 − 0.8586];
P = [p1 p2 p3];
% 构建训练样本中的目标向量 t
t1 = [0 0 1 1 0 0
      0 0 0 0 0 0;
      0 0 0 0 0 0;
      1 1 0 0 1 1];
t2 = [0 0 1 1 1 0;
      0 1 0 0 0 0;
      0 0 0 0 0 0;
      1 0 0 0 0 1];
t3 = [0 0 0 1 1 0;
      0 0 0 0 0 1;
      0 0 1 0 0 0;
      1 1 0 0 0 0];
t = [t1 t2 t3];
% 创建一个 BP 网络,隐含层有 9 个神经元,传递函数为 tansig
% 中间层有 4 个神经元,传递函数为 logsig,训练函数为 trainlm
net = newff(minmax(P),[9,4],{'tansig','logsig'},'trainlm');
% 训练步数为 50
```

```
% 目标误差为 0.01
net.trainParam.epochs = 50;
net.trainParam.goal = 0.01;
net = train(net,P,t);
% 预测 2003 年的虫情
P_test = [0.0490 0.2587 0.7203 0.9301 0.3287 -0.6084;
          0.0000 0.3662 0.8028 0.9014 0.3239 -0.5211;
         -0.0937 -0.5313 -0.1875 0.9688 0.2813 -0.2813;
         -0.0995 1.0000 0.4346 -0.8691 -0.6702 -0.4346];
y = sim(net,P_test)
```

运行以上代码,可以得到网络的训练结果为

```
TRAINLM, Epoch 0/50, MSE 0.481656/0.01, Gradient 3.50181/1e-010
TRAINLM, Epoch 25/50, MSE 0.0787749/0.01, Gradient 0.0154624/1e-010
TRAINLM, Epoch 50/50, MSE 0.0276335/0.01, Gradient 0.0148411/1e-010
TRAINLM, Maximum epoch reached, performance goal was not met.
```

可见网络经过 50 次训练后即可达到误差要求,结果如图 5-14 所示。

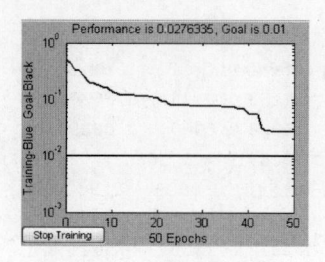

图 5-14　训练结果

网络的输出结果为

```
y =
    0.0000    0.0000    0.0001    0.9963    0.0004    0.0000
    0.0000    0.0000    0.0000    0.0014    0.0000    0.0627
    0.0000    0.7220    0.0032    0.0000    0.0000    0.0000
    1.0000    0.0001    0.0000    0.0000    0.9963    1.0000
```

5.6　用水测量的 MATLAB 实现

在科学制定节水与供水规划时,对用水量的长期预测是规划的基础,是保证 21 世纪城市持续发展对水资源需求的前提。城市用水量是指城市新鲜水的取水量(原水取用量)。近年来,一方面城市生活用水受到城市化进程加快和人们生活水平不断提高的影响;另一方面工业用水量受城市产业结构调整、高新技术产业与附加值产业迅速发展的影响,同时又受有限水资源制约和强化节水管理的影响,而使城市用水量呈现出非线性变化。而发展成熟起来的人工神经网络,是用工程技术模拟人脑神经网络的结构和功能特征的一类人工系统,它构成一个大规模并行的非线性动力系统。因此,运用 ANN 方法预测城市用水量不失为一种值得探析的方法。

5.6.1 问题概述

城市用水的数量及趋势预测的基础是相关的统计数据。考虑到现阶段我国统计数据仍不尽完善的情况,在对辽宁省营口市城市用水量预测中,采用了人均综合用水量法(综合法)来预测城市用水量,其公式为

$$W = 0.365 \cdot \lambda \cdot P$$

式中,W 为城市需水量,单位为万立方米;λ 为人均综合用水量,单位为升/日;P 为用水人口,单位为万人。

在以上公式中,对人均综合用水量采用 RBF 神经网络方法进行预测,预测水平年的用水人口采用规划值,从而预测出城市用水量。人均综合用水量是一个综合性参数,其时间序列值是众多因素相互影响、相互作用的结果。若将众多影响因素按时间序列加以量化,是难以做到的。经过对数据的分析和整理,选取了与人均综合用水量密切相关且具代表性,同时数据容易获得的城市用水人口和工业万元产值取水量为主要影响因子。不难发现,城市用水人口是一个定量刻化用水规模扩大导致人均综合用水量增加的因子,工业万元产值取水量是一个定量刻化生产取水量降低导致人均综合用水量减少的因子,两者的相互作用制约着城市人均综合用水量的变化。

5.6.2 RBF 网络设计

RBF 神经网络的计算,是将初始化了的用水人口和工业万元产值取水量作为输入向量,将人均综合用水量的初始化数据作为目标向量(见表 5-12)。经过 RBF 网络运算,得出如表 5-13 所示的人均综合用水量预测结果。将预测水平年的用水人口、工业万元产值取水量代入已训练好的 RBF 网络,得到预测水平年的人均综合用水量。依据公式,即可得出营口市城市预测水平年的用水量,如表 5-14 所示。

表 5-12 样本数据

年 份	人均综合用水量	归一化后	万元产值取水量	归一化后	用水人口	归一化后
1992	367.7	0	133.0	1.0000	56.7	0.3418
1993	371.2	0.0882	131.6	0.9588	57.8	0.4810
1994	367.8	0.2292	122.0	0.6765	61.3	0.9241
1995	405.5	0.9521	129.8	0.9059	61.6	0.9620
1996	407.4	1.0000	110.4	0.3353	61.8	0.9873
1997	380.9	0.3325	108.6	0.2824	61.9	1.0000
1998	387.6	0.5013	99.0	0	54.0	0

表 5-13 原始数据与预测数据比较

年 份	原 始 数 据	预 测 数 据
1992	367.7	366.7
1993	371.2	371.2
1994	376.8	376.8
1995	405.5	405.5

续表

年　份	原始数据	预测数据
1996	407.4	407.4
1997	380.9	385.9
1998	387.6	387.6

表 5-14　水平年预测结果

水平年	$\lambda/L \cdot d^{-1}$	$P/10^4$ 人	$W/10^4 m^3$
2005	409.9	75.5	11 324.7
2010	435.5	83.7	13 291.6
2020	440.6	99.6	16 033.8

该实例完整的 MATLAB 代码如下。

```
% 构建训练样本中的输入向量 p
p = [133.0 56.7;131.6 57.8;122.0 61.3;129.8 61.6;110.4 61.8;105.6 61.9;99.0 54]';
% 构建训练样本中的目标向量 t
t = [367.7 371.2 367.8 405.5 407.4 380.9 387.6];
% 归一化
p = mapminmax(p,0,1);
[t,ts] = mapminmax(t,0,1);
% 创建一个 RBF 网络
spread = 1.2;
net = newrbe(p,t,spread);
% 预测情况
p_test = [133.0 56.7;131.6 57.8;122.0 61.3;129.8 61.6;110.4 61.8;108.6 61.9;99.0 54]';
p_test = mapminmax(p,0,1);
y = sim(net,p_test);
% 反归一化
y = mapminmax(reverse',y,ts);
```

网络的输出结果为

```
y =
    367.7   371.2   376.8   405.5   407.4   380.9   387.6
```

应用神经网络方法预测城市需水量具有很好的可信度和较强的预测能力，此种方法在技术上是有效和可行的。从表 5-13 所列出的原始数据与预测数量可以看出，应用 RBF 神经网络预测人均综合用水量十分接近实际值。可以预计该市人均综合日用水量将由 2005 年的 409.9L 增加到 2020 年的 440.6L。这种远期需水发展趋势与国外一些发达国家曾经表现出的需水发展规律是相似的。例如，瑞士城市人均综合日用水量从 1980 年的约 390L，增至 1991 年的约 405L；从预计该市人均需水的数量上来分析，低于我国城市人均综合日用水量 1998 年的 556.3L 的水平；而从人均综合用水量的增长速率的角度分析，2005—2010 年年均增长率为 1.23%，这一时期与 2010—2020 年人均综合用水量年均仅增加 0.12% 相比要快些，地处我国北方的辽宁省营口市人均水资源量仅为 650m³，低于全省人均 885m³ 和全国人均 2260m³ 的水平。营口市城市需水量这种发展趋势是受自身水资源条件限制、工业技术进行与城市节水管理等综合作用的结果，未来该市需水量是属于约束零增长型的。将营口市建设成为节水型的城市,是使社会、环境和经济可持续发展的必然选择。

5.7 神经网络模型预测控制

在神经网络工具箱中,神经网络模型预测控制器应用非线性神经网络模型预测系统未来性能,然后控制器计算控制输入,在指定的时间内,控制输入使得系统性能最优。模型预测的第一步是要建立一个神经网络系统模型(系统辨识);第二步是控制器应用此系统模型来预测系统未来性能。

神经网络模型预测控制具有如下特点。

(1) 控制器应用神经网络模型可以预测系统对所有可能控制信号的反应。

(2) 选择一种优化算法计算控制信号,使得系统未来性能最优。

(3) 神经网络系统模型的训练是离线的,训练方法可以选择前面介绍的任何一种批处理方式的算法。

(4) 为了计算每一个采样步长下的最优控制输入,需要大量的在线计算数据。

下面讨论系统辨识方法以及最优化理论,然后应用 Simulink 编制模型预测控制器模块并演示整个过程。

5.7.1 系统辨识

模型预测的第一步是训练神经网络,从而模拟系统的动力学特性。系统输出与神经网络输出之间的预测误差,用来作为神经网络的训练信号,该过程如图 5-15 所示。

神经网络状态应用当前输入和当前系统输出来预测未来的系统输出,其系统模型结构如图 5-16 所示。

该网络用批处理方式进行离线训练,训练样本采用系统运行数据。训练方法选用前面介绍过的任一种算法。

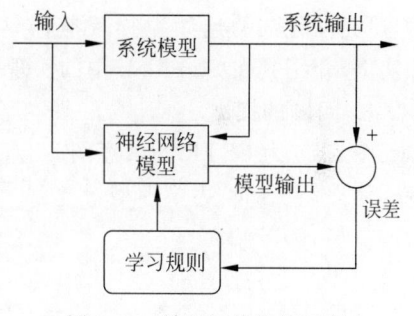

图 5-15 神经网络训练过程

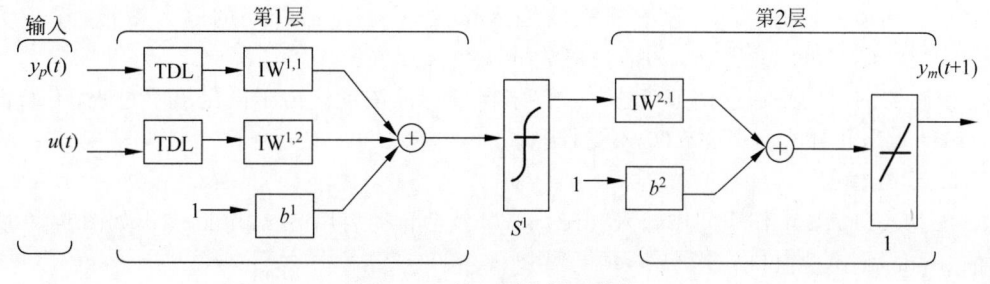

图 5-16 神经网络模型结构

5.7.2 预测控制

模型预测控制方法是基于有界后退方法(Receding Horizon Technique,RHT)。神经网络模型预测在指定时间内的模型响应,应用数值最优化算法进行预测,从而确定控制信号。最优性能函数如下。

$$J = \sum_{j=N_1}^{N_2}(y_r(t+j)-y_m(t+j))^2 + \rho \sum_{j=1}^{N_u}(u'(t+j-1)-u'(t+j-2))^2$$

其中,$N_1, N_2, \cdots, N_u$ 为定义的设计空间(变量变化范围),在这些设计空间内计算跟踪误差和控制增益;u' 为实验控制信号;y_r 为期望响应;y_m 为神经网络模型响应;ρ 值的大小反映了控制增益平方和的分布。

图 5-17 描述了模型预测控制的过程。控制器由神经网络模型和最优化模块组成,最优化模块可以确定 u',最优控制 u 输入到系统模型中,控制器模块可在 Simulink 中实现。

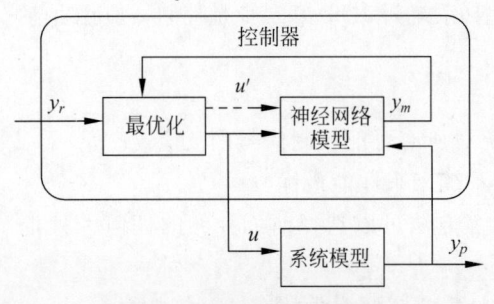

图 5-17 模型预测控制过程

5.7.3 神经网络模型预测控制器实例分析

在 MATLAB 神经网络工具箱中,提供了神经网络预测控制器的一个应用演示程序,研究催化剂的连续搅拌反应器(CSTR)。下面结合这个实例,介绍其在 Simulink 中的实现过程。

1. 问题的提出

图 5-18 为 CSTR 的示意图。

建立系统的动力学模型:

$$\frac{dh(t)}{dt} = w_1(t) + w_2(t) - 0.2\sqrt{h(t)}$$

图 5-18 CSTR 示意图

$$\frac{dC_b(t)}{dt} = (C_{b1}-C_b(t))\frac{w_1(t)}{h(t)} + (C_{b2}-C_b(t))\frac{w_2(t)}{h(t)} - \frac{k_1 C_b(t)}{(1+k_2 C_b(t))^2}$$

其中,$h(t)$ 为液面高度;$C_b(t)$ 为产品输出浓度;$w_1(t)$ 为浓缩液 C_{b1} 的流速,$w_2(t)$ 为稀释液 C_{b2} 的输入流速;C_{b1} 为浓缩液的输入浓度,C_{b2} 为稀释液的输入浓度,设定为 $C_{b1}=24.9, C_{b2}=0.1$;k_1, k_2 为消耗率常量,$k_1=k_2=1$。

控制器的目的是通过调节流速 $w_2(t)$ 来保证产品浓度。为了简化演示过程,不妨设 $w_1(t)=0.1$,并且液面高度 $h(t)$ 不受控制。

2. 建立模型

在 MATLAB 工作空间中输入"predcstr",就会自动启用 Simulink,弹出如图 5-19 所示的 predcstr 模型窗口。

窗口中包含神经网络预测控制模块(NN Predictive Controller),以及 CSTR (Continuous Stirred Tank Reactor)系统模型模块,这两个模块通过 Simulink 编程实现。

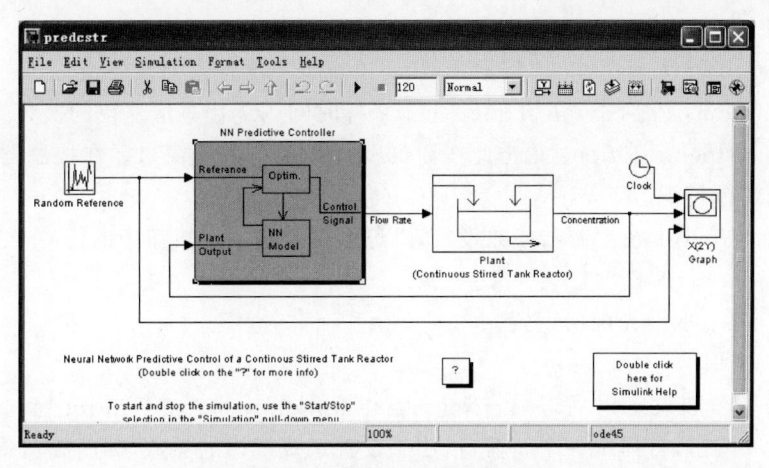

图 5-19 predcstr 模型窗口

没有封装的模块可以双击查看,如果模块已经封装,则可以通过鼠标单击 Look Under Mask 查看。Simulink 实现过程不是本书的重点,此处不加以讨论,有兴趣的读者可以参考有关 Simulink 资料。

NN Predictive Controller 模块是在神经网络工具箱中生成并复制过来的。这个模块产生的控制信号输出到系统模型的输入端,系统模型的输出信号又反馈至模块输入端,输入端还连接有参考输入信号。

下面将逐步介绍模型参考输入信号。

双击 NN Predictive Controller 模块,将会弹出一个新的窗口,如图 5-20 所示,这个窗口用于设计模型预测控制器。在这个窗口中,可以改变控制器变量空间 N_2 和 N_u 的值(N_1 固定为1)、权值参数 ρ、用于控制最优化的参数 α,选择用于优化算法中的一维搜索程序;另外,还可以设定在每个采样时间里进行优化迭代的次数。

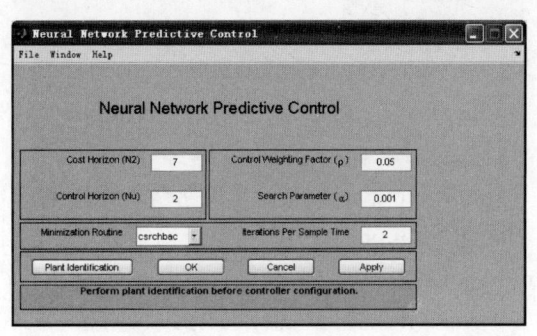

图 5-20 Neural Network Predictive Control 窗口

在图 5-20 中,有多项可以调整的参数,以及操作按钮,将鼠标移到参数名称或者按钮处,就会出现相应的说明。

(1) Cost Horizon(N_2):指定时间步数,在此期间内预测误差达到最小。

(2) Control Horizon(N_u):指定时间步数,在此期间内控制增量达到最小。

(3) Minimization Routine:选择一维搜索程序。

(4) Control Weighting Factor(ρ):控制权值因子,在性能函数中,用来乘以控制增

量的平方和。

(5) Search Parameter(α)：搜索精度，还决定了一维搜索何时停止。

(6) Iterations Per Sample Time：每个采样时间内优化算法迭代的次数。

(7) Plant Identification：单击此按钮可以打开系统辨识窗口。在控制器使用之前，系统必须先进行辨识。

(8) OK、Apply：在控制器参数设定好以后，单击这两个按钮中的任一个都可以将这些参数导入 Simulink 模型。

(9) Cancel：取消先前的设置。

3. 系统辨识

控制模型参数设定以后，单击 Neural Network Predictive Control 窗口中的 Plant Identification 按钮，将弹出一个新窗口，用于设置系统辨识的参数，如图 5-21 所示。

在控制器应用之前，必须建立神经网络模型，用来预测系统未来的输出值。系统的神经网络模型有一个隐层，网络的规模、输入/输出延迟、训练函数等在如图 5-21 所示的窗口中设置。用户可以选择 BP 网络中的任一训练函数来训练网络模型。

窗口中有很多参数需要设置。将光标移到参数名称或者按钮处，会出现相应的说明。

(1) File：下拉菜单，其包含的子项用于导入和导出系统模型网络。

(2) Size or Hidden Layer：设置系统模型网络隐层神经元数目。

(3) Sampling Interval(sec)：设置 Simulink 模型采集数据的采样间隔。

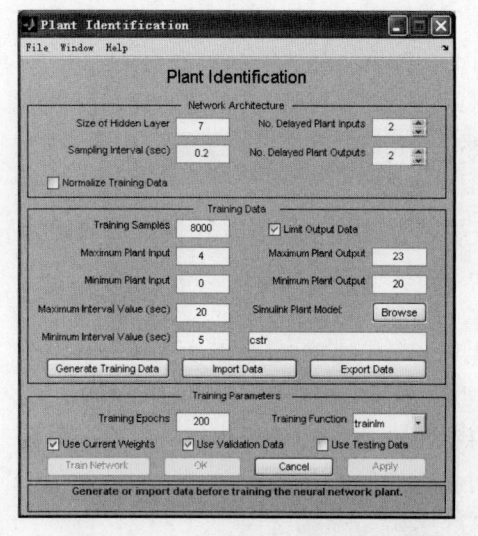

图 5-21　Plant Identification 窗口

(4) Normalize Training Data：设置是否使用 Premnmx 函数对数据进行标准化处理。

(5) No. Delayed Plant Inputs：设置加到系统网络模型的输入延迟。

(6) No. Delayed Plant Outputs：设置加到系统网络模型的输出延迟。

(7) Training Samples：设置训练数据样本数据点的数目。

(8) Maximum Plant Input：设置随机输入波形的波峰值。

(9) Minimum Plant Input：设置随机输入波形的波谷值。

(10) Maximum Interval Value(sec)：设置随机输入最大间隔。

(11) Minimum Interval Value(sec)：设置随机输入最小间隔。

(12) Limit Output Data：选择系统输出的最大值。

(13) Maximum Plant Output：设置输出的最大值。

(14) Minimum Plant Output：设置输出的最小值。

(15) Simulink Plant Model：选择产生训练数据的 Simulink 系统模型(.mdl 文件)。

(16) Training Epochs：设置训练迭代的次数。

(17) Training Function：设置训练函数。

(18) Use Current Weights：选择是否用当前的权值训练，选择后会显示相应结果图。

(19) Use Validation Data：选择是否应用验证数据。

(20) Use Testing Data：选择是否使用测试数据。

(21) Generate Training Data：产生用于网络训练数据。

(22) Import Data：从工作空间或者一个文件中导入数据。

(23) Export Data：将训练数据导出到工作空间或者一个文件中。

(24) Train Network：开始网络模型的训练，在训练之前必须已经产生或者导入了数据。

(25) OK、Apply：网络模型经过训练后，单击这两个按钮中的任意一个都可以将这些参数导入 Simulink 模型。

(26) Cancel：取消先前的设置。

在如图 5-21 所示的窗口中，单击 Generate Training Data 按钮，程序就会产生一系列随机信号，输入到 Simulink 系统模型，从而产生训练用样本数据，图 5-22 显示了这些训练数据。

在图 5-22 中，单击 Accept Data 按钮，就表示接受了这些训练用样本数据；单击 Reject Data 按钮，将返回 Plant Identification 窗口，重新产生训练用样本数据。

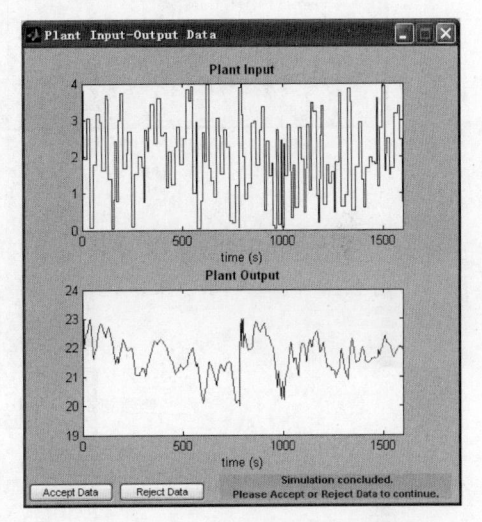

图 5-22 用于训练的随机样本

单击 Accept Data 按钮，返回 Plant Identification 窗口，单击 Train Network 按钮，网络模型开始训练。训练与选择的算法有关(在本处使用的是 trainlm)。训练结束后，相应的结果被显示出来，如图 5-23(a)所示。若选中 Use Validation Data 复选框，则会显示验证数据曲线，如图 5-23(b)所示。同样，若选中 Use Testing Data 复选框，则会显示测试数据曲线。

图 5-23(a)和图 5-23(b)中左上图为随机输入，随机的阶跃高度和宽度；右上图为 Simulink 系统模型输出；左下图显示了系统模型输出和神经网络模型输出之间的误差；右下图为神经网络模型输出。

此时，可以再单击 Train Network 按钮使用同样的数据再次进行训练；也可以单击 Erase Generated Data 按钮取消样本数据，重新生成新的数据；还可以接受当前的数据，然后对闭环系统进行仿真。

4. 系统仿真

在 Plant Identification 窗口中单击 OK 按钮，将训练好的神经网络模型导入到 NN Predictive Controller 模块中。在 Neural Network Predictive Control 窗口中单击 OK 按钮，将控制器参数导入到 NN Predictive Controller 模块中。返回 Predcstr Simulink 模型

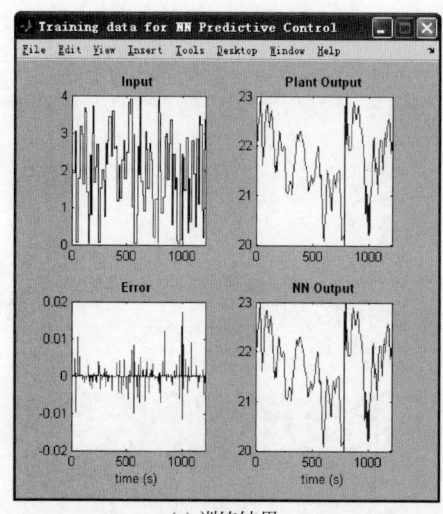

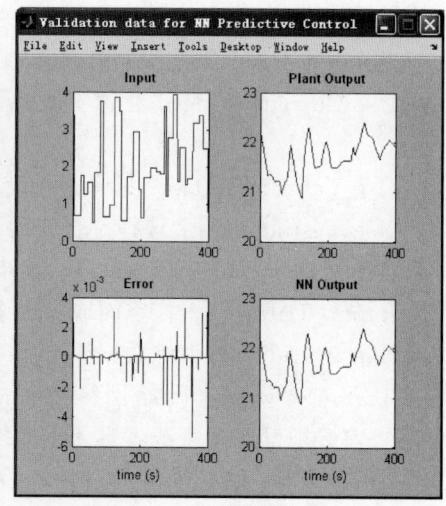

(a) 训练结果　　　　　　　　　　　(b) 验证结果

图 5-23　结果显示

窗口，并且从 Simulink 菜单中单击 Start 命令开始仿真。仿真的过程需要一段时间，待结束时，将会显示参考信号和系统输出信号曲线，如图 5-24 所示。

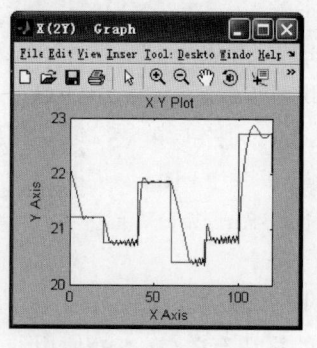

图 5-24　仿真结果

5.8　NARMA-L2（反馈线性化）控制

本节所描述的神经网络控制器有两个不同的名称：反馈线性化控制器和 NARMA-L2 控制器。当系统模型是特殊形式（伴随型），应用反馈线性化控制；当系统模型用伴随型模型估计时，则应用 NARMA-L2 控制。这类控制器的中心思想是：通过消除非线性，将一个非线性动力学系统转换为线性动力学系统。

NARMA-L2 控制具有如下特点。

（1）此控制系统是这两节介绍的两种控制器中计算最小的。

（2）神经网络系统模型以批处理方式进行离线训练，控制器仅对神经网络系统模型进行重新调整。

（3）唯一的在线训练是神经网络控制器的一个前向通路。

(4) 缺点是系统必须是伴随型,或者能应用伴随型模型估计的。

下面介绍伴随型系统模型,应用神经网络进行系统辨识,然后讨论如何应用已辨识的神经网络模型控制系统,最后应用神经网络工具箱中的 NARMA-L2 控制模块,以实例进行演示。

5.8.1 NARMA-L2 模型辨识

与模型预测控制一样,NARMA-L2 控制的第一步就是辨识被控制的系统,训练神经网络以复现系统的前向动力学特性。系统辨识之前应首先选择一个模型结构,描述一般的离散非线性系统的标准模型是:非线性自回归运动均态(NARMA)模型,用下式表示。

$$y(k+d) = N[y(k), y(k-1), \cdots, y(k-n+1), u(k), u(k-1), \cdots, u(k-n+1)]$$

其中,$u(k)$ 为系统输入;$y(k)$ 是系统输出。

如果希望系统输出跟踪参考轨迹 $y(k+d) = y_r(k+d)$,则建立一个如下形式的非线性控制器。

$$u(k) = G[y(k), y(k-1), \cdots, y(k-n+1), y_r(k+d), u(k-1), \cdots, u(k-n+1)]$$

使用该类控制器的问题是:若要训练一个神经网络拟合函数 G,且要使得均方差最小,则需使用动态反向传播,这个过程速度很慢。为此,由 Narendra 和 Mukhopadhyay 提出的解决方法是:应用近似模型来描述系统。这里使用的控制器模型是基于 NARMA-L2 的近似模型:

$$\hat{y}(k+d) = f[y(k), y(k-1), \cdots, y(k-n+1), u(k-1), \cdots, u(k-n+1)] + \\ g[y(k), y(k-1), \cdots, y(k-n+1), u(k-1), \cdots, u(k-n+1)] \cdot u(k)$$

该模型是伴随型,下一步的控制器输入 $u(k)$ 没有包含在非线性部分里。这种形式的优点是:能够控制其输入使得系统输出跟踪参考曲线 $y(k+d) = y_r(k+d)$。最终的控制器形式如下。

$$u(k) = \frac{y_r(k+d) - f[y(k), y(k-1), \cdots, y(k-n+1), u(k-1), \cdots, u(k-n+1)]}{g[y(k), y(k-1), \cdots, y(k-n+1), u(k-1), \cdots, u(k-n+1)]}$$

上式无法直接应用,因为输出 $y(k)$ 时必须同时得到同一时间的输入值 $u(k)$。因此,采用下述模型。

$$y(k+d) = f[y(k), y(k-1), \cdots, y(k-n+1), u(k), u(k-1), \cdots, u(k-n+1)] + \\ g[y(k), y(k-1), \cdots, y(k-n+1), u(k), u(k-1), \cdots, u(k-n+1)]$$

其中,$d \geqslant 2$,NARMA-L2 神经网络结构如图 5-25 所示。

5.8.2 NARMA-L2 控制器

应用 NARMA-L2 模型,可得到如下的控制器。

$$u(k+1) = \frac{y_r(k+d) - f[y(k), y(k-1), \cdots, y(k-n+1), u(k), \cdots, u(k-n+1)]}{g[y(k), y(k-1), \cdots, y(k-n+1), u(k), \cdots, u(k-n+1)]}$$

其中,$d \geqslant 2$,NARMA-L2 控制器示意如图 5-26 所示。

在经过辨识的 NARMA-L2 系统模型中应用该控制器,如图 5-27 所示。

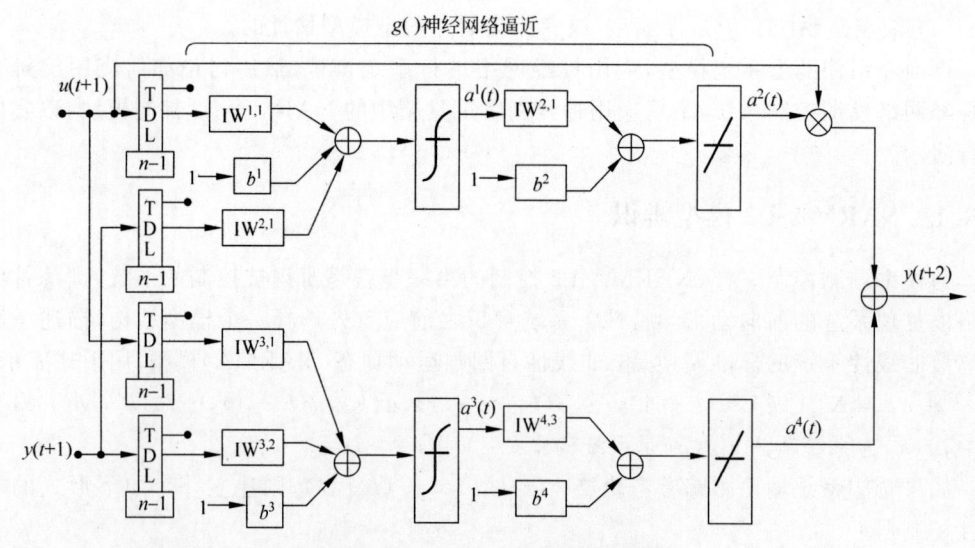

图 5-25　NARMA-L2 神经网络结构

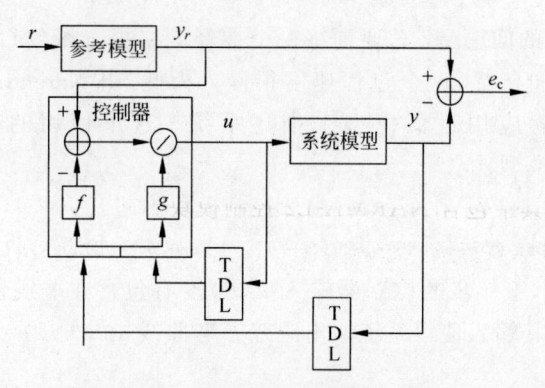

图 5-26　NARMA-L2 控制器示意图

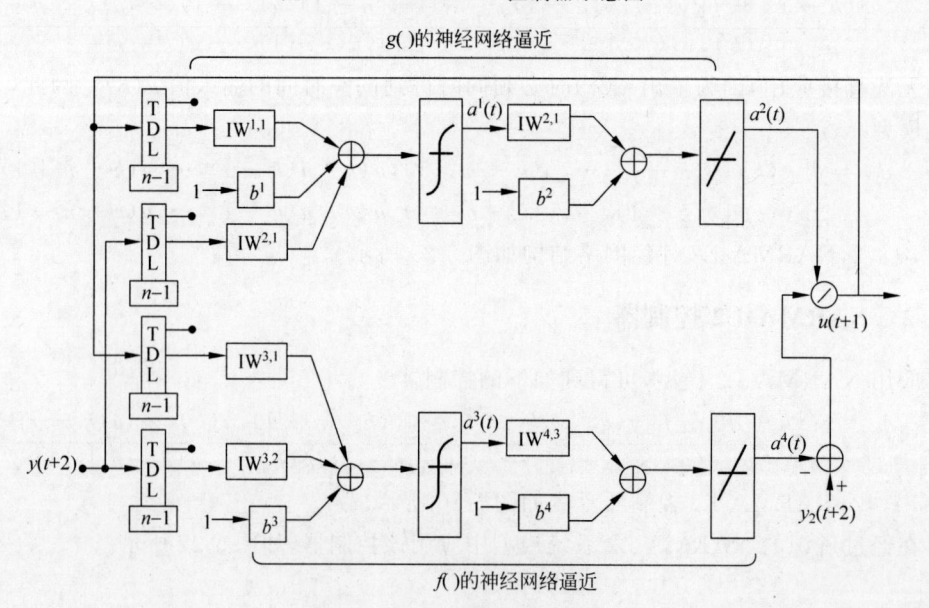

图 5-27　NARMA-L2 控制器

5.8.3 NARMA-L2 控制器实例分析

NARMA-L2 控制就是通过去掉非线性部分,将非线性动态系统转换成线性动态系统。本节首先给出一个伴随型系统模型,并介绍如何应用神经网络来辨识这个模型,然后描述怎样使用经过辨识的神经网络模型来设计控制器。下面将结合 MATLAB 神经网络工具箱中提供的一个实例,来介绍这一过程。

1. 问题的提出

如有一块磁铁,被约束在垂直方向上运动。在其下方有一块电磁铁,通电以后,电磁铁会对其上的磁铁产生电磁力作用。实现目标就是通过控制电磁铁,使得其上的磁铁保持悬浮在空中,不会掉下来。

建立系统运动:

$$\frac{d^2 y}{dt^2} = -g + \frac{\alpha}{M} \cdot \frac{i^2(t)}{y(t)} - \frac{\beta}{M} \cdot \frac{dy(t)}{dt}$$

其中,$y(t)$ 表示磁铁与电磁铁之间的距离;$i(t)$ 为电磁铁中的电流;M 表示磁铁的质量;g 表示重力加速度;β 代表黏性摩擦系数,它由磁铁所在的容器的材料决定;α 代表场强常数,它由电磁铁上所绕的线圈圈数以及磁性强度所决定。

2. 建立模型

在 MATLAB 工作空间中输入 narmamaglev,将自动调用 Simulink,并且弹出如图 5-28 所示的窗口,其中包含 NARMA-L2 控制模块。

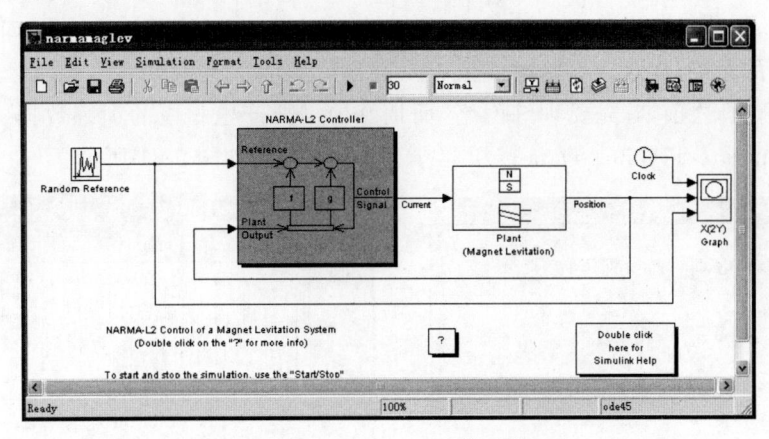

图 5-28 narmamaglev 模型窗口

与模型预测控制一样,图 5-28 中的悬浮磁铁的系统模型模块(Plant(Magnet Levitation))包含磁悬浮系统的 Simulink 模型。同样,只需双击这个模块,便可以得到其具体的 Simulink 实现,如图 5-29 所示。

图 5-28 中的 NARMA-L2 控制器模块,是在神经网络工具箱中生成并复制过来的,应用鼠标右键单击 Look Under Mask 可以查看封装前的控制器模型。这个模块产生的控制信号输出给磁悬浮系统模型,磁悬浮系统模型的输出又反馈给控制器,参考信号连接到控制器的 Reference 端。

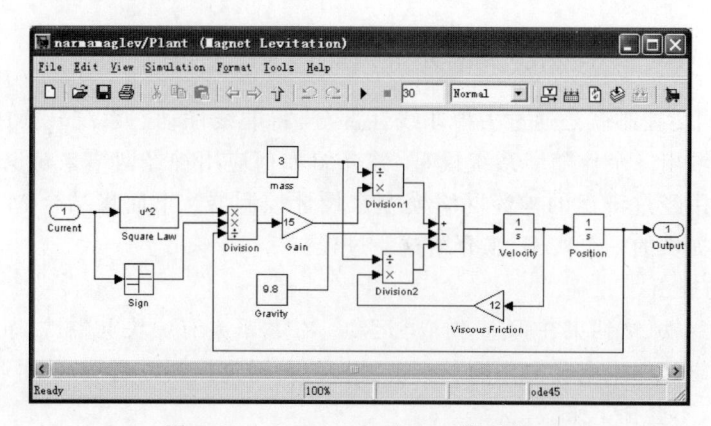

图 5-29 narmamaglev/Plant 模型窗口

关于这个磁悬浮系统的 Simulink 模型的建立过程并不是本书的重点,故此处只是加以引用,并不进行更深入的了解,有兴趣的读者可以参考 MATLAB 控制系统 Simulink 设计的相关书籍。

3. 系统辨识

双击 NARMA-L2 Controller 模块,将会产生一个新的窗口,如图 5-30 所示。

此实例中没有单独的控制器窗口,这是由于控制器是直接由模型得到的,在这一点上与模型预测控制不同。

与模型预测控制类似,在使用神经网络控制之前,必须对系统进行辨识。如图 5-30 所示的窗口,即为系统辨识参数设置窗口,其中有很多参数需要设置。由于前面已经给出了较详细的介绍,在此就不赘述了。

在进行仿真之前,首先要训练网络,而训练前需要产生相应的训练数据。同前面类似,单击 Generate Training Data 按钮,会产生训练数据,如图 5-31 所示。

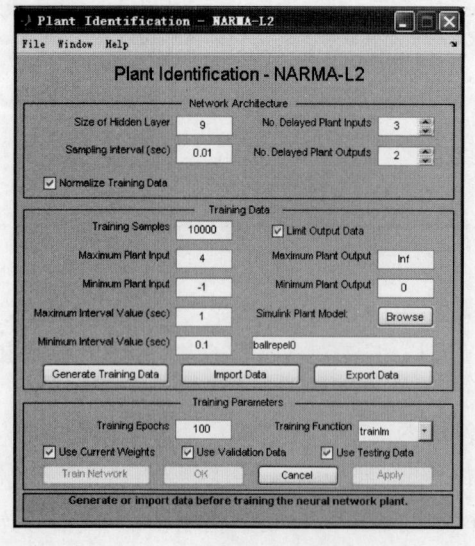

图 5-30 Plan Identification 窗口

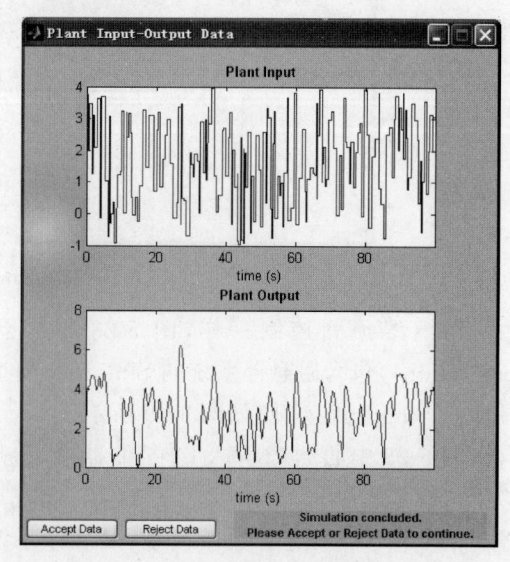

图 5-31 训练用样本数据

接受这些数据,并开始训练。此处给出相应的训练结果,如图 5-32 所示。

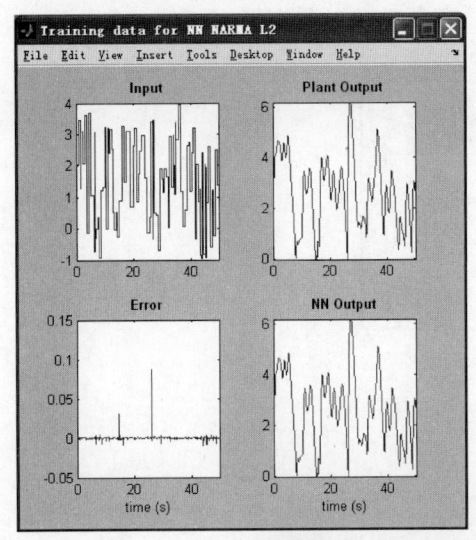

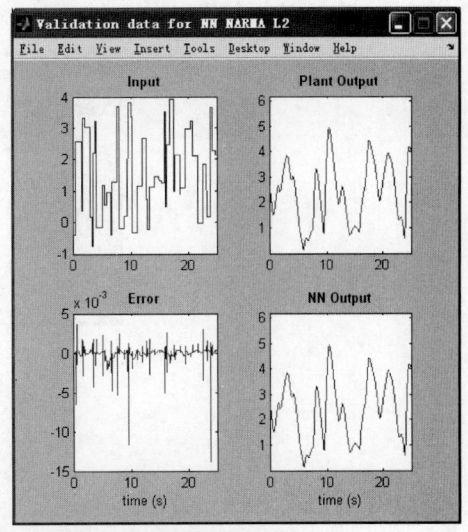

(a) 训练结果

(b) 验证结果

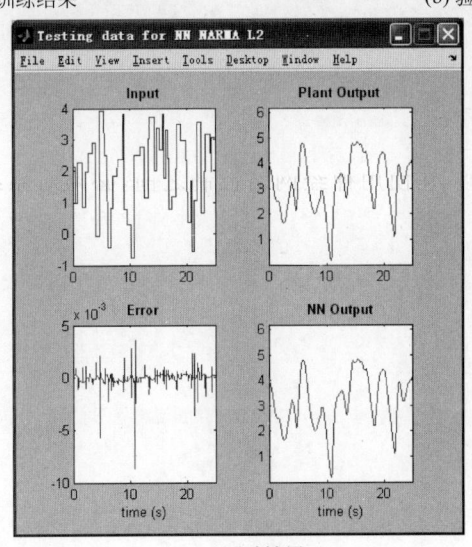

(c) 测试结果

图 5-32　结果显示

图 5-32(a)显示训练数据,图 5-32(b)显示验证结果,图 5-32(c)显示测试结果。它们的左上图为随机输入曲线,显示随机的阶跃高度和宽度;右上图为系统输出;左下图为系统输出与网络模型输出之间的误差;右下图为神经网络模型输出。

此时,可以单击 Train Network 按钮再次使用同样的数据进行训练;也可以单击 Erase Generated Data 按钮消除数据,然后生成新的训练用样本数据;当然,还可以接受当前的模型,对闭环系统进行仿真。

4. 系统仿真

在 Plant Identification 窗口中单击 OK 按钮,将训练好的神经网络模型导入

NARMA-L2 Controller 模块中。返回到 narmamaglev 模型窗口,并且从 Simulink 菜单中选择 Start 命令开始仿真。仿真结束时,将会显示输出结果图形,如图 5-33 所示。

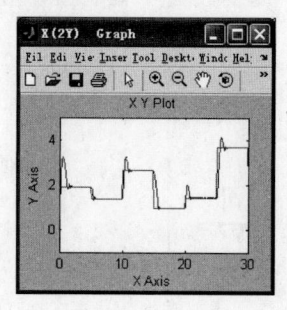

图 5-33 narmamaglev 模型仿真结果

第 6 章

遗传算法分析

遗传算法(Genetic Algorithm,GA)最早是由美国的 John Holland 于 20 世纪 70 年代提出,该算法是根据大自然中生物体进化规律而设计提出的,是模拟达尔文生物进化论的自然选择和遗传学机理的生物进化过程的计算模型,是一种通过模拟自然进化过程搜索最优解的方法。该算法通过数学的方式,利用计算机仿真运算,将问题的求解过程转换为类似生物进化中的染色体基因的交叉、变异等过程。在求解较为复杂的组合优化问题时,相对一些常规的优化算法,通常能够较快地获得较好的优化结果。

6.1 遗传算法的基本概述

遗传算法是一类借鉴生物界的进化规律(适者生存、优胜劣汰遗传机制)演化而来的随机化搜索方法。其主要特点是直接对结构对象进行操作,不存在求导和函数连续性的限定;具有内在的隐并行性和更好的全局寻优能力;采用概率化的寻优方法,能自动获取和指导优化的搜索空间,自适应地调整搜索方向,不需要确定的规则。遗传算法的这些性质,已被人们广泛地应用于组合优化、机器学习、信号处理、自适应控制和人工生命等领域。它是现代有关智能计算中的关键技术。

遗传算法是以达尔文的自然选择学说为基础发展起来的。自然选择学说包括以下三个方面。

1. 遗传

这是生物的普遍特征,亲代把生物信息交给子代,子代按照所得信息而发育、分化,因而子代总是和亲代具有相同或相似的性状。生物有了这个特征,物种才能稳定存在。

2. 变异

亲代和子代之间及子代的不同个体之间总是有些差异,这种现象称为变异。变异是随机发生的,变异的选择和积累是生命多样性的根源。

3. 生存斗争和适者生存

自然选择来自系列过剩和生存斗争。由于弱肉强食的生存斗争不断地进行,其结果是适者生存，即具有适应性变异的个体被保留下来，不具有适应性变异的个体被淘汰，通过一代代的生存环境的选择作用，性状逐渐与祖先有所不同，演变为新的物种。这种自然选择过程是一个长期的、缓慢的、连续的过程。

遗传算法将"优胜劣汰，适者生存"的生物进化原理引入优化参数形成的编码串联群体中，按所选择的适配值函数并通过遗传中的复制、交叉及变异对个体进行筛选，使适配值高的个体被保留下来，组成新的群体，新的群体既继承了上一代的信息，又优于上一代。这样周而复始，群体中个体适应度不断提高，直到满足一定的条件。遗传算法的算法简单，可并行处理，并能得到全局最优解。

6.1.1 遗传算法的特点

遗传算法是解决搜索问题的一种通用算法，对于各种通用问题都可以使用。搜索算法的共同特征如下。

（1）首先组成一组候选解。
（2）依据某些适应性条件测算这些候选解的适应度。
（3）根据适应度保留某些候选解，放弃其他候选解。
（4）对保留的候选解进行某些操作，生成新的候选解。

在遗传算法中，上述几个特征以一种特殊的方式组合在一起：基于染色体群的并行搜索，带有猜测性质的选择操作、交换操作和突变操作。这种特殊的组合方式将遗传算法与其他搜索算法区别开来。

遗传算法还具有以下几方面的特点。

（1）遗传算法从问题解的串集开始搜索，而不是从单个解开始。这是遗传算法与传统优化算法的极大区别。传统优化算法是从单个初始值迭代求最优解的；容易误入局部最优解。遗传算法从串集开始搜索，覆盖面大，利于全局择优。

（2）遗传算法同时处理群体中的多个个体，即对搜索空间中的多个解进行评估，减少了陷入局部最优解的风险，同时算法本身易于实现并行化。

（3）遗传算法基本上不用搜索空间的知识或其他辅助信息，而仅用适应度函数值来评估个体，在此基础上进行遗传操作。适应度函数不仅不受连续可微的约束，而且其定义域可以任意设定。这一特点使得遗传算法的应用范围大大扩展。

（4）遗传算法不是采用确定性规则，而是采用概率的变迁规则来指导它的搜索方向。

（5）具有自组织、自适应和自学习性。遗传算法利用进化过程获得的信息自行组织搜索时，适应度大的个体具有较高的生存概率，并获得更适应环境的基因结构。

遗传算法的处理流程图如图6-1所示。

遗传算法首先将问题的每个可能的解按某种形式进行编码，编码后的解称为染色体（个体）。随机选取 N 个染色体构成初始种群，再根据预定的评价函数对每个染色体计算适应度，使得性能较好的染色体具有较高的适应度。选择适应度高的染色体进行复制，通过遗传算子选择、交叉（重组）、变异，来产生一群新的更适应环境的染色体，形成新的种群。这样一代一代不断系列、进化，通过这一过程使后代种群比前代种群更适应环境，末代种群中的最优个体经过解码，作为问题的最优解或近似最优解。

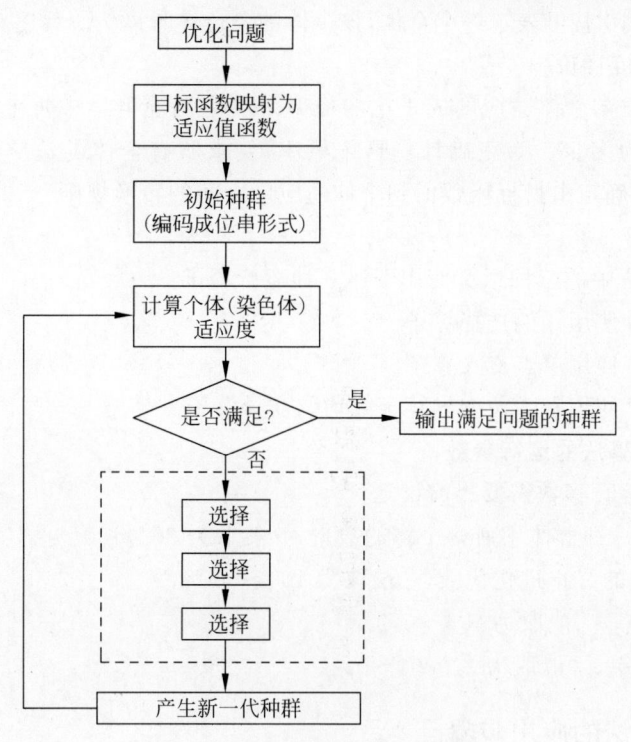

图 6-1　遗传算法的处理流程图

遗传算法中包含如下 5 个基本要素：问题编码、初始群体的设定、适应度函数、遗传操作设计、控制参数设定（主要是指群体大小和使用遗传操作的概率等）。上述 5 个要素构成了遗传算法的核心内容。

6.1.2　遗传算法的不足

遗传算法除了具有以上特点外，也具有自身的不足之处，主要表现在以下几个方面。

（1）编码不规范及编码存在表示的不准确性。

（2）单一的遗传算法编码不能全面地将优化问题的约束表示出来。考虑约束的一个方法就是对不可行解采用阈值，这样，计算的时间必然增加。

（3）遗传算法通常的效率比其他传统的优化方法低。

（4）遗传算法容易过早收敛。

（5）遗传算法在算法的精度、可行度、计算复杂性等方面，还没有有效的定量分析方法。

6.1.3　遗传算法的构成要素

遗传算法的主要构成要素主要有以下几种。

1. 染色体编码方法

基本遗传算法使用固定长度的二进制符号来表示群体的个体，其等位基因是由二值符号集{0,1}所组成的。初始个体的基因值可用均匀分布的随机值来生成，如 $x=$

100111001000010110 就可表示一个个体,该个体的染色体长度为 $n=18$。

2. 个体适应度评价

基本遗传算法与个体适应度成正比的概率来决定当前群体中每个个体遗传到下一代群体中的概率为多少。为正确计算这个概率,要求所有个体的适应度必须为正数或零。因此,必须先确定由目标函数值到个体适应度之间的转换规则。

3. 遗传算子

基本遗传算法中的三种运算使用下述三种遗传算子。

(1) 选择运算使用比例选择算子。

(2) 交叉运算使用单点交叉算子。

(3) 变异运算使用基本位变异算子或均匀变异算子。

4. 基本遗传算法的运行参数

有以下4种运行参数需要提前设定。

M:群体大小,即群体中所含个体的数量,一般取为 20~100。

G:遗传算法的终止进化代数,一般取为 100~500。

P_c:交叉概率,一般取为 0.4~0.9。

P_m:变异概率,一般取为 0.0001~0.1。

6.1.4 遗传算法的应用步骤

遗传算法操作简单、易懂,是其他一些遗传算法的雏形和基础,它不仅给各种遗传算法提供了一个基本框架,同时也具有一定的应用价值。其主要实现步骤如下。

1. 编码

把所需要选择的特征进行编号,每一个特征就是一个基因,一个解就是一串基因的组合。为了减少组合数量,在图像中进行分块,然后再把每一块看成一个基因进行组合优化的计算。每个解的基因数量是要通过实验确定的。

遗传算法不能直接处理问题空间的参数,必须把它们转换成遗传空间的由基因按一定结构组成的染色体或个体。这一转换操作就叫作编码,评估编码策略常采用以下三个规范。

(1) 完备性:问题空间中的所有点(候选解)都能作为 GA 空间中的点(染色体)表现。

(2) 健全性:GA 空间中的染色体能对应所有问题空间中的候选解。

(3) 非冗余性:染色体和候选解一一对应。

目前的几种常用的编码技术有二进制编码、浮点数编码、字符编码、变换编码等。

而二进制编码是目前遗传算法中最常用的编码方法,即由二进制字符集{0,1}产生通常的 0,1 字符串来表示问题空间的候选解,具有以下特点。

(1) 简单易行。

(2) 符合最小字符集编码原则。

(3) 便于用模式定理进行分析,因为模式定理就是以此为基础的。

2. 初始群体的生成

随机产生 N 个初始串结构数据,每个串结构数据称为一个个体。N 个个体构成一个群体。遗传算法以这 N 个初始串结构数据作为初始点开始迭代。这个参数 N 需要根据问题的规模而确定。进化论中的适应度,是表示某一个体对环境的适应能力,也表示该个体繁殖后代的能力。遗传算法的适应函数也叫评价函数,是用来判断群体中的个体的优劣程度的指标,它是根据所求问题的目标函数来进行评估的。遗传算法中初始群体中的个体是随机产生的。一般来讲,初始群体的设定可采取如下策略。

(1) 根据问题固有知识,设法把握最优解所占空间在整个问题空间中的分布范围,然后,在此分布范围内设定初始群体。

(2) 先随机生成一定数目的个体,然后从中挑出最好的个体加到初始群体中。这种过程不断迭代,直到初始群体中个体数达到了预先确定的规模。

3. 杂交

杂交操作是遗传算法中最主要的遗传操作。由交换概率挑选的每两个父代通过将相异的部分基因进行交换,从而产生新的个体,新个体组合了其父辈个体的特征。杂交体现了信息交换的思想。

4. 适应度函数

进化论中的适应度,是表示某一个体对环境的适应能力,也表示该个体繁殖后代的能力。遗传算法的适应度函数也叫评价函数,是用来判断群体中的个体的优劣程度的指标,它是根据所求问题的目标函数来进行评估的。

遗传算法在搜索进化过程中一般不需要其他外部信息,仅用评估函数来评估个体或解的优劣,并作为以后遗传操作的依据。由于遗传算法中,适应度函数要比较排序并在此基础上计算选择概率,所以适应度函数的值要取正值。由此可见,在不少场合,将目标函数映射成求最大值形式且函数值非负的适应度函数是必要的。

适应度函数的设计主要满足以下条件。

(1) 单值、连续、非负、最大化。
(2) 合理、一致性。
(3) 计算量小。
(4) 通用性强。

在具体应用中,适应度函数的设计要结合求解问题本身的要求而定。适应度函数设计直接影响到遗传算法的性能。

5. 选择

选择的目的是从交换后的群体中选出优良的个体,使它们有机会作为父代为下一代繁衍子孙。进行选择的原则是适应性强的个体为下一代贡献的概率大,体现了达尔文的适者生存法则。

6. 变异

变异首先在群体中随机选择一定数量的个体,对于选中的个体以一定的概率随机地改变串结构数据中某个基因的值。同生物界一样,遗传算法中变异发生的概率很低,通常取值为 0.001~0.01。变异为新个体的产生提供了机会。

7. 终止

终止的条件一般有以下三种情况。

(1) 给定一个最大的遗传代数,算法的迭代到最大代数时停止。

(2) 给定问题一个下界的计算方法,当进化中达到要求的偏差ε时,算法终止。

(3) 当监控得到的算法再进化已无法改进解的性能时停止。

6.1.5 遗传算法的应用领域

由于遗传算法的整体搜索策略和优化搜索方法在计算时不依赖于梯度信息或其他辅助知识,而只需要影响搜索方向的目标函数和相应的适应度函数,所以遗传算法提供了一种求解复杂系统问题的通用框架,它不依赖于问题的具体领域,对问题的种类有很强的鲁棒性,所以广泛应用于许多领域。下面介绍遗传算法的一些主要应用领域。

1. 函数优化

函数优化是遗传算法的经典应用领域,也是遗传算法进行性能评价的常用算例,许多人构造出了各种各样复杂形式的测试函数、连续函数和离散函数、凸函数和凹函数、低维函数和高维函数、单峰函数和多峰函数等。对于一些非线性、多模型、多目标的函数优化问题,用其他优化方法较难求解,而遗传算法可以方便地得到较好的结果。

2. 组合优化

随着问题规模的增大,组合优化问题的搜索空间也急剧增大,有时在目前的计算上用枚举法很难求出最优解。对这类复杂的问题,人们已经意识到应把主要精力放在寻求满意解上,而遗传算法是寻求这种满意解的最佳工具之一。实践证明,遗传算法对于组合优化中的 NP 问题非常有效。例如,遗传算法已经在求解旅行商问题、背包问题、装箱问题、图形划分问题等方面得到成功的应用。

此外,GA 也在生产调度问题、自动控制、机器人学、图像处理、人工生命、遗传编码和机器学习等方面获得了广泛的运用。

3. 车间调度

车间调度问题是一个典型的 NP-Hard 问题,遗传算法作为一种经典的智能算法广泛用于车间调度中,很多学者都致力于用遗传算法解决车间调度问题,现今也取得了十分丰硕的成果。从最初的传统车间调度(JSP)问题到柔性作业车间调度问题(FJSP),遗传算法都有优异的表现,在很多算例中都得到了最优或近优解。

6.2 遗传算法的分析

基本遗传算法只使用选择算子、交叉算子和变异算子三种基本遗传算子,操作简单,容易理解,是其他遗传算法的雏形和基础。

构成基本遗传算法的要素是染色体编码、具体适应度函数、遗传算子以及遗传参数设置等。

编码、适应度函数等概念在前面已做介绍,在此只介绍相关方法。

6.2.1 染色体的编码

遗传算法的工作对象是字符串,因此对字符串的编码有两点要求:一是字符串要反映所研究问题的性质;二是字符串的表达要便于计算机处理。

常用的编码方法有以下几种。

1. 二进制编码

二进制编码是遗传算法编码中最常用的方法。它是用固定长度的二进制符号$\{0,1\}$串来表示群体中的个体,个体中的每一位二进制字符称为基因。例如,长度为 10 的二进制编码可以表示 0~1023 这 1024 个不同的数。如果一个待优化变量的区间$[a,b]=[0,100]$,则变量的取值范围可以被离散成$(2^l)^p$个点,其中,l为编码长度,p为变量数目。离散点 0~100,依次对应于 0000000000~0001100100。

二进制编码中符号串的长度与问题的求解精度有关。如果变量的变化范围为$[a,b]$,编码度为$[a,b]$,则编码精度为$\dfrac{b-a}{2^l-1}$。

二进制编码、解码操作简单易行,杂交和变异等遗传操作便于实现,符合最小字符集编码原则,具有一定的全局搜索能力和并行处理能力。

2. 符号编码

符号编码是指个体染色体编码串中的基因值取自一个无数值意义而只有代码含义的符号集。这个符号集可以是一个字母表,如$\{A,B,C,D,\cdots\}$;也可以是一个数字序列,如$\{1,2,3,4,\cdots\}$;还可以是一个代码表,如$\{A_1,A_2,A_3,A_4,\cdots\}$;等等。

符号编码符合有意义的积木块原则,便于在遗传算法中利用所求问题的专业知识。

3. 浮点数编码

浮点数编码是指个体的每个基因用某一范围内的一个浮点数来表示。因为这种编码方法使用的是变量的真实值,所以也称为真值编码方法。

浮点数编码方法适合在遗传算法中表示范围较大的数,适用于精度要求较高的遗传算法,以便于在较大空间进行遗传搜索。

浮点数编码更接近于实际,并且可以根据实际问题来设计更有意义和与实际问题相关的交叉和变异算子。

4. 格雷编码

格雷编码是这样的一种编码,其连续的两个整数所对应的编码值之间只有一个码位是不同的,其余的则完全相同。例如,31 和 32 的格雷码为 010000 和 110000。格雷码与二进制编码之间有一定的对应关系。

设一个二进制编码为$B=b_m b_{m-1}\cdots b_2 b_1$,则对应的格雷码为$G=g_m g_{m-1}\cdots g_2 g_1$。

由二进制向格雷码的转换公式为

$$g_i = b_{i+1} \oplus b_i, \quad i=m-1, m-2, \cdots, 1$$

由格雷码向二进制编码的转换公式为

$$b_i = b_{i+1} \oplus g_i, \quad i=m-1, m-2, \cdots, 1$$

其中,$\oplus$表示"异与"算子,即运算时两数相同时取 0,不同时取 1。例如:

$$0 \oplus 0 = 1 \oplus 1 = 0, 0 \oplus 1 = 1 \oplus 0 = 1$$

使用格雷码对个体进行编码，编码串之间的一位差异，对应的参数值也只是微小的差异，这样与普通的二进制编码相比，格雷编码方法就相当于增强了遗传算法的局部搜索能力，便于对连续函数进行局部空间搜索。

6.2.2 适应度函数

与数学中的优化问题不同的是，适应度函数要求取的是极大值，而不是极小值，并且适应度函数具有非负性。

对于整个遗传算法影响最大的是编码和适应度函数的设计。好的适应度函数能够指导算法从非最优的具体进行最优个体，并且能够用来解决一些遗传算法中的问题，如过早收敛与过慢结束。

过早收敛是指算法在没有得到全局最优解前，就已稳定在某个局部解。其原因是某些个体的适应度值大于个体适应度的均值，在得到全局最优解前，它们就有可能被大量复制而占群体的大多数，从而使算法过早收敛到局部最优解，失去了找到全局最优解的机会。解决的方法是，压缩适应度的范围，防止过于适应的个体过早地在整个群体中占据统治地位。

过慢结束是指在迭代许多代后，整个种群已经大部分收敛，但是还没有得到稳定的全局最优解。其原因是整个种群的平均适应度值较高，而且最优个体的适应度值与全体适应度均值间的差异不大，使得种群进化的动力不足。解决的方法是，扩大适应度函数值的范围，拉大最优个体适应度值与群体适应度均值的距离。

通常适应度是费用、营利、方差等目标的表达式。在实际问题中，有时希望适应度越大越好，有时要求适应度越小越好。但在遗传算法中，一般是按最大值处理，而且不允许适应度小于零。

对于有约束条件的极值，其适应度可用惩罚函数方法处理。

例如，原来的极值问题为

$$\begin{cases} \max g(x) \\ \text{s.t.} \quad h_i(x) \leqslant 0, \quad i=1,2,\cdots,n \end{cases}$$

可转换为

$$\max g(x) - \gamma \sum_{i=1}^{n} \Phi\{h_i(x)\}$$

其中，γ 为惩罚系数；Φ 为惩罚函数，通常可采用平方形式，即

$$\Phi[h_i(x)] = h_i^2(x)$$

6.2.3 遗传算子

遗传算子就是遗传算法中进化的规则。基本遗传算法的遗传算子主要有选择算子、交叉算子和变异算子。

1. 选择算子

选择算子就是用来确定怎样从父代群体中按照某种方法，选择哪些个体作为子代的

遗传算子。选择算子建立在对个体的适应度进行评价的基础上,其目的是避免基因的缺失,提高全局收敛性和计算效率。选择算子是 GA 的关键,体现了自然界中适者生存的思想。

常用选择算子的操作方法有以下几种。

1) 赌轮选择法

此方法的基本思想是个体被选择的概率与其适应度值大小成正比。为此,首先要构造与适应度函数成正比的概率函数 $p_s(i)$:

$$p_s(i) = \frac{f(i)}{\sum_{i=1}^{n} f(i)}$$

其中,$f(i)$ 为第 i 个体适应度函数值;n 为种群规模。然后将每个个体按其概率函数 $p_s(i)$ 组成面积为 1 的一个赌轮。每转动一次赌轮,指针落入串 i 所占区域的概率即被选择复制的概率为 $p_s(i)$。当 $p_s(i)$ 较大时,串 i 被选中的概率大,但适应度值小的个体也有机会被选中,这样有利于保持群体的多样性。

2) 排序选择法

排序选择法是指在计算每个个体的适应度值后,根据适应度大小顺序对群体中的个体进行排序,然后按照事先设计好的概率表按序分配给个体,作为各自的选择概率。所有个体按适应度大小排序,选择概率和适应度无直接关系而仅与序号有关。

3) 最优保存策略

此方法的基本思想是希望适应度最好的个体尽可能保留到下一代群体中。其步骤如下。

(1) 找出当前群体中适应度最高的个体和适应度最低的个体。

(2) 如果当前群体中最佳个体的适应度比总的迄今为止最好个体的适应度还要高,则以当前群体中的最佳个体作为新的迄今为止的最好个体。

(3) 用迄今为止的最好个体作为当前群体中的最差个体。

该策略的实施可保证迄今为止得到的最优个体不会被交叉、变异等遗传算子破坏。

2. 交叉算子

交叉算子体现了自然界信息交换的思想,其作用是将原有群体的优良基因遗传给下一代,并生成包含更复杂结构的新个体。

交叉算子有一点交叉、二点交叉、多点交叉和一致交叉等。

1) 一点交叉

首先在染色体中随机选择一个点作为交叉点,然后在第一个父辈的交叉点前的串和第二个父辈交叉点后的串组合形成一个新的染色体,第二个父辈交叉点前的串和第一个父辈交叉点后的串形成另外一个新染色体。

在交叉过程的开始,先产生随机数并与交叉概率 p_c 比较,如果随机数比 p_c 小,则进行交叉运算;否则不进行,直接返回父代。

例如,下面两个串在第 5 位上进行交叉,生成的新染色体将替代它们的父辈而进入中间群体。

$$1010 \otimes xyxyyx \atop xyxy \otimes xxxyxy \Big\} \to {1010xxxyxy \atop xyxyxyxyyx}$$

2）二点交叉

在父代中选择好两个染色体后，选择两个点作为交叉点，然后将这两个染色体中的两个交叉点之间的字符串互换就可以得到两个子代的染色体。

例如，下面两个串选择第 5 位和第 7 位为交叉点，然后交换两个交叉点间的串就形成两个新的染色体。

$$1010 \otimes xy \otimes xyyx \atop xyxy \otimes xx \otimes xyxy \Big\} \to {1010xxxyxy \atop xyxyxyxyyx}$$

3）多点交叉

多点交叉与二点交叉相似。

4）一致交叉

在一致交叉中，子代染色体的每一位都是从父代相应位置随机复制而来的，而其位置则由一个随机生成的交叉掩码决定。如果掩码的某一位是 1，则表示子代的这一位是从第一个父代中的相应位置复制的，否则是从第二个父代中的相应位置复制的。

例如，下面的父代按相应的掩码进行一致交叉：

$$\begin{matrix}父代 1 & 1010xyxyyx \\ 父代 2 & xyxyxxxyxy \\ 掩码 & 1001011100\end{matrix}\Big\} \to 1yx0xyxyxy$$

3. 变异算子

变异算子是遗传算法中保持特种多样性的一个重要途径，它模拟了生物进化过程中的偶然基因突变现象。其操作过程是，先以一定概率从群体中随机选择若干个体，然后对于选中的个体，随机选取某一位进行反运算，即由 1 变为 0，0 变为 1。

同自然界一样，每一位发生变异的概率是很小的，一般为 0.001~0.1；如果过大，会破坏许多优良个体，也可能无法得到最优解。

GA 的搜索能力主要是由选择算子和交叉算子赋予的。变异算子则保证了算法能搜索到问题解空间的每一点，从而使算法具有全局最优，进一步增强了 GA 的能力。

对产生的新一代群体进行重新评价选择、交叉和变异。如此循环往复，使群体中最优个体的适应度和平均适应度不断提高，直到最优个体的适应度达到某一限值或最优个体的适应度和群体的平均适应度不断提高，则迭代过程收敛，算法结束。

6.3　控制参数的选择

GA 中需要选择的参数主要有串长 l、群体大小 n、交叉概率 p_c 以及变异概率 p_m 等。这些参数对 GA 的性能影响较大。

1. 串长 l

串长的选择取决于特定问题解的精度。要求精度越高，串长越长，但需要更多的计算时间。为了提高运行效率,可采用变长度串的编码方式。

2. 群体大小 n

群体大小的选择与所求问题的非线性程度相关,非线性越大,n 越大。n 越大,则可以含有较多的模式,为遗传算法提供了足够的模式采样容量,提高遗传算法的搜索质量,防止成熟前收敛,但也增加了计算量。一般建议取 $n=20\sim200$。

3. 交叉概率 p_c

交叉概率控制着交叉算子的使用频率。在每一代新群体中,需要对 $p_c\times n$ 个个体的染色体结构进行交叉操作。交叉概率越高,群体中新结构的引入就越快,同时,已是优良基因的丢失速率也相应地最高;交叉概率太低,则可能导致搜索阻滞。一般取 $p_c=0.6\sim10$。

4. 变异概率 p_m

变异概率是群体保持多样性的保障。变异概率太低,可能使某些基因位过早地丢失信息而无法恢复;变异概率太高,则遗传算法将变成随机搜索。一般取 $p_m=0.005\sim0.05$。

在简单遗传算法或标准遗传算法中,这些参数是不变的。但事实上这些参数的选择取决于问题的类型,并且需要随着遗传进程而自适应变化。只有这种自组织性能的 GA 才能具有更高的鲁棒性、全局最优性和效率。

6.4 遗传算法的 MATLAB 实现

在 MATLAB 中,有提供相关函数用于实现遗传算法,下面直接通过实例来演示。

【例 6-1】 一个化工厂生产两种产品 x_1 和 x_2,每个产品的利润:x_1 为 2 元,x_2 为 4 元。而生产一个 x_1 产品需要 4 单位 A 种原料和 2 单位 B 种原料,生产一个 x_2 产品需要 6 单位 A 种原料和 6 单位 B 种原料及 1 单位 C 种原料。现有的三种原料数量分别为:A 种原料为 120 单位,B 种原料为 72 单位,C 种原料为 10 单位。在此条件下,工厂的管理人员应如何设计生产可使工厂的利润达到最大?

解析:此系统可以归结为一个线性规划模型。

目标函数:$\max:f(x)=2x_1+4x_2$

约束条件:

$$4x_1+6x_2\leqslant 120$$

$$2x_1+6x_2\leqslant 72$$

$$x_2\leqslant 10$$

$$x_1,x_2\geqslant 0$$

现用模式搜索工具求解。

首先编写目标函数并以 func4.m 文件名存盘:

```
function y = func1(x)
y = -(2*x(:,1)+4*x(:,2));              %转换为求极大
```

然后,在 MATLAB 工作窗口中输入:

```
>> optimtool('ga')
```

打开模式搜索工具 GUI,并在 objective function 窗格中输入@func1,在 Start point 窗格中输入[00],在 Linear inequalities 选项中设置"A="为[46;26;01],"b="为[120;72;10],在 Linear equalities 选项中设置 Aeq 为[ ],"beq="为[ ],在 Bounds 选项中设置 Lower 为 zeros(2,1),Upper 为[ ],其他参数选默认值。单击 Start 按钮,运行模式搜索,算法结束后,在 Run solver and view results 文本框中显示算法运行的状态和结果:

```
Optimization running.
Optimization terminated.
Objective function value: - 64.0
Optimization terminated: current mesh size 9.5367e - 007 is less than 'TolMesh'.
final point
1    2
24   4
```

从结果中可看出,迭代 44 次,便可得到满意的结果,即 $x_1=24, x_2=4$ 时,其最大利润为 64 元。

6.5 遗传算法的寻优计算

遗传算法是对参数的编码进行操作,而非对参数本身;遗传算法同时使用多个搜索点的搜索信息,即遗传算法从由很多个体组成的一个初始群体开始最优解的搜索过程;遗传算法直接以目标函数作为搜索信息;遗传算法的选择、交叉和变异等运算都是以一种概率的方式来进行的;遗传算法对于待寻优函数基本无限制;遗传算法具有并行计算的特点,因而可适合大规模复杂问题的优化。

基于遗传算法的有约束的线性方程的最优值寻优,选取如下所示的目标函数(最小值):

$$5x_1 + 4x_2 + 6x_3$$

对于该目标函数,相应的约束为

$$x_1 - x_2 + x_3 \leqslant 20$$
$$3x_1 + 2x_2 + 4x_3 \leqslant 42$$
$$3x_1 + 2x_2 \leqslant 30$$
$$x_1, x_2, x_3 \leqslant 0$$

该方程有三个变量,对于一般的优化软件能够实现迅速地求解,基于约束的函数极值寻优算法,采用遗传算法对该有约束函数极值寻优。根据需要,建立目标函数为

```
function y = func2(x)
y = - 5 * x(1) - 4 * x(2) - 6 * x(3);
y = - y;
end
```

采用 GA 算法实现函数的寻优计算，主程序代码为

```matlab
>> clear all;
warning off                                              % 参数初始化
popsize = 100;                                           % 种群规模
lenchrom = 3;                                            % 染色体长度
pc = 0.7;                                                % 交叉概率
pm = 0.3;                                                % 变异概率
maxgen = 100;                                            % 最大迭代代数
popmax = 50; popmin = 0;
bound = [popmin popmax;popmin popmax;popmin popmax];     % 变量范围
% 生成初始解
for i = 1:popsize
     GApop(i,:) = Code(lenchrom,bound);                  % 产生初始种群
     fitness(i) = fun8_1(GApop(i,:));                    % 计算适应度
end
[bestfitness bestindex] = min(fitness);
zbest = GApop(bestindex,:);
gbest = GApop;
fitnessgbest = fitness;
fitnesszbest = bestfitness;                              % 迭代寻优

for i = 1:maxgen
 GApop = Select2(GApop,fitness,popsize);
 GApop = Cross(pc,lenchrom,GApop,popsize,bound);         % 交叉操作
 GApop = Mutation(pm,lenchrom,GApop,popsize,[i,maxgen],bound);
 % 变异操作
pop = GApop;
for j = 1:popsize
     if 1.0 * pop(j,1) - 1.0 * pop(j,2) + 1.0 * pop(j,3)<= 20
         if 3 * pop(j,1) + 2 * pop(j,2) + 4 * pop(j,3)<= 42
             if 3 * pop(j,1) + 2 * pop(j,2)<= 30
                 fitness(j) = func2(pop(j,:));           % 适应度值
             end
         end
     end
     if fitness(j)< fitnessgbest                         % 个体最优更新
         gbest(j,:) = pop(j,:);
         fitnessgbest = fitness(j);
     end
     if fitness(j)< fitnesszbest                         % 种群最优更新
         zbest = pop(j,:);
         fitnesszbest = fitness(j);
     end
end
yy(i) = fitnesszbest;
end                                                      % 结果
disp '---------- 最佳粒子数 ----------'
zbest
plot(yy,'linewidth',2);
title(['适应度曲线' '终止代数 = ' num2str(maxgen)]);
xlabel('进化代数');
ylabel('适应度');
grid on
```

运行程序,输出如下,效果如图 6-2 所示。

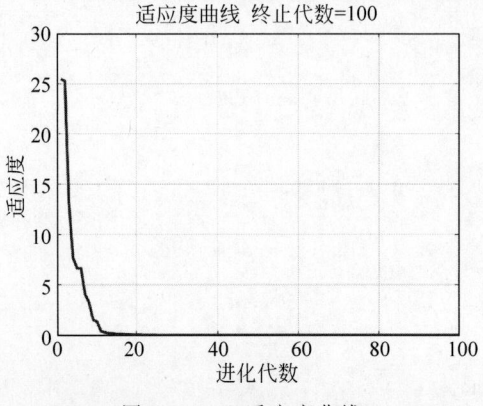

```
---------- 最佳粒子数 ----------
zbest =
   1.0e - 04 *
     0.0690    0.2094    0.0767
```

图 6-2　GA 适应度曲线

在以上主程序中,调用到几个自定义编写的函数,分别如下。

(1) 染色体编码算法函数 Code,源代码如下。

```
function ret = Code(lenchrom, bound)
% 将变量编码为染色体, 随机初始化一个群体
flag = 0;
while flag == 0
    pick = rand(1, lenchrom);
    ret = bound(:,1)' + (bound(:,2) - bound(:,1))'. * pick;
    flag = test(lenchrom, bound, ret);
end
```

(2) 选择算子函数 Select2,源代码如下。

```
function ret = Select2 (individuals, fitness, sizepop)
% 对每一代个体进行选择, 以进行后面的交叉和变异
fitness = 1./fitness;
sumfitness = sum(fitness);
sumf = fitness./sumfitness;
index = [];
% 转 100 次转盘, 选择个体
for i = 1:sizepop
    pick = rand;
    while pick == 0;
        pick = rand;
    end
    for j = 1:sizepop
        pick = pick - sumf(j);
        if pick < 0
            index = [index j];
```

```
                %落入区间的个体被选择和可能重复地选择某些个体
                break;
            end
        end
end
individuals = individuals(index, :);
fitness = fitness(index);
ret = individuals;
```

(3) 交叉算子函数 CrossGA,源代码如下。

```
function ret = CrossGA(pcross, lenchrom, chrom, sizepop, bound)
    for i = 1:sizepop
        %随机选择两个个体的染色体进行交叉
            pick = rand(1,2);
            if prod(pick) == 0
                pick = rand(1,2);
            end
            index = ceil(pick. * sizepop);
            %决定是否交叉
            pick = rand;
            while pick == 0
                pick = rand;
            end
            if pick > pcross          %小于交叉函数,交叉
                continue;
            end
            flag = 0;
            while flag == 0
                pick = rand;
                while pick == 0
                    pick = rand;
                end
                %选交叉的位置,对于两个个体的染色体,交叉位置相同
                pos = ceil(pick * lenchrom);
                pick = rand;
                v1 = chrom(index(1), pos);
                v2 = chrom(index(2), pos);
                chrom(index(1), pos) = pick * v2 + (1 - pick) * v1;
                chrom(index(2), pos) = pick * v1 + (1 - pick) * v2;
                flag1 = test(lenchrom, bound, chrom(index(1),:));   %检验交叉的可行性
                flag2 = test(lenchrom, bound, chrom(index(2),:));
                if flag1 * flag2 == 0      %不可行,重新交叉
                    flag = 0;
                else flag = 1;
                end
            end
        end
    end
ret = chrom;
```

(4) 检验染色体可行性函数 test, 源代码如下。

```matlab
function flag = test(lenchrom, bound, code)
% 初始变量
[n,m] = size(code);
flag = 1;
[n,m] = size(code);
for i = 1:n
    if code(i)< bound(i,1)||code(i)> bound(i,2)
        flag = 0;
    end
end
```

(5) 变异算子函数 Mutation, 源代码如下。

```matlab
function ret = Mutation(pmutation, lenchrom, chrom, sizepop, pop, bound)
% 本函数完成变异操作
for i = 1:sizepop
    pick = rand;
    while pick == 0
        pick = rand;
    end
    pick = rand;
    if pick > pmutation          % 变异概率是否进行
        continue;                % 变异概率不进行
    end
    % 变异概率进行
    flag = 0;
    while flag == 0
        pick = rand;
        while pick == 0
            pick = rand;
        end
        % 随机选择位置
        pos = ceil(pick * lenchrom);
        v = chrom(i,pos);        % 获得当前群体的第 i 个个体的第 pos 位置
        v1 = v - bound(pos,1);
        v2 = bound(pos,2) - v;
        pick = rand;
        % 变异
        if pick > 0.5
            delta = v2 * (1 - pick^((1 - pop(1)/pop(2))^2));
            chrom(i,pos) = v + delta;
        else
            delta = v1 * (1 - pick^((1 - pop(1)/pop(2))^2));
            chrom(i,pos) = v - delta;
        end
        flag = test(lenchrom, bound, chrom(i,:));
    end
end
ret = chrom;
```

6.6 遗传算法求极大值

利用遗传算法求 Rosenbrock 函数的极大值 $\begin{cases} f(x_1,x_2)=100(x_1^2-x_2)^2+(1-x_1)^2 \\ -2.048 \leqslant x_i \leqslant 2.048, (i=1,2) \end{cases}$。

该函数有两个局部极大点，分别是 $f(2.048,-2.048)=3897.7342$ 和 $f(-2.048,-2.048)=3905.92622$，其中后者为全局最大点。

函数 $f(x_1,x_2)$ 的三维图形如图 6-3 所示，可发现该函数在指定的定义域上有两个接近的极点，即一个全局极大值和一个局部极大值。因此，采用遗传算法求极大值时，需要避免陷入局部最优解。

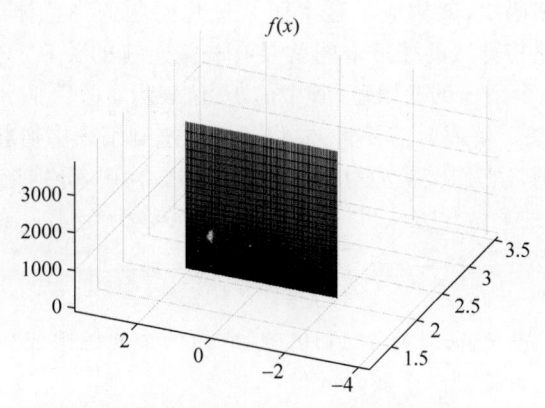

图 6-3 函数 $f(x_1,x_2)$ 的三维图形

其实现的 MATLAB 代码如下。

```
>> clear all;
x_min = -2.048;
x_max = 2.048;
L = x_max - x_min;
N = 101;
for i = 1:N
    for j = 1:N
        x1(i) = x_min + L/(N-1) * (j-1);         % 在x1轴上取100点
        x2(j) = x_min + L/(N-1) * (j-1);         % 在x2轴上取100点
        fx(i,j) = 100 * (x1(i)^2 - x2(j))^2 + (1 - x1(i))^2;
    end
end
figure;
surf(x1,x2,fx);title('f(x)');
display('极大值 fx = ');
disp(max(max(fx)));
```

运行程序，输出如下。

```
极大值 fx =
   3.9059e + 03
```

6.6.1 二进制编码求极大值

采用二进制编码遗传算法求函数极大值,其构造过程如下。

(1) 确定决策变量和约束条件。

(2) 建立优化模型。

(3) 确定编码方法。用长度为 10 位的二进制编码串来分别表示两个决策变量 x_1,x_2。10 位二进制编码串可以表示 0~1023 这 1024 个不同的数,因此将 x_1,x_2 的定义域离散化为 1023 个均等的区域,包括两个端点在内共有 1024 个不同的离散点。从离散点 -2.048 到离散点 2.048,依次让它们分别对应于从 0000000000(0) 到 1111111111(1023) 的二进制编码。再将分别表示 x_1,x_2 的两个 10 位长的二进制编码串连接在一起,组成一个 20 位长的二进制编码串,就构成了这个函数优化问题的染色体编码方法。使用这种编码方法,解空间和遗传算法的搜索空间就具有一一对应的关系。例如,x:0000110111 1101110001 就表示一个个体的基因型,其中前 10 位表示 x_1,后 10 位表示 x_2。

(4) 确定解码方法。解码时需要将 20 位长的二进制编码串切断为两个 10 位长的二进制编码串,然后分别将它们转换为对应的十进制整数代码,分别记为 y_1 和 y_2。由个体编码方法和对定义域的离散化方法可知,将代码 y_i 转换为变量 x_i 的解码公式为

$$x_i = 4.096 \times \frac{y_i}{1023} - 2.048 \quad (i=1,2)$$

例如,对个体 x:0000110111 1101110001,它由两个代码组成 $y_1=55$,$y_2=881$。上述两个代码经解码后,可得到两个实际的值:

$$x_1 = -1.828, \quad x_2 = 1.476$$

(5) 确定个体评价方法。由于 Rosenbrock 函数的值域总是非负的,并且优化目标是求函数的最大值,因此可将个体的适应度直接取为对应的目标函数值,即

$$F(x) = f(x_1, x_2)$$

选个体适应度的倒数作为目标函数。

(6) 设计遗传算子。选择运算使用比例选择算子,交叉运算使用单点交叉算子,变异运算使用基本位变异算子。

(7) 确定遗传算法的运行参数:群体大小 $M=500$,终止进化代数 $G=300$,交叉概率 $P_c=0.80$,变异概率 $P_m=0.10$。

上述 7 个步骤构成了用于求 Rosenbrock 函数极大值优化计算的二进制编码遗传算法。经过 100 步迭代,最佳样本为 BestS=[0 0 0 0 0 0 0 0 0 0 0 0 0 0 0 0 0 0 0 0],即当 $x_1=-2.048$,$x_2=-2.048$ 时,Rosenbrock 函数具有极大值,极大值为 3905.9。

其实现的 MATLAB 代码如下。

```
>> clear all;
Size = 500;
G = 300;
CodeL = 10;
umax = 2.048;
umin = - 2.048;
```

```matlab
E = round(rand(Size, 2 * CodeL));                    % 初始化代码
% 主程序
for k = 1:G
    time(k) = k;
    for s = 1:Size
        m = E(s,:);
        y1 = 0; y2 = 0;
        % 解码
        m1 = m(1:1:CodeL);
        for i = 1:CodeL
            y1 = y1 + m1(i) * 2^(i-1);
        end
        x1 = (umax - umin) * y1/1023 + umin;
        m2 = m(CodeL + 1:2 * CodeL);
        for i = 1:CodeL
            y2 = y2 + m2(i) * 2^(i-1);
        end
        x2 = (umax - umin) * y2/1023 + umin;

        F(s) = 100 * (x1^2 - x2)^2 + (1 - x1)^2;
    end
    Ji = 1./F;

    % 步骤1: 评估极大值
    BestJ(k) = min(Ji);
    fi = F;
    [Oderfi, Indexfi] = sort(fi);                    % 从小到大排序
    Bestfi = Oderfi(Size);
    BestS = E(Indexfi(Size),:);
    bfi(k) = Bestfi;

    % 步骤2: 选择和重操作
    fi_sum = sum(fi);
    fi_Size = (Oderfi/fi_sum) * Size;
    fi_S = floor(fi_Size);                           % 选择更大的 fi 值
    r = Size - sum(fi_S);
    Rest = fi_Size - fi_S;
    [RestValue, Index] = sort(Rest)
    for i = Size: -1:Size - r + 1
        fi_S(Index(i)) = fi_S(Index(i)) + 1;
    end

    kk = 1;
    for i = 1:Size
        for j = 1:fi_S(i)                            % 选择和重建
            TempE(kk,:) = E(Indexfi(i),:);
            kk = kk + 1;
        end
    end
    E = TempE;

    % 步骤3: 交叉操作
    pc = 0.8;
```

```
            n = ceil(20 * rand);
        for i = 1:2:(Size - 1)
            temp = rand;
            if pc > temp;     % 交叉条件
                for j = n:1:20
                    TempE(i, j) = E(i + 1, j);
                    TempE(i + 1, j) = E(i, j);
                end
            end
        end
        TempE(Size, :) = BestS;
        E = TempE;

        % 步骤 4: 变异操作
        pm = 0.1;
        for i = 1:Size
            for j = 1:2 * CodeL
                temp = rand;
                if pm > temp     % 变异条件
                    if TempE(i, j) == 0
                        TempE(i, j) = 1;
                    else
                        TempE(i, j) = 0;
                    end
                end
            end
        end
        TempE(Size, :) = BestS;
        E = TempE;
end
Max_Value = Bestfi
BestS
x1, x2
figure;plot(time, BestJ);
xlabel('时间');ylabel('极大值 J');
figure;plot(time, bfi);
xlabel('时间');ylabel('极大值 F');
```

运行程序,输出如下,效果如图 6-4 和图 6-5 所示。

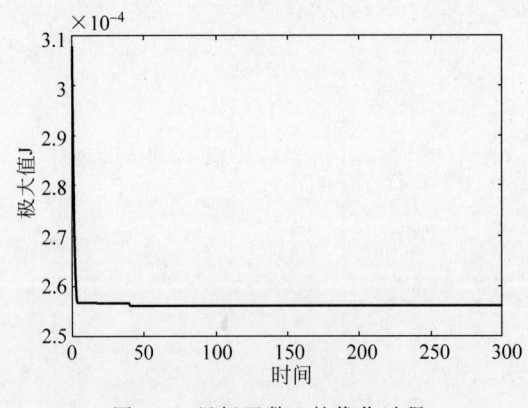

图 6-4 目标函数 J 的优化过程

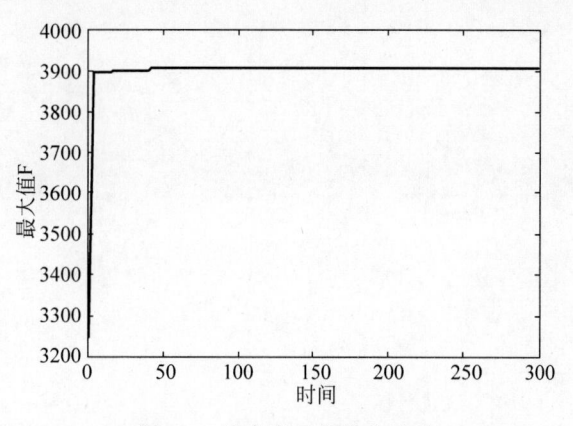

图 6-5　适应度 F 的优化过程

由仿真结果可知,随着进化过程的进行,群体中适应度较低的一些个体被逐渐淘汰掉,而适应度较高的一些个体会越来越多,并且它们都集中在所求问题的最优点附近,从而搜索到问题的最优解。

6.6.2　实数编码求极大值

采用实数编码遗传算法求得极大值,其设计步骤如下。
(1) 确定决策变量和约束条件。
(2) 建立优化模型。
(3) 确定编码方法。用两个实数分别表示两个决策变量 x_1, x_2,分别将 x_1, x_2 的定义域离散化为从离散点 -2.048 到离散点 2.048 的 Size 个实数。
(4) 确定个体评价方法。个体的适应度直接取为对应的目标函数值,即

$$F(x) = f(x_1, x_2)$$

可选个体适应度的倒数作为目标函数:

$$J(x) = \frac{1}{F(x)}$$

(5) 设计遗传算子。选择运算使用比例选择算子,交叉运算使用单点交叉算子,变异运算使用基本位变异算子。
(6) 确定遗传算法的运行参数。群体大小 $M=500$,终止进化代数 $G=500$,交叉概率 $P_c=0.90$,变异概率 $P_m=0.10-[1:\text{Size}]\times 0.01/\text{Size}$,即变异概率与适应度有关,适应度越小,变异概率越大。

上述 6 个步骤构成了用于求 Rosenbrock 函数极大值的优化计算的实数编码遗传算法。采用填制编码求函数极大值,经过 200 步迭代,最佳样本为 BestS$=[-2.0438,-2.044]$,最优值为 $x_1=-2.0438$。

其实现的 MATLAB 代码如下。

```
>> clear all;
Size = 500;
CodeL = 2;
```

```matlab
MinX(1) = -2.048;
MaxX(1) = 2.048;
MinX(2) = -2.048;
MaxX(2) = 2.048;
E(:,1) = MinX(1) + (MaxX(1) - MinX(1)) * rand(Size,1);
E(:,2) = MinX(2) + (MaxX(2) - MinX(2)) * rand(Size,1);
G = 500;
BsJ = 0;

% 运行开始
for kg = 1:G
    time(kg) = kg;
    % 步骤 1: 评估优化目标函数 J
    for i = 1:Size
        xi = E(i,:);
        x1 = xi(1);
        x2 = xi(2);
        F(i) = 100 * (x1^2 - x2)^2 + (1 - x1)^2;
        Ji = 1./F;
        BsJi(i) = min(Ji);
    end
    [OderJi,IndexJi] = sort(BsJi);
    BestJ(kg) = OderJi(1);
    BJ = BestJ(kg);
    BJ = BsJi + 1e - 10;   % 避免分零
    fi = F;
    [Oderfi,Indexfi] = sort(fi); % 从小到大排序
    Bestfi = Oderfi(Size);
    BestS = E(Indexfi(Size),:);
    bfi(kg) = Bestfi;

    % 步骤 2: 选择和重建
    fi_sum = sum(fi);
    fi_Size = (Oderfi/fi_sum) * Size;
    fi_S = floor(fi_Size);   % 选择更大的 fi 值
    r = Size - sum(fi_S);
    Rest = fi_Size - fi_S;
    [RestValue,Index] = sort(Rest)
    for i = Size: -1:Size - r + 1
        fi_S(Index(i)) = fi_S(Index(i)) + 1;
    end
    k = 1;
    for i = Size: -1:1   % 选择尺寸和重建
        for j = 1:fi_S(i)
            TempE(k,:) = E(Indexfi(i),:);
            k = k + 1;
        end
    end
    E = TempE;

    % 步骤 3: 交叉操作
    pc = 0.90;
```

```
        for i = 1:2:(Size - 1)
                temp = rand;
                if pc > temp;    % 交叉条件
                        alfa = rand;
                        TempE(i,:) = alfa * E(i + 1,:) + (1 - alfa) * E(i,:);
                        TempE(i + 1,:) = alfa * E(i,:) + (1 - alfa) * E(i + 1,:);
                end
        end
        TempE(Size,:) = BestS;
        E = TempE;

        % 步骤 4: 变异操作
        Pm = 0.1 - [1:1:Size] * (0.01)/Size;
        Pm_rand = rand(Size,CodeL);
        Mean = (MaxX + MinX)/2;
        Dif = (MaxX - MinX);
        for i = 1:Size
                for j = 1:CodeL
                        if Pm(i)> Pm_rand(i,j)    % 变异条件
                                TempE(i,j) = Mean(j) + Dif(j) * (rand - 0.5);
                        end
                end
        end
        TempE(Size,:) = BestS;
        E = TempE;
end
BestS,Bestfi

figure;plot(time,BestJ,'k');
xlabel('时间');ylabel('极大值 J');
figure;plot(time,bfi);
xlabel('时间');ylabel('极大值 F');
```

运行程序,输出如下,效果如图 6-6 和图 6-7 所示。

```
BestS =
    - 2.0480    - 2.0475
Bestfi =
    3.9051e + 03
```

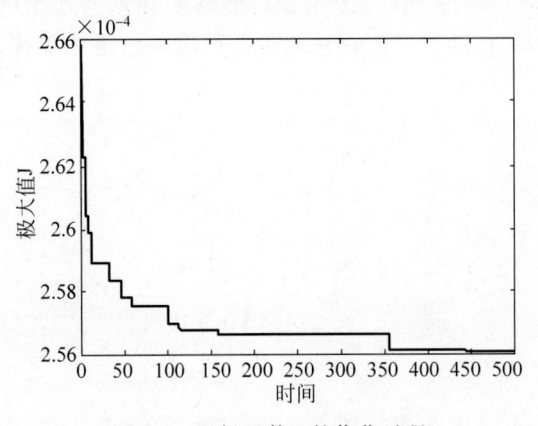

图 6-6 目标函数 J 的优化过程

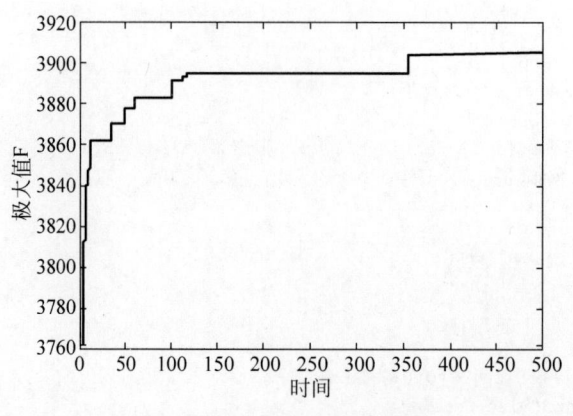

图 6-7 适应度 F 的优化过程

由以上仿真结果可知,采用实数编码的遗传算法搜索效率低于二进制遗传算法。

6.7 基于 GA_PSO 算法的寻优

PSO 算法计算函数极值时,常常出现早熟现象,导致求解函数极值存在较大的偏差,然而遗传算法对于函数寻优采用选择、交叉和变异算子操作,直接以目标函数作为搜索信息,以一种概率的方式来进行,因此增强了粒子群优算法的全局寻优能力,加快了算法的进化速度,提高了收敛精度。

基于遗传算法优化的粒子群算法的线性方程的最优值寻优,选取如下所示的目标函数(最小值):

$$5x_1 + 4x_2 + 6x_3$$

对于该目标函数,相应的约束为

$$x_1 - x_2 + x_3 \leqslant 20$$
$$3x_1 + 2x_2 + 4x_3 \leqslant 42$$
$$3x_1 + 2x_2 \leqslant 30$$
$$x_1, x_2, x_3 \leqslant 0$$

该方程有三个变量,对于一般的优化软件能够实现迅速地求解,基于约束的函数极值寻优算法,采用遗传优化的粒子群算法对该有约束函数极值寻优,其实现的 MATLAB 代码如下。

```
>> clear all;
warning off
% 参数初始化
% 粒子群算法中的两个参数
c1 = 1.49445;
c2 = 1.49445;
maxgen = 100;                    % 进化次数
sizepop = 200;                   % 种群规模
% 粒子更新速度
Vmax = 1;
```

```matlab
Vmin = -1;
% 种群
popmax = 50;
popmin = -50;
par_num = 7;
% 产生初始粒子和速度
for i = 1:sizepop
    % 随机产生一个种群
    pop(i,:) = 1.*rands(1,par_num);         % 初始种群
    V(i,:) = 1.*rands(1,par_num);           % 初始化速度
    % 计算适应度
    fitness(i) = fun8_1(pop(i,:));          % 染色体的适应度
end
% 找最好的适应度值
[bestfitness bestindex] = min(fitness);
zbest = pop(bestindex,:);                    % 全局最佳
gbest = pop;                                 % 个体最佳
fitnessgbest = fitness;                      % 个体最佳适应度值
fitnesszbest = bestfitness;                  % 全局最佳适应度值

% 迭代寻优
for i = 1:maxgen
    i
    for j = 1:sizepop
        % 速度更新
        V(j,:) = V(j,:) + c1*rand*(gbest(j,:) - pop(j,:)) + c2*rand*(zbest - pop(j,:));
        V(j,find(V(j,:)>Vmax)) = Vmax;
        V(j,find(V(j,:)<Vmin)) = Vmin;
        % 种群更新
        pop(j,:) = pop(j,:) + 0.5*V(j,:);
        pop(j,find(pop(j,:)>popmax)) = popmax;
        pop(j,find(pop(j,:)<popmin)) = popmin;
        % 自适应变异
        if rand > 0.8
            k = ceil(par_num*rand);
            pop(j,k) = rand;
        end
        % 适应度值
        if 0.072*pop(j,1) + 0.063*pop(j,2) + 0.057*pop(j,3) + 0.05*pop(j,4) + 0.032*...
pop(j,5) + 0.0442*pop(j,6) + 0.0675*pop(j,7)<= 264.4
            if 128*pop(j,1) + 78.1*pop(j,2) + 64.1*pop(j,3) + 43*pop(j,4) + 58.1*...
pop(j,5) + 36.9*pop(j,6) + 50.5*pop(j,7)<= 69719
                fitness(j) = fun8_1(pop(j,:));
            end
        end
        % 个体最优更新
        if fitness(j) < fitnessgbest(j)
            gbest(j,:) = pop(j,:);
            fitnessgbest(j) = fitness(j);
        end
        % 群体最优更新
        if fitness(j) < fitnesszbest
```

```
                    zbest = pop(j,:);
                    fitnesszbest = fitness(j);
            end
    end
    yy(i) = fitnesszbest;
end
% 结果
disp('------------ 最佳粒子数 --------------- ')
zbest
%%
plot(yy,'linewidth',2);
title(['适应度曲线  ''终止代数 = 'num2str(maxgen)]);
xlabel('进化代数');ylabel('适应度');
grid on
```

运行程序,输出如下,效果如图 6-8 所示。

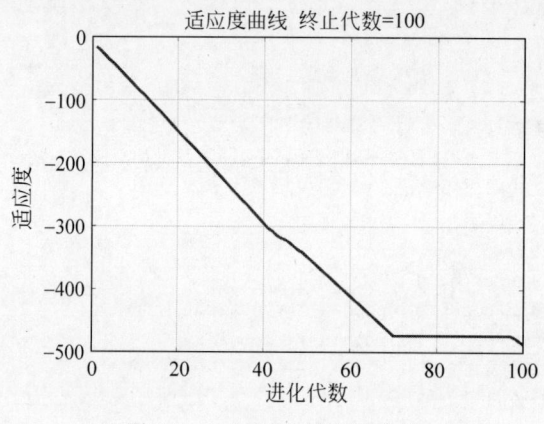

```
------------ 最佳粒子数 ---------------
zbest =
  - 30.7017   - 35.1902   - 31.9476    3.2307    2.4009    1.4897    5.2674
```

图 6-8 GA_PSO 适应度曲线

6.8 GA 的旅行商问题求解

TSP 是一个典型的、易于描述却难于处理的 NP 完全问题,是许多领域内出现的多种复杂问题的集中概述和简化形式。对于 TSP 问题,没有确定的算法能够在多项式时间内得到问题的解。因此,有效地解决 TSP 问题,在可计算理论上具有重要的理论意义,同时具有重要的实际应用价值。基于遗传算法的旅行商问题求解,借助遗传算法在 TSP 问题最优路径的求取过程中通过选择适当的交叉算子、变异算子,能够使得求解结果收敛到最优值或次优值。

6.8.1 定义 TSP

TSP 问题从描述上看是一个非常简单的问题,给定 n 个城市和各城市之间的距离,寻找一条遍历所有城市且每个城市只被访问一次的路径,并保证总路径的距离最短。其数学描述如下。

设 $G=(V,E)$ 为赋权图,$V=\{1,2,\cdots,n\}$ 为顶点集,E 为边集,各顶点间距离为 C_{ij},已知 $C_{ij}>0,i,j\in V$,并设:

$$x_{ij}=\begin{cases}1, & \text{在最优路径上}\\ 0, & \text{其他}\end{cases}$$

那么 TSP 问题的数学模型为

$$\begin{cases}\min Z=\sum_{i\neq j}c_{ij}x_{ij}\\ \text{s.t.}\quad\sum_{j\neq i}x_{ij}=1, & j\in v\\ \quad\sum_{i\neq j}x_{ij}=1, & j\in v\\ \quad\sum_{i,j\in R}x_{ij}\leqslant |K|-1, & k\subset v\\ \quad x_{ij}=\{0,1\}, & i,j\in v\end{cases}$$

其中,K 是 V 的全部非空子集,$|K|$ 为集合 K 中包含图 G 的全部顶点的个数。

6.8.2 遗传算法的 TSP 算法步骤

遗传算法求解 TSP 的基本步骤主要如下。

1. 种群初始化

个体编码方法有二进制编码和实数编码,在解决 TSP 问题过程中个体编码方法为实数编码。对于 TSP 问题,实数编码为 $1\sim n$ 的实数的随机排列,初始化的参数有种群个数 M、染色体基本个数 N(即城市的个数)、迭代次数 C、交叉概率 P_c 和变异概率 P_m。

2. 适应度函数

在 TSP 问题中,对于任意两个城市之间的距离 $D(i,j)$ 已知,每个染色体(即 n 个城市的随机排列)可计算出总距离,因此可将一个随机全排列的总距离的倒数作为适应度函数,即距离越短,适应度函数越好,满足 TSP 要求。

3. 选择操作

遗传算法选择操作有轮船赌法、锦标赛法等多种方法,在此采用基于适应度比例的选择策略,即适应度越好的个体被选择的概率越大,同时在选择中保存适应度最高的个体。

4. 交叉操作

遗传算法中交叉操作有多种方法。此处对于个体,随机选择两个个体,在对应位置交换若干个基因片段,同时保证每个个体依然是 $1\sim n$ 的随机排列,防止进入局部收敛。

5. 变异操作

对于变异操作,随机选取个体,同时随机选取个体的两个基因进行交换以实现变异操作。

6.8.3 地图 TSP 的求解

MATLAB 遗传工具箱自带 TSP 学习演示,在 MATLAB 中输入"travel"可实现旅行商的动画视图。

```
>> clear all;
>> travel
```

其基板为美国地图,其中 30 个城市的交通网络,该 GUI 窗口中有很多的城市可选择。从该 GUI 软件可看出 TSP 求解的动态响应过程,全面而直观地看到 TSP 求解的过程演示。

对于城市数量的增多,求解的速度相应减慢,求解也更复杂,但是程序的思路是一样的。

一般对于城市的个数是可以任意设定的,依据现有的地图城市坐标来做,可能数量可以设定为一系列数值。当然,对于任意给定数量的城市,在 MATLAB 中也可以求解。

6.9 遗传算法在实际领域中的应用

下面通过两个实例来演示遗传算法在实际领域中的应用。

【例 6-2】 体重约 70kg 的某人在短时间内喝下两瓶啤酒后,隔一段时间测量他的血液中酒精含量(mg/100mL),得到如表 6-1 所示的数据。

表 6-1 酒精在人体血液中分解的数据

时间/h	0.25	0.5	0.75	1.0	1.5	2.0	2.5	3.0	3.5	4.0	4.5	5.0
酒精含量/mg·100mL^{-1}	30	68	75	82	82	77	68	68	58	51	50	41
时间/h	6.0	7.0	8.0	9.0	10.0	11.0	12.0	13.0	14.0	15.0	16.0	
酒精含量/mg·100mL^{-1}	38	35	28	25	18	15	12	10	7	7	4	

根据酒精在人体血液中分解的动力学规律可知,血液中酒精浓度与时间的关系可表示为

$$c(t) = k(e^{-qt} - e^{rt})$$

试根据表中数据求出参数 k、q、r。

根据需要,建立目标函数文件 func3.m,代码为

```
function y = func3(x)
c = [30 68 75 82 82 77 68 68 58 51 50 41 38 35 28 25 18 15 12 10 7 7 4];
t = [0.25 0.5 0.75 1.0 1.5 2.0 2.5 3.0 3.5 4.0 4.5 5.0 6.0 7.0 8.0 9.0 10.0 11.0 12.0 13.0 14.0 15.0 16.0];
[r,s] = size(c);
y = 0;
for i = 1:s
    y = y + (c(i) - x(1) * (exp( - x(2) * t(i)) - exp( - x(3) * t(i))))^2;    % 残差的平方和
end
```

在 MATLAB 命令窗口中输入：

```
>> clear all;
Lb = [-1000,-10,-10]; %定义下界
Lu = [1000,10,10]; %定义上界
x_min = ga(@func3,3,[],[],[],[],Lb,Lu)
```

运行程序，输出如下。

```
Optimization terminated: maximum number of generations exceeded.
x_min =
   590.8814    0.4436    0.6600
```

由于遗传算法是一种随机的搜索方法，所以每次运算可得到不同的结果。为了得到最终的结果，用直接搜索工具箱中的 fminsearch 函数求出最佳值。

```
>> fminsearch(@func3,x_min) %利用遗传算法得到的值作为搜索初值
```

运行程序，输出如下。

```
ans =
   114.4325    0.1855    2.0079
```

【例 6-3】 沈阳南部浑河沿岸 4 个排污口污水处理效果为非线性规划问题：

$$\min F = 696.744x_1^{1.962} + 10586.71x_1^{5.9898} + 63.927x_2^{1.8815} + 9.54.54x_2^{5.9898} +$$
$$37.5658x_3^{2.9972} + 57.428x_3^{1.8731} + 5200.91x_3^{5.9898} + 113.47x_4^{1.8815} +$$
$$223.825x_4^5 + 23.626x_4^{4.8344} + 5431.427x_4^{5.9898} + 3982 (万元)$$

$$\text{s.t.} \begin{cases} g_1 + 20.475(1-x_1) \leqslant 22.194 \\ g_2 = 17.037(1-x_1) + 12.998(1-x_2) \leqslant 23.505 \\ g_3 = 15.660(1-x_1) + 11.942(1-x_2) + 8.822(1-x_3) \leqslant 24.031 \\ g_4 = 14.229(1-x_1) + 10.855(1-x_2) + 8.026(1-x_3) + 21.965(1-x_4) \\ \qquad \leqslant 24.576 \\ g_5 = x_i \in [0,0.9] (i = 1,2,3,4) \end{cases}$$

根据需要，建立目标函数文件 fun8_3，代码为

```
function y = func4(x)
y = 696.744 * x(1)^1.962 + 10586.71 * x(1)^5.9898 + 63.927 * x(2)^1.8815 + 9054.54 * ...
x(2)^5.9898 + 375.658 * x(3)^2.9972 + 57.428 * x(3)^1.8731 + 5200.91 * x(3)^5.9898 + ...
113.471 * x(4)^1.8815 + 223.825 * x(4)^5 + 23.626 * x(4)^4.8344 + 5431.427 * x(4)^5.9898 +
3982;
```

在 MATLAB 命令窗口中输入：

```
>> clear all;
Lb = [0,0,0,0];Lu = [9,9,9,9];
A = [-20.475 0 0 0;-17.037 -12.998 0 0;-15.660 -11.942 -8.822 0;-14.229 -10.855
 -8.026 -21.965];
b = [1.7190;-6.532;-12.3930;-30.499];
```

```
options = gaoptimset('TolFun',1e-12);        % 改变参数
[x,fval] = ga(@func4,4,A,b,[],[],Lb,Lu)
```

运行程序,输出如下。

```
Optimization terminated: average change in the fitness value less than options.
FunctionTolerance.
x =
     0.4899    0.5107    0.4957    0.6376   % 其中一次输出结果
fval =
    5.0616e+03
```

第 7 章

免疫算法分析

迄今为止,已经提出了许多非确定性优化方法(即随机优化方法)并已应用于不同的优化问题。与确定性算法相比,非确定性算法的优点在于它有更多的机会求得全局最优解。大多数非确定性算法都体现了自然界生物的生理机制,并且在求解某些特定问题方面优于确定性算法。特别是最近发展起来的免疫算法有着不同于其他算法的优良特性。

免疫(Immunity)系统是指抵抗细菌、病毒和其他致病因子入侵的基本防御系统。免疫系统通过一套复杂的机制来重组基因,以产生抗体对付入侵的抗原,达到消灭抗原的目的。

为了有效地提供防御功能,免疫系统必须进行模式识别,把自己的分子和细胞与抗原区分开来。除了具有识别能力之外,免疫系统与其他低级生物防御系统的区别在于它能够学习,并且有记忆能力。正是因为拥有上述特点,免疫系统对同一抗原的防御反应,第二次比第一次来得更快、更强烈。

免疫算法模仿了人体的免疫系统,具体地说,免疫算法从体细胞理论和网络理论得到启发,实现了类似于免疫系统的自我调节功能和生成不同抗体的功能。

免疫算法与其他非确定性算法(如遗传算法、进化策略等)相比有如下区别。

(1) 它在记忆单元基础之上进行,确保了快速收敛于全局最优解。

(2) 它有计算亲和性的程序。亲和性有两种形式:一种形式说明了抗体和抗原的关系,即解和目标的匹配程度;另一种形式说明了抗体之间的关系。这个独有的特性保证了免疫算法具有多样性。

(3) 通过促进或抑制抗体的产生,体现了免疫反应的自然调节功能。

7.1 免疫算法概述

在生命科学领域中,人们已经对遗传(Heredity)与免疫(Immunity)等自然现象进行了广泛深入的研究。20 世纪 60 年代,Bagley 和 Rosenberg 等人在对这些研究成果进行分析和理解的基础上,借鉴其相关内容和知识,特别是遗传学方面的理论与概念,并将其成功应用于工程科学的某些领域,收到了良好的效果。遗传算法在迭代过程中,存在随机的、没有指导的迭代搜索,因此种群中的具体在提供了进化机会的同时,也不可避免地产生了退化的可能。由于遗传算法的交叉和变异算子相对固定,导致在求解一些复杂优化问题时,容易忽视问题的特征信息对求解问题时的辅助作用。

由于遗传算法在模仿人类智能信息处理方面还存在严重不足,导致国内外研究者力图将生命科学中的免疫概念引入工程实践领域,通过相关的知识理论,构建新的智能搜索算法,从而提高算法的整体性能。为了实现上述目标,研究人员将免疫概念及其理论应用于遗传算法,在保留原算法优良特性的前提下,力图有选择、有目的地利用待求问题中的一些特征信息或知识来抑制其优化过程中出现的退化现象,这种在遗传算法基础上诞生的新智能算法称为免疫算法(Immune Algorithm)。

7.1.1 免疫算法的发展史

Immue(免疫)是从拉丁文 Immunise 衍生而来的,在早些时期,医学专家就注意到传染病患者在病愈后,对该病有不同程度的免疫力。在医学研究领域,免疫是指机体接触抗原性异物的一种生理反应。免疫系统有能力自动产生很多不同抗体,免疫系统的控制机制会自动完成调节功能,从而自适应产生满足一定需求的抗体。如果上述过程能连续反复地进行,就能构成对自身的免疫,人体就会通过所有淋巴细胞的作用实现调节机制。

当外部病原体或细菌侵入机体时,免疫细胞能够识别"自体"和"非自体",迅速清除和消灭异物,确保机体的安全性。生物免疫系统的这种能力,具有多样性、耐受性、大规模并行分布处理、自组织、自学习、自适应、免疫记忆和鲁棒性等特点,根据这种自然现象,人们设计了免疫算法,近年来,该算法受到国内外众多学者的高度重视。

由生物引发的信息处理系统可以分为人工神经网络、进化计算和人工免疫系统。其中,人工神经网络和进化计算已经被广泛地应用于各个领域,并产生了巨大的经济效益和社会效益。近年来,随着人们对免疫系统机理的进一步揭示,关于人工免疫系统的理论研究和应用研究备受关注,一些研究成果已经被广泛应用于机器学习、故障诊断、机器人行为仿真和控制、网络入侵检测和函数优化等众多领域,表现出卓越的性能和效率。

7.1.2 生物免疫系统

生物体内的免疫系统是保持生物免疫力,抵御外部细菌和病毒入侵的最重要系统,其主要构成元素是淋巴细胞。淋巴细胞包括 B 细胞和 T 细胞。其中,T 细胞又称为抗原反应细胞,它收到抗原刺激后可以分化为淋巴母细胞,产生多种淋巴因子,引起细胞免疫反应。

B 细胞又称为抗体形成细胞,即可以产生抗体,主要原理是在抗原刺激下分化或增生成为浆细胞,产生特异性免疫球蛋白(抗体)。当有外来侵犯的抗原时,免疫系统就会产生相应的抗原与抗体结合并产生一系列的反应,经过吞噬细胞的作用来破坏抗原。抗体具有专一性,而且免疫系统还具备识别能力和记忆能力,可以对相同的抗原做出更快的反应。

生物免疫系统的抽象模型如图7-1所示。

生物免疫系统针对各种不同的抗原都可以产生准确的抗体,这充分表现了其强大的自适应能力。如果将实际求解问题的目的函数与外来侵犯的抗原相对应,把问题的解与免疫系统产生的抗体相对应,就可以利用生物免疫系统自适应能力强的特点来进一步提高遗传算法的计算效果。

1. 免疫学的一些相关概念

下面对免疫学的一些相关概念进行介绍。

1) 免疫

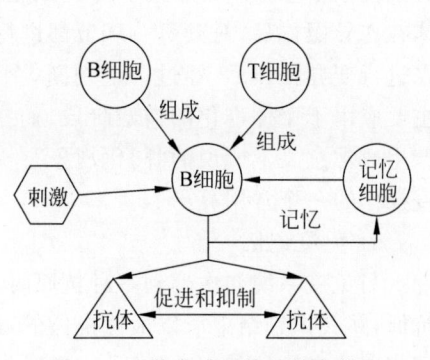

图 7-1 生物免疫系统的抽象模型

免疫是指机体对自身和异体识别与响应过程中产生的生物学效应的总和,正常情况下是一种维持机制循环稳定的生理性功能。生物机制识别异体抗原,对其产生免疫响应并清除;机体对自身抗原不产生免疫响应。

2) 抗原

抗原是一种能够刺激机体产生免疫应答并能与应答产物结合的物质。它不是免疫系统的有机组成部分,但它是启动免疫应答的始动因素。

3) 抗体

抗体是一种能够进行特异识别和清除抗原的免疫分子,其中具有抗细菌和抗毒素免疫功用的球蛋白物质,因此抗体也称免疫球蛋白分子,它是由B细胞分化成的浆细胞所产生的。

4) T细胞和B细胞

T细胞和B细胞是淋巴细胞的主要组成部分。B细胞受到抗体刺激后,可增殖分化为大量浆细胞,而浆细胞具有合成抗体的功能。但是,B细胞不能识别大多数抗原,必须借助识别抗原的辅助性T细胞来辅助B细胞活化,产生抗体。

2. 生物免疫系统机理

生物免疫系统是由免疫分子、免疫组织和免疫细胞组成的复杂系统。这些组成免疫系统的组织和器官分布在人体各处,用来完成各种免疫防卫功能,它们就是人们熟悉的淋巴器官和淋巴组织。

1) 免疫疫苗

根据进化环境或待求问题,所得到的对最佳个体基因的估计。

2) 免疫识别

免疫识别是免疫系统的主要功能,识别的本质是区分"自己"和"非已"。免疫识别是通过淋巴细胞上的抗原受体与抗原的结合来实现的。

3) 免疫学习

免疫识别过程同时也是一个学习的过程,学习的结果是免疫细胞的个体亲和度提高、群体规模扩大,并且最优个体以免疫记忆的形式得到保存。

4) 免疫算子

同生命科学中的免疫理论类似,免疫算子也分为两种类型:全免疫和目标免疫,二者分别对应于生命科学中的非特异性免疫和特异性免疫。其中,全免疫是指群体中每个个体在变异操作后,对其每一环节都进行一次免疫操作的免疫类型;目标免疫则是指个体在进行变异操作后,经过一定判断,个体仅在作用点处发生免疫反应的一种类型。前者主要应用于个体进化的初始阶段,而在进化过程中基本上不发生作用,否则将很有可能产生通常意义上所说的"同化现象";后者一般而言将伴随群体进化的全部过程,也是免疫操作的一个常用算子。

5)免疫记忆

当免疫系统初次遇到一种抗原时,淋巴细胞需要一定的时间进行调整以更好地识别抗原,并在识别结束后以最优抗体的形式保留对抗原的记忆信息。而当免疫系统再次遇到相同或者结构相似的抗原时,在联想记忆的作用下,其应答速度大大提高。

6)免疫调节

在免疫反应过程中,大量抗体的产生降低了抗原对免疫细胞的刺激,从而抑制抗体的分化和增殖,同时产生的抗体之间也存在着相互刺激和抑制的关系,这种抗原与抗体、抗体与抗体之间的相互制约关系使抗体免疫反应维持一定的强度,保证机体的免疫平衡。

7)克隆选择

免疫应答和免疫细胞的增殖在一个特定的匹配阈值之上发生。当淋巴细胞实现对抗原的识别,B细胞被激活并增殖复制地产生克隆B细胞,随后克隆细胞经历变异过程,产生对抗原具有特异性的抗体。

8)个体多样性

根据免疫学知识,免疫系统有100多种不同的蛋白质,但外部潜在的抗原和待识别的模式种类有1000多种。要实现数量级远远大于自身的抗原识别,需要有效的多样性个体产生机制。抗体多样性的生物机制主要包括免疫受体库的组合式重整、体细胞高频突变以及基因转换等。

9)分布式和自适应性

免疫系统的分布式特性首先取决于病原的分布式特性,即病原是分散在机体内部的。由于免疫应答机制是通过局部细胞的交互作用而不存在集中控制,所以免疫系统的分布式进一步增强了其自适应特性。

所有这些免疫系统的重要信息处理特点为信息和计算领域的应用提供了有力的支撑。

7.1.3 免疫算法的基本原理

基本免疫算法基于生物免疫系统基本机制,模仿了人体的免疫系统。基本免疫算法从细胞理论和网络理论得到启发,实现了类似于生物免疫系统的抗原识别、细胞分化、记忆和自我调节的功能。如果将免疫算法与求解优化问题的一般搜索方法相比较,那么抗原、抗体、抗原和抗体之间的亲和性分别对应于优化问题的目标函数、优化解、解与目标函数的匹配程度。

免疫算法是基于生物免疫学抗体克隆的选择学说,而提出的一种新人工免疫系统算法——免疫克隆选择算法(Immune Clonal Selection Algorithm,ICSA)。该算法具有自主选择学习、全息容错记忆、辩证克隆仿真和协同免疫优化的启发式人工智能。由于该方法收敛速度快、求解精度高、稳定性好,并克服了早熟的问题,成为新兴的实用智能算法。

一般的免疫算法可分为以下三种情况。

(1) 模仿免疫系统抗体与抗原识别,结合抗体产生过程而抽象出来的免疫算法。

(2) 基于免疫系统中的其他特殊机制抽象出的算法,例如,克隆选择算法。

(3) 与遗传算法等其他计算智能融合产生的新算法,例如,免疫遗传算法。

7.1.4 免疫算法流程

免疫算法的流程如图 7-2 所示。

免疫算法的主要实现步骤如下。

1. 抗原识别

输入目标函数和各种约束条件作为免疫算法的抗原,并读取记忆库文件,如果问题在文件中有所保留(保留的意思是指,该问题以前曾计算过,并在记忆库文件中存储过相关的信息),则初始化记忆库。

2. 产生初始解

初始解的产生来源有两种:根据上一步对抗原的识别,如问题在记忆库中有所保留,则取记忆库,不足部分随机生成;如果记忆库为空,全部随机生成。

3. 适应度评价(或计算亲和力)

解规模中的各个抗体,按给定的适应度评价函数计算各自的适应度。

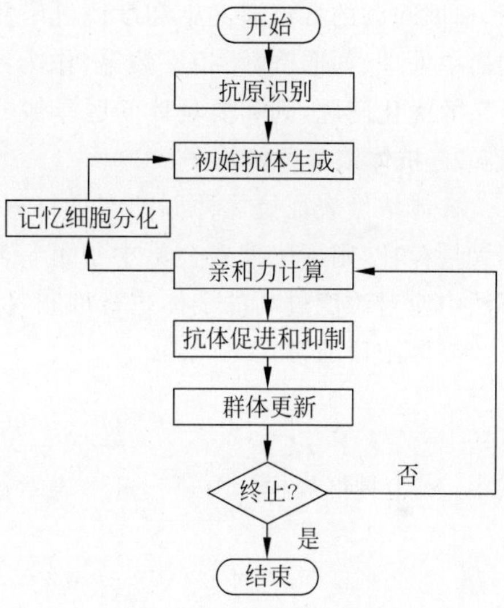

图 7-2 免疫算法流程图

4. 记忆单元的更新

将适应度(或期望率)高的个体加入记忆库中,这保证了对优良解的保留,使其能够延续到后代中。

5. 基于了解的选择

选入适应度(期望值)较高的个体,让其产生后代,所以适应度较低的个体将受到抑制。

6. 产生新抗体

通过交叉、变异、逆转等算子作用,选入的父代将产生新一代抗体。

7. 终止条件

条件满足则终止,不满足则跳转到第 3 步。

7.1.5 免疫算法算子

与遗传算法等其他智能优化算法类似,免疫算法的进化寻优过程也是通过算子来实现的。免疫算法的算子包括亲和度评价算子、抗体浓度评价算子、激励度计算算子、免疫选择算子、克隆算子、变异算子、克隆抑制算子和种群刷新算子等。由于算法的编码方式可能为实数编码、离散编码等,不同编码方式下的算法算子也会有所不同。

1. 亲和度评价算子

亲和度表征免疫细胞与抗原的结合强度,与遗传算法中的适应度类似。亲和度评价算子通常是一个函数 $\text{aff}(x):S \in R$,其中,S 为问题的可行解区间,R 为实数域。函数的输入为一个抗体个体(可行解),输出即为亲和度评价结果。

亲和度的评价与问题具体相关,针对不同的优化问题,应该在理解问题实质的前提下,根据问题的特点定义亲和度评价函数。通常函数优化问题可以用函数值或对函数值的简单处理(如取倒数、相反数等)作为亲和度评价,而对于组合优化问题或应用中更为复杂的优化问题,则需要具体问题具体分析。

2. 抗体浓度评价算子

抗体浓度表征抗体种群的多样性好坏。抗体浓度过高意味着种群中非常类似的个体大量存在,则寻优搜索会集中于可行解区间的一个区域,不利于全局优化。因此优化算法中应对浓度过高的个体进行抑制,保证个体的多样性。

抗体浓度通常定义为

$$\text{den}(\text{ab}_i) = \frac{1}{N}\sum_{j=1}^{N} S(\text{ab}_i, \text{ab}_j)$$

式中,N 为种群规模;$S(\text{ab}_i, \text{ab}_j)$ 表示抗体间的相似度,可表示为

$$S(\text{ab}_i, \text{ab}_j) = \begin{cases} 1, & \text{aff}(\text{ab}_i, \text{ab}_j) < \delta_s \\ 0, & \text{aff}(\text{ab}_i, \text{ab}_j) \geqslant \delta_s \end{cases}$$

其中,ab_i 为种群中的第 i 个抗体,$\text{aff}(\text{ab}_i, \text{ab}_j)$ 为抗体 i 与抗体 j 的亲和度,δ_s 为相似度阈值。

进行抗体浓度评价的一个前提是抗体间亲和度的定义。免疫中经常提到的亲和度为抗体对抗原的亲和度,实际上抗体和抗体之间也存在着亲和度的概念,它代表了两个抗体之间的相似程度。抗体间亲和度的计算方法主要包括基于抗体和抗原亲和度的计算方法、基于欧氏距离的计算方法、基于海明距离的计算方法、基于信息熵的计算方法等。

3. 基于欧氏距离的抗体间亲和度计算方法

对于实数编码的算法,抗体间亲和度通常可以通过抗体向量之间的欧氏距离来计算:

$$\text{aff}(\text{ab}_i, \text{ab}_j) = \sqrt{\sum_{k=1}^{L}(\text{ab}_{i,k} - \text{ab}_{j,k})^2}$$

式中,$\text{ab}_{i,k}$ 和 $\text{ab}_{j,k}$ 分别为抗体 i 的第 k 维和抗体 j 的第 k 维,L 为抗体编码总维数。这

是实数编码算法中最常见的抗体间亲和度的计算方法。

4. 基于海明距离的抗体-抗体亲和度计算法

对于基于离散编码的算法,衡量抗体-抗体亲和度最直接的方法就是利用抗体串的海明距离:

$$\text{aff}(\text{ab}_i, \text{ab}_j) = \sum_{k=1}^{L} \partial_k$$

式中,

$$\partial_k = \begin{cases} 1, & \text{ab}_{i,k} = \text{ab}_{j,k} \\ 0, & \text{ab}_{i,k} \neq \text{ab}_{j,k} \end{cases}$$

$\text{ab}_{i,k}$ 和 $\text{ab}_{j,k}$ 分别为抗体 i 的第 k 位和抗体 j 的第 k 位;L 为抗体编码长度。

5. 激励度计算算子

抗体激励度是对抗体质量的最终评价结果,需要综合考虑抗体亲和度和抗体浓度,通常亲和度大、浓度低的抗体会得到较大的激励度。抗体激励度的计算通常可以利用抗体亲和度和抗体浓度的评价结果进行简单的数学运算得到,如:

$$\text{sim}(\text{ab}_i) = a \cdot \text{aff}(\text{ab}_i) - b \cdot \text{den}(\text{ab}_i)$$

或

$$\text{sim}(\text{ab}_i) = \text{aff}(\text{ab}_i) \cdot e^{-a \cdot \text{den}(\text{ab}_i)}$$

式中,$\text{sim}(\text{ab}_i)$ 为抗体 ab_i 的激励度;a、b 为计算参数,可以根据实际情况确定。

6. 免疫选择算子

免疫选择算子根据抗体的激励度确定选择哪些抗体进入克隆选择操作。在抗体群中激励度高的抗体个体具有更好的质量,更有可能被选中进行克隆选择操作,在搜索空间中更有搜索价值。

7. 克隆算子

克隆算子将免疫选择算子选中的抗体个体进行复制。克隆算子可以描述为

$$T_c(\text{ab}_i) = \begin{cases} \text{ab}_{i,j,m} + (\text{rand} - 0.5) \cdot \delta, & \text{rand} < p_m \\ \text{ab}_{i,j,m}, & \text{其他} \end{cases}$$

式中,$\text{ab}_{i,j,m}$ 为抗体 ab_i 的第 m 个克隆体的第 j 维;δ 为定义的邻域的范围,可以事先确定,也可以根据进化过程自适应调整;rand 是产生 (0,1) 范围内随机数的函数;p_m 为变异概率。

8. 离散编码算法变异算子

离散编码算法以二进制编码为主,其变异策略是从变异源抗体串中随机选取几位元,改变位元的取值(取反),使其落在离散空间变异源的邻域。

9. 克隆抑制算子

克隆抑制算子用于对经过变异后的克隆体进行再选择,抑制亲和度低的抗体,保留亲和度高的抗体进入新的抗体种群。在克隆抑制的过程中,克隆算子操作的源抗体与克隆体经变异算子作用后得到的临时抗体群共同组成一个集合,克隆抑制操作将保留此集

合中亲和度最高的抗体,抑制其他抗体。

由于克隆变异算子操作的源抗体是种群中的优质抗体,而克隆抑制算子操作的临时抗体集合中又包含父代的源集体,因此在免疫算法的算子操作中隐含最优个体保留机制。

10. 种群刷新算子

种群刷新算子用于对种群中激励度较低的抗体进行刷新,从抗体种群中删除这些抗体并以随机生成的新抗体替代,有利于保持抗体的多样性,实现全局搜索,探索新的可行解空间区域。

7.1.6 免疫算法的特点

免疫算法具有很多普通遗传算法没有的特点,其中主要包括以下几项。

1. 可以提高抗体的多样性

B 细胞抗原刺激下分化或增生成为浆细胞,产生特异性免疫球蛋白(抗体)来抵抗抗原,这种机制可以提高遗传算法全局优化搜索能力。

2. 可以自我调节

免疫系统通过抑制或促进抗体进行自我调节,因此总可以维持平衡。同样的方法可用来抑制或促进遗传算法的个体浓度,从而提高遗传算法的局部搜索能力。

3. 具有记忆功能

当第一次抗原刺激后,免疫系统会将部分产生过相应抗体的细胞保留下来称为记忆细胞,如果同样的抗原再次刺激便能迅速产生大量相应的抗体。同样的方法可以用来加快遗传算法搜索的速度,使遗传算法反应更迅速、快捷。

7.1.7 免疫算法的发展趋势

未来,免疫算法的发展有以下几个趋势。

(1) 以开发新型的智能系统方法为背景,研究基于生物免疫系统机理的智能系统理论和技术,同时将免疫系统与模型系统、神经网络和遗传算法等软件计算技术进行集成,并给出其应用方法。

(2) 基于最新发展的免疫网络学说进一步建立并完善模糊、神经和其他一些专有类型的人工免疫网络模型及其应用方法。

(3) 将人工免疫系统与遗传系统的机理相互结合,并归纳出各种免疫学习算法。例如,免疫系统的多样性遗传机理和细胞选择机理,可用于改善原遗传算法中对局部搜索问题不是很有效的情况等。

(4) 基于免疫反馈和学习机理,设计自调整、自组织和自学习的免疫反馈控制器。展开对基于免疫反馈机理的控制系统的设计方法和应用研究,这有可能成为工程领域中新型的智能控制系统,具有重要的理论意义和广泛的应用前景。

(5) 进一步研究基于免疫系统机理的分布式自治系统。分布式免疫自治系统在智能计算、系统科学和经济领域将会有广阔的应用前景。

(6) 发展基于 DNA 编码的人工免疫系统以及基于 DNA 计算的免疫算法。尝试将

DNA计算模型引入人工智能免疫系统中,研究一种基于DNA计算与免疫系统相结合的,有较强抗干扰能力和稳定性能的智能系统。

(7) 近年来,有学者已经开始研究B细胞-抗体网络的振荡、混沌和稳态等非线性特性。不过其工作才刚刚开始。人们应进一步借助非线性的研究方法来确定免疫系统的非线性行为,拓宽非线性科学的研究范围。

(8) 进一步发展免疫系统在科学和工程上的应用,并研制实际产品,如研制复杂系统的协调控制、故障检测和诊断、机器监控、签名确认、噪声检测、计算机与网络数据的安全性、图像与模式识别等方面的实际产品。

7.2 免疫遗传算法

免疫遗传算法(Immune Genetic Algorithm,IGA)是基于生物免疫机制提出的一种改进的遗传算法,它将实际求解问题的目标函数对应为抗原,而问题的解对应为抗体。由生物免疫原理可知,生物免疫系统对入侵生命体的抗原通过细胞的分裂和分化作用,自动产生相应的抗体来抵御,这一过程被称为免疫应答。在免疫应答过程中,部分抗体作为记忆细胞保存下来,当同类抗原再次侵入时,记忆细胞被激活并迅速产生大量抗体,使再次应答比初次应答更快更强烈,体现了免疫系统的记忆功能。抗体与抗原结合后,会通过一系列的反应而破坏抗原。同时,抗体与抗体之间也相互促进和抑制,以维持抗体的多样性及免疫平衡,这种平衡是根据浓度机制进行的,即抗体的浓度越高,则越受抑制;浓度越低,则越受促进,体现了免疫系统的自我调节功能。

与生物免疫系统的功能相对应,基于免疫原理的遗传算法与标准遗传算法相比,具有如下显著特点。

- 具有免疫记忆功能,该功能可以加快搜索速度,提高遗传算法的总体搜索能力。
- 具有抗体的多样性保持功能,利用该功能可以提高遗传算法的局部搜索能力。
- 具有自我调节功能,这种功能可用于提高遗传算法的全局搜索能力,避免陷入局部解。

总之,免疫遗传算法既保留了遗传算法随机全局并行搜索的特点,又在相当大程度上避免未成熟收敛,确保快速收敛于全局最优解。

7.2.1 免疫遗传算法的几个基本概念

假设免疫系统由 N 个抗体组成(即群体规模为 N),每个抗体基因长度为 M,采用符号集大小为 S(对二进制编码,$S=2$,即采用0,1两种字符),如图7-3所示,下面介绍几个定义。

1. 多样度

为了有效地保持和扩大免疫系统淋巴细胞种群进化个体的多样性,必须度量和评价具体之间的差异。显然,差异度量的精细程度,制约了免疫遗传算法个体多样性的水平。

```
                1   2   3         j        M-1  M
        抗体   ┌───┬───┬───┬───┬───┬───┬───┬───┐
               │   │   │   │   │ K₁│   │   │   │
               └───┴───┴───┴───┴───┴───┴───┴───┘

               ┌───┬───┬───┬───┬───┬───┬───┬───┐
               │   │   │   │   │ K₂│   │   │   │
               └───┴───┴───┴───┴───┴───┴───┴───┘

               ┌───┬───┬───┬───┬───┬───┬───┬───┐
               │   │   │   │   │ Kᵢ│   │   │   │
               └───┴───┴───┴───┴───┴───┴───┴───┘
                       等位基因 K₁K₂Kᵢ
```

图 7-3　免疫细胞等位基因的信息熵

在此,个体之间的差异性由 Shannon 的平均信息熵 $H(N)$ 表述,即

$$H(N) = \frac{1}{M}\sum_{j=1}^{M} H_j(N) \tag{7-1}$$

其中,$H_j(N)$ 为第 j 个基因的信息熵,定义为

$$H_j(N) = -\sum_{i=1}^{N} p_{ij}\log_2 p_{ij} \tag{7-2}$$

式(7-2)中的 p_{ij} 为第 i 个符号($i=1\sim S$)出现在基因座 j 上的概率,即

$$p_{ij} = \frac{\text{在基因座 } j \text{ 上出现第 } i \text{ 个符号的总个数}}{N} \tag{7-3}$$

2. 相似度

相似度 A_{ij} 是两个抗体 i 和 j 之间相似的程度。

$$A_{ij} = \frac{1}{1+H(2)} \tag{7-4}$$

式中,$H(2)$ 为抗体 i 和 j 的平均信息熵,可由式(7-2)计算(令 $N=2$)。将两个抗体之间的相似度的概念扩展至整个群体,称为群体相似度 $A(N)$,并定义

$$A(N) = \frac{1}{1+H(N)} \tag{7-5}$$

$A(N)$ 表征了整个群体总的相似程度,$A(N)$ 越大,群体多样度越低,反之亦然。由于不论群体规模 N 为多少,$A(N)$ 均落在 0 与 1 之间,因此,采用 $A(N)$ 随 N 增大而减小。因此,在判断多样性是否满足要求时,应根据群体规模 N 的大小设置不同的相似度阈值 A_0。但到目前为止,A_0 的选取尚缺乏有力的理论依据。

3. 抗体浓度

抗体浓度是指抗体在群体中与其相似抗体所占的比重,即

$$C_i = \frac{\text{与抗体 } i \text{ 相似度大于 } \lambda \text{ 的抗体数和}}{N} \tag{7-6}$$

其中,λ 为相似度常数,一般取为 $0.9\leqslant\lambda\leqslant 1$。

4. 聚合适应度

聚合适应度实际上是对适应度进行修正:

$$\text{fitness} = \text{fitness} \times \exp(k \times C_i) \tag{7-7}$$

对最大优化问题，k 取负数。当进行选择操作时，抗体被选中的概率正比于聚合适应度。即当浓度一定时，适应度越大，被选择的概率越大；而当适应度一定时，抗体浓度越高，被选择的概率越小。这样既可以保留具有优秀适应度的抗体，又可以抑制浓度过高的抗体，形成一种新的多样性保持策略。

7.2.2 免疫遗传算法的原理

免疫遗传算法是基于生物免疫机制提出的一种改进的遗传算法，将求解问题的目标函数对应为入侵生命体的抗原，而问题的解对应为免疫系统产生的抗体。

1. 免疫遗传算法的特点

IGA 与 SGA 相比，具有如下显著特点。

1）产生多样抗体的能力

通过细胞的分裂和分化作用，免疫系统可产生大量的抗体来抵御各种抗原。这种机制可用于提高遗传算法的全局搜索能力而不陷入局部最优。

2）自我调节机构

免疫系统具有维持免疫平衡的机制，通过对抗体的抑制和促进作用，能自我调节产生适当数量的必要抗体。这对应于遗传算法中个体浓度的抑制和促进，利用这一功能可以提高遗传算法的局部搜索能力。

3）免疫记忆功能

产生抗体的部分细胞会作为记忆细胞而被保存下来，对于今后侵入的同类抗原，相应的记忆细胞会迅速激发而产生大量的抗体。如果遗传算法中能利用这种抗原记忆识别功能，则可以加快搜索速度，提高遗传算法的总体搜索能力。

2. 免疫遗传算法的流程

免疫遗传算法流程如图 7-4 所示。其主要组成部分如下。

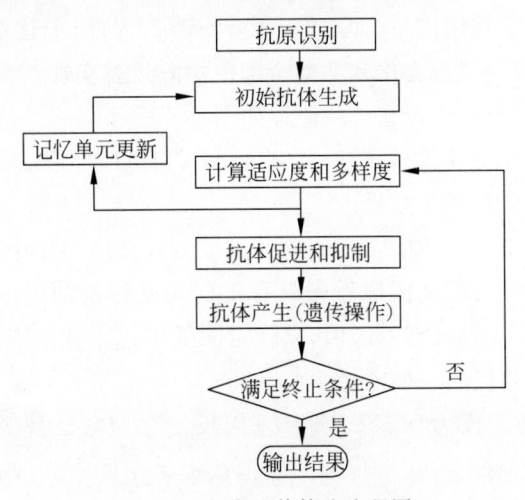

图 7-4 免疫遗传算法流程图

1）记忆单元更新

将与抗原亲和性高的抗体加入记忆存储单位中。

2）抗体的抑制和促进

在算法中适当地采用抑制策略以保持种群中抗体的多样性，可以在构造抗体的选择概率时加入抗体浓度因素来实现。

3）遗传操作

算法通过综合考虑抗体适应度和其在种群中的浓度构造选择概率对其进行选择，对选择出来的抗体群进行遗传操作（交叉、变异）产生新一代抗体，既确保抗体群整体朝着适应度高的方向进化，又维持了种群中抗体的多样性。

4）抗原识别

输入目标函数和各种约束作为免疫系统的抗原。抗原识别以记忆单元为基础，针对求解问题的特征判别系统是否求解过此类问题。

5）初始抗体的产生，即生成初始解

抗原识别单元中，如果系统求解过此类问题，则从记忆细胞库中搜寻该类问题的记忆抗体，从而生成初始抗体。不足的抗体由随机的方法在解空间中产生。

6）亲和度计算

在生物体内，抗体与抗原都分别含有抗体和抗原决定基，它们均可以存在相互作用，因此可以定义两类亲和度。

7.2.3 免疫遗传算法的 MATLAB 实现

用 MATLAB 实现免疫遗传算法的最大优势在于它具有强大的处理矩阵运算的功能。

免疫遗传算法中的标准遗传操作，包括选择、交叉、变异，以及基于生物免疫机制的免疫记忆、多样性保持、自我调节等功能，都是针对抗体（遗传算法称之为个体或染色体）进行的，而抗体可很方便地用向量（即 $1×n$ 矩阵）表示，因此，上述选择、交叉、变异、免疫记忆、多样性保持、自我调节等操作和功能全部由矩阵运算实现。

用 MATLAB 实现免疫遗传算法的流程如图 7-5 所示。

【例 7-1】 设计一个免疫遗传算法，实现对 MATLAB 自带 tire.tif 的单阈值图像的分割，并绘图比较分割前后图片效果。

解析：图像阈值分割是一种广泛应用的分割技术，利用图像中要提取的目标区域与其背景在灰度特性上的差异，把图像看作具有不同灰度级的两类区域（目标区域和背景区域）的组合，选取一个比较合理的阈值，以确定图像中每个像素点应该属于目标区域还是背景区域，从而产生相应的二值图像。

假设免疫系统群体规模为 N，每个抗体基因长度为 M，采用符号集大小为 S（对二进制编码，$S=2$），输入变量数为 L（对优化问题指被优化变量个数），适应度为 1，随机产生的新抗体个数 P 为群体规模的 40%，进化截止代数为 50。

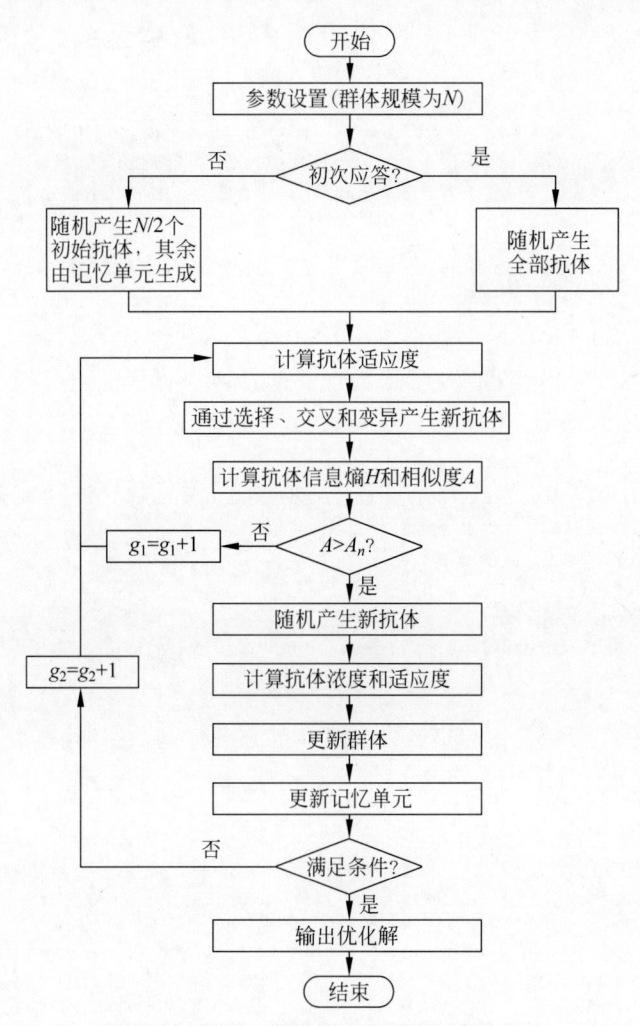

图 7-5 MATLAB实现免疫遗传算法流程图

实现免疫遗传算法的 MATLAB 代码如下。

```
>> clear all;
tic
popsize = 15;
lanti = 10;
maxgen = 50;                    % 最大代数
cross_rate = 0.4;               % 交叉速率
mutation_rate = 0.1;            % 变异速率
a0 = 0.7;
zpopsize = 5;
bestf = 0;
nf = 0;
number = 0;
I = imread('tire.tif');
q = isrgb(I);
if q == 1                       % 判断是否为 RGB 真彩图像
```

```matlab
        I = rgb2gray(I);                              % 转换为 RGB 图像为灰度图像
end
[m,n] = size(I);
p = imhist(I);                                        % 显示图像数据直方图
p = p';                                               % 阵列由列变为行
p = p/(m * n);                                        % 将 p 的值变换到(0,1)
figure;
subplot(1,2,1);imshow(I);
title('原始图像的灰度图像');
hold on;
%% 抗体群体初始化
pop = 2 * rand(popsize,lanti) - 1;                    % pop 的值为(-1,1)之间的随机数矩阵
pop = hardlim(pop);                                   % 大于或等于 0 为 1,小于 0 为 0
%% 免疫操作
for gen = 1:maxgen
    [fitness,yt,number] = fitnessty(pop,lanti,I,popsize,m,n,number);  % 计算抗体 - 抗原的亲和度
    if max(fitness)> bestf
        bestf = max(fitness);
        nf = 0;
        for i = 1:popsize
            if fitness(1,i) == bestf                  % 找出最大适应度在向量 fitness 中的序号
                v = i;
            end
        end
        yu = yt(1,v);
    elseif max(fitness) == bestf
        nf = nf + 1;
    end
    if nf > = 20
        break;
    end
    A = shontt(pop);                                  % 计算抗体 - 抗体的相似度
    f = fit(A,fitness);                               % 计算抗体的聚合适应值
    pop = select(pop,f);                              % 进行选择操作
    pop = coss(pop,cross_rate,popsize,lanti);         % 交叉
    pop = mutation_compute(pop,mutation_rate,lanti,popsize);   % 变异
    a = shonqt(pop);                                  % 计算抗体群体的相似度
    if a > a0
        zpop = 2 * rand(zpopsize,lanti) - 1;
        zpop = hardlim(zpop);                         % 随机生成 zpopsize 个新抗体
        pop(popsize + 1:popsize + zpopsize, :) = zpop(:,:);
        [fitness,yt,number] = fitnessty(pop,lanti,I,popsize,m,n,number);
        % 计算抗体 - 抗原的亲和度
        A = shontt(pop);                              % 计算抗体 - 抗体的相似度
        f = fit(A,fitness);                           % 计算抗体的聚合适应度
        pop = select(pop,f);                          % 进行选择操作
    end
    if gen == maxgen
        [fitness,yt,number] = fitnessty(pop,lanti,I,popsize,m,n,number);
        % 计算抗体 - 抗原的亲和度
    end
end
```

```
subplot(1,2,2);imshow(I);
fresult(I,yu);
title('阈值分割后的图像');
```

运行程序,得到的分割前后的图像效果如图 7-6 所示。

(a) 原始图像的灰度图像　　(b) 阈值分割后的图像

图 7-6　阈值分割前后对比图

下面为以上主程序所需要自定义编写的函数。

```
% 判断是否为 RGB 真彩色图像
function y = isrgb(x)
wid = sprintf('Images: % s:obsoleteFunction',mfilename);
str1 = sprintf(' % s is obsolete and may be removed in the future.',mfilename);
str2 = 'See product release notes for more information.';
warning(wid,'% \n % s',str1,str2);
y = size(x,3) == 3;
if y
    if isa(x,'logical')
        y = false;
    elseif isa(x,'double')
        m = size(x,1);
        n = size(x,2);
        chunk = x(1:min(m,10),1:min(n,10),:);
        y = (min(chunk(:))> = 0 && max(chunk(:))< = 1);
        if y
            y = (min(x(:))> = 0 && max(x(:))< = 1);
        end
    end
end

% 适应度计算
function [fitness,b,number] = fitnessty(pop,lanti,I,popsize,m,n,number)
num = m * n;
for i = 1:popsize
    number = number + 1;
    anti = pop(i,:);
    lowsum = 0;              % 低于阈值的灰度值之和
    lownum = 0;              % 低于阈值的像素点的个数
    highsum = 0;             % 高于阈值的灰度值之和
    highnum = 0;             % 高于阈值的像素点的个数
    a = 0;
    for j = 1:lanti
```

```matlab
                a = a + anti(1,j) * (2^(j-1));                          % 加权求和
            end
            b(1,i) = a * 255/(2^lanti - 1);
            for x = 1:m
                for y = 1:n
                    if I(x,y) < b(1,i)
                        lowsum = lowsum + double(I(x,y));
                        lownum = lownum + 1;
                    else
                        highsum = highsum + double(I(x,y));
                        highnum = highnum + 1;
                    end
                end
            end
            u = (lowsum + highsum)/num;
            if lownum ~= 0
                u0 = lowsum/lownum;
            else
                u0 = 0;
            end
            if highnum ~= 0
                u1 = highsum/highnum;
            else
                u1 = 0;
            end
            w0 = lownum/(num);
            w1 = highnum/(num);
            fitness(1,i) = w0 * (u0 - u)^2 + w1 * (u1 - u)^2;
end

% 抗体的聚合适应度函数
function f = fit(A,fitness)
t = 0.8;
[m,m] = size(A);
k = -0.85;
for i = 1:m
    n = 0;
    for j = 1:m
        if A(i,j) > t
            n = n + 1;
        end
    end
    C(1,i) = n/m;                                                       % 计算抗体的浓度
end
f = fitness.* exp(k.* C);                                               % 抗体的聚合适应度

% 变异操作
function pop = mutation_compute(pop,mutation_rate,lanti,popsize)        % 均匀变异
for i = 1:popsize
    s = rand(1,lanti);
    for j = 1:lanti
```

```matlab
            if s(1,j)<= mutation_rate
                if pop(i,j) == 1
                    pop(i,j) = 0;
                else pop(i,j) = 1;
                end
            end
        end
end

% 群体相似度函数
function a = shonqt(pop)
[m,n] = size(pop);
h = 0;
for i = 1:n
    s = sum(pop(:,i));
    if s == 0||s == m
        h = h;
    else
        h = h - s/m * log2(s/m) - (m - s)/m * log2((m - s)/m);
    end
end
a = 1/(1 + h);

% 均匀杂交
function pop = coss(pop,cross_rate,popsize,lanti)
j = 1;
for i = 1:popsize                       % 选择进行抗体交叉的个体
    p = rand;
    if p < cross_rate
        parent(j,:) = pop(i,:);
        a(1,j) = i;
        j = j + 1;
    end
end
j = j - 1;
if rem(j,2)~= 0
    j = j - 1;
end
for i = 1:2:j
    p = 2 * rand(1,lanti) - 1;          % 随机生成一个模板
    p = hardlim(p);
    for k = 1:lanti
        if p(1,k) == 1
            pop(a(1,i),k) = parent(i + 1,k);
            pop(a(1,i + 1),k) = parent(i,k);
        end
    end
end

% 根据最佳阈值进行图像分割输出结果
function fresult(I,f,m,n)
[m,n] = size(I);
```

```matlab
for i = 1:m
    for j = 1:n
        if I(i,j)<=f
            I(i,j) = 0;
        else
            I(i,j) = 255;
        end
    end
end
imshow(I);

% 选择操作
function v = select(v,fit)
[px,py] = size(v);
for i = 1:px;
    pfit(i) = fit(i)./sum(fit);
end
pfit = cumsum(pfit);
if pfit(px)<1
    pfit(px) = 1;
end
rs = rand(1,10);
for i = 1:10
    ss = 0;
    for j = 1:px
        if rs(i)<=pfit(j)
            v(i,:) = v(j,:);
            ss = 1;
        end
        if ss == 1
            break;
        end
    end
end

% 抗体相似度计算函数
function A = shontt(pop)
[m,n] = size(pop);
for i = 1:m
    for j = 1:m
        if i == j
            A(i,j) = 1;
        else H(i,j) = 0;
            for k = 1:n
                if pop(i,k)~=pop(j,k)
                    H(i,j) = H(i,j) + 1;
                end
            end
            H(i,j) = H(i,j)/n;
            A(i,j) = 1/(1+H(i,j));
        end
    end
end
```

7.3 免疫算法的应用

免疫算法与遗传算法最大的区别是免疫算法多用了一个免疫函数。

免疫算法是遗传算法的变体,它不用杂交,而是采用注入疫苗的方法。疫苗是优秀染色体中的一段基因,可以把疫苗接种到其他染色体中。

7.3.1 免疫算法在优化中的应用

优化问题是智能算法中最重要的问题,在免疫算法中也可以实现优化问题的求解。

【例 7-2】 计算函数 $f(x)=\sum_{i=1}^{n}x_i^2(-20\leqslant x_i\leqslant 20)$ 的最小值,其中,个体 x 的维数为 $n=10$。这是一个简单的平方和函数,只有一个极小点 $x=(0,0,\cdots,0)$,理论最小值 $f(0,0,\cdots,0)=0$。

解析:利用免疫算法求解实现的步骤如下。

(1) 初始化免疫个体维数为 $D=10$,免疫种群个体数为 NP=100,最大免疫代数为 $G=500$,变异概率为 $P_m=0.75$,激励度系数为 alfa=1,belta=1,相似度阈值为 detas=0.25,克隆个数为 $N_{cl}=10$。

(2) 随机产生初始种群,计算个体亲和度、抗体浓度和激励度,并按激励度排序。

(3) 取激励度前 NP/2 个个体进行克隆、变异、克隆抑制的免疫操作,对免疫后的种群进行激励度计算。

(4) 随机生成 NP/2 个个体的新种群,并计算个体亲和度、抗体浓度和激励度;免疫种群和随机种群合并,按激励度排序,进行免疫迭代。

(5) 判断是否满足终止条件:如果满足,则结束搜索过程,输出优化值;如果不满足,则继续进行迭代优化。

```
>> clear all;
%% 免疫算法求函数最值
D = 10;                                  % 免疫个体维数
NP = 100;                                % 免疫个体数目
high = 20;                               % 取值上限
low = -20;                               % 取值下限
G = 500;                                 % 最大免疫代数
pm = 0.75;                               % 变异概率
alfa = 1;                                % 激励度系数
belta = 1;                               % 免疫选择系数
detas = 0.25;                            % 相似度阈值
gen = 0;                                 % 免疫代数
Nc1 = 10;                                % 克隆个数
deta0 = 1 * high;                        % 邻域范围初值
%% 初始种群
f = rand(D,NP) * (high - low) + low;
for np = 1:NP
    MSLL(np) = M10_2a(f(:,np));
end
%% 计算个体浓度和激励度
for np = 1:NP
```

```matlab
        for j = 1:NP
            nd(j) = sum(sqrt((f(:,np) - f(:,j)).^2));
            if nd(j)< detas
                nd(j) = 1;
            else
                nd(j) = 0;
            end
        end
        ND(np) = sum(nd)/NP;
end
MSLL = alfa * MSLL - belta * ND;
%% 激励度按升序排列
[SortMSLL, Index] = sort(MSLL);
Sortf = f(:, Index);
%% 免疫循环
while gen < G
    for i = 1:NP/2
        % 选激励度前 NP/2 个个体进行免疫操作
        a = Sortf(:, i);
        Na = repmat(a, 1, Nc1);
        deta = deta0/gen;
        for j = 1:Nc1
            for ii = 1:D
                % 变异
                if rand < pm
                    Na(ii,j) = Na(ii,j) + (rand - 0.5) * deta;
                end
                % 边界条件处理
                if (Na(ii,j)> high)|(Na(ii,j)< low)
                    Na(ii,j) = rand * (high - low) + low;
                end
            end
        end
        Na(:,1) = Sortf(:,i);          % 保留克隆源个体
        % 克隆抑制,保留亲和度最高的个体
        for j = 1:Nc1
            NaMSLL(j) = M10_2a(Na(:,j));
        end
        [NaSortMSLL, Index] = sort(NaMSLL);
        aMSLL(i) = NaSortMSLL(1);
        NaSortf = Na(:, Index);
        af(:,i) = NaSortf(:,1);
    end
    % 免疫种群激励度
    for np = 1:NP/2
        for j = 1:NP/2
            nda(j) = sum(sqrt((af(:,np) - af(:,j)).^2));
            if nda(j)< detas
                nda(j) = 1;
            else
                nda(j) = 0;
            end
        end
        aND(np) = sum(nda)/NP/2;
```

```
        end
        aMSLL = alfa * aMSLL - belta * aND;
        % 种群刷新
        bf = rand(D,NP/2) * (high - low) + low;
        for np = 1:NP/2
            bMSLL(np) = M10_2a(bf(:,np));
        end
        % 新生成种群激励度
        for np = 1:NP/2
            for j = 1:NP/2
                ndc(j) = sum(sqrt((bf(:,np) - bf(:,j)).^2));
                if ndc(j)< detas
                    ndc(j) = 1;
                else
                    ndc(j) = 0;
                end
            end
            bND(np) = sum(ndc)/NP/2;
        end
        bMSLL = alfa * bMSLL - belta * bND;
        % 免疫种群与新生种群合并
        f1 = [af,bf];
        MSLL1 = [aMSLL,bMSLL];
        [SortMSLL, Index] = sort(MSLL1);
        Sortf = f1(:,Index);
        gen = gen + 1;
        trace(gen) = M10_2a(Sortf(:,1));
end
%% 输出优化结果
Bestf = Sortf(:,1);                    % 最优变量
trace(end);                            % 最优值
figure;plot(trace);
xlabel('迭代次数');ylabel('目标函数值');
title('亲和度进化曲线');
```

运行程序,得到的最优变量及最优值如下,得到亲和度进化曲线如图 7-7 所示。

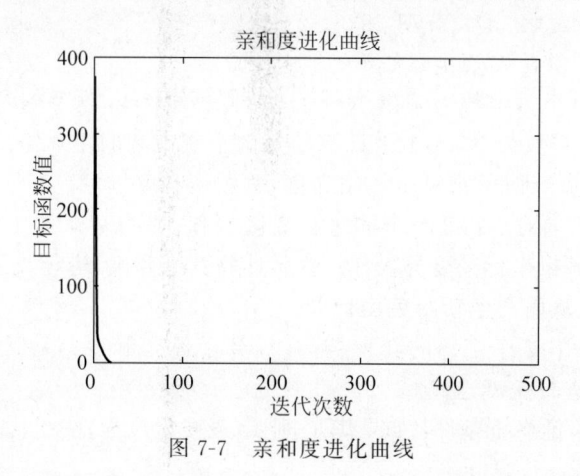

图 7-7　亲和度进化曲线

```
Bestf =      %最优变量
   -0.0057
    0.0024
   -0.0017
    0.0001
   -0.0022
    0.0000
   -0.0011
    0.0016
    0.0002
   -0.0009
ans =       %最优值
   5.0216e-05
```

在以上代码中,调用的适应度函数的源代码如下。

```
function s = M10_2a(x)
summ = sum(x.^2);
s = summ;
end
```

7.3.2 免疫算法在TSP中的应用

TSP问题从描述上看是一个非常简单的问题,给定 n 个城市和各城市之间的距离,寻找一条遍历所有城市且每个城市只被访问一次的路径,并保证总路径的距离最短。

【例7-3】 假设有一个旅行商人要拜访全国31个省会城市,他需要选择所走的路径,路径的限制是每个城市只能拜访一次,而且最后要回到原来出发的城市。路径的选择要求是:所选路径的路程为所有路径之中的最小值。

全国31个省会城市的坐标为[1304 2312; 3639 1315; 4117 2244; 3712 1399; 3488 1535; 3326 1556; 3238 1229; 4196 1004; 4312 790; 4386 570; 3007 1970; 2562 1756; 2788 1491; 2381 1676; 1332 695; 3715 1678; 3918 2179; 4061 2370; 3780 2212; 3676 2578; 4029 2833; 4263 2931; 3429 1908; 3507 2367; 3394 2643; 3439 3201; 2935 3240; 3140 3550; 2545 2357; 2778 2826; 2370 2975]

解析:利用免疫算法实现步骤如下。

(1) 初始化免疫个体维数为城市 $N=31$,免疫种群个体数为 NP=200,最大免疫代数为 $G=1000$,克隆个数为 $N_{cl}=10$;计算任意两个城市间的距离矩阵 **D**。

(2) 随机产生初始种群,计算个体亲和度,并按亲和度排序。

(3) 在取亲和度前对 NP/2 个个体进行克隆操作,并对每个源个体产生的克隆个体进行任意交换两个城市坐标的变异操作;然后计算其亲和度,进行克隆抑制操作,只保留亲和度最高的个体,从而产生新的免疫种群。

(4) 随机生成 NP/2 个个体的新种群,并计算个体亲和度;免疫种群和随机种群合并,按亲和度排序,进行免疫迭代。

(5) 判断是否满足终止条件:如果满足,则结束搜索过程,输出优化值;如果不满足,则继续进行迭代优化。

实现的 MATLAB 代码如下。

```matlab
>> clear all;
%% 免疫算法求解
% 初始化
clear all;
C = [1304 2312;3639 1315;4117 2244;3712 1399;3488 1535;3326 1556;3238 1229;...
    4196 1004 ; 4312 790;4386 570;3007 1970;2562 1756;2788 1491;2381 1676;...
    1332 695;3715 1678;3918 2179;4061 2370;3780 2212;3676 2578;4029 2833;...
    4263 2931;3429 1908;3507 2367; 3394 2643;3439 3201;2935 3240;3140 3550;...
    2545 2357;2778 2826;2370 2975];       %31个省会城市坐标
N = size(C,1);                            %TSP问题的规模,即城市数目
D = zeros(N);                             %任意两个城市距离间隔矩阵
%% 求任意两个城市距离间隔矩阵
for i = 1:N
    for j = 1:N
        D(i,j) = ((C(i,1) - C(j,1))^2 + (C(i,2) - C(j,2))^2)^0.5;
    end
end
NP = 200;                                 %免疫个体数目
G = 1000;                                 %最大免疫代数
f = zeros(N,NP);                          %用于存储种群
for i = 1:NP
    f(:,i) = randperm(N);                 %随机生成初始种群
end
len = zeros(NP,1);                        %存储路径长度
for i = 1:NP
    len(i) = M10_3a(D,f(:,i),N);          %计算路径长度
end
[Sortlen,Index] = sort(len);
Sortf = f(:,Index);                       %种群个体排序
gen = 0;                                  %免疫个数
Nc1 = 10;                                 %克隆个数

%% 免疫循环
while gen < G
    for i = 1:NP/2
        %选激励度前NP/2个个体进行免疫操作
        a = Sortf(:,i);
        Ca = repmat(a,1,Nc1);
        for j = 1:Nc1
            p1 = floor(1 + N * rand());
            p2 = floor(1 + N * rand());
            while p1 == p2
                p1 = floor(1 + N * rand());
                p2 = floor(1 + N * rand());
            end
            tmp = Ca(p1,j);
            Ca(p1,j) = Ca(p2,j);
```

```
            Ca(p2,j) = tmp;
        end
        Ca(:,1) = Sortf(:,i);                          % 保留克隆源个体
        % 克隆抑制,保留亲和度最高的个体
        for j = 1:Nc1
            Calen(j) = M10_3a(D,Ca(:,j),N);
        end
        [SortCalen, Index] = sort(Calen);
        SortCa = Ca(:,Index);
        af(:,i) = SortCa(:,1);
        alen(i) = SortCalen(1);
    end
    % 种群刷新
    for i = 1:NP/2
        bf(:,i) = randperm(N);                         % 随机生成初始种群
        blen(i) = M10_3a(D,bf(:,i),N);                 % 计算路径长度
    end
    % 免疫种群与新种群合并
    f = [af,bf];
    len = [alen,blen];
    [Sortlen, Index] = sort(len);
    Sortf = f(:,Index);
    gen = gen + 1;
    trace(gen) = Sortlen(1);
end
%% 输出优化结果
Bestf = (Sortf(:,1))'                                  % 最优变量
Bestlen = trace(end)                                   % 最优值
figure;
for i = 1:N-1
    plot([C(Bestf(i),1),C(Bestf(i+1),1)],[C(Bestf(i),2),C(Bestf(i+1),2)],'k-+');
    hold on;
end
for i = 1:N-1
    plot([C(Bestf(N),1),C(Bestf(1),1)],[C(Bestf(N),2),C(Bestf(1),2)],'k-+');
    hold on;
end
title(['优化最短距离: ',num2str(trace(end))]);
figure;plot(trace);
xlabel('迭代次数');ylabel('目标函数值');title('亲和度进化曲线');
```

运行程序,输出优化值如下,得到的优化路径如图7-8所示,亲和度进化曲线如图7-9所示。

```
Bestf =
  15  14  12  11  13  7  6  5  2  10  9  8  4  16  23  24  25  20  21  22  18
   3  17  19  26  28  27  30  31  29  1
Bestlen =
   1.5829e + 04
```

图 7-8 优化后的路径图

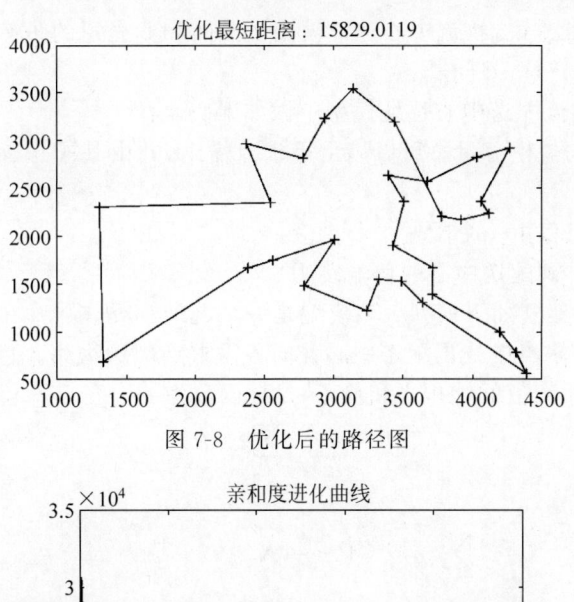

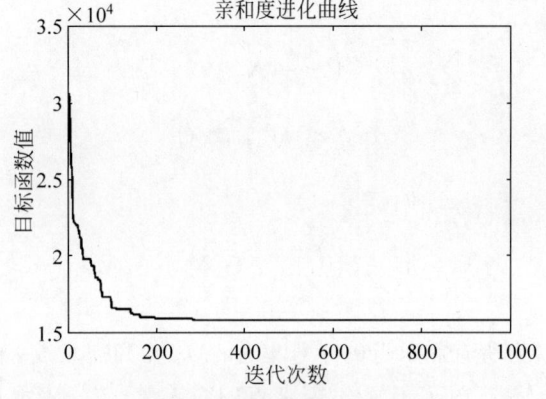

图 7-9 亲和度进化曲线图

以上代码中,调用计算路径总长度的函数如下。

```
% 计算路径总长度
function len = M10_3a(D,f,N)
len = D(f(N),f(1));
for i = 1:(N-1)
    len = len + D(f(i),f(i+1));
end
```

7.3.3 免疫算法在物流选址中的应用

随着世界经济的快速发展以及现代科学技术的进步,物流业作为国民经济的一个新兴服务部门,正在全球范围内迅速发展。物流业的发展给社会的生产和管理、人们的生活和就业乃至政府的职能以及社会的法律制度等带来巨大的影响,因此物流业被认为是国民经济发展的动脉和基础产业,被形象地喻为促进经济发展的"加速器"。

在物流系统的运作中,配送中心的任务就是根据各个用户的需求及时、准确和经济地配送商品货物。配送中心是连接供应商与客户的中间桥梁,其选址方式往往决定着物流的配送距离和配送模式,进而影响着物流系统的运作效率。另外,物流中心的位置一旦被确定,其位置难以再改变。因此,研究物流配送中心的选址具有重要的理论意义和现实应用意义。一般来说，物流中心选址模型是非凸和非光滑的带有复杂的约束的非线性规划模型，属于 NP-Hard 问题。

【例 7-4】 在物流配送中心选址模型中做如下假设：

（1）配送中心的规模容量总可以满足需求点需求，并由其配送辐射范围内的需求量确定。

（2）一个需求点仅由一个配送中心供应。

（3）不考虑工厂到配送中心的运输费用。

基于以上假设，建立如下模型。该模型是一个选址/分配模型，在满足距离上限的情况下，需要从 n 个需求点中找出配送中心并向各需求点配送物品。目标是各配送中心到需求点的需求量和距离值的乘积之和最小，目标函数为

$$\min F = \sum_{i \in N} \sum_{j \in M_i} w_i d_{ij} Z_{ij} \tag{7-8}$$

约束条件为

$$\sum_{j \in M_i} Z_{ij} = 1, i \in N \tag{7-9}$$

$$Z_{ij} \leqslant h_j, i \in N, j \in M_i \tag{7-10}$$

$$\sum_{j \in M_i} h_j = p \tag{7-11}$$

$$Z_{ij}, h_j \in \{0,1\}, i \in N, j \in M_i \tag{7-12}$$

$$d_{ij} \leqslant s \tag{7-13}$$

其中，$N=\{1,2,\cdots,n\}$ 为所有需求点的序号集合；M_i 为到需求点 i 的距离小于 s 的备选配送中心集合，$i \in N, M_i \subset N$；w_i 表示需求点的需求量；d_{ij} 表示从需求点 i 到离它最近的配送中心 j 的距离；Z_{ij} 为 0-1 变量，表示用户和物流中心的服务需求分配关系，当其为 1 时，表示需求点 j 的需求量由配送中心 j 供应，否则 $Z_{ij}=0$；h_j 为 0-1 变量，当其为 1 时，表示点 j 被选为配送中心；s 为新建配送中心离由它服务的需求点的距离上限。

式(7-9)保证每个需求点只能由一个配送中心服务；式(7-10)确保需求点的需求量只能被设为配送中心的点供应，即没有配送中心的地点不会有客户；式(7-11)规定了被选为配送中心的数量为 p；式(7-12)表示变量 Z_{ij} 和 h_j 是 0-1 变量；式(7-13)保证了需求点在配送中心可配送到的范围内。

表 7-1 列出了每个用户的位置及其物资需求量，此处的物资需求量是经过规范化处理后的数值，并不代表实际值。从中选择 6 个作为物流配送中心。

表 7-1 用户的位置及其物资需求量

j	(U_j, V_j)	b_j	j	(U_j, V_j)	b_j	j	(U_j, V_j)	b_j
1	(1304,2312)	20	5	(3488,1535)	70	9	(4312,790)	90
2	(3639,1315)	90	6	(3326,1556)	70	10	(4386,570)	70
3	(4177,2244)	90	7	(3238,1229)	40	11	(3007,1970)	60
4	(3712,1399)	60	8	(4196,1044)	90	12	(2562,1756)	40

续表

j	(U_j,V_j)	b_j	j	(U_j,V_j)	b_j	j	(U_j,V_j)	b_j
13	(2788,1491)	40	20	(3676,2578)	50	27	(2935,3240)	40
14	(2381,1676)	40	21	(4029,2838)	50	28	(3140,3550)	60
15	(1332,695)	20	22	(4263,2931)	50	29	(2545,2357)	70
16	(3715,1678)	80	23	(3429,1908)	80	30	(2778,2826)	50
17	(3918,2179)	90	24	(3507,2376)	70	31	(2370,2975)	30
18	(4061,2370)	70	25	(3394,2643)	80			
19	(3780,2212)	100	26	(3439,3201)	40			

算法的参数分别为：种群规模为 50，记忆库容量为 10，迭代次数为 100，交叉概率为 0.5，变异概率为 0.4，多样性评价参数为 0.95。

利用免疫遗传算法实现的 MATLAB 代码如下。

```
>> clear all
%% 算法基本参数
sizepop = 50;                                      % 种群规模
overbest = 10;                                     % 记忆库容量
MAXGEN = 100;                                      % 迭代次数
pcross = 0.5;                                      % 交叉概率
pmutation = 0.4;                                   % 变异概率
ps = 0.95;                                         % 多样性评价参数
length = 6;                                        % 配送中心数
M = sizepop + overbest;
%% 识别抗原,将种群信息定义为一个结构体
individuals = struct('fitness',zeros(1,M), 'concentration',zeros(1,M),'excellence',zeros(1,M),'chrom',[]);
%% 产生初始抗体群
individuals.chrom = popinit(M,length);
trace = [];                                        % 记录每代最优个体适应度和平均适应度
%% 迭代寻优
for iii = 1:MAXGEN
    %% 抗体群多样性评价
    for i = 1:M
        % 抗体与抗原亲和度(适应度值)计算
        individuals.fitness(i) = fitness(individuals.chrom(i,:));
        individuals.concentration(i) = concentration(i,M,individuals);  % 抗体浓度计算
    end
    % 综合亲和度和浓度评价抗体优秀程度,得出繁殖概率
    individuals.excellence = excellence(individuals,M,ps);
    % 记录当代最佳个体和种群平均适应度
    [best,index] = min(individuals.fitness);       % 找出最优适应度
    bestchrom = individuals.chrom(index,:);        % 找出最优个体
    average = mean(individuals.fitness);           % 计算平均适应度
    trace = [trace;best,average];                  % 记录
    %% 根据 excellence 形成父代群,更新记忆库(加入精英保留策略,可由 s 控制)
    bestindividuals = bestselect(individuals,M,overbest);   % 更新记忆库
    individuals = bestselect(individuals,M,sizepop);        % 形成父代群
    %% 选择,交叉,变异操作,再加入记忆库中抗体,产生新种群
    individuals = Select2(individuals,sizepop);
```

```matlab
            individuals.chrom = Cross(pcross,individuals.chrom,sizepop,length);  % 交叉
            individuals.chrom = Mutation(pmutation,individuals.chrom,sizepop,length);  % 变异
        % 加入记忆库中抗体
            individuals = incorporate(individuals,sizepop,bestindividuals,overbest);
end
%% 绘制免疫算法收敛曲线
figure(1)
plot(trace(:,1));
hold on
plot(trace(:,2),'--');
legend('最优适应度值','平均适应度值')
title('免疫算法收敛曲线');xlabel('迭代次数');ylabel('适应度值')
%% 画出配送中心选址图
% 城市坐标
city_coordinate = [1304,2312;3639,1315;4177,2244;3712,1399;3488,1535;3326,1556; ...
3238,1229;4196,1044;4312,790;4386,570; 3007,1970;2562,1756;2788,1491;2381,1676; ...
1332,695;3715,1678;3918,2179;4061,2370;3780,2212;3676,2578; 4029,2838;4263,2931; ...
3429,1908;3507,2376;3394,2643;3439,3201;2935,3240;3140,3550;2545,2357;2778,2826; ...
2370,2975];
carge = [20,90,90,60,70,70,40,90,90,70,60,40,40,40,20,80,90,70,100,50,50,50,80,70, ...
80,40,40,60,70,50,30];
% 找出最近配送点
for i = 1:31
        distance(i,:) = dist(city_coordinate(i,:),city_coordinate(bestchrom,:)');
end
[a,b] = min(distance');
index = cell(1,length);
for i = 1:length
% 计算各个派送点的地址
index{i} = find(b == i);
end
figure(2)
title('最优规划派送路线')
cargox = city_coordinate(bestchrom,1);
cargoy = city_coordinate(bestchrom,2);
plot(cargox,cargoy,'rs')
hold on
plot(city_coordinate(:,1),city_coordinate(:,2),'ko')
for i = 1:31
    x = [city_coordinate(i,1),city_coordinate(bestchrom(b(i)),1)];
    y = [city_coordinate(i,2),city_coordinate(bestchrom(b(i)),2)];
    plot(x,y,'c');hold on
end
legend('配送中心','城市点');
```

运行程序,得到免疫算法收敛曲线如图 7-10 所示,物流的配送中心选址方案如图 7-11 所示。

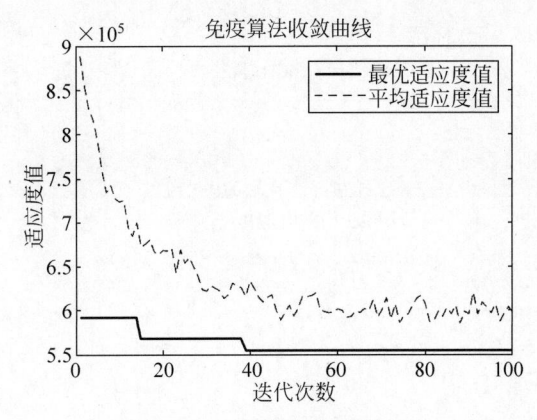

图 7-10 免疫算法收敛曲线图

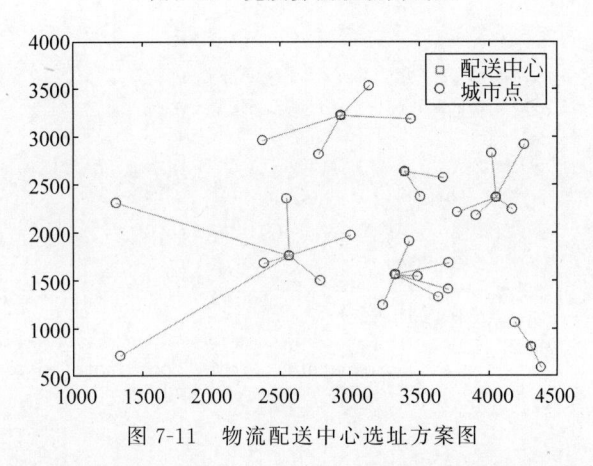

图 7-11 物流配送中心选址方案图

在以上程序中调用到的自定义编写实现免疫算法的子函数分别如下。

```matlab
%计算个体适应度值
function fit = fitness(individual)
%城市坐标
city_coordinate = [1304,2312;3639,1315;4177,2244;3712,1399;3488,1535;3326,1556;...
3238,1229;4196,1044;4312,790;4386,570;3007,1970;2562,1756;2788,1491;2381,1676;...
1332,695;3715,1678;3918,2179;4061,2370;3780,2212;3676,2578;4029,2838;4263,2931;...
3429,1908;3507,2376;3394,2643;3439,3201;2935,3240;3140,3550;2545,2357;2778,2826;...
2370,2975];
%货物量
carge = [20,90,90,60,70,70,40,90,90,70,60,40,40,40,20,80,90,70,100,50,50,50,80,70,80,...
40,40,60,70,50,30];
%找出最近配送点
for i = 1:31
    distance(i,:) = dist(city_coordinate(i,:),city_coordinate(individual,:)');
end
[a,b] = min(distance');
%计算费用
for i = 1:31
    expense(i) = carge(i) * a(i);
end
```

```matlab
    % 距离大于 3000 取一个惩罚值
    fit = sum(expense) + 4.0e + 4 * length(find(a > 3000));
end

% 计算个体之间的相似程度
function resemble = similar(individual1, individual2)
% 计算个体 individual1 和 individual2 的相似度
k = zeros(1, length(individual1));
for i = 1:length(individual1)
        if find(individual1(i) == individual2)
            k(i) = 1;
        end
end
resemble = sum(k)/length(individual1);
end

% 用于计算个体之间的浓度
function concentration = concentration(i, M, individuals)
concentration = 0;
for j = 1:M
% 第 i 个个体与种群个体间的相似度
    xsd = similar(individuals.chrom(i,:), individuals.chrom(j,:));
        % 相似度大于阈值
    if xsd > 0.7
            concentration = concentration + 1;
        end
end
concentration = concentration/M;
end

% 计算个体繁殖概率
function exc = excellence(individuals, M, ps)
fit = 1./individuals.fitness;
sumfit = sum(fit);
con = individuals.concentration;
sumcon = sum(con);
for i = 1:M
    exc(i) = fit(i)/sumfit * ps + con(i)/sumcon * (1 - ps);
end

% 选择函数根据个体适应度值采用轮盘赌法选择个体
function ret = Select2(individuals, sizepop)
excellence = individuals.excellence;
pselect = excellence./sum(excellence);
index = [];
for i = 1:sizepop                    % 转 sizepop 次轮盘
    pick = rand;
    while pick == 0
            pick = rand;
    end
    for j = 1:sizepop
            pick = pick - pselect(j);
```

```matlab
            if pick < 0
                index = [index j];
                break;                        % 寻找落入的区间,此次转轮盘选中了染色体 j
            end
        end
end
% 注意: 在转 sizepop 次轮盘的过程中,有可能会重复选择某些染色体
individuals.chrom = individuals.chrom(index,:);
individuals.fitness = individuals.fitness(index);
individuals.concentration = individuals.concentration(index);
individuals.excellence = individuals.excellence(index);
ret = individuals;

% 交叉操作采用实数交叉法进行交叉
function ret = Cross(pcross,chrom,sizepop,length)
% 每一轮 for 循环中,可能会进行一次交叉操作,随机选择染色体和交叉位置,是否进行交叉操作
% 则由交叉概率控制
for i = 1:sizepop
    % 随机选择两个染色体进行交叉
    pick = rand;
    while prod(pick) == 0
        pick = rand(1);
    end
    if pick > pcross
        continue;
    end
    % 找出交叉个体
    index(1) = unidrnd(sizepop);
    index(2) = unidrnd(sizepop);
    while index(2) == index(1)
        index(2) = unidrnd(sizepop);
    end
    % 选择交叉位置
    pos = ceil(length * rand);
    while pos == 1
        pos = ceil(length * rand);
    end
    % 个体交叉
    chrom1 = chrom(index(1),:);
    chrom2 = chrom(index(2),:);
    k = chrom1(pos:length);
    chrom1(pos:length) = chrom2(pos:length);
    chrom2(pos:length) = k;
    % 满足约束条件赋予新种群
    flag1 = test(chrom(index(1),:));
    flag2 = test(chrom(index(2),:));
    if flag1 * flag2 == 1
        chrom(index(1),:) = chrom1;
        chrom(index(2),:) = chrom2;
    end
end
ret = chrom;
```

```matlab
end

% 变异操作采用实数变异法进行变异
function ret = Mutation(pmutation,chrom,sizepop,length1)
% 每一轮 for 循环中，可能会进行一次变异操作，染色体是随机选择的，变异位置也是随机选择的
for i = 1:sizepop
    % 变异概率
    pick = rand;
    while pick == 0
        pick = rand;
    end
    index = unidrnd(sizepop);
    % 判断是否变异
    if pick > pmutation
        continue;
    end
    pos = unidrnd(length1);
    while pos == 1
        pos = unidrnd(length1);
    end
    nchrom = chrom(index,:);
    nchrom(pos) = unidrnd(31);
    while length(unique(nchrom)) == (length1 - 1)
        nchrom(pos) = unidrnd(31);
    end
    flag = test(nchrom);
    if flag == 1
        chrom(index,:) = nchrom;
    end
end
ret = chrom;

% 产生新种群
function newindividuals = incorporate(individuals,sizepop,bestindividuals,overbest)
% 将记忆库中抗体加入，形成新种群
m = sizepop + overbest;
newindividuals = struct('fitness',zeros(1,m),'concentration',zeros(1,m),'excellence',zeros(1,m),'chrom',[]);
% 遗传操作得到的抗体
for i = 1:sizepop
    newindividuals.fitness(i) = individuals.fitness(i);
    newindividuals.concentration(i) = individuals.concentration(i);
    newindividuals.excellence(i) = individuals.excellence(i);
    newindividuals.chrom(i,:) = individuals.chrom(i,:);
end
% 记忆库中的抗体
for i = sizepop + 1:m
    newindividuals.fitness(i) = bestindividuals.fitness(i - sizepop);
    newindividuals.concentration(i) = bestindividuals.concentration(i - sizepop);
    newindividuals.excellence(i) = bestindividuals.excellence(i - sizepop);
    newindividuals.chrom(i,:) = bestindividuals.chrom(i - sizepop,:);
end
```

7.3.4 免疫算法在故障检测中的应用

在现有基于知识的智能诊断系统设计中,知识的自动获取一直是一个难处理的问题。目前虽然遗传算法、模拟退火算法等优化算法在诊断中获取了一定的效果,但是在处理知识类型、有效性等方面仍然存在一些不足。

免疫算法的基础就在于怎样计算抗原与抗体、抗体与抗体之间的相似度,在处理相似性方面有着独特的优势。

基于人工免疫的故障检测和诊断模型如图 7-12 所示。

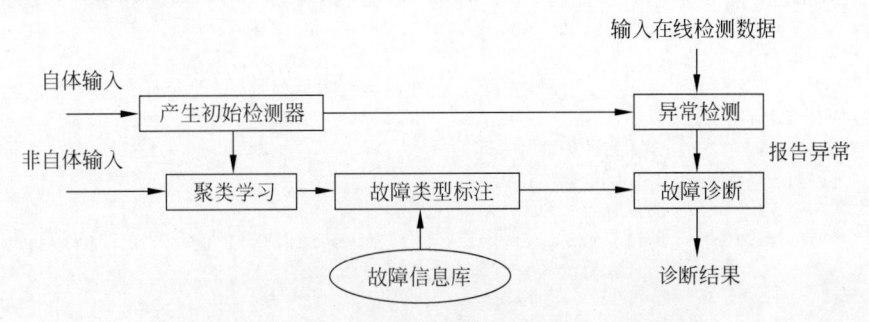

图 7-12 基于人工免疫的故障检测和诊断模型

在此模型中,用一个 N 维特征向量表示系统工作状态的数据。为了减少时间的复杂度,对系统工作状态的检测分为以下两个层次。

(1) 异常检测。负责报告系统的异常工作状态。

(2) 故障诊断。确定故障类型和发生的位置。

描述系统正常工作的自体为第一类抗原,用于产生原始抗体;描述系统工作异常的非自体作为第二类抗原,用于刺激抗体进行变异和克隆进化,使其成熟。

下面直接通过一个实例来演示采用免疫算法对故障诊断的检测。

【例 7-5】 随机设置一组故障编码和三种故障类型编码,通过免疫算法,求得故障编码属于故障类型编码的概率。

其实现的 MATLAB 代码如下:

```
>> clear all;
global popsize length min max N code;
N = 10;                               %每个染色体段数(十进制编码位数)
M = 100;                              %进化代数
popsize = 20;                         %设置初始参数,群体大小
length = 10;                          %length 为每段基因的二进制编码位数
chromlength = N * length;             %字符串长度(个体长度),染色体的二进制编码长度
pm = 0.7;
%设置交叉概率,实例中交叉概率是定值,如果想设置变化的交叉概率可用表达式表示
%或重写一个交叉概率函数,如用神经网络训练得到的值作为交叉概率
pm = 0.3;                             %设置变异概率,同理也可设置为变化的
bound = { - 100 * ones(popsize,1),zeros(popsize,1)};
min = bound{1};
max = bound{2};
pop = initpop(popsize,chromlength);
```

```matlab
% 运行初始化函数,随机产生初始群体
ymax = 500;
K = 1;
% 故障类型编码,每一行为一种。code(1,:),正常;code(2,:),50%;code(3,:),100%
code = [ - 0.8180  - 1.6201  - 14.8590  - 17.9706  - 24.0737  - 33.4498  - 43.3949  - 53.3849 …
         - 63.3451  - 73.0295  - 79.6806  - 74.3230  - 0.7791  - 1.2697  - 14.8682  - 53.3849 …
         - 30.2779  - 39.4852  - 49.4172  - 59.4058  - 69.3676  - 79.0657  - 85.8789  - 81.0905 …
         - 0.8571  - 1.9871  - 13.4385  - 13.8463  - 20.4918  - 29.9230  - 39.8724  - 49.8629 …
         - 59.8215  - 69.4926  - 75.9868  - 70.6706];
% 设置故障数据编码
unnoralcode = [ - 0.5164  - 5.6743  - 11.8376  - 12.6813  - 20.5298  - 39.9828  - 43.9340 …
                - 49.9246  - 69.8820  - 79.5433  - 65.9248  - 8.9759];
for i = 1:3
    % 三种故障模式,每种模式应该产生 popsize 种监测器(抗体),每种监测器的长度和故障编
    % 码的长度相同
    for k = 1:M     % 判断每种模式适应值
        objvalue = calobjvalue(pop,i);              % 计算目标函数
        fitvalue = calfitvalue(objvalue);
        favg(k) = sum(fitvalue)/popsize;            % 计算群体中每个个体的适应度
        newpop = selection(pop,fitvalue);
        objvalue = calobjvalue(newpop,i);           % 选择
        newpop = crossover(newpop,pc,k);
        objvalue = calobjvalue(newpop,i);           % 交叉
        newpop = mutation2(newpop,pm);
        objvalue = calobjvalue(newpop,i);           % 变异
        for j = 1:N                                 % 译码
            temp(:,j) = decodechrom(newpop,1 + (j - 1) * length,length);
            % 将 newpop 每行(个体)每列(每段基因)转换为十进制数
            x(:,j) = temp(:,j)/(2^length - 1) * (max(j) - min(j)) + min(j);
            % popsize×N 将二进制域中的数转换为变量域的数
        end
        [bestindividual,bestfit] = best(newpop,fitvalue);
        % 求出群体中适应值最大的个体及其适应值
        if bestfit < ymax
            ymax = bestfit;
            K = k;
        end
        if ymax < 10                                % 如果最大值小于设定阈值,停止进化
            X{i} = x;
            break;
        end
        if k == 1
            fitvalue_for = fitvalue;
            x_for = x;
        end
        s = resultselect(fitvalue_for,fitvalue,x_for,x);
        fitvalue_for = fitvalue;
        x_for = x;
        pop = newpop;
    end
    X{i} = s;
    % 第 i 类故障的 popsize 个监测器
```

```
        distance = 0;
        % 计算 unnoralcode 属于每一类故障的概率
        for j = 1:N
            distance = distance + (s(:,j) - unnoralcode(j)).^2;        % 将得到 N 个不同的距离
        end
        distance = sqrt(distance);
        D = 0;
        for p = 1:popsize
            if distance(p)< 40  % 预设阈值
                D = D + 1;
            end
        end
        p(i) = D/popsize  % unnoralcode 隶属每种故障类型的概率
end
X;  % 结果为(i * popsize)个监测器(抗体)
```

运行程序，设置的故障数据属于第三种故障类型的概率 p 值为

```
p =
   0    0.9500    0.7500
```

这表示故障数据完全不属于故障一，属于故障二的概率为 95%，属于故障三的概率为 75%。

在以上主程序中调用到的自定义编写子函数的源代码主要有：

```
% 求出适应值最大的个体及其适应值
function [bestindividual,bestfit] = best(pop,fitvalue)
global popsize
bestindividual = pop(1,:);
bestfit = fitvalue(1);
for i = 2:popsize
    if fitvalue(i)> bestfit                    % 最大的个体
        bestindividual = pop(i,:);
        bestfit = fitvalue(i);
    end
end

% 个体的适应值,目标：产生可比较的非负数值
function fitvalue = calfitvalue(value)
fitvalue = value;
global popsize
Cmin = 0;
for i = 1:popsize
    if value(i) + Cmin > 0                     % value 为一列向量
        temp = Cmin + value(i);
    else
        temp = 0;
    end
    fitvalue(i) = temp;                        % 得一向量
end
```

```matlab
function value = calobjvalue(pop,i)
global length N min max code
% 默认染色体的二进制长度 length = 10
distance = 0;
for j = 1:N
    temp(:,j) = decodechrom(pop,1 + (j - 1) * length,length);
    % 将pop每行(个体)每列(每段基因)转换成十进制数
    x(:,j) = temp(:,j)/(2^length - 1) * (max(j) - min(j)) + min(j);
    % popsize×N 将二进制域中的数转换为变量域的数
    distance = distance + (x(:,j) - code(i,j)).^2;
    % 将得到popsize个不同的距离
end
value = sqrt(distance);                    % 计算目标函数值:欧氏距离

% 交叉
function newpop = crossover(pop,pc)
global N length M;
pc = pc - (M - k)/M * 1/20;
A = 1:N * length;
for i = 1:length                          % 将数组A的次序随机打乱(可实现两两随机配对)
    n1 = A(i);
    n2 = i + 10;
    for j = 1:N                           % N点(段)交叉
        cpoint = length - round(length * pc);  % 这两个染色体中随机选择的交叉位置
        temp1 = pop(n1,(j - 1) * length + cpoint + 1:j * length);
        temp2 = pop(n2,(j - 1) * length + cpoint + 1:j * length);
        pop(n1,(j - 1) * length + cpoint + 1:j * length) = temp2;
        pop(n2,(j - 1) * length + cpoint + 1:j * length) = temp1;
    end
    newpop = pop;
end

% 产生[2^n 2^(n-1)…1]的行向量,然后求和,将二进制转换为十进制
function pop2 = decodebinary(pop)
[px,py] = size(pop);                      % 求pop行和列
for i = 1:py
    pop1(:,i) = 2.^(py - 1) .* pop(:,i);
    % pop的每一个向量(二进制表示),for循环将每个二进制行向量按位置乘上权值
    py = py - 1;
end
pop2 = sum(pop1,2);
% 求pop1的每行之和,即得到每行二进制表示变为十进制表示值,实现二进制的转变
end
% 将二进制编码转换为十进制,参数spoint表示待解码的二进制串的起始位置
% (对于多个变量而言,如有两个变量,采用20位表示,每个变量10位,则第一个变量从1开始,
% 另一个变量从11开始,本实例为1)
function pop2 = decodechrom(pop,spoint,length)
% length 表示所截取的长度
pop1 = pop(:,spoint:spoint + length - 1);
% 将从第"spoint"位开始到第"spoint + length - 1"位(这段码位表示一个参数)取出
pop2 = decodebinary(pop1);
```

% 利用 popsize×1 列向量

```matlab
function B = hjjsort(A)
N = length(A);
t = [0,0];
for i = 1:N
    temp(i,2) = A(i);
    temp(i,1) = i;
end
for i = 1:N-1           % 沉底法将 A 排序
    for j = 2:N+1-i
        if temp(j,2) < temp(j-1,2)
            t = temp(j-1,:);
            temp(j-1,:) = temp(j,:);
            temp(j,:) = t;
        end
    end
end
for i = 1:N/2                                   % 将排好的 A 逆序
    t = temp(i,2);
    temp(i,2) = temp(N+1-i,2);
    temp(N+1-i,2) = t;
end
for i = 1:N
    A(temp(i,1)) = temp(i,2);
end
B = A;
```

% 实现群体的初始化编码
```matlab
function pop = initpop(popsize,chromlength)
% popsize 表示群体的大小
% chromlength 表示染色体的长度(二值数的长度),长度大小取决于变量的二进制编码的长度
pop = round(rand(popsize,chromlength));
% round 对矩阵的每个单元进行圆整,这样产生随机的初始种群
end
```

% 变异操作
```matlab
function newpop = mutation2(pop,pm)
global popsize N length;
for i = 1:popsize
    if(rand < pm)                               % 产生一随机数与变异概率比较
        mpoint = round(rand * N * length);      % 个体变异位置
        if mpoint <= 0
            mpoint = 1;
        end
        newpop(i,:) = pop(i,:);
        if newpop(i,mpoint) == 0
            newpop(i,mpoint) = 1;
        else
            newpop(i,mpoint) = 0;
        end
    else
```

```
            newpop(i,:) = pop(i,:);
        end
    end

function s = resultselect(fitvalue_for,fitvalue,x_for,x)
global popsize;
A = [fitvalue_for;fitvalue]
B = [x_for;x];
N = 2 * popsize;
t = 0;
for i = 1:N
    temp1(i) = A(i);
    temp2(i,:) = B(i,:);
end
for i = 1:N - 1                          % 沉底法将 A 排序
    for j = 2:N + 1 - i
        if temp(j)< temp1(j - 1)
            t1 = temp1(j - 1);
            t2 = temp2(j - 1,:);
            temp1(j - 1) = temp1(j);
            temp2(j - 1,:) = temp2(j,:);
            temp1(j) = t1;
            temp2(j,:) = t2;
        end
    end
end
for i = 1:popsize                        % 将 A 的低适应值(前一半)的序号取出
    s(i,:) = temp2(i,:);
end

function newpop = selection(pop,fitvalue)
global popsize
fitvalue = hjjsort(fitvalue);
totalfit = sum(fitvalue);                % 求适应值之和
fitvalue = fitvalue/totalfit;            % 单个个体被选择的概率
fitvalue = cumsum(fitvalue);
ms = sort(rand(popsize,1));
% 从小到大排列,将 rand(px,1)产生的一列随机数变成轮盘形式的表示方法,由小到大排列
fitin = 1;
% fivalue 为一向量,fitin 代表向量中元素位,即 fitvalue(fitin)代表第 fitin 个个体的单个个
% 体被选择的概率
newin = 1;
while newin < = popsize
    if(ms(newin))< fitvalue(fitin)
        % ms(newin)表示的是 ms 列向量中第 newin 位数值,同理 fitvalue(fitin)
        newpop(newin,:) = pop(fitin,:);
        % 赋值,即将旧种群中的第 fitin 个个体保留到下一代 newpop
        nedin = newin + 1;
    else
        fitin = fitin + 1;
    end
end
```

第 8 章

MATLAB非线性规划

非线性规划是具有非线性约束条件或目标函数的数学规划,是运筹学的一个重要分支。非线性规划是 20 世纪 50 年代才开始形成的一门新兴学科,20 世纪 70 年代又得到进一步的发展。非线性规划在工程、管理、经济、科研、军事等方面都有广泛的应用,为最优设计提供了有力的工具。

8.1 非线性规划理论知识

非线性规划是 20 世纪 50 年代才开始形成的一门新兴学科。1951 年,H. W. 库恩和 A. W. 塔克发表的关于最优性条件(后来称为库恩-塔克条件)的论文是非线性规划正式诞生的一个重要标志。在 20 世纪 50 年代还得出了可分离规划和二次规划的 n 种解法,它们大都是以 G. B. 丹齐克提出的解线性规划的单纯形法为基础的。20 世纪 50 年代末到 20 世纪 60 年代末出现了许多解非线性规划问题的有效的算法,20 世纪 70 年代又得到进一步的发展。非线性规划在工程、管理、经济、科研、军事等方面都有广泛的应用,为最优设计提供了有力的工具。20 世纪 80 年代以来,随着计算机技术的快速发展,非线性规划方法取得了长足进步,在信赖域法、稀疏拟牛顿法、并行计算、内点法和有限存储法等领域取得了丰硕的成果。

8.1.1 典型的非线性规划

下面通过实例归纳出非线性规划数学模型的一般形式,介绍有关非线性规划的基本概念。

【例 8-1】(投资决策问题)某企业有 n 个项目可供选择投资,并且至少要对其中一个项目投资。已知该企业拥有总资金 A 元,投资于第 i 个项目需花资金 a_i 元,并预计可收益 b_i 元。试选择最佳投资方案。

解:设投资决策变量为

$$x_i = \begin{cases} 1, & \text{决定投资第 } i \text{ 个项目} \\ 0, & \text{决定不投资第 } i \text{ 个项目} \end{cases}, \quad i=1,2,\cdots,n$$

则投资总额为 $\sum a_i x_i$,投资总收益为 $\sum b_i x_i$。因为该公司至少要对一个项目投资,并且总的投资金额不能超过总资金,因此限制条件为

$$0 < \sum_{i=1}^{n} a_i x_i \leqslant A$$

另外,由于 x_i 只取值 0 或 1,所以还有

$$x_i(1-x_i)=0, \quad i=1,2,\cdots,n$$

最佳投资方案应是投资额最小而总收益最大的方案,所以这个最佳投资决策问题归结为总资金以及决策变量(取 0 或 1)的限制条件下,极大化总收益和总投资之比。因此,其数学模型为

$$\max Q = \frac{\sum_{i=1}^{n} b_i x_i}{\sum_{i=1}^{n} a_i x_i}$$

$$\text{s.t.} \begin{cases} 0 < \sum_{i=1}^{n} a_i x_i \leqslant A \\ x_i(1-x_i)=0, \quad i=1,2,\cdots,n \end{cases}$$

上面的例题是在一组等式或不等式的约束下,求一个函数的最大值(或最小值)问题,其中目标函数或约束条件中至少有一个非线性函数,这类问题称为非线性规划问题,简记为(NP)。可概括为一般形式:

$$\min f(x)$$

$$\text{s.t.} \begin{cases} h_j(x) \leqslant 0, & j=1,2,\cdots,q \\ g_i(x)=0, & i=1,2,\cdots,p \end{cases}$$

其中,$x=[x_1,x_2,\cdots,x_n]$ 称为模型(NP)的决策变量,f 称为目标函数,g_i 和 h_j 称为约束函数。另外,$g_i(x)=0$ 称为等式约束,$h_j(x) \leqslant 0$ 称为不等式约束。

8.1.2 非线性规划常见问题

对于一个实际问题,在把它归结成非线性规划问题时,一般要注意如下几点。

1. 确定供选方案

首先要收集同问题有关的资料和数据,在全面熟悉问题的基础上,确认什么是问题的可供选择的方案,并用一组变量来表示它们。

2. 提出追求目标

经过资料分析,根据实际需要和可能,提出要追求极小化或极大化的目标。并且,运用各种科学和技术原理,把它表示成数学关系式。

3. 给出价值标准

在提出要追求的目标之后,要确立所考虑目标的"好"或"坏"的价值标准,并用某种数量形式来描述它。

4. 寻求限制条件

由于所追求的目标一般都要在一定的条件下取得极小化或极大化效果,因此还需要寻找出问题的所有限制条件,这些条件通常用变量之间的一些不等式或等式来表示。

8.2 约束非线性规划基本概念

在探讨解决非线性规划问题的方法前,首先需要引入关于非线性规划问题中目标函数的基本性质及其数学分析,这些内容主要包括目标函数解的性质及非线性规划问题的极值条件。

8.2.1 无约束非线性规划极值条件

对于多变量复杂的目标函数,当其不是单峰函数时,则可能有几个极值点,各个极值点称为局部最优点。这种局部最优点及其目标函数值称为局部最优解。如果某一个局部最优解为全域中所有局部最优解中的最小或最大者,则称这个解为全局最优解,该极值点为全局最优点。

定义:(一元函数极值点存在的必要条件和充分条件)对于二阶可微的一元函数 $f(x)$ 的极值点存在的必要条件是 $f'(x)=0$;充分条件为:对于极小点有 $f'(x)=0$ 且 $f''(x)>0$,对于极大点有 $f'(x)=0$ 且 $f''(x)<0$。

对于多元的可微函数,其极值点存在的必要条件和充分条件与一元函数极值点的条件类似,只是表达形式不同。

设 $f(x)$ 是 n 元函数,其自变量 x 为一个 n 维向量,如果函数 $f(x)$ 可微,则其梯度可由其一阶偏导数组成的 n 维向量表示为

$$\nabla f(x) = \begin{bmatrix} \dfrac{\partial f}{\partial x_1} & \dfrac{\partial f}{\partial x_2} & \cdots & \dfrac{\partial f}{\partial x_n} \end{bmatrix}^{\mathrm{T}}$$

目标函数的梯度 $\nabla f(x)$ 具有如下基本性质。

(1) 如果设计变量的取值不同,即设计点的位置不同,则目标函数在该点的梯度也不同,即目标函数的梯度仅反映该点附近的函数性质,为局部性质。

(2) 梯度为一个向量,函数 $f(x)$ 的梯度方向 ∇f 是指函数 $f(x)$ 的最速上升方向,负梯度方向 $-\nabla f$ 为函数 $f(x)$ 的最速下降方向。

(3) 目标函数 $f(x)$ 在点 $x^{(k)}$ 处的梯度 ∇f 方向与过点 $x^{(k)}$ 的等值线(或等值面)的切线正交,因为函数沿等值线切线方向的变化率为零。也就是说,目标函数的梯度方向向量是目标函数等值线或等值面在该点的法向量。

设多元目标函数 $f(x)$ 在 $x^{(k)}$ 点有连续的二阶导数,则在这一点邻近的 Taylor 展开式取到二次项,且写成向量矩阵形式为

$$f(x) = f(x^{(k)}) + \left[\frac{\partial f(x^{(k)})}{\partial x_1} \quad \frac{\partial f x^{(k)}}{\partial x_2} \quad \cdots \quad \frac{\partial f x^{(k)}}{\partial x_n}\right] [\Delta x_1 \quad \Delta x_2 \quad \cdots \quad \Delta x_n]^{\mathrm{T}} +$$

$$\frac{1}{2}[\Delta x_1 \quad \Delta x_2 \quad \cdots \quad \Delta x_n] \begin{bmatrix} \dfrac{\partial^2 f}{\partial x_1^2} & \dfrac{\partial^2 f}{\partial x_1 \partial x_2} & \cdots & \dfrac{\partial^2 f}{\partial x_1 \partial x_n} \\ \dfrac{\partial^2 f}{\partial x_1 \partial x_2} & \dfrac{\partial^2 f}{\partial x_2^2} & \cdots & \dfrac{\partial^2 f}{\partial x_2 \partial x_n} \\ \vdots & \vdots & \ddots & \vdots \\ \dfrac{\partial^2 f}{\partial x_1 \partial x_n} & \dfrac{\partial^2 f}{\partial x_1 \partial x_2} & \cdots & \dfrac{\partial^2 f}{\partial x_n^2} \end{bmatrix}$$

上式可简写为

$$f(x) = f(x^{(k)}) + (\nabla f(x^{(k)}))^{\mathrm{T}} \Delta x + \frac{1}{2} \Delta x^{\mathrm{T}} \nabla^2 f(x^{(k)}) \Delta x$$

由上式可见，如果函数还具有二阶偏导数，则其二阶偏导数 $H(x)$ 可表示为 n 阶对称矩阵：

$$H(x) = \begin{bmatrix} \dfrac{\partial^2 f}{\partial x_1^2} & \dfrac{\partial^2 f}{\partial x_1 \partial x_2} & \cdots & \dfrac{\partial^2 f}{\partial x_1 \partial x_n} \\ \dfrac{\partial^2 f}{\partial x_1 \partial x_2} & \dfrac{\partial^2 f}{\partial x_2^2} & \cdots & \dfrac{\partial^2 f}{\partial x_2 \partial x_n} \\ \vdots & \vdots & \ddots & \vdots \\ \dfrac{\partial^2 f}{\partial x_1 \partial x_n} & \dfrac{\partial^2 f}{\partial x_1 \partial x_2} & \cdots & \dfrac{\partial^2 f}{\partial x_n^2} \end{bmatrix}$$

函数 $f(x)$ 的二阶偏导数 $H(x)$ 常被称为 Hessian 矩阵，在对称矩阵 $H(x)$ 中，偏导数的求导次序是无关的，即

$$\frac{\partial^2 f}{\partial x_i \partial x_j} = \frac{\partial^2 f}{\partial x_j \partial x_i}, \quad i, j = 0, 1, 2, \cdots, n$$

在给出目标函数 Hessian 矩阵的定义后，可得出函数极值存在的充分条件为：函数 $f(x)$ 可微并且具有连续的一阶偏导数 $\Lambda(x)$ 和二阶偏导数 $H(x)$。但是这并不足以判断某点是否为函数的极值点。

多元函数极大值和极小值点的充要条件为

定理 1：（多元函数极大值点的充要条件）x^* 是 $f(x)$ 的一个极大值点的充分必要条件为：在点 x^* 处，函数 $f(x)$ 的一阶偏数等于零，且 Hessian 矩阵为负定的。

定理 2：（多元函数极小值点的充要条件）x^* 是 $f(x)$ 的一个极小值点的充分必要条件为：在点 x^* 处，函数 $f(x)$ 的一阶偏数等于零，且 Hessian 矩阵为正定的。

判断 Hessain 矩阵 $H(x)$ 是否正定或者负定的方法一般是检验矩阵 $H(x)$ 的各阶顺序主子式，其定义为

$$\boldsymbol{D}_i = \begin{bmatrix} H_{11} & H_{12} & \cdots & H_{1i} \\ H_{21} & H_{21} & \cdots & H_{2i} \\ \vdots & \vdots & \ddots & \vdots \\ H_{i1} & H_{i2} & \cdots & H_{ii} \end{bmatrix}$$

其中,H_{ii} 代表 Hessain 矩阵 $\boldsymbol{H}(x)$ 中第 i 行第 j 列的元素。

如果各阶顺序主子式均为正数,即对于所有 i 都有 $D_i > 0$,则 $\boldsymbol{H}(x)$ 正定;如果各阶顺序主子式呈负、正交替变化,即当 i 为奇数时,$D_i > 0$,当 i 为偶数时,$D_i < 0$,则 $\boldsymbol{H}(x)$ 负定。

8.2.2 有约束非线性规划极值条件

一般的非线性规划问题可表述为

$$\text{s.t.} \begin{cases} h_i(x) = 0, & i = 1, 2, \cdots, p, p < n \\ g_j(x) \leqslant 0, & j = 1, 2, \cdots, m \end{cases}$$

求解上述问题的实质是在所有的约束条件所形成的可行域内,求得目标函数的极值点。由于约束最优点不仅与目标函数本身的性质有关,还与约束函数的性质有关,因此约束条件下的优化问题比无约束条件下的优化问题更为复杂和难以求解。

库恩-塔克(Kuhn-Tucker)条件(简称 K-T 条件)是非线性规划领域中最重要的理论之一,它是由 H. W. Kuhn 和 A. W. Tucker 在 1951 年提出的。通常借助库恩-塔克条件来判断和检验约束优化问题中某个可行点是否为约束极值点,而将 K-T 条件作为确定一个充分条件。但是怎样判别所找到的极值点是全域最优还是局部极值点,至今还没有一个统一而有效的判别方法。

在优化设计中的非线性规划问题,如果可以表达为如下形式:

$$\min f(x)$$
$$\text{s.t.} \ g_j(x) \leqslant 0, \quad j = 1, 2, \cdots, m$$

首先,引入乘子形式:

$$L(x) = f(x) + \sum_{i=1}^{m} \lambda_i g_i(x)$$

定理 3:如果 x^* 为非线性规划问题的最优解,则 x^* 必须满足非线性规划中的 m 个约束条件,且必定存在满足下述条件的乘子 $\lambda_j^* (j = 1, 2, \cdots, m)$:

$$\begin{cases} \dfrac{\partial f(x^*)}{\partial x_i} + \sum_{i=1}^{m} \lambda_j^* \dfrac{\partial g_j(x^*)}{\partial x_i} = 0, & i = 1, 2, \cdots, n \\ -\lambda_j^* g_j(x^*) = 0, & j = 1, 2, \cdots, m \\ \lambda_j^* \geqslant 0, & j = 1, 2, \cdots, m \end{cases}$$

上述即是针对所有不等式约束的 K-T 条件,但是需要指出的是,在这 m 个约束条件中,可能只有部分约束起了作用。在这里给出"起作用"的定义,假设 x_D 为问题的可行点,即 $x_D \in D$,定义

$$I(x_D) = \{i \mid g_i(x_D) = 0, i = 1, 2, \cdots, m\}$$

当 $i \in I(x_D)$ 时,对应的约束 $g_i(x) \leqslant 0$ 称为在 x_D 处的紧约束,或者是起约束作用的条件,而 $I(x_D)$ 被称为 x_D 点紧约束的指标集。显然有,$I(x_D) \subset \{1, 2, \cdots, m\}$。

设起约束作用的条件有 l 个,则必有 $l \geqslant m$,记为

$$g_1(x^*) = g_2(x^*) = \cdots = g_l(x^*) = 0$$

$$s_1^*, s_2^* = \cdots = s_l^*$$

$$\lambda_1^* \neq 0, \lambda_2^* \neq 0, \cdots, \lambda_l^* \neq 0$$

其他 $m - l$ 个约束不起作用,记为

$$g_{l+1}(x^*), g_{l+2}(x^*), \cdots, g_m(x^*)$$

$$\lambda_{l+1}^* = \lambda_{l+2}^* = \cdots = \lambda_m^* = 0$$

由于这 $m-l$ 个约束条件属于多余约束,因此在该点处计算函数的极值时可以忽略这些多余约束,对计算结果并无影响。以上的结论可以表达为

$$\begin{cases} \lambda_j^* = 0, & g_j(x^*) < 0 \\ \lambda_j^* \geqslant 0, & g_j(x^*) = 0 \end{cases}$$

上式指出了对于点 x^*,约束 $g_i(x^*)$ 是否有效。$g_i(x^*) = 0$ 意味着 x^* 落在第 i 号约束上,这样的约束为主动约束,也称有效约束。此时的拉格朗日乘子应当非负。$g_i(x^*) = 0$ 意味着 x^* 未落在第 j 号约束上,这样的约束为无效约束,它相应的乘子 $\lambda_j^* = 0$。

根据上述分析,当目标当函数取极值时,即有

$$\frac{\partial f}{\partial x_i} + \sum_{j=1}^{l} \lambda_j^* \frac{\partial g_j}{\partial x_i} = 0, (i = 1, 2, \cdots, n)$$

即

$$-\nabla f = \sum_{j=1}^{l} \lambda_j^* \nabla g_j$$

上式的几何意义为,在极值点 x^* 处,目标函数 f 的梯度向量 ∇f 必须是有效约束 g_j 的梯度向量 $\nabla g_j (j = 1, 2, \cdots, l)$ 的线性组合。但反过来讲,当上式得到满足时,x^* 点可能是极值点,也可能是驻点或鞍点。因而还需要另行建立极值点的检验条件。

8.3 求解非线性规划

非线性规划求解法主要有一维最优化方法、无约束最优化方法及约束最优化方法。

8.3.1 一维最优化方法

一维最优化方法指寻求一元函数在某区间上的最优值点的方法。这类方法不仅有实用价值,而且大量多维最优化方法都依赖于一系列的一维最优化。常用的一维最优化方法有黄金分割法、切线法和插值法。

(1) 黄金分割法:又称为 0.618 法。它适用于单峰函数。其基本思想是:在初始寻查区间中设计一列点,通过逐次比较其函数值,逐步缩小寻查区间,以得出近似最优值点。

(2) 切线法:又称牛顿法。它也是针对单峰函数的,其基本思想是:在一个猜测点附近将目标函数的导函数线性化,用此线性函数的零点作为新的猜测点,逐步迭代去逼近最优点。

(3) 插值法:又称多项式逼近法。其基本思想是用多项式(通常用二次或三次多项式)去拟合目标函数。

此外,还有斐波那契法、割线法、有理插值法、分批搜索法等。

1. 黄金分割法

该算法的做法是选择 x_1 和 x_2 使得两点在区间 $[a,b]$ 上的位置是对称的,这样新的搜索区间 $[a,x_2]$ 和 $[x_1,b]$ 的长度相等,即满足关系式 $x_2-a=b-x_1$,则首先插入时点 x_1 和 x_2 的坐标可表示为

$$x_1 = a + \lambda(b-a)$$
$$x_2 = b - \lambda(b-a)$$

(8-1)

再次缩短搜索区间时,所取的新点 x_3 要求与区间内的已有点相对于搜索区间也是对称的。黄金分割法还要求在保留下来的区间内再插入一点,所形成的新三段与原来区间的三段具有相同的比例分布。依此方法不断缩短搜索区间。为了求出 λ,进一步分析上述迭代过程。

由图 8-1 假设原区间 $[a,b]$ 长度为 1,且有 $f(x_1)<f(x_2)$(同理可分析 $f(x_1)>f(x_2)$ 的情况),则保留下来的区间为 $[a,x_2]$,其长度为 λ。

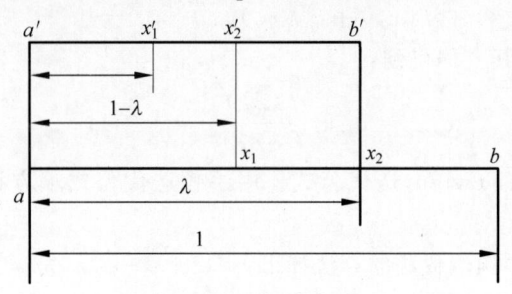

图 8-1 黄金分割法示意图

则在下一轮的迭代中,上一次缩小区间后保留下来的点 x_1 成为新点 x_2',为了保持相同的比例分布,新插入的点 x_1' 就在 $\lambda(1-\lambda)$ 上,x_2' 在原区间的 $(1-\lambda)$ 位置,于是由比例相同这个条件,可得:

$$\frac{\lambda}{1} = \frac{1-\lambda}{\lambda}$$

即得到关于 λ 的一个一元二次方程 $\lambda^2+\lambda-1=0$,取其正根,得:

$$\lambda = \frac{\sqrt{5}-1}{2} \approx 0.618$$

如果保留下来的区间为$[x_1,b]$,根据插入点的对称性,也可推导出相同的结果。用此方法,使得两次相邻的搜索缩短比率近似为0.618,因此该法被称为0.618法,由于在工程中0.618是一个经常被使用的数,称为黄金分割数,因此该寻优方法也被称为黄金分割法。

黄金分割法的搜索过程如下。

(1) 给出初始搜索区间$[a,b]$,以及收敛精度ε,令$\lambda=0.618$。

(2) 按坐标计算公式(8-1)计算x_1,x_2,并计算其对应的函数值$f(x_1),f(x_2)$。

(3) 比较$f(x_1),f(x_2)$的大小,缩小搜索区间,进行区间名称的代换。

(4) 检查区间是否缩短到足够小或函数值收敛到足够接近,如果条件不满足,则转步骤(5),否则转步骤(6)。

(5) 在保留区间内计算一个新的试探点及其相应的函数值,转步骤(3)。

(6) 取最后两个试探点的平均值作为极小点的数值近似解,并计算该点的函数值,作为目标函数的最优解。

对于0.618法,对所计算的各个探索点上的函数值,仅用来比较其大小,而在各试探点的具体函数值等这些非常有用的信息却没有被利用,因此算法收敛速度较慢,为了充分利用有用的信息,用插值法或称为多项式逼近法。

2. 插值法

在求解非线性方程$f(x)=0$时,它的困难在于f是非线性函数,为了克服这一困难,考虑它的线性展开。设当前点为x_k,在x_k处的Taylor展开式为

$$f(x) \approx f(x_k) + f'(x_k)(x-x_k) \tag{8-2}$$

令$f(x)=0$,可以得到式(8-2)的近似方程:

$$f(x_k) + f'(x_k)(x-x_k) = 0$$

设$f'(x_k) \neq 0$,解其方程得到:

$$x_{k+1} = x_k - \frac{f(x_k)}{f'(x_k)} \quad k=0,1,\cdots \tag{8-3}$$

式(8-3)称为牛顿(Newton)迭代公式。用牛顿迭代公式求方程$f(x)=0$根的方法称为牛顿迭代法。

由上述分析可得牛顿迭代法的算法如下。

(1) 取初始点x_0,最大迭代次数N和精度要求ε,设$k=0$。

(2) 如果$f'(x_k)=0$,则停止计算,否则计算

$$x_{k+1} = x_k - \frac{f(x_k)}{f'(x_k)}$$

(3) 如果$|x_{k+1}-x_k|<\varepsilon$,则停止计算。

(4) 如果$k=N$,则停止计算;否则,置$k=k+1$,转到步骤(2)。

3. 抛物线法

设已知方程$f(x)=0$的三个近似根为x_k,x_{k-1},x_{k-2},以这三点为节点构造二次插值多项式$P(x)$的一个零点x_{k+1}作为新的近似根,这样确定的迭代过程称为抛物线法。

给定非线性方程 $f(x)=0$，误差界 ε，迭代次数上限 N。
抛物线法的算法如下。

(1) 计算 $\omega = f[x_k, x_{k-1}] + f[x_k, x_{k-1}, x_{k-2}](x_k - x_{k-1})$

(2) 计算 $\dfrac{2f(x_k)}{\omega \pm \sqrt{\omega^2 - 4f(x_k)f[x_k, x_{k-1}, x_{k-2}]}}$，代入：

$$x_{k+1} = x_k - \dfrac{2f(x_k)}{\omega \pm \sqrt{\omega^2 - 4f(x_k)f[x_k, x_{k-1}, x_{k-2}]}}$$

得出 x_{k+1} 的值后，计算 $f(x_{k+1})$。

(3) 若 $|x_{k+1} - x_k| \leqslant \varepsilon$ 则迭代停止，取 $x^* \approx x_{k+1}$；否则，令：

$$(x_{k-2}, x_{k-1}, x_k, f(x_{k-2}), f(x_{k-1}), f(x_k))$$
$$= (x_{k-1}, x_k, x_{k+1}, f(x_{k-1}), f(x_k), f(x_{k+1})), \quad n = n+1$$

(4) 如果迭代次数 $k > N$，则认为该迭代格式对于所选初值不收敛，迭代停止；否则重返步骤(2)。

4. 一维搜索法的 MATLAB 求解

在 MATLAB 的优化工具箱中提供了求解一维搜索问题的优化函数 fminbnd，该函数用于求解如下问题。

$$\min f(x)$$
$$\text{s.t.} \ x_1 < x < x_2$$

x, x_1, x_2 均为标量，函数 $f(x)$ 的返回值也为标量。

fminbnd 函数可以计算一元函数的最小值优化问题，它用于求解一维设计变量在固定区间内的目标函数的最小值，即最优化问题的约束条件只有设计变量的上、下界。

在使用 fminbnd 进行优化的过程中，除非 x_1 和 x_2 十分接近，否则算法将不会在区间的端点评价目标函数，因而设计变量的限制条件需要指定为开区间 (x_1, x_2)。如果目标函数的最小值恰好在 x_1 或 x_2 处取得，fminbnd 将返回该区间的一个内点，且其与端点 x_1 或 x_2 的距离不超过 2TolX，其中，TolX 为最优解 x 处的误差限。

fminbnd 函数的调用格式为

x = fminbnd(fun, x_1, x_2)：返回目标函数 fun(x) 在区间 (x_1, x_2) 上的极小值。

x = fminbnd(fun, x_1, x_2, options)：options 为指定优化参数选项，其优化参数取值及说明如表 8-1 所示，其可通过 optimset 函数设置。

表 8-1　fminbnd 函数的优化参数及说明

options 取值	说　　明
Display	如果设置为 off 即不显示输出；设置为 iter 即显示每一次的迭代信息；设置为 final 只显示最终结果
MaxFunEvals	函数评价所允许的最大次数
MaxIter	函数所允许的最大迭代次数
TolX	x 的容忍度

$[x, \text{fval}]$ = fminbnd(…)：x 为返回的最小值，fval 为目标函数的最小值。

$[x,\text{fval},\text{exitflag}] = \text{fminbnd}(\cdots)$：exitflag 为终止迭代条件，其取值及说明如表 8-2 所示。

表 8-2　exitflag 的值及说明

exitflag 取值	说　　明
1	表示函数收敛到解 x
0	表示达到了函数最大评价次数或迭代的最大次数
−1	表示函数不收敛解 x
−2	表示输入的区间有误，即 $x_1 > x_2$

$[x,\text{fval},\text{exitflag},\text{output}] = \text{fminbnd}(\cdots)$：output 为优化输出信息，其为结构体，其取值及说明如表 8-3 所示。

表 8-3　output 的结构及说明

output 结构	说　　明
iterations	表示算法的迭代次数
funccount	表示函数赋值的次数
algorithm	表示求解线性规划问题的所用算法
message	算法终止的信息

【例 8-2】 计算函数 $f(x) = \dfrac{x^3 + x}{x^4 - x^2 + 1}$ 的最小值。

根据需要，建立函数的 M 文件，代码如下。

```
function f = li9_2fun(x)
f = (x^3 + x)/(x^4 - x^2 + 1);
```

调用 fminbnd 函数实现最小值求解，代码如下。

```
>> clear all;
lb = - 2; ub = 2;
[x,fval,exitflag,output] = fminbnd('li9_2fun',lb,ub,'iter')
```

运行程序，输出如下。

```
x =
    - 1.0000
fval =
    - 2.0000
exitflag =
     1
output =
    iterations: 11
    funcCount: 12
    algorithm: 'golden section search, parabolic interpolation'
      message: 'Optimization terminated:
the current x satisfies the termination criteria using OPTIONS.TolX of 1.000000e - 04
```

【例 8-3】 利用 fminbnd 函数对 MATLAB 自带的 humps 方程组求最小解。

```
>> clear all;
fplot(@humps,[0,2]);            % 绘制 humps 函数解析图,效果如图 8-2 所示
>> z = fzero(@humps,1,optimset('Display','off')); % 绘制 humps 的零点图,效果如图 8-3 所示
fplot(@humps,[0,2]);
hold on;
plot(z,0,'r*');
hold off
% 利用 fminbnd 函数标志最小点,效果如图 8-4 所示
>> m = fminbnd(@humps,0.25,1,optimset('Display','off'));
fplot(@humps,[0 2]);
hold on;
plot(m,humps(m),'r*');
hold off
```

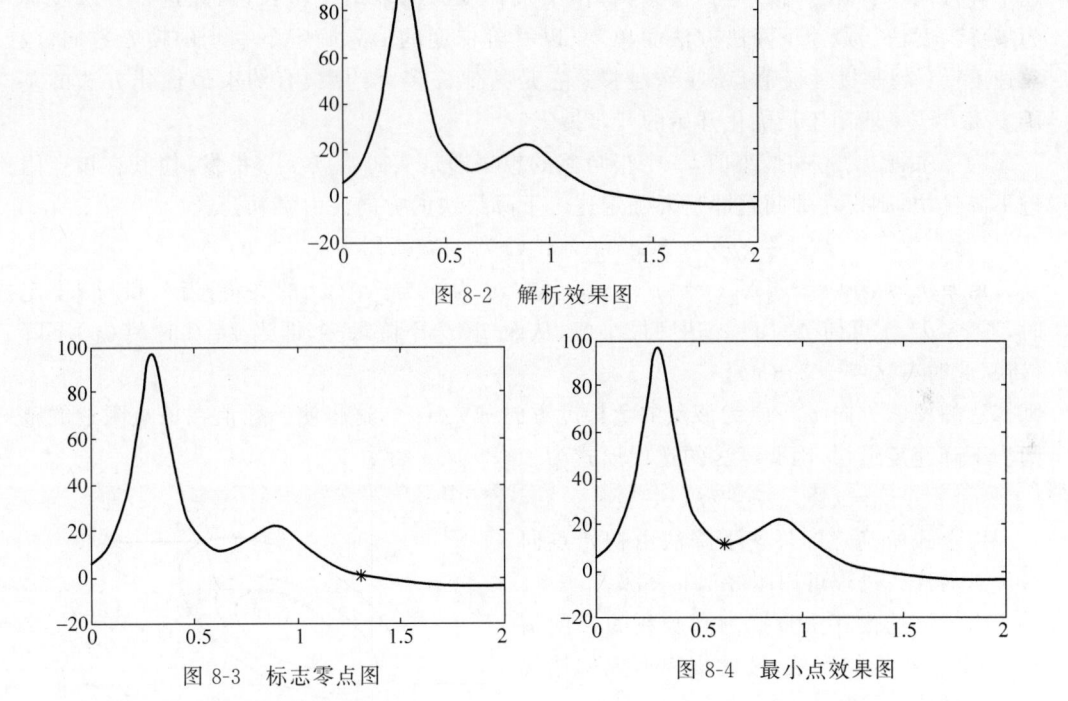

图 8-2 解析效果图

图 8-3 标志零点图

图 8-4 最小点效果图

8.3.2 无约束最优化方法

无约束最优化方法指寻求 n 元实函数 f 在整个 n 维向量空间 $\boldsymbol{R}_n$ 上的最优值点的方法。这类方法的意义在于：虽然实用规划问题大多是有约束的,但许多约束最优化方法可将有约束问题转换为若干无约束问题来求解。

无约束最优化方法大多是逐次一维搜索的迭代算法。这类迭代算法可分为两类：一类需要用目标函数的导函数,称为解析法；另一类不涉及导数,只用到函数值,称为直接法。这些迭代算法的基本思想是：在一个近似点处选定一个有利搜索方向,沿这个方向

进行一维寻查,得出新的近似点。然后对新点施行同样过程,如此反复迭代,直到满足预定的精度要求为止。根据搜索方向的取法不同,可以有各种算法,属于解析型的算法有以下几种。

(1) 梯度法:又称最速下降法,这是早期的解析法,收敛速度较慢。
(2) 牛顿法:收敛速度快,但不稳定,计算也较困难。
(3) 共轭梯度法:收敛较快,效果较好。
(4) 变尺度法:这是一类效率较高的方法。其中,达维登-弗莱彻-鲍威尔变尺度法,简称 DFP 法,是最常用的方法。

属于直接型的算法有交替方向法(又称坐标轮换法)、模式搜索法、旋转方向法、鲍威尔共轭方向法和单纯形加速法等。

1. 梯度法

最速下降法由法国数学家 Cauchy 于 1947 年首先提出。该算法在每次迭代中,沿最速下降方向(负梯度方向)进行搜索,每步沿负梯度方向取最优步长,因此这种方法也称为最优梯度法。最速下降法方法简单,只以一阶梯度的信息确定下一步的搜索方向,收敛速度慢;越是接近极值点,收敛越慢;它是其他许多无约束、有约束最优化方法的基础。该方法一般用于最优化开始的几步搜索。

为了求得 $f(x)$ 的最小值,一个很自然的想法即是从初始点 $x^{(0)}$ 出发,使其在该点附近下降最快,则现在的问题即是要确定这个下降最快的方向。由泰勒公式

$$f(x+\lambda p) = f(x) + \lambda \Lambda^T(x)p + o(\lambda \|p\|) \quad (\lambda > 0)$$

由于 $\Lambda^T(x)p = -\|\Lambda(x)\|\|p\|\cos\theta$,其中,$\theta$ 为 p 与 $-\Lambda(x)$ 的夹角,当 λ 和 $\|p\|$ 固定时,取 $\cos\theta = 1$ 可使 $\Lambda^T(x)p$ 达到最小值,从而 $f(x)$ 下降最多,即当 $\theta = 0$ 时,$f(x)$ 下降最快,此时有 $p = -\nabla f(x)$。

则算法的搜索方向 $p^{(k)}$ 应为该点的负梯度方向 $-\nabla f(x)$,这将使函数值在该点附近的范围内下降速度最快,因此算法的迭代形式为

$$x^{(k+1)} = x^{(k)} - \lambda_k \nabla f(x^{(k)})$$

由上式所确定的最速下降法由初始点向最优点的迭代过程可用图 8-5 来表示。

由于该迭代算法直接用到函数的梯度信息,因此又称为梯度法,按此规律形成的迭代算法的具体步骤如下。

(1) 选取初始点估计值 $x^{(0)}$,确定允许误差 ε,令 $k=0$。

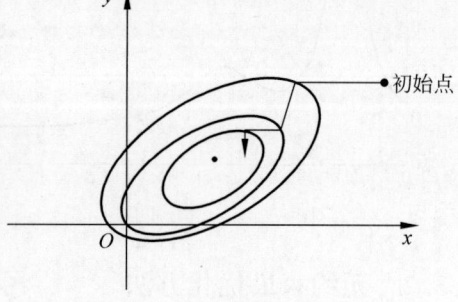

图 8-5 最速下降法示意图

(2) 计算目标函数在 $x^{(k)}$ 处的负梯度 $-\Lambda(x^{(k)})$。
(3) 收敛性检查,如果 $\|\Lambda(x^{(k)})\| \leqslant \varepsilon$,则 $x^* = x^{(k)}$,终止计算,否则继续。
(4) 确定搜索方向。
(5) 确定负梯度方向的单位向量:

$$p^{(x)} = \frac{-\Lambda(x^{(k)})}{\|\Lambda(x^{(k)})\|}$$

(6) 一维搜索。

以 $x^{(k)}$ 为起点,沿负梯度方向 $p^{(k)}$ 进行一维搜索,求得最优步长 λ_k,使得

$$f(x^{(k)}+\lambda_k p^{(k)}) = \min_{\lambda>0} f(x^{(k)}+\lambda p^{(k)})$$

于是点列的下一个迭代点为

$$x^{(k+1)} = x^{(k)} + \lambda_k p^{(k)}$$

(7) 令 $k=k+1$,转到步骤(2)。

使用最速下降法求解最优化问题时,具有如下几个特点。

(1) 最速下降法有很好的全局收敛性,对初始点的选取没有特别的要求。即对于任意初始点 $x^{(0)} \in R^n$ 开始迭代,所产生的点列 $\{x^{(k)}\}$ 均收敛。

(2) 最速下降法的收敛速度是比较慢的,这似乎与"最速下降"这个名称相矛盾。实际上,所谓最速下降方向 $p^{(k)} = -\Lambda(x^{(k)}) = -\nabla f(x^{(k)})$,仅反映函数 $f(x)$ 在点 $x^{(k)}$ 的局部性质,对局部来说下降最快,但对整体来说却不一定是下降最快的方向。

(3) 由最优步长 λ_k 的意义可知:

$$(p^{(k)})^T \nabla f(x^{(k+1)}) = 0$$

因此在前面两次迭代中,搜索方向是相互正交的,这即意味着最速下降法逼近极小点的路线为锯齿形的,并且越靠近极小点步长越小。因此,虽然最速下降法有很好的整体收敛性,但是收敛速度的问题影响了其实际应用效果,因此在解决实际问题时,一般将最速下降法和其他的算法相结合。

2. 牛顿法

设 x_0 是方程 $f(x)=0$ 的一个近似根,把 $f(x)$ 在 x_0 点附近展开成泰勒级数:

$$f(x) = f(x_0) + (x-x_0)f'(x_0) + (x-x_0)^2 \frac{f''(x_0)}{2!} + \cdots$$

取其线性部分作为非线性方程 $f(x)=0$ 的近似方程,则有:

$$f(x) = f(x_0) + (x-x_0)f'(x_0)$$

设 $f'(x_0) \neq 0$,则其解为

$$x_1 = x_0 - \frac{f(x_0)}{f'(x_0)}$$

再把 $f(x)$ 在 x_1 附近展开成泰勒级数,也取其线性部分作为 $f(x)=0$ 的近似方程。若 $f'(x_0) \neq 0$,则有:

$$x_2 = x_1 - \frac{f(x_1)}{f'(x_1)}$$

得到牛顿法的一个迭代序列:

$$x_{n+1} = x_n - \frac{f(x_n)}{f'(x_n)} \quad (n=0,1,\cdots) \tag{8-4}$$

此公式为牛顿公式。

设函数 $f(x)$ 满足 $f(x^*)=0$,$f'(x^*) \neq 0$,且 $f(x)$ 二次连续可微,则存在 $\delta>0$,当 $x_0 \in [x^*-\delta, x^*+\delta]$ 时,牛顿迭代法是收敛的,且收敛的阶至少为平方收敛。

牛顿法的算法如下。

(1) 取初始点 x_0，最大迭代次数 N 和精度要求 ε，置 $k=0$。

(2) 如果 $f'(x_k)=0$，则停止计算；否则计算

$$x_{k+1}=x_k-\frac{f(x_k)}{f'(x_k)}$$

(3) 若 $|x_{k+1}-x_k|<\varepsilon$，则停止计算。

(4) 若 $k=N$，则停止计算；否则，置 $k=k+1$，转到步骤(2)。

3. 阻尼最小二乘法

阻尼最小二乘法的算法如下。

(1) 给出初始值 x_0，阻尼因子 μ_0，缩放常数 $v>1$。

(2) 计算 $F(x_k)$、$\nabla F(x_k)$、$\varphi(x_k)$ 及 $\nabla \varphi(x_k)$，令 $j=0$；其中，$\varphi(x)=\frac{1}{2}F(x)^{\mathrm{T}}F(x)$。

(3) 解方程组 $[\nabla F(x_k)^{\mathrm{T}} \nabla F(x_k)+\mu_k I]p_k=-\nabla \varphi(x_k)$。

(4) 计算 $x_{x+1}=x_k+p_k$ 及 $\varphi(x_{k+1})$。

(5) 如果 $\varphi(x_{k+1})<\varphi(x_k)$ 且 $j=0$，则取 $\mu_k=\frac{\mu_k}{v}$，$j=1$，转到步骤(3)；否则 $j=0$，则转到步骤(7)。

(6) 如果 $\varphi(x_{k+1}) \geqslant \varphi(x_k)$，则取 $\mu_k=\mu_k v$，$j=1$，转到步骤(3)。

(7) 如果 $\|p_k\| \leqslant \varepsilon$，则得到方程组的解，否则令 $x_{k+1}=x_k$，转到步骤(2)。

4. 牛顿下山法

牛顿下山法是用来解决牛顿法的初始值 x_0 的选择问题，当 $f(x)$ 的表达式比较复杂时，很难确定初始值 x_0，如果初始值 x_0 偏离 x^* 较远，则可能导致迭代公式 $x_{n+1}=x_n-\frac{f(x_n)}{f'(x_n)}$ 发散。

为了在一定程度上解决初始值的选择问题，牛顿下山法将牛顿迭代公式改为

$$x_{n+1}=x_n-\lambda \frac{f(x_n)}{f'(x_n)} \tag{8-5}$$

λ 称为下山因子。

适当调整下山因子 λ 可以保证计算过程中得到的数列 $\{|f(x_n)|\}$ 趋于零，从而使迭代公式(8-5)收敛。

给定误差界 ε 和迭代的最大次数 N，则牛顿下山法的算法如下。

(1) 给出初始值 x_0，$n=0$。

(2) 令 $\lambda=1$。

(3) 用式(8-5)由 x_n 计算 x_{n+1}。

(4) 若 $|x_{n+1}-x_n| \leqslant \varepsilon$ 则迭代结束，取 $x^* \approx x_{n+1}$，否则令 $n=n+1$。

(5) 若 $n>N$，则迭代 N 次仍未得到达到要求的解，下山失败，停止迭代，另选初始值 x_0；否则执行步骤(6)。

(6) 令 $\lambda = \dfrac{\lambda}{2}$,转到步骤(3)。

5. 变尺度算法

变尺度算法又称为 Davidon-Fletcher-Powell(DFP)算法,这是因为该算法在 1959 年由 Davidon 提出,后来经 Fletcher 和 Powell 解释并改进而得名。它是变尺度算法中提得最早的一个,该算法超线性收敛,对解多元函数的无约束极小是一个比较好的方法。

该算法属于拟牛顿法的一种。所谓拟牛顿法,是指用梯度差分或一个近似矩阵 $\boldsymbol{H}_k$ 去代替 $(\nabla^2 f(x^{(k)}))^{-1}$,以克服牛顿法中需计算 $(\nabla^2 f(x^{(k)}))^{-1}$ 的缺点的一种计算方法,构造 $\boldsymbol{H}_k$ 的方法不同,即产生不同的拟牛顿法。

拟牛顿法具有以下优点。

(1) 仅需一阶导数(牛顿法需二阶导数)。

(2) $\boldsymbol{H}_k$ 保持正定,使得方法具有下降性质。

(3) 每次迭代需 $o(n^2)$ 次乘法运算(牛顿法需 $o(n^4)$ 次乘法运算)。

(4) 搜索方向是相互共轭的,从而具有二次终止性。

变尺度法是求解无约束极值问题的一种有效方法,由于它避免了计算二阶导数矩阵及其求逆计算,又比梯度法的收敛速度快,特别是对高维问题具有显著的优势性,因而使变尺度法获得了很高的声誉,被称为在算法上有"突破"。

在最速下降法中,以 $f(x)$ 在 $x^{(k)}$ 处的最速下降方向 $p^{(k)} = -\Lambda(x^{(k)})$ 作为搜索方向。这种搜索是局部性的,搜索会产生拉锯现象,使得收敛放慢。如果要快速收敛,搜索方向应取 $x^{(k)}$ 处的牛顿方向,即

$$p^{(k)} = -\boldsymbol{H}^{-1}(x^{(k)})\Lambda(x^{(k)})$$

式中,$\boldsymbol{H}(x^{(k)})$ 是 $x = x^{(k)}$ 处的 Hessian 矩阵。显然,要得到牛顿方向,需要计算二阶导数及 Hessian 矩阵的逆矩阵,增加了计算的难度。如果 $\boldsymbol{H}(x) = \boldsymbol{I}$,则梯度方向和牛顿方向一致,为了克服梯度法和牛顿法各自的不足,可以构造矩阵 $\boldsymbol{H}_k$,按照如下方法选择搜索方向:

$$p^{(k)} = -\boldsymbol{H}_k \Lambda(x^{(k)})$$

构造 $\boldsymbol{H}_k$ 时,为了保证向下降方向且计算方便,要求矩阵 $\boldsymbol{H}_k$ 正定且具有递推关系 $\boldsymbol{H}_{k+1} = \boldsymbol{H}_k + \Delta \boldsymbol{H}_k$($\Delta \boldsymbol{H}_k$ 被称为校正矩阵)。

构造 $\boldsymbol{H}_k$ 的方法有很多种,DFP 变尺度算法的基本原理是假定无约束极值问题的目标函数 $f(x)$ 二次连续可微,$x^{(k)}$ 为其极小点的近似,这个点附近取 $f(x)$ 二阶 Taylor 多项式逼近:

$$f(x) \approx f(x^{(k)}) + \Lambda^T(x^{(k)})\Delta x + \frac{1}{2}(\Delta x)^T \boldsymbol{H}(x^{(k)})\Delta x$$

由上式近似的梯度可以表示为

$$\nabla f(x) \approx \Lambda(x^{(k)}) + \boldsymbol{H}(x^{(k)})\Delta x \tag{8-6}$$

这个近似函数的极小点需要满足 $\Lambda(x^{(k)}) + \boldsymbol{H}(x^{(k)})(x - x^{(k)}) = 0$,于是:

$$x = x^{(k)} - (\boldsymbol{H}(x^{(k)}))^{-1} \nabla f(x^{(k)})$$

下面来研究怎样构造近似矩阵 $\boldsymbol{H}_k$。在此要求,在每一步都能以现有的信息来确定下一个搜索方向,每做一次迭代,目标函数均有下降,而且这些近似矩阵应最后收敛于解

点处的 Hessian 阵。

当 $f(x)$ 为二次函数时，其 Hessian 阵为常数，另外，在式(8-6)中令 $x=x^{(k+1)}$，则有
$$x^{(k+1)} - x^{(k)} = (\boldsymbol{H}(x^{(k)}))^{-1}(\Lambda(x^{(k+1)}) - \Lambda(x^{(k)}))$$

对于非二次函数，依照二次函数的情形，要求其 Hessian 矩阵的第 $k+1$ 次近似 $\boldsymbol{H}_{k+1}$ 满足关系式
$$x^{(k+1)} - x^{(k)} = \boldsymbol{H}_{k+1}(\Lambda(x^{(k+1)}) - \Lambda(x^{(k)})) \tag{8-7}$$

此式即是常说的拟牛顿条件。

如果令
$$\begin{cases} q_k = \Lambda(x^{(k+1)}) - \Lambda(x^{(k)}) \\ \Delta x^{(k)} = x^{(k+1)} - x^{(k)} \end{cases}$$

则式(8-7)变为 $\Delta x^{(k)} = \boldsymbol{H}_{k+1} q_k$。

现假设 $\boldsymbol{H}_k$ 已知，并用下式来求取 $\boldsymbol{H}_{k+1}$（$\boldsymbol{H}_k$ 和 $\boldsymbol{H}_{k+1}$ 均为正定的对称阵）：
$$\boldsymbol{H}_{k+1} = \boldsymbol{H}_k + \Delta \boldsymbol{H}_k$$

其中，$\boldsymbol{H}_k$ 为第 k 次校正矩阵。由于 $\boldsymbol{H}_{k+1}$ 必须满足拟牛顿条件，而要求：
$$\Delta x^{(k)} = (\boldsymbol{H}_k + \Delta \boldsymbol{H}_k) q_k$$

或者：
$$\Delta \boldsymbol{H}_k q_k = \Delta x^{(k)} - \boldsymbol{H}_k q_k \tag{8-8}$$

由此可假定 $\Delta \boldsymbol{H}_k$ 具有如下简单的形式。
$$\Delta H_k = \Delta x^{(k)} \boldsymbol{M}_k^{\mathrm{T}} - \boldsymbol{H}_k q_k \boldsymbol{N}_k^{\mathrm{T}} \tag{8-9}$$

其中，$\boldsymbol{M}_k, \boldsymbol{N}_k$ 为待定的向量。

将表达式(8-8)代入式(8-9)中，可得：
$$\Delta x^{(k)} \boldsymbol{M}_k^{\mathrm{T}} q_k - \boldsymbol{H}_k q_k \boldsymbol{N}_k^{\mathrm{T}} q_k = \Delta x^{(k)} - \boldsymbol{H}_k q_k$$

为了使上式能够成立，应该满足下列条件。
$$\boldsymbol{M}_k^{\mathrm{T}} q_k = \boldsymbol{N}_k^{\mathrm{T}} q_k = 1 \tag{8-10}$$

考虑到应该为对称阵，一个最简单的方法即是取：
$$\begin{cases} \boldsymbol{M}_k = \eta_k \Delta x^{(k)} \\ \boldsymbol{N}_k = \xi_k \boldsymbol{H}_k q_k \end{cases}$$

由式(8-10)可得：
$$\eta_k (\Delta x^{(k)})^{\mathrm{T}} q_k = \xi_k q_k^{\mathrm{T}} \boldsymbol{H}_k q_k = 1$$

如果满足 $(\Delta x^{(k)})^{\mathrm{T}} q_k$ 和 $q_k^{\mathrm{T}} \boldsymbol{H}_k q_k$ 都不为零，则可得到待定的系数为
$$\begin{cases} \eta_k = \dfrac{1}{(\Delta x^{(k)})^{\mathrm{T}} q_k} \\ \xi_k = \dfrac{1}{q_k^{\mathrm{T}} \boldsymbol{H}_k q_k} \end{cases}$$

注意到 η_k, ξ_k 均为标量，可以得到其校正矩阵为
$$\Delta \boldsymbol{H}_k = \frac{\Delta x^{(k)} (\Delta x^{(k)})^{\mathrm{T}}}{(\Delta x^{(k)})^{\mathrm{T}} q_k} - \frac{\boldsymbol{H}_k q_k q_k^{\mathrm{T}} \boldsymbol{H}_k}{q_k^{\mathrm{T}} \boldsymbol{H}_k q_k} \tag{8-11}$$

20世纪60年代后期,很多人在大量的计算实践中发现,DFP法在数值稳定方面存在一些问题。产生数值不稳定的原因是多方面的,例如,计算机的舍入误差,目标函数中存在非二次项,一维搜索精度不足,等等,从而会使得搜索方向不是共轭的,甚至不是函数下降的方向。

用变尺度法求解函数极值的计算步骤如下。

(1) 选取初始点 $x^{(0)}$,确定允许误差 ε,选取初始矩阵 $\boldsymbol{H}_0 = \boldsymbol{I}$。

(2) 计算 $f_0 = f(x^{(0)})$,$\Lambda_0 = \Lambda(x^{(0)})$,令 $p^{(0)} = -\Lambda_0$,$k = 0$。

(3) 收敛性检查,如果 $\|\Lambda_0\| \leqslant \varepsilon$,则 $x^* = x^{(0)}$,算法终止,否则继续。

(4) 一维搜索,计算最优步长 λ_k,满足

$$f(x^{(k)} + \lambda_k p^{(k)}) = \min_{\lambda > 0} f(x^{(k)} + \lambda p^{(k)})$$

并计算得到下一个迭代点 $x^{(k+1)}$:$x^{(k+1)} = x^{(k)} + \lambda_k p^{(k)}$。

接着计算 $f_{k+1} = f(x^{(k+1)})$,$\Lambda_{k+1} = \Lambda(x^{(k+1)})$。

(5) 收敛性检查,如果 $\|\Lambda_{k+1}\| \leqslant \varepsilon$,则 $x^* = x^{(k+1)}$,算法终止,否则继续。

(6) 正定检查,即检查函数值是否下降,如果 $f_{k+1} \geqslant f_k$,则令 $x^{(0)} = x^{(k)}$,$f_0 = f_k$,$\Lambda_0 = \Lambda_k$,$\boldsymbol{H}_0 = \boldsymbol{I}$,$k = 0$,转到步骤(4),否则继续。

(7) 检查迭代次数,如果 $k = n - 1$,则转到步骤(9),否则继续。

(8) 计算 $q_k = \Lambda(x^{(k+1)}) - \Lambda(x^{(k)})$,计算 $\boldsymbol{H}_{k+1}$。

确定搜索方向 $p^{(k+1)} = -\boldsymbol{H}_{k+1} \Lambda_{k+1}$,令 $k = k + 1$,转到步骤(3)。

(9) 令 $x^{(0)} = x^{(n)}$,$f_0 = f_n$,$\Lambda_0 = \Lambda_n$,$\boldsymbol{H}_0 = \boldsymbol{I}$,$k = 0$,转到步骤(4)。

以下为用于采用MATLAB代码实现变尺度算法。

```
>> % 变尺度算法
X0 = input('请输入初始点 X0(以列向量形式表示): X0 = ');
H0 = input('请输入第一个2维尺度矩阵: H0 = ');
e = input('请输入要求的误差: e = ');
syms x1 x2 lamida
f = 2*x1^2 + x2^2 - 4*x1 + 2;
df_dx1 = diff(f,x1);
df_dx2 = diff(f,x2);
gf1 = subs(df_dx1,{x1,x2},X0);
gf2 = subs(df_dx2,{x1,x2},X0);
gf_0 = double([gf1;gf2]);
H = H0;
if (norm(gf_0)<=e)
    disp(X0);
else
    P = -H*gf_0;
    f1 = subs(f,{x1,x2},X0 + lamida*P);
    f2 = inline(f1);
    lamida = fminbnd(f2,-10000,10000);
    X1 = X0 + lamida*P;
    gf1 = subs(df_dx1,{[x1,x2]},X1);
    gf2 = subs(df_dx2,{x1,x2},X1);
    gf_1 = double([gf1;gf2]);
```

```
end
clear lamida;
syms lamida;
while(norm(gf_1)> e)
    dx = X1 - X0;
    dgf = gf_1 - gf_0;
    H = H + dx * dx'/(dgf' * dx) - H * dgf * dgf' * H/(dgf' * H * dgf);
    P = - H * gf_1;
    f1 = subs(f,{x1,x2},X1 + lamida * P);
    f2 = inline(f1);
    lamida = fminbnd(f2, - 10000,10000);
    X0 = X1;
    X1 = X1 + lamida * P;
    gf_0 = gf_1;
    gf1 = subs(df_dx1,{[x1,x2]},X1);
    gf2 = subs(df_dx2,{x1,x2},X1);
    gf_1 = double([gf1;gf2]);
    clear lamida;
    syms lamida;
end
disp(X1)
F = subs(f,{x1,x2},X1)
```

运行程序,输出如下。

```
请输入初始点 X0(以列向量形式表示): X0 = [2;1]
请输入第一个 2 维尺度矩阵: H0 = eye(2)
请输入要求的误差: e = 0.00001
    1.0000
   - 0.0000
```

6. 共轭梯度法

在使用共轭方向法的过程中,如果选取不同的初始线性无关向量组 v_i,则可得到不同的 A——共轭向量组。而共轭梯度法是将目标函数在各点的负梯度 $-\Lambda(x^{(i)})(i=0,1,2,\cdots,n-1)$ 作为共轭方向法中的线性无关向量组 $v_i(i=0,1,2,\cdots,n-1)$,从而构成 A 的共轭向量组 $p_i(i=0,1,2,\cdots,n-1)$。因为该方法在共轭方向的计算中使用了梯度信息,因此称为共轭梯度法。

用共轭梯度法求解函数的极值的迭代步骤如下。

(1) 选取初始点 $x^{(0)}$,确定允许误差 ε,令 $k=0$。

(2) 计算 $\Lambda(x^{(0)})$,令 $p^{(0)}=-\Lambda(x^{(0)})$。

(3) 一维搜索,计算 λ_k,满足:

$$f(x^{(k)}+\lambda_k p^{(k)}) = \min_{\lambda>0} f(x^{(k)}+\lambda p^{(k)})$$

并计算得到下一个迭代点:

$$x^{(k+1)} = x^{(k)} + \lambda_k p^{(k)}$$

(4) 令 $k=k+1$,计算 $\Lambda(x^{(k)})$。

(5) 收敛性检查,如果 $\|\Lambda(x^{(k)})\| \leqslant \varepsilon$,则 $x^* = x^{(k)}$,终止计算,否则继续。

(6) 循环变量检查，如果 $k=n$，则转到步骤(8)，否则继续。

(7) 计算 $p^{(k)} = -\Lambda(x^{(k)}) + \dfrac{(\Lambda(x^{(k)}))^{\mathrm{T}}\boldsymbol{A}p^{(k-1)}}{(p^{(k-1)})^{\mathrm{T}}\boldsymbol{A}p^{(k-1)}}p^{(k-1)}$，转到步骤(3)。

(8) 开始下一轮迭代，令 $x^{(0)}=x^{(n)}$，$p^{(0)}=-\Lambda(x^{(0)})$，转到步骤(3)。

假如将步骤(7)中的计算式改写为
$$p^{(k)} = -\Lambda(x^{(k)}) + \beta_{k-1} p^{(k-1)}$$

则经推导，可得到 Fletcher-Reeves(FR) 公式为

$$\beta_{k-1} = \frac{(\Lambda(x^{(k)}))^{\mathrm{T}}\Lambda(x^{(k-1)})}{(\Lambda(x^{(k-1)}))^{\mathrm{T}}\Lambda(x^{(k-1)})} = \frac{\|\Lambda(x^{(k)})\|^2}{\|\Lambda(x^{(k-1)})\|^2} \qquad (8\text{-}12)$$

此时，步骤(7)改写成为：按照式(8-12)计算 β_{k-1}，计算 $p^{(k)} = -\Lambda(x^{(k)}) + \beta_{k-1} p^{(k-1)}$，转到步骤(3)。

公式(8-12)形式简单且实现起来比较容易，因此可作为共轭梯度法的代码。在这类方法中还可采用 Polak-Ribilere-Polyak(PRP) 公式和 Dixon-Myers 公式，其形式分别如式(8-13)和式(8-14)所示。

$$\beta_{k-1} = \frac{(\Lambda(x^{(k)}))^{\mathrm{T}}(\Lambda(x^{(k)}) - \Lambda(x^{(k-1)}))}{(\Lambda(x^{(k)}))^{\mathrm{T}}\Lambda(x^{(k-1)})} \quad \text{(PRP)} \qquad (8\text{-}13)$$

$$\beta_{k-1} = \frac{(\Lambda(x^{(k)}))^{\mathrm{T}}\Lambda(x^{(k)})}{(p^{(k-1)})^{\mathrm{T}}\Lambda(x^{(k-1)})} \quad \text{(Dixon-Myers)} \qquad (8\text{-}14)$$

7. MATLAB 函数求解无约束优化

MATLAB 优化工具箱中提供了多维无约束非线性优化的求解函数 fminunc，该函数的调用格式为

$x = \mathrm{fminunc}(\mathrm{fun}, x_0)$：从 x_0 开始，寻找 x 的局部最小值，x_0 可以是向量、标量或矩阵。

$x = \mathrm{fminunc}(\mathrm{fun}, x_0, \mathrm{options})$：options 为指定的优化参数，其取值及说明如表 8-4 所示，其可通过 optimset 函数设置。

表 8-4 fminunc 函数的优化参数及说明

options 取值	说　明
Algorithm	选择优化算法： • 'trust-region-reflective'，为默认值 • 'active-set' • 'interior-point' • 'sqp'
DerivativeCheck	对用户提供的导数与有限差分求出的导数进行对比(中小规模算法)
Diagnostics	打印要极小化的函数的诊断信息
DiffMaxChange	变量有限差分梯度的最大变化(中小规模算法)
DiffMinChange	变量有限差分梯度的最小变化(中小规模算法)
Display	如果设置为 off 即不显示输出；设置为 iter 即显示每一次的迭代信息；设置为 final 只显示最终结果

续表

options 取值	说 明
FinDiffType	变量有限差分梯度的类型,取 'forward' 时即为向前差分,其为默认值;取 'central' 时,即为中心差分,其精度更精确
FunValCheck	检查目标函数与约束是否都有效,当设置为 on 时,遇到复数、NaN、Inf 等,即显示出错信息;设置为 off 时,不显示出错信息,其为默认值
GradConstr	用户定义的非线性约束函数,当设置为 on 时,返回 4 个输出;设置为 off 时,即为非线性约束的梯度估计有限差
GradObj	用户定义的目标函数梯度,对于大规模问题为必选项,对中小规模问题为可选项
MaxFunEvals	函数评价所允许的最大次数
MaxIter	函数所允许的最大迭代次数
OutputFcn	在每次迭代中指定一个或多个用户定义的目标优化函数
TolFun	函数值的容忍度,默认值为 1e-6
TolCon	目标函数的约束性,默认值为 1e-6
TolX	x 处的容忍度
TypicalX	典型 x 值(大规模算法)
UseParallel	用户定义的目标函数梯度,当取值为 'always' 时,即为估计梯度,默认项;取值为 'never' 时,即为客观梯度

$[x, \text{fval}] = \text{fminunc}(\cdots)$: x 为局部极小点,fval 为局部极小点的最优值。

$[x, \text{fval}, \text{exitflag}] = \text{fminunc}(\cdots)$: exitflag 为返回的终止迭代条件信息,其取值及说明如表 8-5 所示。

表 8-5 exitflag 的取值及说明

exitflag 取值	说 明
0	表示迭代次数超过 option.MaxIter 或函数值大于 options.FunEvals
1	表示函数收敛到最优解 x
2	表示相邻两次迭代点的变化小于预先给定的容忍度
3	表示目标函数值在相邻两次迭代点处的变化小于预先给定的容忍度
5	表示方向导数的级小于给定的容忍度且约束的违背量小于 options.TolCon
−1	表示算法被输出函数终止

$[x, \text{fval}, \text{exitflag}, \text{output}] = \text{fminunc}(\cdots)$: output 为返回关于算法的信息变量,其结构及说明如表 8-6 所示。

表 8-6 output 的结构及说明

output 结构	说 明
iterations	迭代次数
funcCount	函数赋值次数
stepsize	算法在最后一步所选取的步长
algorithm	函数所调用的算法
cgiterations	共轭梯度迭代次数(只适用于大规模算法)
firstorderopt	一阶最优性条件
message	算法终止的信息

[x,fval,exitflag,output,grad] = fminunc(…)：grad 为输出目标函数在解 x 处的梯度值。

[x,fval,exitflag,output,grad,hessian] = fminunc(…)：hessian 为输出目标函数在解 x 处的 Hessian 矩阵。

同时，由于 MATLAB 函数 fminunc 中可以使用不同的算法对非线性规划问题进行求解，因此针对不同的算法，该函数还提供了一些专有的参数进行设置，其中仅用于大型规划算法的控制参数如表 8-7 所示。

表 8-7　fminunc 中仅用于大型规划算法控制参数设置

参数名称	设　置
Hessian	如果参数值为 on，fminunc 使用用户 Hessian 矩阵。Hessian 矩阵可以在目标函数中定义，也可以在使用 HessMult 时直接定义。如果参数值为 off（默认值），则 fminunc 和有限差分方法估计 Hessian 矩阵的值
HessMult	Hessian 乘子函数的函数句柄。对于大型规模算法，该函数计算 $H*Y$ 而并非直接构造 Hessian 矩阵 H。函数的形式如下。 $$W = \text{hmfun}(Hinfo, Y)$$ 其中，Hinfo 包含计算 $H*Y$ 的矩阵。 hmfun 的第一个参数必须和目标函数的第三个输出参数相同，例如： $$[f, g, Hinfo] = \text{fun}(x)$$ Y 为一个矩阵，其行数和最优化问题的维数相同
HessPattern	用于有限差分的 Hessian 矩阵的稀疏形式。如果不方便求取函数 fun 的稀疏 Hessian 矩阵 H，可以通过梯度的有限差分获得 H 的稀疏结构（如非零值的位置）来得到近似的 H；如果不知道矩阵的稀疏结构，可将 HessPattern 设置为密集矩阵，在每一次迭代的过程中，都将进行密集矩阵的有限差分近似（默认值）。对于大型规模算法，该过程十分麻烦，因此如果可能，能得到 Hessian 矩阵的稀疏结构还是值得的
MaxPCGIter	预处理共轭梯度算法（PCG）迭代的最大次数，其默认值为 max(1,floor(设置变量的个数/2))
PrecondBandWidth	PCG 预处理的上带宽，为一个非负整数，默认值为 0。对一些最优化问题，增大上带宽可以减少 PCG 迭代的次数。如果设置 PrecondBandWidth 为 Inf，则算法使用 Cholesky 直接分解法来代替共轭梯度。直接分解比共轭梯度运算代价更高，但是可以更好地向最优解收敛
TolPCG	PCG 迭代的终止误差限，为一个正数，默认值为 0.1

fminunc 中仅用于中型规划算法的控制参数设置如表 8-8 所示。

表 8-8　fminunc 中仅用于中型规划算法的控制参数设置

参数名称	设　置
FindDiffType	用于估计梯度有限差分方法，参数值可以设置为 forward（默认值）或 central。其中，central 需要两倍的函数评价次数，但是数值更为准确
HessUpdate	在拟牛顿法中确定搜索方向的方法参数值可以设为以下几种。 bfgs：BFGS 迭代算法（默认值）。 dfp：DFP 迭代算法。 steepdesc：最速下降法

续表

参数名称	设置
InitialHessMatrix	该参数为拟牛顿法的初始矩阵,仅当用户设置 InitialHessType 参数值为 user-supplied 时有效。在上述前提下,用户可以设置 InitialHessMatrix 为一个正数:初始矩阵为该正数乘以 Identity 元素值为正值的向量;初始矩阵对角线上的元素为该向量中的元素。该向量与初始点 x_0 的维数相同
InitialHessType	拟牛顿法的初始矩阵类型,其取值可以为 identity、scaled-identity(默认值)和 user-supplied
PrecondBandWidth	PCG 预处理的上带宽,为一个非负整数,默认值为 0。对一些最优化问题而言,增大上带宽 PCG 迭代的次数。如果设置 PrecondBandWidth 为 Inf,则算法使用 Cholesky 直接分解法来代替共轭梯度。直接分解比共轭梯度运算代价更高,但是可以更好地向解收敛
TolPCG	PCG 迭代的终止误差限,为一个正数,默认值为 0.1

【例 8-4】 求解无约束非线性优化问题:

$$\min f(x) = 3x_1^2 + 2x_1 x_2 + x_2^2$$

首先根据需要建立目标函数 M 文件,代码如下。

```
function f = li9_4fun(x)
f = 3 * x(1)^2 + 2 * x(1) * x(2) + x(2)^2;
```

调用 fminunc 函数求解,其实现的 MATLAB 代码如下。

```
>> clear all;
x0 = [1,1];
[x,fval,exitflag] = fminunc(@li9_4fun,x0)
```

运行程序,输出如下。

```
x =
  1.0e - 006 *
     0.2541    - 0.2029
fval =
  1.3173e - 013
exitflag =
     1
```

在 fminunc 函数中,可以设置 options 结构体选项,考虑目标函数的梯度和 Hessian 矩阵,建立目标函数的 M 文件为

```
function [f,g] = li9_4funA(x)
f = 3 * x(1)^2 + 2 * x(1) * x(2) + x(2)^2;
if nargout > 1
   g(1) = 6 * x(1) + 2 * x(2);
   g(2) = 2 * x(1) + 2 * x(2);
end
```

在以上 M 文件代码中,g 表示的是 f 函数的偏导数,满足以下方程组。

$$\begin{cases} g(1) = \dfrac{\partial f(x)}{\partial x_1} = 6x_1 + 2x_2 \\ g(2) = \dfrac{\partial f(x)}{\partial x_2} = 2x_2 + 2x_2 \end{cases}$$

调用 fminunc 函数求解，其实现的 MATLAB 代码为

```
>> clear all;
options = optimset('Display','iter','TolFun',1e-18,'GradObj','on');
x0 = [1,1];
[x,fval,exitflag,output] = fminunc(@li9_4funA,x0,options)
```

运行程序，输出如下。

```
                                    Norm of      First-order
 Iteration         f(x)              step        optimality    CG-iterations
     0              6                                8
     1         2.34193e-031        1.41421         1.11e-015         1
     2              0              5.55112e-016        0             1
Local minimum found.
Optimization completed because the size of the gradient is less than
the selected value of the function tolerance.
<stopping criteria details>
x =
  1.0e-015 *
     0.3331    -0.4441
fval =
  2.3419e-031
exitflag =
     1
output =
          iterations: 1
           funcCount: 2
        cgiterations: 1
       firstorderopt: 1.1102e-015
           algorithm: 'large-scale: trust-region Newton'
             message: [1x498 char]
       constrviolation: []
```

当改变其初始值为[-1,1]时，代码为

```
>> clear all;
options = optimset('Display','iter','TolFun',1e-18,'GradObj','on');
x0 = [-1,1];
[x,fval,exitflag,output] = fminunc(@li9_4funA,x0,options)
```

运行程序，输出如下。

```
                                    Norm of      First-order
 Iteration         f(x)              step        optimality    CG-iterations
     0              2                                4
     1          0.666667           0.666667         1.33             1
     2          0.222222           0.666667         1.33             1
    ...     ...
```

```
       25          2.36047e-012      1.25445e-006      2.51e-006           1
       26          7.86824e-013      1.25445e-006      2.51e-006           1
       27          2.62275e-013      4.1815e-007       8.36e-007           1
```
Local minimum possible.
fminunc stopped because the size of the current step is less than
the default value of the step size tolerance.
<stopping criteria details>
x =
  1.0e-006 *
   -0.2091   0.6272
fval =
  2.6227e-013
exitflag =
     2
output =
          iterations: 27
           funcCount: 28
         cgiterations: 27
        firstorderopt: 8.3630e-007
            algorithm: 'large-scale: trust-region Newton'
              message: [1x419 char]
        constrviolation: []

【例 8-5】 求解下述无约束最优化问题：

$$\min f(x) = \sum_{i=1}^{n-1} ((x_i^2)(x_{i+1}^2+1) + (x_{i+1}^2)^{(x_i^2+1)}), \quad 其中, n=1000$$

方法一：利用梯度方向和 Hessian 矩阵的精确计算公式。

首先建立 M 函数文件 brownfgh.m，该文件中需要定义上述目标函数、目标函数的梯度及目标函数的稀疏矩阵形式。由于在 MATLAB 中已经编写了该文件，用户可以通过下列命令查看该文件。

```
>> type brownfgh

function [f,g,H] = brownfgh(x)
% BROWNFGH  Nonlinear minimization problem (function, its gradients
% and Hessian).
% Documentation example.

% Copyright 1990-2008 The MathWorks, Inc.
% $Revision: 1.1.6.3 $    $Date: 2008/02/29 12:47:39 $

% Evaluate the function.
  n = length(x); y = zeros(n,1);
  i = 1:(n-1);
  y(i) = (x(i).^2).^(x(i+1).^2+1) + (x(i+1).^2).^(x(i).^2+1);
  f = sum(y);
%
% Evaluate the gradient.
  if nargout > 1
```

```
        i = 1:(n-1); g = zeros(n,1);
        g(i) = 2*(x(i+1).^2+1).*x(i).*((x(i).^2).^(x(i+1).^2)) + …
                2*x(i).*((x(i+1).^2).^(x(i).^2+1)).*log(x(i+1).^2);
        g(i+1) = g(i+1) + …
                2*x(i+1).*((x(i).^2).^(x(i+1).^2+1)).*log(x(i).^2) + …
                2*(x(i).^2+1).*x(i+1).*((x(i+1).^2).^(x(i).^2));
    end
    %
    % Evaluate the (sparse, symmetric) Hessian matrix
    if nargout > 2
        v = zeros(n,1);
        i = 1:(n-1);
        v(i) = 2*(x(i+1).^2+1).*((x(i).^2).^(x(i+1).^2)) + …
                4*(x(i+1).^2+1).*(x(i+1).^2).*(x(i).^2).*((x(i).^2).^((x(i+1).^2)-1)) + …
                2*((x(i+1).^2).^(x(i).^2+1)).*(log(x(i+1).^2));
        v(i) = v(i) + 4*(x(i).^2).*((x(i+1).^2).^(x(i).^2+1)).*((log(x(i+1).^2)).^2);
        v(i+1) = v(i+1) + …
                2*(x(i).^2).^(x(i+1).^2+1).*(log(x(i).^2)) + …
                4*(x(i+1).^2).*((x(i).^2).^(x(i+1).^2+1)).*((log(x(i).^2)).^2) + …
                2*(x(i).^2+1).*((x(i+1).^2).^(x(i).^2));
        v(i+1) = v(i+1) + 4*(x(i).^2+1).*(x(i+1).^2).*(x(i).^2).*((x(i+1).^2).^(x(i).^2-1));
        v0 = v;
        v = zeros(n-1,1);
        v(i) = 4*x(i+1).*x(i).*((x(i).^2).^(x(i+1).^2)) + …
                4*x(i+1).*(x(i+1).^2+1).*x(i).*((x(i).^2).^(x(i+1).^2)).*log(x(i).^2);
        v(i) = v(i) + 4*x(i+1).*x(i).*((x(i+1).^2).^(x(i).^2)).*log(x(i+1).^2);
        v(i) = v(i) + 4*x(i).*((x(i+1).^2).^(x(i).^2)).*x(i+1);
        v1 = v;
        i = [(1:n)';(1:(n-1))'];
        j = [(1:n)';(2:n)'];
        s = [v0;2*v1];
        H = sparse(i,j,s,n,n);
        H = (H+H')/2;
    end
```

然后调用 fminunc 函数，从初始点 xstart 开始寻优。由于在目标函数文件 brownfgh.m 中已经提供了函数的梯度向量和 Hessian 矩阵的计算方式，因此需要通过指定控制参数 options.GradObj 和 options.Hessian 的值来设定 fminunc 在优化过程中获得目标函数的梯度向量和 Hessian 矩阵的方式，即直接使用 brownfgh 文件中的计算结果。

```
>> clear all;
n = 1000;
xt = -ones(n,1);
xt(2:2:n,1) = 1;
options = optimset('Gradobj','on','Hessian','on');
[x,fval,exitflag,output] = fminunc(@brownfgh,xt,options);
```

上述程序的运行结果如下,由 exitflag＝1 可知,优化过程经过 7 次迭代和 7 次共轭梯度迭代收敛到了目标函数的极小点 x。

```
fval,exitflag,output
Local minimum found.
Optimization completed because the size of the gradient is less than
the default value of the function tolerance.
< stopping criteria details >
fval =
    2.8709e-17
exitflag =
      1
output =
            iterations: 7
            funcCount: 8
          cgiterations: 7
         firstorderopt: 4.7948e-10
             algorithm: 'large-scale: trust-region Newton'
               message: [1x496 char]
         constrviolation: []
```

方法二：利用梯度向量和 Hessian 矩阵的稀疏形式。

方法一直接应用了梯度向量和 Hessian 矩阵的精确计算公式,但是可以换一种方式,即通过稀疏有限差分的形式来估计目标函数的 Hessian 矩阵,代替精确运算。需要特别注意的是,在使用大型规模算法时,必须指定梯度向量的计算公式,这和中型规模算法不同,因为在中型规模算法中,是否指定梯度向量的方法是可选的。

按此要求,首先建立 M 函数文件 brownfg.h 来设定目标函数及其梯度向量。

```
% 设定目标函数
n = length(x);
y = zeros(n,1);
i = 1:(n-1);
y(i) = (x(i).^2).^(x(i+1).^2+1) + (x(i+1).^2).^(x(i).^2+1);
f = sum(y);
% 设定目标函数的梯度向量
if nargout > 1
    i = 1:(n-1);
    g = zeros(n,1);
    g(i) = 2 * (x(i+1).^2+1). * x(i). * ((x(i).^2).^(x(i+1).^2)) + …
        2 * x(i). * ((x(i+1).^2).^(x(i).^2+1)). * log(x(i+1).^2);
    g(i+1) = g(i+1) + …
        2 * x(i+1). * ((x(i).^2).^(x(i+1).^2+1)).^log(x(i).^2) + …
        2 * (x(i).^2+1). * x(i+1). * x(i+1). * ((x(i+1).^2).^(x(i).^2));
end
```

为了得到估计目标函数 Hessian 矩阵的稀疏有限差分近似,必须先给出 Hessian 矩阵的稀疏结构。因而假定其稀疏矩阵形式为 Hstr,可使用 spy 命令检查 Hstr 的稀疏性,可发现仅有 2998 个非零元素。而后使用 optimset 命令设定 HessianPattern 的值为 Hstr。如果一个优化问题和上述问题的规模相当,其 Hessian 矩阵必定具有稀疏形式,如果不设定 HessianPattern，由于 fminunc 将在整个 Hessian 矩阵上使用有限差分，因此会导致过多不必要的计算和内存空间的浪费。

由于在 brownfg.m 中已经给出了梯度向量的计算公式，因此还必须设定控制参数 GradObj 的值为 on，则调用 fminunc 函数从初始点 xstart 开始那段的代码如下。

```
>> fun = @brownfg;
% 获取 Hessian 矩阵的稀疏结构
load brownhstr
% 检查 Hstr 的稀疏性
spy(Hstr)
n = 1000;
xt = - ones(n,1);
xt(2:2:n,1) = 1;
options = optimset('GradObj','on','HessPattern',Hstr);
[x,fval,exitflag,output] = fminunc(fun,xt,options);
fval,exitflag,output
```

运行程序，输出如下。

```
Local minimum found.
Optimization completed because the size of the gradient is less than
the default value of the function tolerance.
< stopping criteria details >
fval =
    7.4739e - 17
exitflag =
      1
output =
            iterations: 7
             funcCount: 8
          cgiterations: 7
         firstorderopt: 7.9822e - 10
             algorithm: 'large - scale: trust - region Newton'
               message: [1x496 char]
         constrviolation: [ ]
```

这个具有 1000 个变量的大型问题通过 8 次迭代和 7 次共轭梯度迭代收敛于最优解处。

【例 8-6】 求解下述无约束最优化问题：

$$\min f(x) = (a - bx_1^2 + \sqrt[3]{x_1^4})x_1^2 + x_1 x_2 + (-c + cx_2^2)x_2^2$$

其中，$a = 4, b = 3, c = 6$。

根据需要，建立 M 函数文件 li9_6fun.m，定义目标函数为

```
function f = li9_6fun(x,a,b,c)
f = (a - b * x(1)^2 + x(1)^4/3) * x(1)^2 + x(1) * x(2) + ( - c + c * x(2)^2) * x(2)^2;
```

给参数赋值，并定义一个匿名函数句柄，将参数的值传递给该句柄。

```
>> % 给参数赋值
a = 4;b = 3;c = 6;
```

```
%匿名函数句柄
f = @(x)li9_6fun(x,a,b,c);
```

进而定义初始点,调用 fminunc 函数求解最优化问题的解,代码如下。

```
>> x0 = [0.5 0.45];
>> [x,fval,exitflag,output] = fminunc(f,x0)
```

运行程序,输出如下。

```
Optimization completed because the size of the gradient is less than
the default value of the function tolerance.
< stopping criteria details >
x =
    -0.0899    0.7108
fval =
    -1.5316
exitflag =
     1
output =
         iterations: 7
          funcCount: 27
           stepsize: 1
      firstorderopt: 4.0233e-07
          algorithm: 'medium-scale: Quasi-Newton line search'
            message: [1x436 char]
```

8. MATLAB 函数求解多维无约束优化

fminunc 函数在进行多元函数最小化问题求解时,要求判断目标函数在优化变量处的梯度与 Hessian 矩阵,因此 fminunc 函数仅适用于目标函数为连续的情况,同时 fminunc 只能用来求解优化变量为实数的问题,当优化变量为复数时,需要将问题分解成实部与虚部分别进行求解。

与此同时,MATLAB 还提供了 fminsearch 函数进行多元函数最小化问题求解,与 fminunc 函数相比,fminsearch 函数可以用来求解目标函数不可导的问题,包括不连续、在最优解附近出现奇异值等问题,只能给出局部最优解。同样地,fminsearch 函数只能求解实数最优化问题。fminsearch 函数的调用格式如下。

$x = \text{fminsearch}(\text{fun}, x_0)$:$x_0$ 为初始点,fun 为目标函数的表达字符串或 MATLAB 自定义函数的函数柄,返回目标函数的局部极小点。

$x = \text{fminsearch}(\text{fun}, x_0, \text{options})$:options 为指定的优化参数,可以利用 optimset 函数进行参数设置,其取值及说明如表 8-9 所示。

表 8-9 fminsearch 函数的优化参数及说明

options 取值	说 明
Display	如果设置为 off 即不显示输出;设置为 iter 即显示每一次的迭代信息;设置为 final 只显示最终结果
FunValCheck	检查目标函数与约束是否都有效,当设置为 on 时,遇到复数、NaN、Inf 等,即显示出错信息;设置为 off 时,不显示出错信息,其为默认值

续表

options 取值	说　明
MaxFunEvals	函数评价所允许的最大次数
MaxIter	函数所允许的最大迭代次数
OutputFcn	在每次迭代中指定一个或多个用户定义的目标优化函数
TolFun	函数值的容忍度，默认值为 1e-6
TolX	x 处的容忍度

$[x,\text{fval}] = \text{fminsearch}(\cdots)$：$x$ 为返回的局部极小点，fval 为返回局部极小点的最优值。

$[x,\text{fval},\text{exitflag}] = \text{fminsearch}(\cdots)$：exitflag 为返回的终止迭代条件信息，其取值及说明如表 8-10 所示。

表 8-10　exitflag 的取值及说明

exitflag 取值	说　明
0	表示迭代次数超过 option.MaxIter 或函数值大于 options.FunEvals
1	表示函数收敛到最优解 x
−1	表示算法被输出函数终止

$[x,\text{fval},\text{exitflag},\text{output}] = \text{fminsearch}(\cdots)$：output 为返回关于算法的信息变量，其结构及说明如表 8-11 所示。

表 8-11　output 的结构及说明

output 结构	说　明	output 结构	说　明
iterations	迭代次数	algorithm	函数所调用的算法
funcCount	函数赋值次数	message	算法终止的信息

【例 8-7】　对下列多元函数求解最小化：

$$\min z = 100(x_2 - x_1^2)^2 + (a - x_1)^2$$

其调用 fminsearch 函数实现最小化求解，代码如下。

```
>> clear all;
a = sqrt(2);
banana = @(x)100*(x(2)-x(1)^2)^2+(a-x(1))^2;
[x,fval,exitflag,output] = fminsearch(banana,[-1.2,1],optimset('TolX',1e-8))
x =                                  % 最优解
    1.4142    2.0000
fval =                               % 最优值
    4.2065e-018
exitflag =                           % 收敛
    1
output =
    iterations: 131                  % 迭代 131 次
     funcCount: 249                  % 赋值 249
     algorithm: 'Nelder-Mead simplex direct search'    % 选用 Nelder-Mead 算法
       message: [1x196 char]
```

```
>> output.message                    % 显示算法信息
ans =
Optimization terminated:
 the current x satisfies the termination criteria using OPTIONS.TolX of 1.000000e-008
 and F(X) satisfies the convergence criteria using OPTIONS.TolFun of 1.000000e-004
```

【例 8-8】 求解二元函数 $f(x)=3x_1^2+2x_1x_2+x_2^2$ 在全集范围内的最小值，分别使用不同的优化函数和优化属性。为了能够直观地查看优化求解情况，可在求解后绘制二元函数的图形。

根据需要，建立函数的偏导数，代码如下。

```
function [f,g] = li9_8funA(x)
f = 3 * x(1)^2 + 2 * x(1) * x(2) + x(2)^2;          % 二元函数
if nargout > 1
   g(1) = 6 * x(1) + 2 * x(2);
   g(2) = 2 * x(1) + 2 * x(2);
end
```

在以上程序代码中，g 表示的是 f 函数的偏导数，满足以下方程组。

$$\begin{cases} g(1)=\dfrac{\partial f(x)}{\partial x_1}=6x_1+2x_2 \\ g(2)=\dfrac{\partial f(x)}{\partial x_2}=2x_1+2x_2 \end{cases}$$

选择优化的初始数值[1,1]，分别使用不同的函数求解优化，代码如下。

```
>> x0 = [1,1];
options = optimset('Display','iter','TolFun',1e-18,'GradObj','on');
% 调用 fminunc 函数求解
[x,fval,exitflag,output,grad] = fminunc(@li9_8funA,x0,options)
                                    Norm of      First-order
 Iteration        f(x)          step         optimality   CG-iterations
     0              6                            8
     1       2.34193e-31       1.41421        1.11e-15         1
     2              0         5.55112e-16         0            1
Optimization completed because the size of the gradient is less than
the selected value of the function tolerance.
<stopping criteria details>
x =
     0     0
fval =
     0
exitflag =
     1
output =
         iterations: 2
          funcCount: 3
       cgiterations: 2
      firstorderopt: 0
          algorithm: 'large-scale: trust-region Newton'
```

```
            message: [1x498 char]
     constrviolation: []
grad =
     0
     0
% 调用 fminsearch 求解
>> [x1,fval1,exitflag1,output1] = fminsearch(@li9_8funA,x0,options)
 Iteration   Func-count     min f(x)         Procedure
     0           1              6
     1           3              6            initial simplex
     2           5            5.52062        expand
     3           7            4.91391        expand
    ...         ...
    79         153          4.03648e-19      contract inside
    80         155          4.03648e-19      contract inside
    81         157          4.03648e-19      contract inside
Optimization terminated:
 the current x satisfies the termination criteria using OPTIONS.TolX of 1.000000e-04
 and F(X) satisfies the convergence criteria using OPTIONS.TolFun of 1.000000e-18
x1 =
    1.0e-09 *
   -0.4052    0.1308
fval1 =
    4.0365e-19
exitflag1 =
    1
output1 =
      iterations: 81
       funcCount: 157
       algorithm: 'Nelder-Mead simplex direct search'
         message: [1x194 char]
```

选择优化的初始数值[-1,1]，分别使用不同的函数求解优化，实现代码如下。

```
>> x0 = [-1,1];
options = optimset('Display','iter','TolFun',1e-18,'GradObj','on');
% 调用 fminunc 函数求解
[x2,fval2,exitflag2,output2,grad2] = fminunc(@li9_8funA,x0,options)
                                        Norm of      First-order
 Iteration        f(x)           step      optimality   CG-iterations
     0             2                            4
     1           0.666667       0.666667      1.33           1
     2           0.222222       0.666667      1.33           1
     3           0.0740741      0.222222      0.444          1
    ...           ...
    25         2.36047e-12     1.25445e-06    2.51e-06       1
    26         7.86824e-13     1.25445e-06    2.51e-06       1
    27         2.62275e-13     4.1815e-07     8.36e-07       1
fminunc stopped because the size of the current step is less than
the default value of the step size tolerance.
<stopping criteria details>
x2 =
```

```
         1.0e - 06 *
        -0.2091    0.6272
fval2 =
   2.6227e - 13
exitflag2 =
     2
output2 =
         iterations: 27
          funcCount: 28
       cgiterations: 27
       firstorderopt: 8.3630e - 07
          algorithm: 'large - scale: trust - region Newton'
            message: [1x417 char]
      constrviolation: []
grad2 =
   1.0e - 06 *
     0.0000
     0.8363
% 调用 fminsearch 函数求解
>> x0 = [ -1,1];
options = optimset('Display','iter','TolFun',1e - 18,'GradObj','on');
[x3,fval3,exitflag3,output3] = fminsearch(@li9_8funA,x0,options)
 Iteration   Func - count     min f(x)         Procedure
     0           1               2
     1           3               2              initial simplex
     2           5            1.65062           expand
     3           7            1.47141           expand
     ...         ...
    74          143         3.83172e - 19      contract outside
    75          145         2.24524e - 19      contract inside
    76          147         2.24524e - 19      contract inside
Optimization terminated:
 the current x satisfies the termination criteria using OPTIONS.TolX of 1.000000e - 04
 and F(X) satisfies the convergence criteria using OPTIONS.TolFun of 1.000000e - 18
x3 =
   1.0e - 09 *
    -0.3318    0.3981
fval3 =
   2.2452e - 19
exitflag3 =
     1
output3 =
       iterations: 76
        funcCount: 147
        algorithm: 'Nelder - Mead simplex direct search'
          message: [1x194 char]
```

从以上程序结果可看出,当修改了优化的初始条件后,各种优化函数所使用的迭代次数会有明显的改变。因此,设置初值条件直接影响优化求解的效率。

在 $[-1.5,1.5]$ 范围内绘制二元函数 $f(x) = 3x_1^2 + 2x_1 x_2 + x_2^2$ 的图形,并从图形中显示对应的函数数值,代码如下:

```
>> x = -1.5:0.015:1.5;
y = x;
[X,Y] = meshgrid(x,y);
Z = 3*X.^2 + 2*X.*Y + Y.^2;
surf(X,Y,Z);
shading interp
colorbar horiz
set(gcf,'color','w');
```

运行程序,效果如图 8-6 所示。

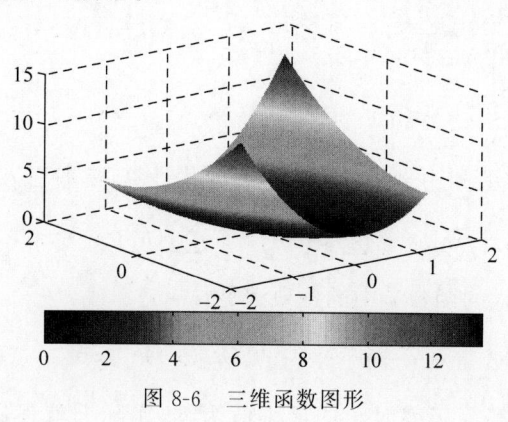

图 8-6 三维函数图形

8.3.3 约束最优化方法

约束最优化方法即是指前述一般非线性规划模型的求解方法。常用的约束最优化方法有以下 4 种。

(1) 拉格朗日乘子法:它是将原问题转换为求拉格朗日函数的驻点。

(2) 制约函数法:又称系列无约束最小化方法,简称 SUMT 法。它又分为两类:一类叫惩罚函数法,或称外点法;另一类叫障碍函数法,或称内点法。它们都是将原问题转换为一系列无约束问题来求解。

(3) 可行方向法:这是一类通过逐次选取可行下降方向去逼近最优点的迭代算法。如佐坦迪克法、弗兰克-沃尔夫法、投影梯度法和简约梯度法都属于此类算法。

(4) 近似型算法:这类算法包括序贯线性规划法和序贯二次规划法。前者将原问题转换为一系列线性规划问题求解,后者将原问题转换为一系列二次规划问题求解。

1. 拉格朗日乘子法

拉格朗日乘子法的基本思路是将有约束的非线性规划问题的求解过程,转换为求解无约束的极值问题。

1) 等式约束下的拉格朗日乘子法

考虑如下形式的非线性规划问题:

$$\min f(x)$$
$$\text{s.t.} \ h_i(x) = 0, \quad i = 1, 2, \cdots, m$$

其中,x 为 n 维设计变量。

则可将 m 个等式约束方程中的每一个分别乘以 $\lambda_1,\lambda_2,\cdots,\lambda_m$,然后将它们并入目标函数 f 中,可得:

$$L = f(x) - \sum_{i=1}^{m}\lambda_i h_i(x)$$

这种形式的目标函数称为拉格朗日函数,用 L 来表示,$\lambda_i(i=1,2,\cdots,m)$ 被称为拉格朗日乘子。如果把 L 看成带有 $m+n$ 个变量的目标函数,并设 $m+n$ 个偏导数等于零,则可得到如下方程组。

$$\begin{cases} \dfrac{\partial L}{\partial x_j} = \dfrac{\partial f}{\partial x_j} - \sum_{i=1}^{m}\lambda_i \dfrac{\partial h_i}{\partial x_j} = 0, & j=1,2,\cdots,n \\ \dfrac{\partial L}{\partial \lambda_i} = h_i(x) = 0, & i=1,2,\cdots,m \end{cases} \quad (8\text{-}15)$$

为了方便在计算机上利用直接寻优法进行迭代计算,一般引入新的函数:

$$\min s = \sum_{j=1}^{n}\left(\dfrac{\partial L}{\partial x_j}\right)^2 + \sum_{i=1}^{m}(h_i(x))^2$$

很显然,因为在引入的函数 s 中的各项满足:

$$\left(\dfrac{\partial L}{\partial x_j}\right)^2 \geqslant 0; \quad (h_i(x))^2 \geqslant 0$$

因此,只有当两者都等于零时 s 的最小值为零,实际上就强制了两者都等于零,与式(8-15)相一致,这样有约束的原问题即转换为无约束的问题。然后利用无约束的多变量函数寻优方法对 s 求极小值,即可得到原问题的最优解。

2) 不等式约束下的拉格朗日乘子法

拉格朗日乘子法不仅可以用于解具有等式约束的非线性规划问题,而且也可以求解具有不等式约束的非线性规划问题。

考虑如下形式的非线性规划问题:

$$\min f(x)$$
$$\text{s.t.} \ g_i(x) \leqslant 0, \quad i=1,2,\cdots,m$$

为此,引进变量 E_i,将不等式约束转换为等式约束。由于在非线性规划中,变量可正可负,为了保证不等式的成立,引进变量均用平方项来表示,由此可得:

$$g_i(x) + E_i^2 = 0, \quad (i=1,2,\cdots,m)$$

拉格朗日乘子法的计算步骤如下。

(1) 引进松弛变量,使不等式约束变换为等式约束。

(2) 引进拉格朗日函数:

$$L(x,\lambda) = f(x) - \sum_{i=1}^{m}\lambda_i g_i(x)$$

(3) 如果用求导的方法直接求取上式的极值,需要联立若干偏导方程式,这样求解是比较困难的,为了便于在计算机上直接应用迭代寻优法,在建立拉格朗日乘子函数 $L(x,\lambda)$ 之后,马上引入新函数:

$$\min s = \sum_{j=1}^{n}\left(\frac{\partial L}{\partial x_j}\right)^2 + \sum_{i=1}^{m}(g_i(x))^2$$

然后利用无约束的多变量函数寻优方法对 s 求极小值,即可得到原问题的最优解。

2. 序列无约束极小化法

考虑如下约束非线性规划问题:

$$\min f(x) \\ \text{s.t.} \begin{cases} h_i(x)=0, & i=1,2,\cdots,p, p<n \\ g_j(x)<0, & j=1,2,\cdots,m \end{cases} \tag{8-16}$$

下面介绍几个序列无约束极小化法的方法。

1) 外点惩罚函数法

对非线性规划问题式(8-16)定义惩罚函数,其形式为

$$F(x,M) = f(x) + Mp(x) \tag{8-17}$$

其中,$M>0$ 为常数,称为惩罚因子;$p(x)$ 为定义在 R^n 上的一个函数,称为惩罚项,其满足:

(1) $p(x)$ 为连续的。

(2) 对任意 $x \in R^n$,均有 $p(x) \geqslant 0$。

(3) 当且仅当 $x \in D$ 时,$p(x) \geqslant 0$,D 为非线性规划问题式(8-16)的可行域。

通常对等式约束,定义为

$$g_j^+(x) = (h_j(x))^2, \quad j=1,2,\cdots,p \tag{8-18}$$

对于不等式约束:当 $g_i(x) > 0$,即不满足约束条件时,加上惩罚;当 $g_i(x) \leqslant 0$,即满足约束条件时,不惩罚。为此定义阶跃函数:

$$u_j(g_j) = \begin{cases} 0, & g_j(x) \leqslant 0 \\ 1, & g_j(x) > 0 \end{cases}$$

则定义惩罚项为

$$g_{l+p}^+(x) = u_i(g_i)(g_i(x))^2, \quad i=1,2,\cdots,m$$

令 $L = p + m$,于是惩罚函数可定义为 $F(x, M_k) = f(x) + M_k \sum_{i=1}^{L} g_i^+(x)$,其中,$M_k > 0, M_0 < M_1 < \cdots < M_k < M_{k+1} < \cdots$ 且有 $\lim_{k \to \infty} M_k = +\infty$,即

$$F(x, M_k) = f(x) + M_k \left(\sum_{i=1}^{p}(h_i(x))^2 + \sum_{j=1}^{m} u_j(g_j)(g_j(x))^2 \right) \tag{8-19}$$

容易验证,这样定义的惩罚项 $p(x) = \sum_{i=1}^{L} g_i^+(x)$ 满足上面所叙述的三个条件。

由上述假设可看出,当 x 满足问题的约束条件,即 $x \in D$ 时,$g_i^+(x) = 0$;当 x 不能满足问题的约束条件,即 $x \notin D$ 时,则至少有一个 $i(i=1,2,\cdots,L)$ 使得 $g_i^+(x) > 0$,从而 $p(x) > 0$。如果 x 离约束条件的偏差越大,即约束条件越不能满足、被破坏得越厉害,则 $p(x)$ 取值越大,从而惩罚函数 $F(x, M_k) = f(x) + Mp(x)$ 的值也就越大,即对于约束条

件被破坏是一种惩罚,M 越大,则惩罚得越厉害。反之,当约束条件满足时,不受到惩罚,由此可见惩罚项及惩罚函数的意义。

关于惩罚因子的取法,根据计算经验可选取 $M_{k+1}=cM_k, c\in[2,50]$。

用惩罚函数法求解约束优化问题的计算步骤如下。

(1) 选取 $M_0>0$,选取 $c\geqslant 2$,确定允许误差 ε,初始点 $x^{(0)}$,令 $k=1$。

(2) 以 $x^{(k-1)}$ 作为起点,采用适合的方法求解无约束优化问题:

$$\min F(x,M_k)=f(x)+M_k\sum_{i=1}^{L}g_i^+(x) \tag{8-20}$$

设其最优解为 $x^{(k)}=x(M_k)$。

(3) 计算 $\mu_1=\max\limits_{1\leqslant i\leqslant p}\{|h_i(x^{(k)})|\}, \mu_2=\max\limits_{1\leqslant i\leqslant m}\{|g_i(x^{(k)})|\}, \mu=\max\{\mu_1,\mu_2\}$。

(4) 如果 $\mu\leqslant\varepsilon$,输出 $x^*=x^{(k)}$,算法终止,否则令 $M_{k+1}=cM_k, k=k+1$,转到步骤(2)。

在式(8-20)中,惩罚项 $p(x)=\sum\limits_{i=1}^{L}g_i^+(x)$,当然也可以使用其他的方法来定义惩罚项,只要保证满足前面所述的三个条件即可。

上述迭代算法的终止准则为 $\mu\leqslant\varepsilon$,也可改为 $M_k p(x^{(k)})\leqslant\varepsilon$。

下面分析惩罚函数法的收敛性。

设 $x^{(k)}=x(M_k)$ 为无约束优化问题式(8-20)的最优解,那么:

(1) 如果对于某一个 $M_{k_0}, k_0\geqslant 1$ 对应的无约束优化问题的最优解 $x^{k_0}\in D$,则 $x^{(k_0)}$ 为原来的约束优化问题式(8-16)的最优解。

(2) 如果第一种情况总不发生,这时就得到一个无穷点列 $\{x^{(k)}\}, x^{(k)}\notin D, k=1,2,\cdots$,可以证明在某些条件下,$\{x^{(k)}\}$ 的任何极限点 x^* 都是原来约束优化问题式(8-16)的最优解。

2) 内点障碍函数法

考虑具有如下形式的非线性规划问题:

$$\min f(x)$$
$$\text{s.t.} \ x\in D \tag{8-21}$$

其中,可行域 D 的内部(用 intD 表示)非空,而且 intD 中的点可以任意地接近于 D 的任一点,从直观上来看,即 D 不能包含孤立点和孤立的线段。在这种要求下,显然 D 中不能有等式约束,即 D 只能是形如式(8-22)所示的约束集:

$$D=\{x\mid g_i(x)\leqslant 0, i=1,2,\cdots,m\} \tag{8-22}$$

障碍函数法即是从一个可行点 $x^{(0)}$ 出发,在可行点间进行迭代的一种方法。为了使迭代点在迭代的过程中保持为可行点,可在约束集的边界上建造一道"围墙",它阻挡迭代点列离开可行域 D。障碍项是定义在 intD 的一个函数 $B(x)$,其满足条件:

(1) $B(x)$ 为连续的。

(2) $B(x)\geqslant 0$。

(3) 当 x 趋近于 D 的边界时,$B(x)\rightarrow\infty$。

通常定义障碍项为：$B(x) = \sum_{i=1}^{m} g_i^+(x)$；$g_i^+(x) = -\dfrac{1}{g_i(x)}, i=1,2,\cdots,m$，或者，$g_i^+ = -\ln(-g_i(x)), i=1,2,\cdots,m$。

则障碍函数定义为：$F(x,r_k) = f(x) + r_k B(x)$，其中，$r_k > 0, r_1 > r_2 > \cdots > r_k > r_{k+1} \cdots$ 且有 $\lim\limits_{k \to \infty} r_k = 0$。

根据上述定义容易看出，当 x 靠近可行域 D 的边界时，$g_1(x), g_2(x), \cdots, g_m(x)$ 中，至少有一个 $i(1 \leqslant i \leqslant m)$，使得 $g_i(x) = 0$，因此 $g_i^+(x) \to \infty$，从而 $B(x) \to \infty$，这样求解非线性规划问题式(8-21)，即可转换为求解问题：

$$\min F(x,r) = f(x) + rB(x)$$
$$\text{s.t. } x \in \text{int} D \tag{8-23}$$

其中，$r > 0$。虽然从形式上看，问题式(8-23)仍然为一个约束问题，但是由于在 D 的边界附近，它的目标函数值趋于无穷大，所以只要从 D 的一个内点开始迭代，并注意控制一维搜索的步长，即可使 $x^{(k)}$ 不越出可行域，因而不必直接和约束打交道，也就是说，从计算的观点来看，其是无约束问题。

迭代步骤如下。

(1) 选取 $r_1 > 0, c \geqslant 2$，允许误差精度 ε。

(2) 求可行域 D 中的一个内点 $x^{(0)} \in D$，令 $k=1$。

(3) 以 $x^{(k-1)}$ 为初始点，求解无约束优化问题：

$$\min F(x, r_k) = f(x) + r_k B(x)$$
$$\text{s.t. } x \in \text{int} D$$

设其最优解为 $x^{(k)} = x(r_k)$。

(4) 收敛性检查：如果 $r_k B(x^{(k)}) \leqslant \varepsilon$，则输出 $x^* = x^{(k)}$，算法终止；否则取 $r_{k+1} = \dfrac{r_k}{c}, k = k+1$，转到步骤(3)。

关于收敛性检查的准则，还有其他一些形式可供参考，例如：

$$\|x^{(k)} - x^{(k-1)}\| \leqslant \varepsilon$$
$$|f(x^{(k)}) - f(x^{(k-1)})| \leqslant \varepsilon$$
$$\dfrac{|f(x^{(k)}) - f(x^{(k-1)})|}{f(x^{(k)})} \leqslant \varepsilon$$

3. MATLAB 求解多维约束优化

MATLAB 中提供了求解有约束的多维非线性规划问题的求解函数 fmincon，它用于求解如下形式的最优化问题。

$$\min f(x)$$
$$\text{s.t.} \begin{cases} c(x) \leqslant 0 \\ c_{eq}(x) = 0 \\ \boldsymbol{Ax} \leqslant \boldsymbol{b} \\ \boldsymbol{A}_{eq} \boldsymbol{x} = \boldsymbol{b}_{eq} \\ \text{lb} \leqslant x \leqslant \text{ub} \end{cases}$$

其中，x，b，b_{eq}，lb 为 n 维列向量，b 为 m_1 维列向量，b_{eq} 为 m_2 维列向量，这说明该最优化问题的维数为 n 维，含有 m_1 个线性不等式和 m_2 个线性等式约束。$c(x)$ 和 $c_{eq}(x)$ 为返回向量的非线性函数。ub 和 lb 与 x 同维，为设计变量 x 的上、下界约束。

fmincon 函数的调用格式如下。

x = fmincon(fun, x_0, A, b)：从 x_0 开始，在 $A*x \leqslant b$ 的约束条件下找到函数的最小值，x_0 可为标量、向量或矩阵。

x = fmincon(fun, x_0, A, b, Aeq, beq)：在 Aeq $* x$ = beq 与 $A*x \leqslant b$ 的条件下，找到函数的最小值。如果没有不等式存在，即 A, b 可以为空"[ ]"。

x = fmincon(fun, x_0, A, b, Aeq, beq, lb, ub)：定义了 x 的上下界，lb $\leqslant x \leqslant$ ub。如果没有等式存在，Aeq, beq 可以为空"[ ]"。

x = fmincon(fun, x_0, A, b, Aeq, beq, lb, ub, nonlcon)：nonclon 中定义了 $c(x)$ 与 ceq(x)，函数在 $c(x) \leqslant 0$ 与 ceq(x) = 0 的约束下求最小值。如果没有变量，没有边界，即 lb 与 ub 可以为空"[ ]"。nonlcon 函数的定义为

```
function [c,ceq] = mycon(x)
c = …      % x 处的非线性不等式约束
ceq = …    % x 处的非线性等式约束
```

x = fmincon(fun, x_0, A, b, Aeq, beq, lb, ub, nonlcon, options)：options 为指定的优化参数，其取值及说明如表 8-12 所示，其可通过 optimset 函数设置。

表 8-12　fmincon 函数的优化参数及说明

options 取值	说　　明
Algorithm	选择优化算法： • 'trust-region-reflective'，为默认值 • 'active-set' • 'interior-point' • 'sqp'
DerivativeCheck	对用户提供的导数与有限差分求出的导数进行对比（中小规模算法）
Diagnostics	打印要极小化的函数的诊断信息
DiffMaxChange	变量有限差分梯度的最大变化（中小规模算法）
DiffMinChange	变量有限差分梯度的最小变化（中小规模算法）
Display	如果设置为 off 即不显示输出；设置为 iter 即显示每一次的迭代信息；设置为 final 只显示最终结果
FinDiffType	变量有限差分梯度的类型，取 'forward' 时即为向前差分，其为默认值；取 'central' 时，即为中心差分，其精度更精确
FunValCheck	检查目标函数与约束是否都有效，当设置为 on 时，遇到复数、NaN、Inf 等，即显示出错信息；设置为 off 时，不显示出错信息，其为默认值
GradConstr	用户定义的非线性约束函数，当设置为 on 时，返回 4 个输出；设置为 off 时，即为非线性约束的梯度估计有限差
GradObj	用户定义的目标函数梯度，对于大规模问题为必选项，对于中小规模问题为可选项
MaxFunEvals	函数评价所允许的最大次数

续表

options 取值	说 明
MaxIter	函数所允许的最大迭代次数
OutputFcn	在每次迭代中指定一个或多个用户定义的目标优化函数
TolFun	函数值的容忍度，默认值为 1e-6
TolCon	目标函数的约束性，默认值为 1e-6
TolX	x 处的容忍度
TypicalX	典型 x 值（大规模算法）
UseParallel	用户定义的目标函数梯度，当取值为 'always' 时，即为估计梯度，默认项；当取值为 'never' 时，即为客观梯度

$[x, \text{fval}] = \text{fmincon}(\cdots)$：$x$ 为返回的最优解，fval 为最优解的目标函数。

$[x, \text{fval}, \text{exitflag}] = \text{fmincon}(\cdots)$：exitflag 为返回的终止迭代条件信息，其取值及说明如表 8-13 所示。

表 8-13　exitflag 的值及说明

exitflag 取值	说 明
0	表示迭代次数超过 options. MaxIter 或函数的赋值次数超过 options. FunEvals
1	表示已满足一阶最优性条件
2	表示相邻两次迭代点的变化小于预先给定的容忍度
3	表示目标函数值在相邻两次迭代点处的变化小于预先给定的容忍度
4	表示搜索方向的级小于给定的容忍度且约束的违背量小于 options. TolCon
5	表示方向导数的级小于给定的容忍度且约束的违背量小于 options. TolCon
−1	表示算法被输出函数终止
−2	表示该优化问题没有可行解
−3	表示所求解的线性规划问题是无界的

$[x, \text{fval}, \text{exitflag}, \text{output}] = \text{fmincon}(\cdots)$：output 为返回关于算法的信息变量，其结构及说明如表 8-14 所示。

表 8-14　output 的结构及说明

output 结构	说 明
iterations	迭代次数
funcCount	函数赋值次数
lssteplength	线性搜索步长及方向
constrviolation	最大约束
stepsize	算法在最后一步所选取的步长
algorithm	函数所调用的算法
cgiterations	共轭梯度迭代次数（只适用于大规模算法）
firstorderopt	一阶最优性条件
message	算法终止的信息

$[x, \text{fval}, \text{exitflag}, \text{output}, \text{lambda}] = \text{fmincon}(\cdots)$：lambda 为输出各个约束所对应的 Lagrange 乘子，其结构及说明如表 8-15 所示。

表 8-15 lambda 的结构及说明

lambda 结构	说明
lower	表示下界约束 $x \geq lb$ 对应的 Lagrange 乘子向量
upper	表示上界约束 $x \leq ub$ 对应的 Lagrange 乘子向量
ineqlin	表示不等式约束对应的 Lagrange 乘子向量
eqlin	表示等式约束对应的 Lagrange 乘子向量
ineqnonlin	表示非线性不等式约束对应的 Lagrange 乘子向量
eqnonlin	表示非线性等式约束对应的 Lagrange 乘子向量

$[x, fval, exitflag, output, lambda, grad] = fmincon(\cdots)$:grad 为输出目标函数在最优解 x 处的梯度。

$[x, fval, exitflag, output, lambda, grad, hessian] = fmincon(\cdots)$:hessian 为输出目标函数在最优解 x 处的 Hessian 矩阵。

【例 8-9】 求解下面的非线性函数:

$$f(x, y) = \cos(x^2 - 2y) + e^{-x^2} \sin y$$

$$\text{s. t.} \begin{cases} -x + (y-2)^2 \geq 0 \\ x - 2y + 1 \geq 0 \end{cases}$$

首先定义非线性不等式约束函数 M 文件,代码如下。

```
function [C,Ceq] = li9_9funA(x)
C = x(1) - [x(2) - 2].^2;      % 非线性不等式约束
Ceq = [];                       % 非线性等式为空
```

其实现的 MATLAB 代码如下。

```
>> clear all;
fun = 'cos(x(1)^2 - 2 * x(2)) + exp( - x(1)^2) * sin(x(2))';
x0 = [1.4,1];              % 初始值
A = [ - 1 2];
b = 1;
[x,fval,exitflag,ouput,lambda,grad,hessian] = fmincon(fun,x0,A,b,[],[],[],[],@li9_9funA)
```

运行程序,输出如下。

```
x =
   44.3717   - 25.6000
fval =    - 1.0000
exitflag =     5
ouput =
           iterations: 7
            funcCount: 33
          lssteplength: 1
             stepsize: 3.8866e - 006
            algorithm: 'medium - scale: SQP, Quasi - Newton, line - search'
         firstorderopt: 5.7404e - 005
        constrviolation: - 96.5717
              message: [1x778 char]
```

```
lambda =
         lower: [2x1 double]
         upper: [2x1 double]
         eqlin: [0x1 double]
       eqnonlin: [0x1 double]
        ineqlin: 0
     ineqnonlin: 0
grad =
  1.0e - 004 *
     0.2260
     0.5740
hessian =
  1.0e + 003 *
     7.8753    - 0.1765
    - 0.1765     0.0189
```

【例 8-10】 求解有约束最优化问题：

$$\max f(x) = 10x_1 + 4.4x_2^2 + 2x_3$$

$$\text{s. t.} \begin{cases} x_1 + 3x_2 + 5x_3 \leqslant 28 \\ 2x_1 - 4x_2 + 3x_3 \leqslant 25 \\ 0.5x_3^2 + 1.2x_2^2 \geqslant 4 \\ x_1, x_2, x_3 \geqslant 0 \end{cases}$$

原问题中求解的是最大值问题，将其转换为最小化问题即为

$$\min f(x) = -10x_1 - 4.4x_2^2 - 2x_3$$

$$\text{s. t.} \begin{cases} x_1 + 3x_2 + 5x_3 \leqslant 28 \\ 2x_1 - 4x_2 + 3x_3 \leqslant 25 \\ -0.5x_3^2 - 1.2x_2^2 \leqslant -4 \\ x_1, x_2, x_3 \geqslant 0 \end{cases}$$

首先编写目标函数的 M 文件，代码如下。

```
function f = li9_10fun(x)
f = -10 * x(1) - 4.4 * x(2)^2 - 2 * x(3);
```

编写非线性约束函数的 M 文件，代码如下。

```
function [c,ceq] = nonli9_10(x)
c = 4 - 0.5 * x(3)^2 - 1.2 * x(2)^2;
ceq = [];
```

其实现的 MATLAB 代码如下。

```
>> clear all;
A = [1 3 5;2 - 4 3];
b = [28 25]';
Aeq = []; beq = [];
lb = zeros(1,size(A,2));
```

```
ub = [];
x0 = ones(size(A,2),1);
[x,fval,exitflag,lambda,grad,hessian] = fmincon('li9_10fun',x0,A,b,Aeq,beq,lb,ub,'nonli9_10')
```

运行程序,输出如下。

```
Active inequalities (to within options.TolCon = 1e-006):
  lower      upper      ineqlin    ineqnonlin
    1                     1
    3
x =
         0
    9.3333
         0
fval =
    -383.2889
exitflag =     1
hessian =
   -10.0000
   -82.1333
    -2.0000
```

【例 8-11】 利用 fmincon 内点算法求解下列最优化问题:

$$\min f(x) = 8x_1^3 + x_1 x_2^2 + x_3(x_1^2 + x_2^2)$$

$$\text{s.t.} \begin{cases} \sqrt{x_1^2 + x_2^2} - x_3 - 8 \leqslant 0 \\ \sqrt{x_1^2 + x_2^2} + x_3 - 2 \leqslant 0 \end{cases}$$

内点算法可将 Hessian 矩阵的解析形式作为一个输入参数。

根据需要建立 M 函数文件 li9_11A.m 描述最优化问题,并在文件中给出其梯度向量。变换目标函数得:

$$c_1(x) = \sqrt{x_1^2 + x_2^2} - x_3 - 8$$
$$c_2(x) = \sqrt{x_1^2 + x_2^2} + x_3 - 2$$

建立 M 文件代码如下。

```
function [f,gradf] = li9_11A(x)
f = 8*x(1)^3 + x(1)*x(2)^2 + x(3)*(x(1)^2 + x(2)^2);
if nargout > 1
    gradf = [24*x(1)^2 + x(2)^2 + 2*x(3)*x(1);2*x(1)*x(2) + 2*x(3)*x(2);(x(1)^2
+ x(2)^2)];
end
```

接着建立 M 函数 li9_11B.m 描述最优化问题的非线性约束,该函数返回 4 个参数,分别为非线性不等式约束函数、非线性等式约束函数、不等式约束函数的偏导数和等式约束函数的偏导数。则如果要在目标函数中返回约束函数的梯度向量,根据约束函数的表达式可得:

$$\frac{\partial c_1}{\partial x_1} = \frac{x_1}{\sqrt{x_1^2 + x_2^2}}, \quad \frac{\partial c_1}{\partial x_2} = \frac{x_2}{\sqrt{x_1^2 + x_2^2}}, \quad \frac{\partial c_1}{\partial x_3} = -1,$$

$$\frac{\partial c_2}{\partial x_1} = \frac{x_1}{\sqrt{x_1^2 + x_2^2}}, \quad \frac{\partial c_2}{\partial x_2} = \frac{x_2}{\sqrt{x_1^2 + x_2^2}}, \quad \frac{\partial c_2}{\partial x_3} = 1$$

假如定义 $r = \sqrt{x_1^2 + x_2^2}$,约束函数的梯度向量可以表示为矩阵形式:

$$\nabla c(x) = \begin{bmatrix} \frac{\partial c_1}{\partial x_1} & \frac{\partial c_2}{\partial x_1} \\ \frac{\partial c_1}{\partial x_2} & \frac{\partial c_2}{\partial x_2} \\ \frac{\partial c_1}{\partial x_3} & \frac{\partial c_2}{\partial x_3} \end{bmatrix} = \begin{bmatrix} \frac{x_1}{r} & \frac{x_1}{r} \\ \frac{x_2}{r} & \frac{x_2}{r} \\ -1 & 1 \end{bmatrix}$$

实现非线性约束的 M 函数文件 li9_11B.m 的代码如下。

```
function [c ceq gradc gradceq] = li9_11B(x)
ceq = [];
r = sqrt(x(1)^2 + x(2)^2);
c = [-8 + r - x(3); x(3) - 3 + r];
if nargout > 2
    gradceq = [];
    gradc = [x(1)/r,x(1)/r; x(2)/r,x(2)/r; -1,1];
end
```

使用拉格朗日乘子函数的 Hessian 矩阵,其定义可表述为

$$\nabla_{xx}^2 L(x,\lambda) = \nabla^2 f(x) + \sum \lambda_i \nabla^2 c_i(x) + \sum \lambda_i \nabla^2 \text{ceq}_i(x)$$

下面由上述表达式的各个组成部分讲述怎样计算 $\nabla_{xx}^2 L(x,\lambda)$。

由目标函数的表达式可知其 Hessian 矩阵为

$$\nabla^2 f(x) = \begin{bmatrix} 48x_1 + 2x_3 & 2x_2 & 2x_1 \\ 2x_2 & 2x_1 + 2x_3 & 2x_2 \\ 2x_1 & 2x_2 & 0 \end{bmatrix}$$

由于 $\text{ceq}_i(x) = 0$,因此要得到拉格朗日乘子函数的 Hessian 矩阵,关键是要计算 $\nabla^2 c_i(x)$,根据约束函数的表达式可知:

$$\frac{\partial^2 c_1}{\partial x_1 \partial x_2} = \frac{\partial x_1 \partial x_2}{r^3}, \quad \frac{\partial^2 c_1}{\partial x_2 \partial x_2} = \frac{-x_1 x_2}{r^3}, \quad \frac{\partial^2 c_1}{\partial x_1 \partial x_3} = 0$$

$$\frac{\partial^2 c_1}{\partial x_1^2} = \frac{-x_1 x_2}{r^3}, \quad \frac{\partial^2 c_1}{\partial x_2^2} = \frac{x_1^2}{r^3}, \quad \frac{\partial^2 c_1}{\partial x_2 \partial x_3} = 0$$

$$\frac{\partial^2 c_1}{\partial x_1 \partial x_3} = 0, \quad \frac{\partial^2 c_1}{\partial x_2 \partial x_3} = 0, \quad \frac{\partial^2 c_1}{\partial x_3^2} = 0$$

同理可计算 $c_2(x)$ 的 Hessian 矩阵的值,发现 $\nabla^2 c_1(x)$ 和 $\nabla^2 c_2(x)$ 结果相同,因此假

设为 $\nabla^2 c_1(x) = \nabla^2 c_2(x) = \boldsymbol{H}$，可得 $\boldsymbol{H}$ 的计算公式为

$$\boldsymbol{H} = \begin{bmatrix} \dfrac{x_2^2}{r^3} & \dfrac{-x_1 x_2}{r^3} & 0 \\ \dfrac{-x_1 x_2}{r^3} & \dfrac{x_1^2}{r^3} & 0 \\ 0 & 0 & 0 \end{bmatrix}$$

因此，

$$\sum \lambda_i \nabla^2 c_i(x) = \lambda_1 \boldsymbol{H} + \lambda_2 \boldsymbol{H}$$

于是建立 M 函数文件 li9_11C 计算 x 处含有拉格朗日乘子函数的 Hessian 矩阵如下。

```
function h = li9_11C(x,lambda)
% 目标函数的Hessian矩阵的解析形式
h = [48 * x(1) + 2 * x(3),2 * x(2),2 * x(1);
    2 * x(2),2 * (x(1) + x(3)),2 * x(2);
    2 * x(1),2 * x(2),0];
r = sqrt(x(1)^2 + x(2)^2);
rinv3 = 1/r^3;
% 非线性约束函数c(1)和c(2)的Hessian矩阵
hessc = [(x(2))^2 * rinv3, - x(1) * x(2) * rinv3,0;
    - x(1) * x(2) * rinv3,x(1)^2 * rinv3,0;
    0,0,0];
h = h + lambda.ineqnonlin(1) * hessc + lambda.ineqnonlin(2) * hessc;
```

最后设置初始点和控制参数，调用 fmincon 求解最优化问题，代码如下。

```
>> clear all;
options = optimset('Algorithm','interior - point','Display','iter',…
    'GradObj','on','GradConstr','on',…
    'Hessian','user - supplied','HessFcn',@li9_11C);
x0 = [ - 1 - 1 - 1];
[x fval exitflag output] = fmincon(@li9_11A,x0 ,[],[],[],[],[],[],@li9_11B,options)
```

运行程序，输出如下。

```
                                            First - order    Norm of
Iter F - count        f(x)     Feasibility  optimality       step
    0      1    - 1.100000e + 01  0.000e + 00  2.484e + 01
    1      2    - 1.615226e + 02  0.000e + 00  1.349e + 02   1.666e + 00
    2      3    - 9.897189e + 02  1.032e - 01  1.497e + 02   2.348e + 00
    3      4    - 1.493808e + 03  1.240e - 01  3.320e + 02   1.118e + 00
    4      5    - 1.406772e + 03  2.161e - 03  1.614e + 01   2.369e - 01
    5      6    - 1.407822e + 03  1.592e - 03  2.412e - 01   1.342e - 01
    6      7    - 1.406625e + 03  0.000e + 00  6.277e - 05   1.639e - 03
x =
    - 5.5000    - 0.0000    - 2.5000
fval =
    - 1.4066e + 03
```

```
exitflag =
     1
output =
         iterations: 6
         funcCount: 7
    constrviolation: 0
          stepsize: 0.0016
         algorithm: 'interior-point'
     firstorderopt: 6.2770e-05
       cgiterations: 2
           message: [1x777 char]
```

通过比较可发现，上述算法迭代 6 步收敛，如果不使用 Hessian 矩阵信息，fmincon 需要迭代 11 步才收敛。

```
>> clear all;
options = optimset('Algorithm','interior-point', 'Display','iter',…
    'GradObj','on','GradConstr','on');
x0 = [-1,-1,-1];
[x fval exitflag output] = fmincon(@li9_11A,x0,[],[],[],[],[],[],@li9_11B,options)
```

运行程序，输出如下。

				First-order	Norm of
Iter	F-count	f(x)	Feasibility	optimality	step
0	1	-1.100000e+01	0.000e+00	2.484e+01	
1	2	-2.983813e+03	1.828e+00	1.235e+03	6.364e+00
2	3	-3.108708e+03	1.851e+00	3.858e+01	2.293e-01
3	4	-1.505788e+03	3.961e-01	3.941e+02	2.363e+00
4	5	-1.288930e+03	8.712e-03	4.896e+02	5.041e-01
5	6	-1.392511e+03	3.627e-02	9.746e+01	6.346e-01
6	7	-1.454568e+03	6.293e-02	1.782e+01	8.368e-01
7	8	-1.406588e+03	0.000e+00	1.697e+01	6.409e-02
8	9	-1.406582e+03	0.000e+00	8.349e-01	1.599e-03
9	10	-1.406627e+03	3.301e-06	5.003e-02	6.485e-03
10	11	-1.406625e+03	1.044e-08	1.875e-03	4.134e-04
11	12	-1.406625e+03	0.000e+00	3.888e-06	1.394e-07

```
Local minimum found that satisfies the constraints.
Optimization completed because the objective function is non-decreasing in
feasible directions, to within the default value of the function tolerance,
and constraints are satisfied to within the default value of the constraint tolerance.
<stopping criteria details>
x =
    -5.5000    0.0000   -2.5000
fval =
   -1.4066e+03
exitflag =
     1
output =
         iterations: 11
         funcCount: 12
    constrviolation: 0
```

```
          stepsize: 1.3938e - 07
         algorithm: 'interior - point'
      firstorderopt: 3.8881e - 06
       cgiterations: 0
           message: [1x777 char]
```

8.4 非线性规划实例

下面结合非线性规划的建模方法和 MATLAB 求解,给出其几个典型的非线性规划求解的实例。

8.4.1 证券投资组合问题

【例 8-12】 设金融市场上有两种风险证券 A 和 B,它们的期望收益率分别为 $r_A = 12\%$, $r_B = 18\%$,方差分别为 $\sigma_A^2 = 10$, $\sigma_B^2 = 1$, $\sigma_{AB} = 0$。同时市场上还有一种无风险证券,其收益率为 $r_f = 6\%$,设计一种投资组合方案,使得风险最小。

投资者把资金投放于有价证券以期获得一定收益的行为就是证券投资。它的主要形式是股票投资和债券投资,证券投资的目的就是价值增值。这是证券投资的收益特性,通常可用收益率指标表示证券的收效特性。证券预期收益率的不确定性使证券投资具有风险特性。具有投资风险的证券称为风险证券。无风险证券投资指把资金投放于收益确定的债券,如购买国库券。若无风险投资的收益率为 r_f,则 r_f 是常数。一般而言,风险证券投资往往有超过 r_f 的预期收益率,风险证券的预期收益率越高,其投资风险也越大。为了避免或分散投资风险,获取较高的预期收益率,证券投资可以按不同的投资比例对无风险投资和多种风险证券进行有机的组合,即所谓证券投资组合。

对一个证券组合,用 $R = (r_1, r_2, \cdots, r_n)'$ 表示这 n 种证券的收益率,σ_{ij} 表示证券 i 和证券 j 的收益率之间的协方差,$i, j = 1, 2, \cdots, n$, $X = (x_1, x_2, \cdots, x_n)'$ 表示证券组合的投资权重,若同时投资于无风险证券,并设其收益率为 r_f,则投资决策模型即为

$$\min \sigma_p^2 = \sum_{i=1}^n \sum_{j=1}^n x_i \sigma_{ij} x_j = \boldsymbol{X}^\mathrm{T} \boldsymbol{W} \boldsymbol{X}$$

$$\text{s.t.} \begin{cases} \sum_{i=1}^n x_i r_i + \left(1 - \sum_{i=1}^n x_i\right) r_f = x_p \\ \sum_{i=1}^n x_i = 1 \end{cases}$$

其中,σ_p^2 为投资组合收益的方差,代表投资组合的风险;x_p 表示投资组合的期望收益率;$\boldsymbol{W}$ 为协方差矩阵。

设分别以比例 x_1 购买股票 A,比例 x_2 购买股票 B,比例 x_3 购买无风险债券,则可建立单目标规划问题:

$$\min \sigma_p^2 = \boldsymbol{X}^\mathrm{T} \boldsymbol{W} \boldsymbol{X}$$

$$\text{s.t.} \begin{cases} x_1 r_A + x_2 r_B + x_3 r_f = r_p \\ x_1 + x_2 + x_3 = 1, \quad x_1 \geqslant 0, x_2 \geqslant 0 \end{cases}$$

假定期望收益率 $r_p = 10\%$,解决最优问题的程序如下。
首先定义目标函数 M 文件,代码如下。

```
function f = li9_12fun(x)
v = zeros(3,3);
v(1,1) = 10;
v(2,2) = 1;
f = x' * v * x;
```

调用 fmincon 函数实现问题的求解,代码如下。

```
>> clear all;
format rat
ra = 0.12;rb = 0.08;
rf = 0.06;rp = 0.1;
x0 = [1,1,1]'/3;
Aeq = [ra,rb,rf;1,1,1];
beq = [rp,1]';
Lb = [0,0, - 100]';
options = optimset('LargeScale','off','Display','off');
x = fmincon('li9_12fun ',x0,[],[],Aeq,beq,Lb,[],[],options)
format short
```

运行程序,输出如下。

```
x =
        6/19
        20/19
        - 7/19
```

结果表明,为了获得 10% 的期望收益率,应以无风险利率从银行贷款 7/19 单位,将贷款和手中已有的一单位现金的总和投资股票,其中的 6/19 购买 A 股票,20/19 购买 B 股票。

8.4.2 资金调用问题

【例 8-13】 设有 500 万元资金,要求 4 年内使用完,若在第一年内使用资金 x 万元,则可得到效益 $x^{\frac{1}{3}}$ 万元(效益不能再使用),当年不用的资金可存入银行,年利率为 10%,试制订出资金的使用规划,以使 4 年效益之和达到最大。

根据题意建立的数学模型为

$$\min f(x) = -\left(x_1^{\frac{1}{3}} + x_2^{\frac{1}{3}} + x_3^{\frac{1}{3}} + x_4^{\frac{1}{3}}\right)$$

$$\text{s.t.} \begin{cases} x_1 \leqslant 500 \\ 1.1 x_1 + x_2 \leqslant 550 \\ 1.21 x_1 + 1.1 x_2 + x_3 \leqslant 605 \\ 1.331 x_1 + 1.21 x_2 + 1.1 x_3 + x_4 \leqslant 665.5 \\ x_1, x_2, x_3, x_4 \geqslant 0 \end{cases}$$

其实现的 MATLAB 代码如下。

```
>> clear all;
A = [1.1 1 0 0;1.21 1.1 1 0;1.331 1.21 1.1 1];
b = [550;605;665.5];
lb = [0 0 0 0]';
ub = [550,1300,1300,1300]';
x0 = [1 1 1 1]';
[x,fval] = fmincon('- x(1)^(1/3) - x(2)^(1/3) - x(3)^(1/3) - x(4)^(1/3)',x0,A,b,[],[],lb,ub)
```

运行程序,输出如下。

```
Active inequalities (to within options.TolCon = 1e - 006):
  lower      upper       ineqlin    ineqnonlin
                            3
x =
  114.5455
  136.6929
  156.8273
  175.1314
fval =
  - 20.9954
```

可见,当第 1 年使用资金 114.5455 万元、第 2 年使用资金 136.6929 万元、第 3 年使用资金 156.8273 万元、第 4 年使用资金 175.1314 万元时,4 年的效益之总和最大,为 20.9954 万元。

8.4.3 销量最佳安排问题

【例 8-14】 某厂生产一种产品,有 A、B 两个牌号,讨论在产销平衡的情况下怎样确定各自的产量,使总利润最大。所谓产销平衡即指工厂的产量等于市场上的销量。

其中,p_1、q_1、x_1 分别表示 A 的价格、成本、销量;q_2、p_2、x_2 表示 B 的价格、成本、销量;a_{ij}、b_i、λ_i、$c_i(i,j=1,2)$ 为待定系数;$f(x_1,x_2)$ 为总利润。

解析:在问题的求解过程中,先根据经济学知识做一些基本假设。

(1) 假设价格与销量呈线性关系。

利润取决于销量和价格,也依赖于产量和成本。按照市场规律,A 的价格 p_1 会随其销量 x_1 的增长而降低,同时 B 的销量 x_2 的增长也会使 A 的价格略微下降,可简单地假设价格与销量呈线性关系。

该假设有数学语言描述为

$$p_1 = b_1 - a_{11}x_1 - a_{12}x_2$$

其中,$b_1, a_{11}, a_{12} > 0$。

由于 A 的销量对 A 的价格有直接影响,而 B 的销量对 A 的价格为间接影响,因此可合理地假设销量前的系数满足如下关系:

$$a_{11} > a_{12}$$

同理:

$$p_2 = b_2 - a_{21}x_1 - a_{22}x_2; \quad b_2, a_{21}, a_{22} > 0; \quad a_{21} > a_{22}$$

（2）假设成本与产量呈负指数关系。

A 的成本随其产量的增长而降低，且有一个渐进值，可假设为负指数关系，用数学形式表达为

$$q_1 = r_1 \mathrm{e}^{-\lambda_1 x_1} + c_1, r_1, \lambda_1, c_1 > 0$$

同理：

$$q_2 = r_2 \mathrm{e}^{-\lambda_2 x_2} + c_2, r_2, \lambda_2, c_2 > 0$$

如果根据大量的统计数据，求出系数：

$b_1 = 120$; $a_{11} = 1$, $a_{12} = 0.15$; $b_2 = 300$, $a_{21} = 0.25$, $a_{22} = 2.5$

$r_1 = 40$, $\lambda_1 = 0.025$, $c_1 = 25$; $r_2 = 120$, $\lambda_2 = 0.025$, $c_2 = 40$

则问题转换为无约束优化问题，求 A、B 两个牌号的产量 x_1, x_2，使总利润 f 最大。

首先确定为该问题的一个初始解，并从该初始解处开始寻优。忽略成本，令 $a_{12} = 0$，$a_{21} = 0$，问题转换为求以下函数的极值：

$$f_1 = (b_1 - a_{11} x_1) x_1 + (b_2 - a_{22} x_2) x_2$$

显然，其解为 $x_1 = \dfrac{b_1}{2a_{11}} = 60, x_2 = \dfrac{b_2}{2a_{22}} = 60$，把它作为原问题的初始值。

用 MATLAB 求解该非线性无最优化问题，根据需要，建立目标函数的 M 文件，代码如下。

```
function f = li9_14fun(x)
f1 = ((120 - x(1) - 0.15 * x(2)) - (40 * exp( - 0.025 * x(1)) + 25)) * x(1);
f2 = ((300 - 0.25 * x(1) - 2 * x(2)) - (120 * exp( - 0.025 * x(2)) + 40)) * x(2);
f = - f1 - f2;
```

调用 fminunc 求解该最优化问题，设置初始值为 [60, 60]。

```
>> clear all;
x0 = [60 60];
[x, fval, exitflag, output] = fminunc(@li9_14fun, x0)
```

运行程序，输出如下。

```
Warning: Gradient must be provided for trust - region algorithm;
   using line - search algorithm instead.
> In fminunc at 367
Optimization completed because the size of the gradient is less than
the default value of the function tolerance.
< stopping criteria details >
x =
    32.8380    65.4317
fval =
   - 7.5240e + 03
exitflag =
        1
output =
```

```
        iterations: 6
         funcCount: 27
          stepsize: 1
    firstorderopt: 1.8656e-06
         algorithm: 'medium-scale: Quasi-Newton line search'
           message: [1x436 char]
```

由运行结果可知,当 A 的产量为 32.8380、B 的产量为 65.4317 时,最大利润为 7524。

第 9 章

MATLAB优化设计

优化设计(Optimization Design),是从多种方案中选择最佳方案的设计方法。它以数学中的最优化理论为基础,以计算机为手段,根据设计所追求的性能目标,建立目标函数,在满足给定的各种约束条件下,寻求最优的设计方案。

9.1 优化设计背景

随着数学理论和电子计算机技术的进一步发展,优化设计已逐步形成为一门新兴的独立的工程学科,并在生产实践中得到了广泛的应用。通常设计方案可以用一组参数来表示,这些参数有些已经给定,有些没有给定,需要在设计中优选,称为设计变量。如何找到一组最合适的设计变量,在允许的范围内,能使所设计的产品结构最合理、性能最好、质量最高、成本最低(即技术经济指标最佳),有市场竞争能力,同时设计的时间又不要太长,这就是优化设计所要解决的问题。

优化设计实现步骤如下。

(1) 建立数学模型。

(2) 选择最优化算法。

(3) 程序设计。

(4) 制定目标要求。

(5) 计算机自动筛选最优设计方案等。

通常采用的最优化算法是逐步逼近法,有线性规划和非线性规划。优化设计就是在满足设计要求的众多设计方案中选出最佳设计方案的设计方法。

9.1.1 常规设计与优化设计

机械产品的设计一般需要经过提出课题、调查分析、技术设计、结构设计、绘图和编写设计说明书等环节。常规设计方法通常是在调查分析的基础上,参照同类产品,通过估算、经验类比或实验等方法来确定产品的初步方案。然后对产品的设计参数进行强度、刚度和稳定性等性能分析计算,检查各项性能是否满足设计指标要求。如果不能满足要求,则根据经验或直观判断对设计参数进行修改。整个常规设计的过程是人工试凑和定性分析比较的过程。实践证明,按照常规方法得到的设计方案,可能有较大改进的余地。在常规设计中,也存在"选优"的思想,设计人员可以在有限的几种设计方案中,按照一定的设计指标进行分析评价,选出较好的合格方案。但是由于常规设计方法受到经验、计算方法和手段等条件的限制,得到的可能不是最佳设计方案。因此,常规设计方法只是被动地重复分析产品的性能,而不是主动地设计产品的参数。

工程设计的基本特征在于它的约束性、多解性和相对性。一项设计常常在一定的技术与物质条件下,要求取得一个技术经济指标最佳的方案。

【例 9-1】 设计一个体积为 $5m^3$ 的薄板包装箱,其中一边长度不小于 $4m$。要求使薄板耗材最少,试确定包装箱的尺寸参数:长 a、宽 b 和高 h。

解: 包装箱的表面积 s 与长 a、宽 b 和高 h 三维尺寸参数有关,因此取与包装箱薄板耗材直接相关的表面积 s 作为设计目标。

按照常规设计方法,先固定包装箱一边的长度 $a=4m$。要满足包装箱体积为 $5m^3$ 的设计要求,则有以下设计方案,如表 9-1 所示。

表 9-1 设计方案

设计方案		1	2	3	4	5	…
包装箱尺寸参数	宽度 b/m	1.0000	1.1000	1.2000	1.3000	1.4000	…
	高度 h/m	1.25000	1.1364	1.0417	0.9615	0.8929	…
	表面积 s/m^2	20.5000	20.3909	20.4333	20.5923	20.5429	…

如果取包装箱一边的长度 $a>4m$ 的某一个固定值,则包装箱的宽度 b 和高度 h 有许多种结果。

然后,再从上面的众多可行方案中选择出包装箱表面积 s 最小的设计方案。

采用优化设计方法时,该问题可以描述为:在满足包装箱的体积 $abh=5m^3$,长度 $a \geqslant 4m, b>0$ 和 $h>0$ 的限制条件下,确定设计参数 a、b 和 h 的值,使包装箱的表面积 $s=2(ab+bh+ha)$ 达到最小。然后选择合适的优化方法对该优化设计问题进行求解,得到的优化结果为:长度 $a=4m$,宽度和高度 $b=h=1.1180m$,表面积 $s=20.3878m^2$。

优化设计是用数学规划理论和计算机自动探优技术来求解最优化问题。对工程问题进行优化设计,首先需要将工程设计问题转换为数学模型,即用优化设计的数学表达式描述工程设计问题。然后,按照数学模型的特点选择合适的优化方法和计算程序,运用计算机求解获得最优设计方案。

9.1.2 优化设计的发展情况

在第二次世界大战期间,由于军事上的需要产生了运筹学,提供了许多用古典微分法和变分法所不能解决的最优化方法。随着电子计算机技术的发展与应用,20 世纪 50 年代在应用数学领域发展形成了以线性规划和非线性规划为主要内容的数学规划理论,应用于解决工程设计问题,形成了工程设计的优化设计理论和方法。

优化设计理论研究和应用实践的不断发展,使常规设计方法发生了根本的变革,从经验、感性和类比为主的常规设计方法过渡到科学、理性和立足于计算分析的现代设计方法,工程设计正在逐步向自动化、集成化和智能化方向发展。

优化设计是从20世纪60年代发展起来的,将最优化原理与计算机技术应用于设计领域的科学设计方法,已经在机械、宇航、电机、石油、化工、建筑、造船、轻工等各个行业得到了广泛应用,并获得了显著的技术与经济效益。例如,对飞行器和宇航结构设计,在满足性能的要求下使其重量最轻;对土木工程结构设计,在保证质量的前提下使其成本最低;对机械设备和零部件设计,在实现其功能的基础上使结构最佳;对机械制造工艺规程设计,在限定设备使用条件和加工规范条件下使生产率最高等。

应当指出,传统的最优化设计方法也存在一些不足,它只是在参数优化设计和结构优化设计等方面比较有效,而在方案设计与选择、决策等方面则无能为力,数学模型误差大。而且,优化方法程序的求解能力有限,难以处理复杂和性态不好的问题,难以求得全局最优解。为了提高最优化方法的综合求解能力,近年来,现代优化技术发展的以下方面从事了许多有益的探索。

1. 面向产品创新设计的优化技术

产品创新设计是指从产品的工作特性和功能目标出发,应用创新的理论知识和跨学科的知识结构,创造性地设计产品,使它在技术和经济上达到最优。其中,包括对产品创新设计的需求、功能、技术规格和性能等方面的定位,以及对产品创新设计中功能的主导、造型的结构和形态、技术实现条件和市场需求的体现等要素的相互依存和影响。因此,建立面向产品创新设计的优化技术是实现产品创新设计的关键技术问题。

2. 面向产品全寿命周期的优化技术

产品特性包括功能、使用要求、质量、价格和服务等方面,它的主要特性是消费者需求的产品功能和使用效果,次要特性是消费者感受到的产品外观、结构、质量和价格等,延伸特性是产品的销售和售后服务等。因此,产品设计不仅是设计产品的功能和结构,而且还要设计产品的规划、设计、生产、销售、运行、使用、维护保养、回收处置的全寿命周期过程。因此,在设计阶段即要考虑产品寿命历程的所有环节,使产品全寿命周期的所有相关因素在产品设计分析阶段即能够得到综合规则和优化。产品全寿命周期的优化设计技术涉及大量的非数值知识,不能用简单的数值化方法进行准确的描述。因此,解决数值和非数值混合知识的表达式进化已成为产品全过程寻优的关键。

3. 智能优化设计技术

20世纪80年代以来,为了解决复杂工程设计优化问题,一些综合了数学、物理学、生物进化、工人智能、统计力学和神经系统等方面的知识和技术的优化算法,如人工神经网络、遗传算法(Genetic Algorithm)、进行算法(Evolution Algorithm)、模拟退火(Simulated Annealing)及其混合优化策略等,通过模拟和揭示某些自然机理和过程而得到发展,它们被称为智能优化算法(Intelligent Optimization Algorithms)。智能化优化设计技术在解决大规模组合和全局寻优等复杂问题时具有传统方法不具备的优越性,并且健壮性强,适于并行处理,在计算机科学、优化调度、最佳运输、组合优化等领域得到广泛的研究和运用。智能化优化算法的计算机理,在具体应用领域的深入,以及各种智能化优化算法间的交叉结合等是它研究发展的趋势。

4. 模糊优化设计技术

常规的优化设计把设计中的各种因素均处理成确定的二值逻辑,忽略了事物客观存在的模糊性,使得设计变量和目标函数不能达到应有的取值范围,往往会漏掉一些真正的优化方案,甚至会带来一些矛盾的结果。事实上,不仅由于事物差异间的中介过渡过程所带来的事物普遍存在的模糊性,而且由于研究对象复杂化必然要涉及模糊性,信息技术、人工智能的研究必然要考虑到模糊信息的识别与处理,以及工程设计不仅要面向用户需求的多样化和个性化,还要以满足社会需求为目标,并依赖社会环境、条件、自然资源、政治经济政策等比较强烈的模糊性问题,这些都必然使上述领域的优化设计涉及种种模糊因素。怎样处理工程设计中客观存在的大量模糊性,这正是模糊优化设计所要解决的问题。模糊优化设计是将模糊理论与普通优化技术相结合的一种新的优化理论与方法,是普通优化设计的延伸与发展。

目前,国内外理论及应用已取得了较大的进展,我国在机械结构的模糊优化设计、抗震结构的模糊优化设计等方面,取得了较多成果。将系统分析、经典优化技术中的动态规划原理与模糊化理论相结合,为求解多目标、多层次、多阶段的复杂的大型成套机械设备系统的优化问题提供了新的途径。

5. 广义优化设计技术

国内的数值优化技术约在 20 世纪 70 年代初应用于工程设计,且目前离散和随机变量优化、结构优化、智能优化、优化建模和复杂系统优化方法学等领域的研究已取得具有相当水平的理论和应用成果,但对向前扩展到建立模型、处理模型,向后扩展到优化结果显示的全过程的研究还有待进一步深入。广义优化技术的研究将使得人们能够从模型的建立、处理,到优化结果显示等全过程进行优化,它是优化设计的重要发展方向,其内容主要包括工程优化设计问题的自动建模技术、优化设计问题的前处理与后处理、优化设计结果的评价等。

广义优化设计技术的主要优势如下。

(1) 人工智能、专家系统技术的引入,增加了最优化方法中处理方案设计、决策等优化问题的能力,在优化方法中的参数选择时借助专家系统,减少了参数选择的盲目性,提高了程序求解能力。

(2) 针对性态不好难以处理的问题、难以求得全局最优解等弱点,发展了一批新的方法,如模拟退火法、遗传算法、人工神经网络法、模糊算法、小波变换法、分形几何等。

(3) 在数学模型描述能力上,由仅能处理连续变量、离散变量,发展到能处理随机变量、模糊变量、非数值变量等;在建模方面,开展了柔性建模和智能建模的研究。

(4) 在研究对象上,从单一部分的、单一性能或结构的、分离的优化设计,进入整体优化、分步优化、分部分和分级优化、并行优化等,提出了覆盖设计全过程的优化设计思想。方法研究的重点,从着重研究单目标优化问题进入着重研究多目标问题。

(5) 在最优化方法程序设计研究中,一方面努力提高方法程序的求解能力和各个方法程序间的互换性,研制方法的程序包、程序库等;另一方面大力改善优化设计求解环境,开展了优化设计集成环境的研究,集成环境为设计者提供辅助建模工具、优化设计前后处理模块、可视化模块、接口模块等。

优化设计将从传统的优化设计向广义优化设计过渡。广义优化设计在基本理论上应是常规优化设计理论、计算机科学、控制理论、人工智能、信息科学等多学科的综合产物；在求解问题的类型上有数值型和非数值型问题，设计变量也可以有多种类型；在方法上应是多种算法互补共存；在实现上应是将多个方法、多个工具、多个软件系统无缝集成在一起形成具有统一的、使用方便的、功能齐全的最优化设计集成环境。

9.2 优化设计的数学模型

优化设计的数学模型是对优化设计工程问题的数学描述，它包含设计变量、设计约束和目标函数三个基本要素。

9.2.1 设计变量

一个零件、部件、机构或是一台工艺设备的设计方案，可以用一组基本参数的数组表示。在设计中，用哪些参数表示一个设计方案，需要依据各种设计问题的性质而定。有的可以用几何参数，如零件的外形尺寸、截面尺寸、机构的运动学尺寸等；有的可用某些物理量，如构件的重量、惯性矩、频率、力和力矩等；有的还可以用一些代表工作性能的导出量，如应力、挠度、效率、冲击系数等。总之，基本参数是一些对该项设计性能指标好坏有影响的量。

在一项设计中，有些参数可以根据设计要求给定，有些则需要在设计中优选。对于需要优选的参数，在设计过程中均把它看作变化的量，称它为设计变量。设计变量一般是一些相互独立的基本参数。

1. 表示形式

设计变量是一组数，构成了一个数组，这个数组在最优化设计中被看作一个向量。设有 n 个设计变量 $x_1, x_2, \cdots, x_n$，把它们作为某一向量 X 沿 n 个坐标轴的分量。如果用向量来表示，即

$$X = \begin{bmatrix} x_1 \\ x_2 \\ \vdots \\ x_n \end{bmatrix} = [x_1, \quad x_2, \quad \cdots, \quad x_n]^{\mathrm{T}}$$

式中，x_i 为 n 维向量 X 的第 i 个分量。

设计变量是相互独立的变量。一组设计变量 X 即代表一个设计方案，设计空间中的任一个设计方案，认为它是从设计空间原点出发的设计向量 $X^{(K)}$。因此，$X^{(1)}, X^{(2)}, \cdots$，$X^{(K)}$ 表示有 K 个不同的设计方案。最佳设计方案的记号为 X^*。

2. 选取设计变量

设计变量的数目称为优化设计的维数。设计变量的数目越多，即问题的维数越高，则设计的自由度也越大，越容易得到比较理想的结果。但随着设计变量数目的增多，也必然使问题复杂化，给优化带来更大的困难。

在一般情况下,设计者还是应该尽量减少设计变量的数目,应把对设计所追求目标影响比较大的那些参数选为设计变量。

在机械优化设计的多数问题中,均可以把设计变量看作连续变化的量,且规定有上限值 b_i 和下限值 a_i,即

$$a_i \leqslant x_i \leqslant b_i, \quad i=1,2,\cdots,n$$

根据设计要求,大多数设计变量被认为是有界连续变量。但在某些情况下,设计变量实际上不是连续变化的。例如,齿轮的模数应按标准模数系列取用,钢丝的直径、钢板的厚度、弄钢的型号也应符合金属材料的供应规格等。属于这样的设计变量是离散变量,对于离散设计变量,在优化设计过程中常常先把它视为连续变量,在求得连续变量的优化结果后再进行圆整或标准化,以求得一个实用的最优方案。

9.2.2 设计约束

在设计过程中,为了得到可行的设计方案,必须根据实际的要求,对设计变量的取值加以种种限制,这种限制称为设计约束。

1. 不等式约束和等式约束

设计约束一般可以表示为设计变量的不等式约束函数:

$$g_u(x) = g_u(x_1, x_2, \cdots, x_n) \geqslant 0, \quad u = 1, 2, \cdots, n$$

或等式约束函数:

$$h_v(X) = h_v(x_1, x_2, \cdots, x_n) = 0, \quad v = 1, 2, \cdots, p < n$$

式中,m 和 p 分别表示施加于该项设计的不等式约束条件数和等式约束条件数。

2. 连续约束和性能约束

设计的约束条件是由实际的设计要求导出的,一般可以分为边界约束和性能约束两种。

边界约束又称为区域约束,即考虑设计变量的变化范围(最大允许值和最小允许值),如某构件长度 l_i($i=1,2,\cdots,n$)应满足 $l_{\min} \leqslant l_i \leqslant l_{\max}$,于是可建立不等式约束方程:

$$g_j(X) = l_i - l_{\min} \geqslant 0; \quad (i=1,2,\cdots,n; j=1,3,\cdots,2i-1)$$

$$g_j(X) = l_{\max} - l_i \geqslant 0; \quad (i=1,2,\cdots,n; j=2,4,\cdots,2i)$$

性能约束又称为性态约束,它是由某种设计性能或指标推导出来的一种约束条件。

9.2.3 目标函数

在所有的可行设计中,有些设计比另一些要"好些",则"较好"的设计比"较差"的设计必定具备某些更好的性质。如果这种性质可以表示成设计变量的一个可计算函数,则可考虑优化这个函数,以得到"更好"的设计。因此,在许多可行设计方案中,哪个方案好,哪个方案不好,需要有一个衡量的标准。在优化设计中,这个用于评选设计方案优劣的函数,称为目标函数或评价函数,记为

$$f(X) = f(x_1, x_2, \cdots, x_n)$$

在实际工程问题中,优化目标函数有两种表达形式:目标函数的极小化或目标函数

的极大化,即

$$f(X) \to \min \text{ 或 } f(X) \to \max$$

由于求目标函数 $f(X)$ 的极大化即等价于求目标函数 $-f(X)$ 的极小化,为了使算法和程序统一,在介绍内容中最优化即是指极小化。

目标函数是 n 维变量的函数,它的函数图像只能在 $n+1$ 维空间中描述出来。为了在 n 维设计空间中反映目标函数的变化情况,常采用目标函数的等值面的方法。目标函数等值面的数学表达式为

$$f(X) = c$$

式中,c 为一系列常数,代表一组 n 维超曲面。如在二维设计空间中 $f(x_1,x_2)=c$,代表在 x_1-x_2 设计平面上的一组曲线。

建立目标函数是整个优化设计中的重要问题。在机械设计中,目标函数主要由设计准则来建立。在机构优化设计中,这种准则可以是运动学和动力学的性质,如运动误差、主动力和约束反力的最大值、振动特性等;在零件和部件设计中,可以用重量、体积、效率、可靠性、承载能力表示;对于产品设计,也可以将成本、价格、寿命等作为所追求的目标。在一般情况下,这些指标都有明显的设计变量的函数关系,但当有的指标尚无确切的计算公式或精确的测量工具时,也可以用一个与它等价的定量指标来代替。例如,当一个零件需要以寿命作为设计指标时,目前尚无寿命的计算公式,这时可以用疲劳寿命或磨损来代替它。由于目标函数仅作为评选方案的一种标准,所以也可以用一个反映某项设计指标的系数来表示。例如,为了使齿轮传动装置达到最大的承载能力,可以引入一个承载能力系数,当它达到最大值时,也即等价于承载能力最高。由此看来,目标函数不一定有明显的物理意义和量纲,而仅仅是设计指标的一个标识函数。

在确定优化设计的目标函数时,其中有些设计目标可能是相互矛盾的。例如,一个设计重量最轻的设计方案,并不一定是工艺上最合适的方案或成本最低的方案;追求一个机构的最大加速度极小化,其动态响应可能不好等。所以,建立目标函数是设计中的一项重要决策,它将影响最优方案的实用价值。

仅根据一项设计准则建立的目标函数称为单目标函数。如果某项设计要求同时兼顾若干个设计准则,那即是多目标函数。

9.2.4 几何意义

在机械优化设计中,绝大多数的数学模型都属于约束的非线性规则问题。

1. 一般形式

优化问题的数学模型是实际优化问题的数学抽象,可表述为:设某项设计有 n 个设计变量:

$$\boldsymbol{X} = [x_1, x_2, \cdots, x_n]^T, \quad (\boldsymbol{X} \in R^n)$$

在满足

$$g_u(x) = g_j(x_1, x_2, \cdots, x_n) \geqslant 0, \quad (u=1,2,\cdots,n)$$

和

$$h_v(\boldsymbol{X}) = h_j(x_1, x_2, \cdots, x_n) = 0, \quad (v=1,2,\cdots,p<n)$$

的约束条件下,追求目标函数
$$f(\boldsymbol{X}) = f(x_1, x_2, \cdots, x_n)$$
最小值或最大值。

这样的最优化问题一般称为"数学规划问题"。优化设计问题数学模型的一般形式为
$$\min f(\boldsymbol{X}) = f(x_1, x_2, \cdots, x_n), \quad \boldsymbol{X} \in R^n$$
$$\text{s. t.} \begin{cases} g_u(\boldsymbol{X}) \geqslant 0, & (u=1,2,\cdots,n) \\ h_v(\boldsymbol{X}) = 0, & (v=1,2,\cdots,p<n) \end{cases}$$
其中,s. t. 是英文"subject to"的缩写,意为"受约束于"。

应当指出,施加于该项设计的等式约束条件数 p 必须小于优化设计问题的维数 n。如果 $p=n$,则由 n 个等式约束方程限制了设计变量只可能有唯一的解,没有最优化的余地。

在上述数学问题中,如果目标函数 $f(\boldsymbol{X})$ 和约束函数 $g(\boldsymbol{X})$ 与 $h(\boldsymbol{X})$ 都是设计变量 $\boldsymbol{X}$ 的线性函数,则称它为线性规划问题;如果目标函数 $f(\boldsymbol{X})$ 和约束函数 $g(\boldsymbol{X})$ 与 $h(\boldsymbol{X})$ 中有关于设计变量 $\boldsymbol{X}$ 的非线性函数,则称它为非线性规划问题。当 $n=p=0$ 时,则称为无约束规划问题(无约束最优化问题),当 $n \neq p \neq 0$ 时,则称为约束规划问题(约束最优化问题)。

在一般的机械优化设计问题中,多数是约束的非线性规划问题。在实际工程问题中,不加任何限制的设计问题是不多的,或者说是很少遇到的。但是,对于无约束问题的研究,理论上是有一定意义的,因为它可以为研究约束优化设计问题提供一个基础,也就是说,常常将有约束的问题转换为无约束的问题来求解,以便能使用一些比较有效的无约束极小化的算法和程序。

2. 几何描述

求 n 个设计变量目标函数的最小化问题,可以想象为在 $n+1$ 维的坐标系内找出一个超曲面的最小值问题。由于不能在平面图内表示出 $n>2$ 维欧氏空间问题,所以先用一个二维的非线性最小化问题来说明它的一些几何概念。

分析如下二维优化问题的几何意义:
$$\min f(\boldsymbol{X}) = x_1^2 + x_2^2 - 4x_1 + 4, \quad \boldsymbol{X} \in D \subset R^n$$
$$\text{s. t.} \begin{cases} g_1(\boldsymbol{X}) = x_1 - x_2 \geqslant 0 \\ g_2(\boldsymbol{X}) = -x_1^2 + x_2 - 1 \geqslant 0 \\ g_3(\boldsymbol{X}) = x_1 \geqslant 0 \\ g_4(\boldsymbol{X}) = x_2 \geqslant 0 \end{cases}$$

1) 约束条件与可行域

如图 9-1 所示,不等式约束 $g_3(\boldsymbol{X}) \geqslant 0$ 的区域表示 x_2 轴的右方,$g_4(\boldsymbol{X}) \geqslant 0$ 的区域表示 x_1 轴的上方,它们共同限制二维设计平面的第一象限为可行域。不等式约束 $g_1(\boldsymbol{X}) \geqslant 0$ 的极限线图表示过二维设计平面上的 $(0,2)$ 和 $(-2,0)$ 两点的一条斜线,它限

制二维设计平面中该斜线的右下方为可行域。$g_2(\boldsymbol{X}) \geqslant 0$ 的极限线图二维设计平面上是通过最低点(0,1)的一条下凹抛物线,其限制二维设计平面中该抛物线的内凹部分为可行域。因此三个约束条件 $g_1(\boldsymbol{X}) \sim g_3(\boldsymbol{X})$ 在二维设计平面内组成了一个自由点的区域。

对于 $n>2$ 维设计空间,约束而超曲面,可行域是由约束超曲面围成的子空间,这时很难用图形表示,只能用数学形式表示为

$$D = \{\boldsymbol{X} \mid g_u(\boldsymbol{X}) \geqslant 0, u = 1, 2, \cdots, n\}$$

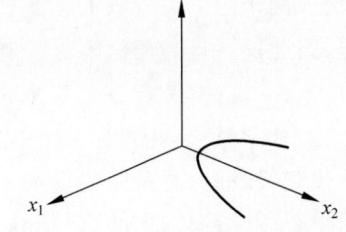

图 9-1 二维非线性最优化问题坐标

这是一个集合表达式,表示可行域 D 是满足 m 个不等式约束条件 $g_u(\boldsymbol{X}) \geqslant 0, u = 1, 2, \cdots, n$ 的所有设计点 $\boldsymbol{X}$ 的一个集合。

当工程优化设计问题中除了有 n 个不等式约束条件外,还有 p 个等式约束条件,则对设计变量的选择又增加限制。如果只有一个等式约束条件,则可以设计点 $\boldsymbol{X}$ 只能在等式约束条件 $h(\boldsymbol{X}) = 0$ 形成的约束面(线)上;如果有 p 个等式约束条件,则可以设计点 $\boldsymbol{X}$ 只能在 p 个等式约束条件 $h_v(\boldsymbol{X}) = 0, v = 1, 2, \cdots, p$ 形成约束面(线)的交集(交线或交点)上。

2) 无约束最优解和约束最优解

如果当一组设计变量仅使目标函数取最小,并且没有约束条件,即满足

$$\min_{X \in R^n} f(\boldsymbol{X}) = f(\boldsymbol{X}^*)$$

则称为无约束最优解。显然,无约束最优解即是目标函数的极值及其极值点。

推广到 n 维的约束优化设计问题:

$$\min_{X \in R^n} f(\boldsymbol{X}) = f(\boldsymbol{X}^*)$$

$$\begin{cases} g_n(\boldsymbol{X}^*) \geqslant 0, & u = 1, 2, \cdots, n \\ h_v(\boldsymbol{X}) = 0, & v = 1, 2, \cdots, p, p < n \end{cases}$$

n 个设计变量 $x_1, x_2, \cdots, x_n$ 组成一个设计空间 R^n,其中的每一个点代表一个设计方案。每一个不等式约束方程线图在 n 维设计空间内形成一个约束超曲面,m 个不等式约束条件的超曲面在设计空间中划分出一个可行设计区域。当目标函数取一系列定值时,就在 n 维设计空间内构成一个目标函数的等值超曲面,它们反映了目标函数数值的变化规律。最优解即是要在 n 维设计空间的可行域内找到一个最优点 $\boldsymbol{X}^*$,其目标函数值为最小。实际上,最优点 $\boldsymbol{X}^*$ 往往是目标函数等值超曲面与约束超曲面的一个切点。对于无约束最优化问题,最优点 $\boldsymbol{X}^*$ 即是目标函数的极值点。

3. 局部最优解和全域最优解

在约束非线性优化设计问题中,所得出的每一个最优解,还要进一步判断它是局部最优解还是全局最优解。

只有一个极值点的函数称为单谷函数,而具有两个以上的局部极值点的函数则称为多谷函数。对于无约束最优化问题,当目标函数不是单谷函数时,即有几个极值点 $\boldsymbol{X}_1^*$, $\boldsymbol{X}_2^*, \cdots$,的情况。

对于约束最优化问题,其情况极为复杂,它不仅与目标函数的性质有关,而且与约束条件及其函数性质有关。例如,目标函数 $f(\boldsymbol{X})$ 有 $g_1(\boldsymbol{X}) \geq 0$ 和 $g_2(\boldsymbol{X}) \geq 0$ 两个不等式约束,构成两个约束可行域 D_1 与 D_2。在可行域 D_1 内,$\boldsymbol{X}_1^*$ 点是 D_1 区域内目标函数的极小点,因此这一点为最优解 $\boldsymbol{X}_1^*$ 和 $f(\boldsymbol{X}_1^*)$。在可行域 D_2 内,$\boldsymbol{X}_2^*$ 点也是一个最优解:$\boldsymbol{X}_2^*$ 和 $f(\boldsymbol{X}_2^*)$,且 $f(\boldsymbol{X}_2^*) < f(\boldsymbol{X}_1^*)$。然而进一步考察,$\boldsymbol{X}_3^*$ 点也是可行域 D_2 内的一个最优解,而且 $f(\boldsymbol{X}_3^*) < f(\boldsymbol{X}_2^*)$。因此,$\boldsymbol{X}_3^*$ 为全域最优解,$\boldsymbol{X}_1^*$ 和 $\boldsymbol{X}_2^*$ 为局部最优解。

在优化设计时,总是期望得到一个全域最优解,但一般说来是比较困难的,除非目标函数是单谷函数,而约束函数是一次或二次的简单函数。当为多谷函数时,由于在可行区域内有几个极小点,对于这个问题的最简单解决方法即是取不同的初始点,看最后计算的过程是否收敛到同一个点上,并且比较其目标函数数值的方法找到一个较好的解,从而使设计工作有所改进。

推广到一个 n 维约束非线性优化问题,n 个设计变量 $[x_1, x_2, \cdots, x_n]^T$ 组成一个 n 维实欧氏空间 R^n,在该空间中的每一个点代表 n 个变量的一组给定值。m 个约束方程在这 n 维空间内形成可行域的边界。最优解即是要在这 n 维空间中找到一个点 $\boldsymbol{X}^* = [x_1^*, x_2^*, \cdots, x_n^*]^T$ 即目标函数 $f(\boldsymbol{X}^*)$ 的值。实际上,对于约束最优化问题来说,这一点即是目标函数等值超曲面与可行区域边界的一个切点。对于无约束最优化问题,这一个点即是目标函数的极值点。

9.3 目标函数的极值条件

目标函数的极值条件可分为无约束目标函数的极值条件和有约束目标函数的极值条件。

9.3.1 无约束目标函数的极值条件

1. 一维函数的极值条件

从微分学知识可知,如果一维函数 $f(x)$ 的一阶导数 $f'(x)$ 存在,则欲使 x^* 成为极值点的必要条件为 $f'(x^*) = 0$。

使函数一阶导数 $f'(x^*) = 0$ 的点称为驻点。极值点必为驻点,但是驻点不一定为极值点。至于驻点是否是极值点,需要通过二阶导数 $f''(x^*)$ 进行判断。

在驻点附近,如果 $f''(x^*) < 0$,即二阶导数的符号为负,则 x^* 为极大点;如果 $f''(x^*) > 0$,即二阶导数的符号为正,则 x^* 为极小点;如果在驻点两侧二阶导数值的符号正负不同,则 x^* 不是极值点。这即是 x^* 成为极值点的充分条件。因此,函数二阶导数的符号成为判断极值点的充分条件。

2. 多维函数的极值条件

对于多维目标函数的极值问题,可以先用一个二维函数来说明。如图 9-2 所示,二维函数 $f(x_1, x_2)$ 的图形是三维空间曲面。如果二维函数 $f(x_1, x_2)$ 在某点 $\boldsymbol{X}^* = [x_1^*, x_2^*]^T$ 有极小值,则通过该点分别垂直于 x_1 轴和 x_2 轴的平面Ⅰ和Ⅱ与曲面的交线一定同时在 $\boldsymbol{X}^* = [x_1^*, x_2^*]^T$ 处有极小值。显然,如果点 $\boldsymbol{X}^* = [x_1^*, x_2^*]^T$ 是函数的极小值点,则

其必要条件是当 x_2 固定在 x_2^* 时,该点在平面Ⅱ上为极值,即 $\frac{\partial f(\boldsymbol{X}^*)}{\partial x_1}=0$;同时 x_1 固定在 x_1^* 时,该点在平面Ⅰ上也是极值,即 $\frac{\partial f(\boldsymbol{X}^*)}{\partial x_2}=0$。因此,当函数 $f(x_1,x_2)$ 在点 $\boldsymbol{X}^*=[x_1^*,x_2^*]^\mathrm{T}$ 附近的偏导数连续时,则在该点达到极值的必要条件为目标函数在该点的梯度等于零。

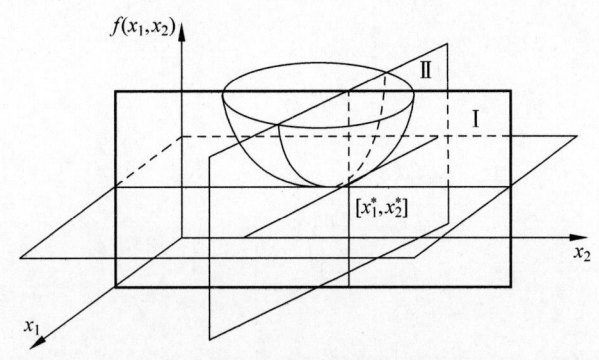

图 9-2 二元函数的极值问题

对于连续可微的 n 维函数 $f(\boldsymbol{X})=f(x_1,x_2,\cdots,x_n)$,在点 $\boldsymbol{X}^*=[x_1^*,x_2^*,\cdots,x_n^*]^\mathrm{T}$ 取得极值的必要条件是其一阶偏导数为零(即梯度向量为零向量):

$$\nabla f(\boldsymbol{X}^*)=\left[\frac{\partial f(\boldsymbol{X}^*)}{\partial x_1},\frac{\partial f(\boldsymbol{X}^*)}{\partial x_2},\cdots,\frac{\partial f(\boldsymbol{X}^*)}{\partial x_n}\right]^\mathrm{T}=0$$

取得极值的充分条件为:如果点 $\boldsymbol{X}^*$ 的二阶偏导数矩阵为负定的,则 $\boldsymbol{X}^*$ 为极大值;如果点 $\boldsymbol{X}^*$ 的二阶偏导数矩阵是正定的,则 $\boldsymbol{X}^*$ 为极小点。

【例 9-2】 求三维函数 $f(\boldsymbol{X})=2x_1^2+5x_2^2+x_3^2+2x_2x_3+2x_1x_3-6x_2+3$ 的极值点。

解:根据三维函数存在极值的必要条件,令梯度为零,即有:

$$\frac{\partial f}{\partial x_1}=4x_1+2x_3=0$$

$$\frac{\partial f}{\partial x_2}=10x_2+3x_3-6=0$$

$$\frac{\partial f}{\partial x_3}=2x_3+2x_2+2x_3=0$$

联解得到:

$$\boldsymbol{X}^*=[1,1,-2]^\mathrm{T}$$

计算点 $\boldsymbol{X}^*=[1,1,-2]^\mathrm{T}$ 的矩阵为

$$\boldsymbol{H}(\boldsymbol{X}^*)=\begin{bmatrix} \dfrac{\partial^2 f}{\partial x_1 \partial x_1} & \dfrac{\partial^2 f}{\partial x_1 \partial x_2} & \dfrac{\partial^2 f}{\partial x_1 \partial x_3} \\ \dfrac{\partial^2 f}{\partial x_2 \partial x_1} & \dfrac{\partial^2 f}{\partial x_2 \partial x_2} & \dfrac{\partial^2 f}{\partial x_2 \partial x_3} \\ \dfrac{\partial^2 f}{\partial x_3 \partial x_1} & \dfrac{\partial^2 f}{\partial x_3 \partial x_2} & \dfrac{\partial^2 f}{\partial x_3 \partial x_3} \end{bmatrix}$$

矩阵行列式 $|A|$ 各阶主子式为

$$A_1 = \frac{\partial^2 f}{\partial x_1 \partial x_1} = 4 > 0$$

$$A_2 = \begin{vmatrix} \dfrac{\partial^2 f}{\partial x_1 \partial x_1} & \dfrac{\partial^2 f}{\partial x_1 \partial x_2} \\ \dfrac{\partial^2 f}{\partial x_2 \partial x_1} & \dfrac{\partial^2 f}{\partial x_2 \partial x_2} \end{vmatrix} = \begin{vmatrix} 4 & 0 \\ 0 & 10 \end{vmatrix} = 4 \times 10 - 0 \times 0 = 40 > 0$$

$$A_3 = \begin{vmatrix} \dfrac{\partial^2 f}{\partial x_1 \partial x_1} & \dfrac{\partial^2 f}{\partial x_1 \partial x_2} & \dfrac{\partial^2 f}{\partial x_1 \partial x_3} \\ \dfrac{\partial^2 f}{\partial x_2 \partial x_1} & \dfrac{\partial^2 f}{\partial x_2 \partial x_2} & \dfrac{\partial^2 f}{\partial x_2 \partial x_3} \\ \dfrac{\partial^2 f}{\partial x_3 \partial x_1} & \dfrac{\partial^2 f}{\partial x_3 \partial x_2} & \dfrac{\partial^2 f}{\partial x_3 \partial x_3} \end{vmatrix} = \begin{vmatrix} 4 & 0 & 2 \\ 0 & 10 & 2 \\ 2 & 2 & 2 \end{vmatrix}$$

$$= 4 \times 10 \times 2 - 2 \times 10 \times 2 - 2 \times 2 \times 4 = 24 > 0$$

得以上矩阵为正定的,所以驻点 $X^* = [1,1,-2]^T$ 为极小值。对应的目标函数值为

$$f(X^*) = 2 \times 1^2 + 5 \times 1^2 + (-2)^2 + 2 \times 1 \times (-2) + 2 \times 1 \times (-2) - 6 \times 1 + 3 = 0$$

利用 MATLAB 计算函数的极值为

```
>> clear all;
syms x1 x2 x3      % 定义函数 f 表达式中符号变量
f = 2 * x1^2 + 5 * x2^2 + x3^2 + 2 * x2 * x3 + 2 * x1 * x3 - 6 * x2 + 3;    % 定义函数 f 表达式
disp('函数 f 表达式: ');
pretty(simplify(f));                % 按照数学形式显示函数 f 表达式
latex(f);                           % 符号表达式的 LaTeX 描述
% 计算函数的 1 阶偏导数
dx1 = diff(f,x1);                   % 计算函数 f 对 x1 的 1 阶偏导数
dx2 = diff(f,x2);                   % 计算函数 f 对 x2 的 1 阶偏导数
dx3 = diff(f,x3);                   % 计算函数 f 对 x3 的 1 阶偏导数
disp('函数 f 的 1 阶偏导数: ')
pretty(simplify(dx1));
pretty(simplify(dx2));
pretty(simplify(dx3));
% 计算函数的 2 阶偏导数
dx1x1 = diff(f,x1,2);               % 计算函数 f 对 x1 的 2 阶偏导数
dx1x2 = diff(dx1,x2);               % 计算函数 f 对 x1,x2 的偏导数
dx1x3 = diff(dx1,x3);               % 计算函数 f 对 x1,x3 的偏导数
dx2x1 = diff(dx2,x1);               % 计算函数 f 对 x2,x1 的偏导数
dx2x2 = diff(f,x2,2);               % 计算函数 f 对 x2 的 2 阶偏导数
dx2x3 = diff(dx2,x3);               % 计算函数 f 对 x2,x3 的偏导数
dx3x1 = diff(dx3,x1);               % 计算函数 f 对 x3,x1 的偏导数
dx3x2 = diff(dx3,x2);               % 计算函数 f 对 x3,x2 的偏导数
dx3x3 = diff(f,x3,2);               % 计算函数 f 对 x3 的 2 阶偏导数
% 根据函数 f 的 2 阶偏导数,构成 Hessian 矩阵
disp('函数 f 的 2 阶偏导数矩阵: ')
```

```
        H = [dx1x1 dx1x2 dx1x3;dx2x1 dx2x2 dx2x3;dx3x1 dx3x2 dx3x3]
        %计算 Hessian 矩阵的正定性
        [D,p] = chol(subs(H));
        if p == 0;
              disp('Hessian 矩阵为正定,函数 f 有极小点');
        end
        %计算函数的梯度为 0 时极值点的坐标
        [x1 x2 x3] = solve(dx1,dx2,dx3,'x1,x2,x3');      %计算 1 阶偏导数方程组的解
        disp('极值点的坐标：')
        fprintf(1,'      x1 = %3.4f\n',subs(x1));
        fprintf(1,'      x2 = %3.4f\n',subs(x2));
        fprintf(1,'      x3 = %3.4f\n',subs(x3));
```

运行程序,输出如下。

函数 f 表达式：

```
         2                   2                     2
   2 x1    + 2 x1 x3 + 5 x2    + 2 x2 x3 − 6 x2 + x3    + 3
```

函数 f 的 1 阶偏导数：

```
   4 x1 + 2 x3
   10 x2 + 2 x3 − 6
   2 x1 + 2 x2 + 2 x3
```

函数 f 的 2 阶偏导数矩阵：

```
   H =
   [ 4,  0, 2]
   [ 0, 10, 2]
   [ 2,  2, 2]
```

Hessian 矩阵为正定,函数 f 有极小点
极值点的坐标：

```
      x1 = 1.0000
      x2 = 1.0000
      x3 = − 2.0000
```

9.3.2 有约束目标函数的极值条件

约束优化问题：

$$\min f(x)$$
$$\text{s.t.} \begin{cases} g_u(\boldsymbol{X}) \geqslant 0, & u = 1,2,\cdots,m \\ h_v(\boldsymbol{X}) \geqslant 0, & v = 1,2,\cdots,p \end{cases}$$

的极值点称为约束极值点。

判断某个可行点 $\boldsymbol{X}^{(K)}$ 是否为约束极值点,可以采用库恩-塔克(Kuhn-Tucker)条件(简称为 K-T 条件)进行。K-T 条件表述为

如果 $X^{(K)}$ 是一个局部极小点,则该目标函数点的梯度 $\nabla f(X^{(K)})$ 可表示为该点约束函数梯度 $\nabla g_u(X^{(K)})$ 和 $\nabla h_v(X^{(K)})$ 的线性组合

$$\nabla f(X^{(K)}) = \sum_{u=1}^{q} \lambda_u \nabla g_u(X^{(K)}) + \sum_{v=1}^{j} \mu_u \nabla h_v(X^{(K)})$$

其中,$\lambda_u(u=1,2,\cdots,q)$ 和 $h_v(v=1,2,\cdots,j)$ 是非负乘子(称为拉格朗日乘子);q 是在 $X^{(K)}$ 点的不等式约束数;j 是在 $X^{(K)}$ 点的等式约束数。

【例 9-3】 已知二维约束问题,如图 9-3 所示。

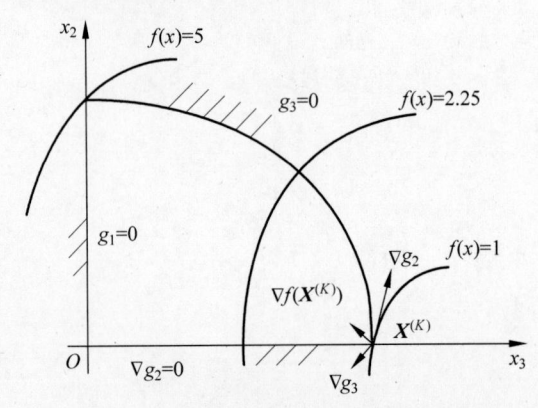

图 9-3 二维约束优化问题的 K-T 条件

(1) 计算约束函数值。

由于 $g_1(X)=1, g_2(X)=0$ 和 $g_3(X)=0$,因此 $X^{(K)}=[1,0]^T$ 位于适时约束 $g_2(X)=0$ 和 $g_3(X)=0$ 的交集上。

(2) 计算梯度。

$$\nabla f(X^{(K)}) = \left[\frac{\partial f(X^{(K)})}{\partial X_1} \quad \frac{\partial f(X^{(K)})}{\partial X_2}\right]^T = [2(x_1-2), 2x_2]^T_{X^{(K)}} = [-2, 0]^T$$

$$\nabla g_2(X^{(K)}) = \left[\frac{\partial g_2(X^{(K)})}{\partial X_1} \quad \frac{\partial g_2(X^{(K)})}{\partial X_2}\right]^T = [0, 1]^T$$

$$\nabla g_3(X^{(K)}) = \left[\frac{\partial g_3(X^{(K)})}{\partial X_1} \quad \frac{\partial g_3(X^{(K)})}{\partial X_2}\right]^T = [-2x_1-1]^T_{X^{(K)}} = [-2, -1]$$

(3) 代入 K-T 条件,计算拉格朗日乘子。

$$\nabla f(X^{(K)}) - \lambda_2 \nabla g_2(X^{(K)}) - \lambda_3 \nabla g_3(X^{(K)}) = 0$$

即

$$\begin{bmatrix} -2 \\ 0 \end{bmatrix} - \lambda_2 \begin{bmatrix} 0 \\ 1 \end{bmatrix} - \lambda_3 \begin{bmatrix} -2 \\ -1 \end{bmatrix} = 0$$

解线性方程组得到 $\lambda_2=1, \lambda_3=1$,满足 K-T 条件,所以 $X^{(K)}=[1,0]^T$ 点是约束极小点。

使用 K-T 条件判断约束极小点的 M 文件如下。

```
>> clear all;
syms x1 x2;
```

```matlab
%目标函数和约束函数
f = (x1 - 7)^2 + (x2 - 3)^2;
g1 = - x1^2 - x2^2 + 10;
g2 = - x1 - x2 + 4;
g3 = x2;
%1——计算 xk 点的约束函数值
x1 = 3;x2 = 1;
disp('xk 点的约束函数数值:')
g = subs([g1 g2 g3])
disp('根据 g1 = 0 和 g2 = 0,判断 g1 和 g2 为适时约束')
%2——计算 xk 点的梯度
%目标函数 f
disp('目标函数的梯度：')
Gf = jacobian(f)
Gfk = subs(subs(Gf,x1),x2)
%约束函数 g1
disp('约束函数 g1 的梯度：')
Gg1 = jacobian(g1)
Gg1k = subs(subs(Gg1,x1),x2)
%约束函数 g2
disp('约束函数 g2 的梯度')
Gg2 = jacobian(g2)
Gg2k = subs(subs(Gg2,x1),x2)
%3——根据 K-T 条件建立线性方程组
A = [Gg1k(1),Gg1k(2);Gg2k(1),Gg2k(2)];
b = [Gfk(1);Gfk(2)];
disp('拉格朗日乘子：')
lambda = A\b
if lambda > = 0
    disp('xk 点为约束极小点！')
else
    disp('xk 点不是约束极小点！')
end
```

运行程序,输出如下。

xk 点的约束函数数值：

```
g =
     0    0    1
根据 g1 = 0 和 g2 = 0,判断 g1 和 g2 为适时约束
```

目标函数的梯度：

```
Gf =
[ 2 * x1 - 14, 2 * x2 - 6]
Gfk =
    -8    -4
```

约束函数 g1 的梯度：

```
Gg1 =
[ - 2 * x1, - 2 * x2]
```

```
Gg1k =
      -6    -2
```

约束函数 g2 的梯度

```
Gg2 =
[ -1, -1]
Gg2k =
      -1    -1
```

拉格朗日乘子:

```
lambda =
      0
      4
```

xk 点为约束极小点!

9.4 优化参数设置

在 MATLAB 优化工具箱中提供了许多优化函数的迭代过程显示、最大迭代次数设置等系列的选型设置。通过 optimset 和 optimget 函数即可获得当前优化工具箱的默认属性设置。

1. optimset 函数

optimset 函数用于获取 MATLAB 优化工具箱所有的属性设置选项。其调用格式为

options = optimset('param1',value1,'param2',value2,…): 创建一个名为 options 的优化参数结构体,并设置其参数 param 的值 value,如果选择用系统的默认值,则只需将参数的值设为[ ]。

optimset: 列出一个完整的优化参数列表及相应的可选值,如例 9-4 所示。

options = optimset: 创建一个名为 options 的优化参数结构体,其成员参数的取值为系统的默认值。

options = optimset(optimfun): 创建一个名为 options 的优化参数结构体,其所有参数名及值为优化函数 optimfun 的默认值。

options = optimset(oldopts,'param1',value1,…): 将优化参数结构体 oldopts 中的参数 param1 改为 value1,并将更改后的优化参数结构体命名为 options。

options = optimset(oldopts,newopts): 将已有的优化参数结构体 oldopts 与新的优化参数结构体 newopts 合并,newopts 中的任意非空参数值将覆盖 oldopts 中的相应参数值。

【例 9-4】 列出所有的优化参数列表。

```
>> optimset
            Display: [ off | iter | iter-detailed | notify | notify-detailed | final | final-detailed ]
        MaxFunEvals: [ positive scalar ]
```

```
                        MaxIter: [ positive scalar ]
                        TolFun: [ positive scalar ]
                          TolX: [ positive scalar ]
                   FunValCheck: [ on | {off} ]
                     OutputFcn: [ function | {[]} ]
                       PlotFcns: [ function | {[]} ]
         Algorithm: [ active-set | interior-point | interior-point-convex | levenberg-marquardt | …
                                sqp | trust-region-dogleg | trust-region-reflective ]
         AlwaysHonorConstraints: [ none | {bounds} ]
                  BranchStrategy: [ mininfeas | {maxinfeas} ]
                  DerivativeCheck: [ on | {off} ]
                     Diagnostics: [ on | {off} ]
                    DiffMaxChange: [ positive scalar | {Inf} ]
                    DiffMinChange: [ positive scalar | {0} ]
                    FinDiffRelStep: [ positive vector | positive scalar | {[]} ]
                      FinDiffType: [ {forward} | central ]
              GoalsExactAchieve: [ positive scalar | {0} ]
                      GradConstr: [ on | {off} ]
                         GradObj: [ on | {off} ]
                         HessFcn: [ function | {[]} ]
                         Hessian: [ user-supplied | bfgs | lbfgs | fin-diff-grads | on | off ]
                        HessMult: [ function | {[]} ]
                     HessPattern: [ sparse matrix | {sparse(ones(numberOfVariables))} ]
                       HessUpdate: [ dfp | steepdesc | {bfgs} ]
                 InitBarrierParam: [ positive scalar | {0.1} ]
                   InitialHessType: [ identity | {scaled-identity} | user-supplied ]
                  InitialHessMatrix: [ scalar | vector | {[]} ]
              InitTrustRegionRadius: [ positive scalar | {sqrt(numberOfVariables)} ]
                         Jacobian: [ on | {off} ]
                         JacobMult: [ function | {[]} ]
                      JacobPattern: [ sparse matrix | {sparse(ones(Jrows,Jcols))} ]
                         LargeScale: [ on | off ]
                          MaxNodes: [ positive scalar | {1000 * numberOfVariables} ]
                          MaxPCGIter: [ positive scalar | {max(1,floor(numberOfVariables/2))} ]
                       MaxProjCGIter:[positive scalar | {2 * (numberOfVariables - numberOfEqualities)} ]
                          MaxRLPIter: [ positive scalar | {100 * numberOfVariables} ]
                             MaxSQPIter: [ positive scalar | {10 * max (numberOfVariables,
numberOfInequalities + numberOfBounds)} ]
                           MaxTime: [ positive scalar | {7200} ]
                      MeritFunction: [ singleobj | {multiobj} ]
                         MinAbsMax: [ positive scalar | {0} ]
               NodeDisplayInterval: [ positive scalar | {20} ]
                NodeSearchStrategy: [ df | {bn} ]
                      ObjectiveLimit: [ scalar | {-1e20} ]
                  PrecondBandWidth: [ positive scalar | 0 | Inf ]
                       RelLineSrchBnd: [ positive scalar | {[]} ]
         RelLineSrchBndDuration: [ positive scalar | {1} ]
                      ScaleProblem: [ none | obj-and-constr | jacobian ]
                           Simplex: [ on | {off} ]
                SubproblemAlgorithm: [ cg | {ldl-factorization} ]
                             TolCon: [ positive scalar ]
                         TolConSQP: [ positive scalar | {1e-6} ]
```

```
          TolPCG: [ positive scalar | {0.1} ]
       TolProjCG: [ positive scalar | {1e-2} ]
    TolProjCGAbs: [ positive scalar | {1e-10} ]
        TolRLPFun: [ positive scalar | {1e-6} ]
       TolXInteger: [ positive scalar | {1e-8} ]
         TypicalX: [ vector | {ones(numberOfVariables,1)} ]
       UseParallel: [ always | {never} ]
```

2. optimget 函数

在实际应用中，如果想查看某个优化参数的值，可通过 optimget 命令来获取，其调用格式为

val = optimget(options,'param')：获取优化参数结构体 options 中参数 param 的值。

val = optimget(options,'param',default)：如果参数 param 在 options 中没有定义，则返回其默认值 default。

【例 9-5】 optimget 函数用法。

```
>> clear all;
>> options = optimset('fminbnd');           % 获取 fminbnd 函数的属性结构体
>> val = optimget(options,'Display','iter');  % 获取 fminbnd 函数默认的 Display 属性值
val =
notify
>> options = optimset(options,'Display','iter');  % 修改 Display 属性值为 iter
>> val1 = optimget(options,'Display')       % 重新获取 fminbnd 函数默认的 Display 属性值
val1 =
iter
```

options 属性结构体中共有 59 个属性选项，它们其中有些可适用于大中规模优化问题，有些仅适用于大规模求解问题或中规模求解问题。表 9-2 仅列出在实际优化算法中使用较为频繁的一些属性选项。其他属性项在演示实例中出现时再介绍。

表 9-2 常用属性选项及属性说明

属 性 项	说 明
Display	迭代过程的显示属性设置，可行的属性值包括 off|iter|final|notify，off 表示不做任何输出显示，iter 表示显示每一步迭代过程，final 表示只显示最后的求解结果，notify 表示只显示目标函数不收敛时的输出
GradObj	目标函数梯度值，属性值包括 on|off，默认值为 off，即不计算目标函数梯度值
Hessian	Hessian 矩阵，属性值包括 on|off，默认值为 off，使用有限差分近似 Hessian 矩阵
Jacobian	Jacobian 矩阵，属性值包括 on|off，默认值为 off，使用有限差分近似 Jacobian 矩阵
LargeScale	是否使用大规模算法，属性值包括 on|off，默认值为 off，表示使用标准算法
MaxFunEvals	最大的函数计算次数
HessUpdate	Quasi-Newton 法更新方法，包括 bfgs、dfp 和 steepdesc 法，默认为 bfgs 法
LineSearchType	线性搜索方法选择，包括 cubicpoly|quadcubic，三次样条内插和混合多项式内插
TolX	优化变量最小的改变量，用于退出标志设置
TolFun	目标函数最小的变化量，用于退出标志设置

第10章 自动控制系统MATLAB实现

10.1 自动控制系统的数学模型

自动控制系统有很多种分类方法,如线性系统和非线性系统、连续系统和离散系统、定常系统和时变系统等。自动控制理论中用到的数学模型也有多种形式,时域中常用的数学模型有微分方程、差分方程和状态空间模型;复域中常用的数学模型有传递函数、结构图和信号流图;频域中常用的数学模型有频率特性等。

10.1.1 线性定常连续系统

1. 微分方程模型

设单输入单输出(Single In Single Out,SISO)线性定常连续系统的输入信号为$r(t)$,输出信号为$c(t)$,则其微分方程的一般形式为

$$a_0 \frac{d^n c(t)}{dt^n} + a_1 \frac{d^{n-1} c(t)}{dt^{n-1}} + \cdots + a_{n-1} \frac{dc(t)}{dt} + a_n$$
$$= b_0 \frac{d^m r(t)}{dt^m} + b_1 \frac{d^{m-1} r(t)}{dt^{m-1}} + \cdots + b_{m-1} \frac{dr(t)}{dt} + b_m \quad (10\text{-}1)$$

式中,系数$a_0, a_1, \cdots, a_n, b_0, b_1, \cdots, b_m$为实常数,且$m \leqslant n$。

2. 传递函数(Transfer Function,TF)模型

对式(10-1)在零初始条件下求拉氏变换,并根据传递函数的定义可得单输入单输出系统传递函数的一般形式为

$$G(s) = \frac{L[c(t)]}{L[r(t)]} = \frac{C(s)}{R(s)} = \frac{b_0 s^m + b_1 s^{m-1} + \cdots + b_{m-1} s + b_m}{a_0 s^n + a_1 s^{n-1} + \cdots + a_{n-1} s + a_n} = \frac{M(s)}{N(s)} \quad (10\text{-}2)$$

式中:

$M(s) = b_0 s^m + b_1 s^{m-1} + \cdots + b_{m-1} s + b_m$ 为传递函数的分子多项式。

$N(s) = a_0 s^n + a_1 s^{n-1} + \cdots + a_{n-1} s + a_n$ 为传递函数的分母多项式,也称为系统的

特征多项式。

在 MATLAB 中，控制系统的分子多项式系数和分母多项式系数分别用向量 num 和 den 表示，即

$$\text{num} = b_0 s^m + b_1 s^{m-1} + \cdots + b_{m-1} s + b_m, \quad \text{den} = a_0 s^n + a_1 s^{n-1} + \cdots + a_{n-1} s + a_n$$

3. 零极点增益（Zero-Pole-Gain，ZPK）模型

如式(10-2)所示传递函数的分子多项式和分母多项式经因式分解后，可写为如下形式。

$$G(s) = K \frac{(s-z_1)(s-z_2)\cdots(s-z_m)}{(s-p_1)(s-p_2)\cdots(s-p_m)} \tag{10-3}$$

对于单输入单输出系统，$z_1, z_2, \cdots, z_m$ 为 $G(s)$ 的零点，$p_1, p_2, \cdots, p_n$ 为 $G(s)$ 的极点，K 为系统的增益。

在 MATLAB 中，控制系统的零点和极点分别用向量 z 和 p 表示，即

$$z = [z_1, z_2, \cdots, z_m], \quad p = [p_1, p_2, \cdots, p_n]$$

显见，系统的模型将由向量 Z, P 及增益 K 确定，故称为零点增益模型。

$$G(s) = K \frac{(s-z_1)(s-z_2)\cdots(s-z_m)}{(s-p_1)(s-p_2)\cdots(s-p_m)} \tag{10-3a}$$

式(10-3a)与式(10-3)形式完全相同，只是两者的零点向量 Z 和极点向量 P 均相差一个负号。MATLAB 规定的零极点增益模型形式为式(10-3)。

4. 频率响应数据（Frequency Response Data，FRD）模型

设线性定常系统的频率特性为 $G(j\omega) = |G(j\omega)| \angle G(j\omega)$，在幅值为 1，频率为 $\omega_i (i=1,2,\cdots,n)$ 的正弦信号 $r(t)\sin\omega_i t$ 的作用下，其稳态输出为

$$y_i(t) = |G(j\omega_i)| \sin(\omega_i t + \angle G(j\omega_i)), \quad i=1,2,\cdots,n$$

频率响应数据模型就是以 $\{G(j\omega_i), \omega_i\}, i=1,2,\cdots,n$ 的形式，存储通过仿真或实验方法获得的频率响应数据值的。

5. 状态空间（State-Space，SS）模型

对于多输入多输出系统，应用最多的是状态空间模型。线性定常系统状态空间模型的一般形式为

$$\begin{aligned} x(t) &= Ax(t) + Bu(t) \\ y(t) &= Cx(t) + Du(t) \end{aligned} \tag{10-4}$$

式中，$x(t)$ 为状态向量(n 维)；$u(t)$ 为输入向量(p 维)；$y(t)$ 为输出向量(q 维)；A 为系统矩阵或状态矩阵或系数矩阵($n \times n$ 维)；B 为控制矩阵或输入矩阵($n \times p$ 维)；C 为观测矩阵或输出矩阵($q \times n$ 维)；D 为前馈矩阵或输入/输出矩阵($q \times p$ 维)。如式(10-4)所示系统还可以简记为系统(A, B, C, D)。进一步地，当 $D=0$ 时，还可记为系统(A, B, C)。

10.1.2 线性定常离散系统

以上几种描述线性定常连续系统模型的方法可以推广到离散系统，从而得到线性定常离散系统的数学模型。

1. 差分议程模型

设单输入单输出线性定常离散系统的输入序列为 $r(k)$,输出序列为 $c(k)$,则差分方程的一般形式为

$$a_0 c(k+n) + a_1 c(k+n-1) + \cdots + a_{n-1} c(k+1) + a_n c(k)$$
$$= b_0 r(k+m) + b_1 r(k+m-1) + \cdots + b_{m-1} r(k+1) + b_m r(k) \qquad (10\text{-}5)$$

式中,$a_0, a_1, \cdots, a_n, b_0, b_1, \cdots, b_n$ 为实常数,且 $m \leqslant n$。

2. 脉冲传递函数

脉冲传递函数也称为 Z 传递函数。单输入单输出系统脉冲传递函数的一般形式为

$$G(z) = \frac{\lambda[c(z)]}{\lambda[r(z)]} = \frac{C(z)}{R(z)} = \frac{b_0 z^m + b_1 z^{m-1} + \cdots + b_{m-1} z + b_m}{a_0 z^n + a_1 z^{n-1} + \cdots + a_{n-1} z + a_n} \qquad (10\text{-}6)$$

在 MATLAB 中,脉冲传递函数模型分子向量和分母向量的建立方法与式(10-2)相同。中介以 MATLAB 命令中是否包含采样周期选项来区分所建立的模型是传递函数模型还是脉冲传递函数模型。其他几种线性定常离散系统数学模型的建立方法与之类似。

3. 零极点增益模型

线性定常离散系统也可用零极点增益模型描述,即

$$G(z) = K \frac{(z+z_1)(z+z_2)\cdots(z+z_m)}{(z+p_1)(z+p_2)\cdots(z+p_m)} \qquad (10\text{-}7)$$

式中,$z_1, z_2, \cdots, z_m$ 为 $G(z)$ 的零点,$p_1, p_2, \cdots, p_n$ 为 $G(z)$ 的极点,K 为系统的增益。

4. 状态空间模型

多输入多输出线性定常离散系统状态空间模型的一般形式为

$$x(k+1) = Ax(K) + Bu(K)$$
$$y(k) = Cx(k) + Du(k) \qquad (10\text{-}8)$$

式中,$x(k)$ 为状态向量序列(n 维);$u(k)$ 为输入向量序列(p 维);$y(k)$ 为输出向量序列(q 维);矩阵 **A**、**B**、**C**、**D** 的维数的意义与式(10-4)相同。

10.2 数学模型的建立

MATLAB 的控制系统工具箱(Control System Toolbox)提供了丰富的建立和转换线性定常系统数学模型的方法,其模型生成和转换函数如表 10-1 所示。

表 10-1 线性定常系统数学模型的生成和转换函数

函 数 名 称	功　　能
tf	生成(或转换)传递函数模型
ss	生成(或转换)状态空间模型
zpk	生成(或转换)零极点增益模型
frd	建立频率响应数据模型

10.2.1 传递函数模型

在 MATLAB 中,使用函数 tf() 建立或转换控制系统的传递函数模型。其功能和主

要格式如下。

功能：生成线性定常连续/离散系统的传递函数模型，或者将状态空间模型或零极点增益模型转换成传递函数模型。

格式：

```
sys = tf(num,den)      生成传递函数模型 sys。
sys = tf(num,den,'Property1',Value1,…,'PropertyN',ValueN)
                       生成传递函数模型 sys。模型 sys 的属性及其属性值用'Property',Value 指定。
sys = tf(num,den,Ts)   生成离散时间系统的脉冲传递函数模型 sys。
sys = tf(num,den,Ts,'Property1',Value1,…,'PropertyN',ValueN)
                       生成离散时间系统的脉冲传递函数模型 sys。
sys = tf('s')          指定传递函数模型以拉氏变换算子 s 为自变量。
sys = tf('z',Ts)       指定脉冲传递函数模型以 Z 变换算子 z 为自变量，以 Ts 为采样周期。
tfsys = tf(sys)        将任意线性定常系统 sys 转换为传递函数模型 tfsys。
```

其中：

(1) 对于单输入单输出系统，num 和 den 分别为传递函数的分子向量和分母向量；对于多输入多输出系统，num 和 den 为行向量的元胞数组，其行数与输出向量的维数相同，列数与输入向量的维数相同。

(2) Ts 为采样周期，若系统的采样周期未定义，则设置 Ts＝－1 或者 Ts＝[ ]。

(3) 默认情况下，生成连续时间系统的传递函数模型，且以拉氏变换算子 s 为自变量。

下面举例说明函数 tf() 的使用方法。

【例 10-1】 已知控制系统的传递函数为

$$G(s) = \frac{s^2 + 3s + 2}{s^3 + 5s^2 + 7s + 3}$$

用 MATLAB 建立其数学模型。

解：(1) 生成连续传递函数模型。

在 MATLAB 命令窗口中输入：

```
>> num = [1 3 2];
den = [1 5 7 3];
sys = tf(num,den)
```

运行结果为

```
Transfer function:
    s^2 + 3s + 2
---------------------
s^3 + 5s^2 + 7s + 3
```

(2) 直接生成传递函数模型。

在 MATLAB 命令窗口中输入：

```
>> sys = tf([1 3 2],[1 5 7 3])
```

运行结果为

```
Transfer function:
     s^2 + 3 s + 2
  ---------------------
  s^3 + 5 s^2 + 7 s + 3
```

（3）建立传递函数模型并指定输出变量名称和输入变量名称。

在 MATLAB 命令窗口中输入：

```
>> sys = tf(num,den,'InputName','输入端','OutputName','输出端')
```

运行结果为

```
Transfer function from input "输入端" to output "输出端":
     s^2 + 3 s + 2
  ---------------------
  s^3 + 5 s^2 + 7 s + 3
```

（4）生成离散传递函数模型（指定采样周期为 0.1s）。

在 MATLAB 命令窗口中输入：

```
>> num = [1 3 2];
den = [1 5 7 3];
sys = tf(num,den,0.1)
```

运行结果为

```
Transfer function:
     z^2 + 3 z + 2
  ---------------------
  z^3 + 5 z^2 + 7 z + 3
Sampling time: 0.1
```

（5）生成离散传递函数模型（未指定采样周期）。

在 MATLAB 命令窗口中输入：

```
>> sys = tf(num,den,-1)
```

运行结果为

```
Transfer function:
     z^2 + 3 z + 2
  ---------------------
  z^3 + 5 z^2 + 7 z + 3
Sampling time: unspecified
```

（6）生成离散传递函数模型（指定采样周期为 0.1s 且按照 z^{-1} 排列）。

在 MATLAB 命令窗口中输入：

```
>> sys = tf(num,den,0.1,'variable','z^-1')
```

运行结果为

```
Transfer function:
     1 + 3 z^-1 + 2 z^-2
  -----------------------------
 1 + 5 z^-1 + 7 z^-2 + 3 z^-3

Sampling time: 0.1
```

(7) 生成离散传递函数模型(指定采样周期为 0.1s，按照 z^{-1} 排列且延迟时间为 2s)。
在 MATLAB 命令窗口中输入：

```
>> sys = tf(num,den,0.1,'variable','z^-1','inputdelay',2)
```

运行结果为

```
Transfer function:
                1 + 3 z^-1 + 2 z^-2
z^(-2) * -----------------------------
          1 + 5 z^-1 + 7 z^-2 + 3 z^-3

Sampling time: 0.1
```

(8) 生成连续时间系统传递函数模型，指定自变量为 p。
在 MATLAB 命令窗口中输入：

```
>> num = [1 3 2];
den = [1 5 7 3];
sys = tf(num,den,'variable','p')
```

运行结果为

```
Transfer function:
    p^2 + 3 p + 2
  ---------------------
 p^3 + 5 p^2 + 7 p + 3
```

【例 10-2】 系统的传递函数为

$$G(s) = \frac{2s^2 + 4s + 5}{s^4 + 7s^3 + 2s^2 + 6s + 6}$$

应用 MATLAB 建立其数学模型。

解：(1) 建立连续时间系统传递函数。
在 MATLAB 命令窗口中输入：

```
>> s = tf('s');
G = (2*s^2+4*s+5)/(s^4+7*s^3+2*s^2+6*s+6)
```

运行结果为

```
Transfer function:
      2 s^2 + 4 s + 5
  -----------------------------
 s^4 + 7 s^3 + 2 s^2 + 6 s + 6
```

(2) 建立离散时间系统函数。

在 MATLAB 命令窗口中输入：

```
>> s = tf('z',0.1);
G = (2*s^2+4*s+5)/(s^4+7*s^3+2*s^2+6*s+6)
```

运行结果为

```
Transfer function:
       2 z^2 + 4 z + 5
   ------------------------------
   z^4 + 7 z^3 + 2 z^2 + 6 z + 6
Sampling time: 0.1
```

【例 10-3】 设多输入多输出系统的传递函数矩阵为

$$G(s) = \begin{bmatrix} \dfrac{s+1}{s^2+2s+2} \\ \dfrac{1}{s} \end{bmatrix}$$

应用 MATLAB 建立其数学模型。

解：本例采用两种方法建立其数学模型，请读者进行比较。

(1) 分别建立传递函数矩阵中每一个传递函数模型，然后按照 MATLAB 生成矩阵的方式建立模型。在 MATLAB 命令窗口中输入：

```
>> G = [tf([1 1],[1 2 2]); tf([1],[1 0])]
```

运行结果为

```
Transfer function from input to output …
         s + 1
 #1:  -------------
       s^2 + 2 s + 2

       1
 #2:  -
       s
```

(2) 由传递函数矩阵的所有元素（即传递函数）的系数组成元胞数组，从而建立系统的数学模型。在 MATLAB 命令窗口中输入：

```
>> num = {[1,1];1};
den = {[1,2,2];[1,0]};
G = tf(num,den)
```

运行结果为

```
Transfer function from input to output …
         s + 1
 #1:  -------------
       s^2 + 2 s + 2
       1
```

```
#2:   -
      s
```

可见,两种方法得到的结果相同。

【例 10-4】 系统的零极点增益模型为

$$G(s)=\frac{(s+0.1)(s+0.2)}{(s+0.3)^2}$$

用 MATLAB 建立其传递函数模型。

解:在 MATLAB 命令窗口中输入:

```
>> z = [-0.1, -0.2]; p = [-0.3, -0.3]; k = 1;
sys1 = zpk(z,p,k)
```

运行结果为

```
Zero/pole/gain:
(s + 0.1) (s + 0.2)
-------------------
    (s + 0.3)^2
```

在 MATLAB 命令窗口中输入:

```
>> sys2 = tf(sys1)
```

运行结果为

```
Transfer function:
s^2 + 0.3 s + 0.02
------------------
s^2 + 0.6 s + 0.09
```

说明:根据零极点增益模型求取传递函数模型时,还可以使用 MATLAB 的求卷积函数 conv(a,b)。每次调用 conv(a,b)函数只能得到两个向量 a 和 b 的卷积,但 conv(a,b)函数可以嵌套使用。

【例 10-5】 线性定常系统的零极点增益模型为

$$G(s)=\frac{s(s+6)(s+5)}{(s+3+i4)(s+3-i4)(s+1)(s+2)}$$

用 MATLAB 求取其传递函数模型。

解:在 MATLAB 命令窗口中输入:

```
>> num = conv(conv([1 0],[1 6]),[1 5]);
den = conv(conv(conv([1 3 -4i],[1 3 +4i]),[1 1]),[1 2]);
sys = tf(num,den)
```

运行结果为

```
Transfer function:
     s^3 + 11 s^2 + 30 s
-------------------------------
s^4 + 9 s^3 + 45 s^2 + 87 s + 50
```

10.2.2 状态空间模型

在 MATLAB 中,使用函数 ss() 来建立或转换控制系统的状态空间模型。其主要功能和格式如下。

功能:生成线性定常连续/离散系统的状态空间模型,或者将传递函数模型或零极点增益模型转换为状态空间模型。

格式:

```
sys = ss(a,b,c,d)            生成线性定常连续系统的状态空间模型 sys。a,b,c,d 分别对应式(10-4)中
                             所示系统(A,B,C,D)。
sys = ss(a,b,c,d,'Property1',Value1,…,'PropertyN',ValueN)
                             生成连续系统的状态空间模型 sys。以及设置状态空间模型对应的属性
                             及属性值。
sys = ss(a,b,c,d,Ts)         生成离散系统的状态空间模型 sys。
sys = ss(a,b,c,d,Ts,'Property1',Value1,…,'PropertyN',ValueN))
                             生成离散系统的状态空间模型 sys。
sys_ss = ss(sys)             将任意线性定常系统 sys 转换为状态空间模型。
```

其中:
(1) Ts 为采样周期,若系统的采样周期未定义,则设置 Ts=-1 或者 Ts=[]。
(2) 若式(10-4)中系统的前馈矩阵 $D=0$,则在建立状态空间模型时,必须根据输入变量的维数和输出变量的维数确定零矩阵 D 的维数。

【例 10-6】 线性定常系统的状态空间表达式为

$$x = \begin{bmatrix} -2 & -1 \\ 1 & -1 \end{bmatrix} x + \begin{bmatrix} 1 & 1 \\ 2 & -1 \end{bmatrix} u$$

$$y = \begin{bmatrix} 1 & 0 \end{bmatrix} x$$

应用 MATLAB 建立其状态空间模型。

解:(1) 建立连续时间系统状态空间模型。

在 MATLAB 命令窗口中输入:

```
>> a=[-2,-1;1,-1]; b=[1,1;2,-1]; c=[1,0]; d=0;
sys1=ss(a,b,c,d)
```

运行结果为

```
a =
       x1   x2
  x1   -2   -1
  x2    1   -1
b =
       u1   u2
  x1    1    1
  x2    2   -1
c =
       x1   x2
  y1    1    0
```

```
d = 
       u1  u2
   y1   0   0
Continuous - time model.
```

(2) 建立离散时间系统状态空间模型(指定采样周期为 0.1s)。在 MATLAB 命令窗口中输入：

```
>> sys1 = ss(a,b,c,d,0.1)
```

运行结果为

```
a = 
        x1   x2
   x1  - 2  - 1
   x2   1  - 1
b = 
        u1  u2
   x1   1   1
   x2   2  - 1
c = 
        x1  x2
   y1   1   0
d = 
        u1  u2
   y1   0   0
Sampling time: 0.1
Discrete - time model.
```

(3) 建立状态空间模型，并指定状态变量名称、输入变量名称及输出变量名称。在 MATLAB 命令窗口中输入：

```
>> sys = ss(a,b,c,d,0.1,'statename',{'位移','速率'},'Inputname',{'油门位移','舵偏角'},'outputname','俯仰角')
```

运行结果为

```
a = 
          位移   速率
   位移   - 2   - 1
   速率    1   - 1
b = 
          油门位移   舵偏角
   位移      1       1
   速率      2      - 1
c = 
          位移   速率
   俯仰角   1    0
d = 
          油门位移   舵偏角
   俯仰角     0       0
Sampling time: 0.1
Discrete - time model.
```

【例 10-7】 线性定常系统状态空间表达式为

$$x = \begin{bmatrix} -2 & -1 \\ 1 & -1 \end{bmatrix} x + \begin{bmatrix} 1 & 1 \\ 2 & -1 \end{bmatrix} u$$

$$y = \begin{bmatrix} 1 & 0 \end{bmatrix} x + \begin{bmatrix} 0 & 1 \end{bmatrix} u$$

用 MATLAB 建立其传递函数模型。

解：在 MATLAB 命令窗口中输入：

```
>> a = [-2, -1;1, -1]; b = [1,1;2, -1]; c = [1,0]; d = [0,1];
sys1 = ss(a,b,c,d)
```

运行结果为

```
a =
        x1   x2
   x1   -2   -1
   x2    1   -1
b =
        u1   u2
   x1    1    1
   x2    2   -1
c =
        x1   x2
   y1    1    0
d =
        u1   u2
   y1    0    1
Continuous - time model.
```

在 MATLAB 命令窗口中输入：

```
>> sys2 = tf(sys1)
```

运行结果为

```
Transfer function from input 1 to output:
     s - 1
   -------------
   s^2 + 3s + 3
Transfer function from input 2 to output:
   s^2 + 4s + 5
   -------------
   s^2 + 3s + 3
```

此系统有两个输入变量，一个输出变量，其传递函数矩阵为

$$G = \begin{bmatrix} \dfrac{s-1}{s^2+3s+3} & \dfrac{s^2+4s+5}{s^2+3s+3} \end{bmatrix}$$

【例 10-8】 线性定常系统的传递函数矩阵为

$$G(s) = \begin{bmatrix} \dfrac{s+1}{s^3+3s^2+3s+2} \\ \dfrac{s^2+3}{s^2+s+1} \end{bmatrix}$$

应用 MATLAB 建立其状态空间模型。

解：在 MATLAB 命令窗口中输入：

```
>> G = [tf([1,1],[1,3,3,2]); tf([1,0,3],[1,1,1])];
ss(G)
```

运行结果为

```
a =
         x1    x2    x3    x4    x5
   x1   -3   -1.5   -1     0     0
   x2    2     0     0     0     0
   x3    0     1     0     0     0
   x4    0     0     0    -1    -1
   x5    0     0     0     1     0
b =
         u1
   x1    1
   x2    0
   x3    0
   x4    2
   x5    0
c =
         x1    x2    x3    x4    x5
   y1    0    0.5   0.5    0     0
   y2    0     0     0   -0.5    1
d =
         u1
   y1    0
   y2    1
Continuous - time model.
```

根据传递函数模型和零极点模型建立状态空间模型的方法与上述类似。

10.2.3 零极点增益模型

在 MATLAB 中，使用函数 zpk() 建立或转换线性定常系统的零极点增益模型。其主要功能和格式如下。

功能：建立线性定常连续/离散系统的零极点增益模型，或者将传递函数模型或状态空间模型转换成零极点增益模型。

格式：

```
sys = zpk(z,p,k)    建立连续系统的零点增益模型 sys。z,p,k 分别对应式(10-3)或式(10-7)中
                    系统的零点向量、极点向量和增益。
sys = zpk(z,p,k,'Property1',Value1,…,'PropertyN',ValueN)
                    建立连续系统的零点增益模型 sys。模型 sys 的属性及属性值用'Property',
                    Value'指定。
sys = zpk(z,p,k,Ts)  建立离散系统的零极点增益模型 sys。
sys = zpk(z,p,k,Ts,'Property1',Value1,…,'PropertyN',ValueN))
                    建立离散系统的零极点增益模型 sys。
sys = zpk('s')      指定零极点增益模型以拉氏变换算子 s 为自变量。
sys = zpk('z')      指定零极点增益模型以 Z 变换算子 z 为自变量。
zsys = zpk(sys)     将任意线性定常系统模型 sys 转换为零极点增益模型。
```

其中：

(1) 若系统不包含零点(或极点)，则取 $z=[\ ]$（或者 $p=[\ ]$）。

(2) Ts 为采样周期，若系统的采样周期未定义，则设置 Ts=-1 或者 Ts=[ ]。

【例 10-9】 线性定常连续系统的传递函数为

$$G(s) = \frac{10(s+1)}{s(s+2)(s+5)}$$

应用 MATLAB 建立其零极点增益模型。

解：(1) 建立连续时间系统模型。在 MATLAB 命令窗口中输入：

```
>> z = [-1]; p = [0, -2, -5]; k = 10;
G = zpk(z,p,k)
```

运行结果为

```
Zero/pole/gain:
   10 (s + 1)
 ---------------
 s (s + 2) (s + 5)
```

(2) 建立离散时间系统模型(指定采样周期为 0.1s)。在 MATLAB 命令窗口中输入：

```
>> G = zpk(z,p,k,0.1)
```

运行结果为

```
Zero/pole/gain:
   10 (z + 1)
 ---------------
 z (z + 2) (z + 5)

Sampling time: 0.1
```

(3) 建立离散时间系统模型(指定采样周期为 0.1s)，且自变量按照 z^{-1} 排列。在 MATLAB 命令窗口中输入：

```
>> G = zpk(z,p,k,0.1,'variable','z^-1')
```

运行结果为

```
Zero/pole/gain:
 10 z^-2 (1 + z^-1)
 --------------------
 (1 + 2z^-1) (1 + 5z^-1)

Sampling time: 0.1
```

说明：在建立系统的零极点增益形式数学模型时，其零点向量 Z 和极点向量 P 既可以为行向量，也可以为列向量，得到的结果相同。如在本例(1)中生成连续时间系统模型时，还可以将极点向量写成列向量形式：$p = [0; -2; -5]$，会得到相同的结果。

【例 10-10】 已知离散系统的脉冲传递函数矩阵为

$$G(z) = \begin{bmatrix} \dfrac{1}{z-0.3} \\ \dfrac{2(z+0.5)}{(z-0.1+j)(z-0.1-j)} \end{bmatrix}$$

应用 MATLAB 建立其零极点增益模型。

解：(1) 建立离散零极点增益模型（未指定采样周期）。

在 MATLAB 命令窗口中输入：

```
>> z = {[ ]; -0.5}; p = {0.3; [0.1 + i, 0.1 - i]}; k = [1; 2];
G = zpk(z,p,k,-1)
```

运行结果为

```
Zero/pole/gain from input to output...
               1
 #1:       -------
           (z - 0.3)

            2 (z + 0.5)
 #2:   --------------------
         (z^2  -  0.2z + 1.01)
Sampling time: unspecified
```

(2) 建立连续零极点增益模型（指定输入变量名称及输出变量名称）。在 MATLAB 命令窗口中输入：

```
>> G = zpk(z,p,k,'Inputname','输入变量','outputname',{'输出变量1','输出变量2'})
```

运行结果为

```
Zero/pole/gain from input "输入变量" to output...
                   1
 输出变量1:     -------
               (s - 0.3)

                 2 (s + 0.5)
 输出变量2:   --------------------
               (s^2  -  0.2s + 1.01)
```

【例 10-11】 线性定常连续系统的传递函数为

$$G(s) = \frac{-10s^2 + 20s}{s^5 + 7s^4 + 20s^3 + 28s^2 + 19s + 5}$$

应用 MATLAB 建立其零极点增益模型。

解：在 MATLAB 命令窗口中输入：

```
>> G = tf([ -10 20 0],[1 7 20 28 19 5])
sys = zpk(G)
```

运行结果为

```
Transfer function:
              -10 s^2 + 20 s
  ----------------------------------------
  s^5 + 7 s^4 + 20 s^3 + 28 s^2 + 19 s + 5
Zero/pole/gain:
        -10 s (s-2)
     ---------------------
     (s+1)^3 (s^2 + 4s + 5)
```

【例 10-12】 将例 10-7 所示系统的状态空间模型转换为零极点增益模型。

解：在 MATLAB 命令窗口中输入：

```
>> a = [ -2, -1; 1, -1]; b = [1,1; 2, -1]; c = [1,0]; d = [0,1];
G1 = ss(a,b,c,d);
G2 = zpk(G1)
```

运行结果为

```
Zero/pole/gain from input 1 to output:
        (s - 1)
     ---------------
     (s^2 + 3s + 3)
Zero/pole/gain from input 2 to output:
     (s^2 + 4s + 5)
     ---------------
     (s^2 + 3s + 3)
```

10.2.4 频率响应数据模型

在 MATLAB 中，使用函数 frd() 建立控制系统的频率响应数据模型。其主要功能和格式如下。

功能：建立频率响应数据模型或者将其他线性定常系统模型转换成频率响应数据模型。

格式：

| sys = frd(response,frequency) | 建立频率响应数据模型 sys。response 为存储频率响应数据的多维元胞,frequency 为频率向量,默认单位为弧度/秒(rad/s)。 |

```
sys = frd(response,frequency,'Property1',Value1,…,'PropertyN',ValueN)
                              建立频率响应数据模型 sys。模型 sys 的属性及属性值用
                              'Property','Value'指定。
sys = frd(response,frequency,Ts)    建立离散系统频率响应数据模型 sys。
sysfrd = frd(sys,frequency,'Units',units)
                              将其他数学模型 sys 转换为频率响应数据模型,并指定
                              frequency 的单位('Units')为 units。
```

其中:

(1) 频率响应数据模型可以由其他三类模型转换得到,但不能将频率响应模型转换为其他类型的模型。

(2) response 为复数形式。

(3) Ts 为采样周期,若系统的采样周期未定义,则设置 Ts=-1 或者 Ts=[]。

【例 10-13】 设系统的频率特性为

$$G(j\omega) = 0.05\omega \cdot e^{j2\omega}$$

计算当频率在 $10^{-1} \sim 10^2$ rad/s(弧度/秒)之间取值时的频率响应数据模型。

解:在 MATLAB 命令窗口中输入:

```
>> freq = 1:2:100;
resp = 0.05 * (freq). * exp(i * 2 * freq);
sys = frd(resp,freq)
```

运行结果为

```
From input 1 to:
  Frequency(rad/s)        output 1
  ---------------         --------
          1              -0.020807 + 0.045465i
          3               0.144026 - 0.041912i
          5              -0.209768 - 0.136005i
          ⋮                    ⋮
         (省略中间部分结果)
          ⋮                    ⋮
         95               0.314958 + 4.739547i
         97               3.452210 - 3.406574i
         99              -4.934302 - 0.393914i
Continuous - time frequency response data model.
```

若考虑到输入变量及输出变量名称,则可将 MATLAB 语句改写为

```
>> sys = frd(resp,freq,'Inputname','频率','outputname','输出值')
```

运行结果为

```
From input '频率' to:
  Frequency(rad/s)        输出值
  ---------------         --------
          1              -0.020807 + 0.045465i
          3               0.144026 - 0.041912i
          5              -0.209768 - 0.136005i
          ⋮                    ⋮
         (省略中间部分结果)
```

```
       ⋮              ⋮
      95          0.314958 + 4.739547i
      97          3.452210 − 3.406574i
      99         − 4.934302 − 0.393914i
Continuous – time frequency response data model.
```

说明：根据频率响应数据模型，可以绘制频率响应曲线。

【例 10-14】 设系统的传递函数为

$$G(s) = \frac{s+1}{s^3 + 4s^2 + 2s + 6}$$

计算当频率在 $10^{-1} \sim 10^2$ rad/s(弧度/秒)之间取值时的频率响应数据模型。

解：在 MATLAB 命令窗口中输入：

```
>> sys = tf([1 1],[1 4 2 6]);
freq = 0.1:100;
sysfrd = frd(sys,freq)
```

运行结果为

```
From input 1 to:
   Frequency(rad/s)      output 1
   ------------          --------
        0.1           0.168158 + 0.011164i
        1.1           1.007206 + 0.193739i
        2.1          − 0.138222 − 0.120314i
         ⋮                  ⋮
              （省略中间部分结果）
         ⋮                  ⋮
       97.1          − 0.000106 − 0.000003i
       98.1          − 0.000104 − 0.000003i
       99.1          − 0.000102 − 0.000003i
Continuous – time frequency response data model.
```

上面计算中频率的默认单位为 rad/s，若将频率的单位设定为赫兹(Hz)，则相应的 MATALAB 语句为

```
>> sysfrd = frd(sys,freq,'Units','Hz')
```

运行结果为

```
From input 1 to:
   Frequency(Hz)         output 1
   ------------          --------
        0.1           0.245830 + 8.604151e − 002i
        1.1          − 0.017655 − 7.168160e − 003i
        2.1          − 0.005441 − 1.214017e − 003i
         ⋮                  ⋮
              （省略中间部分结果）
         ⋮                  ⋮
       97.1          − 0.000003 − 1.321017e − 008i
       98.1          − 0.000003 − 1.281030e − 008i
       99.1          − 0.000003 − 1.242641e − 008i
Continuous – time frequency response data model.
```

函数 frd() 不仅可以求出单输入单输出系统的频率响应数据,还可以求出多输入多输出系统的频率响应数据模型,下面举例说明。

【例 10-15】 设线性定常系统的传递函数矩阵为

$$G(s) = \begin{bmatrix} \dfrac{s+1}{s^3+4s^2+2s+6} \\ \dfrac{s+1}{s^2+2s+5} \end{bmatrix}$$

计算当频率在 $10^{-1} \sim 10^2$ rad/s(弧度/秒)之间取值时的频率响应数据模型。

解:在 MATLAB 命令窗口中输入:

```
>> sys = [tf([1 1],[1 2 5]); tf([1 1],[1 4 2 6])];
freq = 0.1:100;
sysfrd = frd(sys,freq,'Units','Hz')
```

运行程序,得到以赫兹(Hz)为频率单位的计算结果为

```
From input 1 to:
    Frequency(Hz)      output 1                output 2
    -------------      --------                --------
       0.1         0.236747 + 0.071835i   0.245830 + 8.604151e-002i
       1.1         0.026120 - 0.153159i  -0.017655 - 7.168160e-003i
       2.1         0.006114 - 0.077075i  -0.005441 - 1.214017e-003i
        ⋮                ⋮                      ⋮
                (省略中间部分结果)
        ⋮                ⋮                      ⋮
      97.1         0.000003 - 0.001639i  -0.000003 - 1.321017e-008i
      98.1         0.000003 - 0.001622i  -0.000003 - 1.281030e-008i
      99.1         0.000003 - 0.001606i  -0.000003 - 1.242641e-008i
Continuous - time frequency response data model.
```

本例传递函数矩阵所表示的系统包含一个输入变量和两个输出变量,故得到的结果中包括频率向量在内共有三列,如果将例 10-15 中的传递函数矩阵变化为具有两个输入变量和一个输出变量的形式,即

$$G(s) = \begin{bmatrix} \dfrac{s+1}{s^3+4s^2+2s+6} & \dfrac{s+1}{s^2+2s+5} \end{bmatrix}$$

然后再应用前述方法求取此时系统的频率响应数据模型,则会得到不同的结果。

10.3 数学模型参数的获取

应用 MATLAB 建立了系统模型后,MATLAB 会以单个变量形式存储该模型的数据,包括模型参数(如状态空间模型的 A、B、C、D 矩阵等)等属性,例如,输入/输出变量名称、采样周期、输入/输出延迟等。有时需要从已经建立的线性定常系统模型(如传递函数模型、零极点增益模型、状态空间模型或频率响应数据模型)中获取模型参数等信息,此时除了使用函数 set() 和 get() 以外,还可以采用模型参数来达到目的。由线性定

常系统的一种模型可以直接得到其他几种模型的参数,而不必进行模型之间的转换。这些函数的名称及功能如表 10-2 所示。

表 10-2　模型参数的获取函数

函数名称	使 用 方 法	功　　能
tfdata	[num,den]=tfdata(sys) [num,den]=tfdata(sys,'v') [num,den,Ts]=tfdata(sys)	得到变换后的传递函数模型参数
ssdata	[a,b,c,d,]=ssdata(sys) [a,b,c,d,Ts]=ssdata(sys)	得到变换后的状态空间模型参数
zpkdata	[z,p,k]=zpkdata(sys) [z,p,k]=zpkdata(sys,'v') [z,p,k,Ts,Td]=zpkdata(sys)	得到变换后的零极点增益模型参数
frddata	[response,freq]=frdata(sys) [response,freq,Ts]=frdata(sys) [response,freq]=frdata(sys,'v')	得到变换后的频率响应数据模型参数

与前述函数不同的是,这些带 data 的函数仅用来获取相应的模型参数,并不生成新的模型。

下面以函数 zpkdata()为例,说明模型参数获取函数的使用方法。该函数的调用格式为

[z,p,k] = zpkdata(sys)　　返回由 sys 所示线性定常系统零极点增益模型的零点向量 z,极点向量 p 和增益 k

其中:

(1) 为了方便多输入多输出模型或模型数组数据的获取,默认情况下,函数 tfdata() 和 zpkdata()以元胞数组形式返回参数(例如 num,den,z,p 等)。

(2) 对于单输入单输出模型而言,可以调用函数时应用第二个输入变量 'v',指定调用该函数时返回的是向量数据而不是元胞数组。

【例 10-16】 系统的传递函数模型为

$$G(s) = \frac{3s^4 + 2s^3 + 5s^2 + 4s + 6}{s^5 + 3s^4 + 2s^2 + 7s + 2}$$

用 MATLAB 建立其传递函数模型,并获得取其零点向量、极点向量和增益等参数。

解:在 MATLAB 命令窗口中输入:

```
>> num = [3,2,5,4,6];
den = [1,3,4,2,7,2];
[z,p,k] = zpkdata(tf(num,den))
```

运行结果为

```
z =
    [4x1 double]
p =
    [5x1 double]
```

```
k = 
    3
```

可见,此时仅得到多维元胞数组,要显示零点向量和极点向量,还必须再在 MATLAB 命令窗口中输入:

```
>> z1 = z{1},p1 = p{1}
```

运行结果为

```
z1 = 
    0.4019 + 1.1965i
    0.4019 - 1.1965i
   -0.7352 + 0.8455i
   -0.7352 - 0.8455i
p1 = 
   -1.7680 + 1.2673i
   -1.7680 - 1.2673i
    0.4176 + 1.1130i
    0.4176 - 1.1130i
   -0.2991
```

也可以采用一条 MATLAB 命令直接显示零点向量和极点向量,即

```
>>[z1,p1,k] = zpkdata(tf(num,den),'v')
```

运行后,得到系统的零点向量 z1、极点向量 p1 和增益 k 与前述相同。

10.4 数学模型的转换

在实际应用过程中,常常需要将线性定常系统的各种模型进行任意转换。也就是说,已知其中的一种数学模型描述,就可以求出该系统的另一种数学模型描述。MATLAB 的控制系统工具箱提供了丰富的模型转换函数,如表 10-3 所示。表中函数大致分为两类:第一类是在 10.2 节所述的模型建立函数直接进行转换;第二类是模型转换函数。前一种情况在 10.2 节已经详细讨论过,下面仅讨论后一种情况。

使用模型转换函数主要进行连续时间模型与离散时间模型之间的转换及离散时间模型不同采样周期之间的转换(即重新采样)。

表 10-3 模型转换函数

函数名称	功能
c2d	由连续时间模型转换为离散时间模型
c2dm	按照指定方式将连续时间模型转换为离散时间模型
d2c	由离散时间模型转换为连续时间模型
d2cm	按照指定方式将离散时间模型转换为连续时间模型
d2d	离散时间系统重新采样
ss	转换为状态空间模型
tf	转换为传递函数模型

续表

函数名称	功　　能
zpd	转换为零极点增益模型
tf2ss	将传递函数模型转换为状态空间模型
tf2zp	将传递函数模型转换为零极点增益模型
ss2tf	将状态空间模型转换为传递函数模型
ss2zp	将状态空间模型转换为零极点增益模型
zp2ss	将零极点增益模型转换为状态空间模型
zp2tf	将零极点增益模型转换为传递函数模型
ss2ss	状态空间模型的线性变换

10.4.1 连续时间模型转换为离散时间模型

在 MATLAB 中，使用函数 c2d() 将连续时间模型转换为离散时间模型。其主要功能和格式如下。

功能：将连续时间模型转换成离散时间模型，也称为将连续时间系统离散化。

格式：

sysd = c2d(sys,Ts)	以采样周期 Ts 将线性定常连续系统 sys 离散化，得到离散化后的系统 sysd。
sysd = c2d(sys,Ts,method)	以字符串"method"指定的离散化方法将线性定常连续系统 sys 离散化，包括： ① 'zoh'——零阶保持器。 ② 'foh'—— 一阶保持器。 ③ 'tustin'——图斯汀变换。 ④ 'matched'——零极点匹配法。

其中：

(1) 未指定离散化方法时，采用零阶保持器离散化方法。

(2) 除零极点匹配法仅支持单输入单输出系统外，其他离散化方法既支持单输入单输出系统，也支持多输入多输出系统。

【例 10-17】 连续时间系统传递函数为

$$G(s) = \frac{s+1}{s^2+s2+5} e^{-0.35s}$$

将其按照采样周期 Ts = 0.1s 进行离散化。

解：

(1) 以零阶保持器方法离散化。在 MATLAB 命令窗口中输入：

```
>> sys = tf([1 1],[1 2 5],'inputdelay',0.35)        % 建立传递函数模型
```

运行结果为

```
Transfer function:
                        s + 1
exp(-0.35*s) * ----------
                     s^2 + 2s + 5
```

在 MATLAB 命令窗口中输入：

```
>> Gd = c2d(sys,0.1)                    % 得到离散化模型
```

运行结果为

```
Transfer function:
         0.04869 z^2 + 0.002242 z - 0.04191
z^(-3) * ----------------------------------
              z^3 - 1.774 z^2 + 0.8187 z

Sampling time: 0.1
```

（2）以一阶保持器方法离散化。在 MATLAB 命令窗口中输入：

```
>> Gd = c2d(sys,0.1,'foh')
```

运行结果为

```
Transfer function:
         0.01228 z^3 + 0.05996 z^2 - 0.05282 z - 0.0104
z^(-3) * ----------------------------------------------
                    z^3 - 1.774 z^2 + 0.8187 z

Sampling time: 0.1
```

10.4.2 离散时间模型转换为连续时间模型

MATLAB 使用函数 d2c() 将离散时间模型转换为连续时间模型。其主要功能和格式如下。

功能：将线性定常离散模型转换成连续时间模型。

格式：

```
sysc = d2c(sysd)              将线性定常离散模型 sysd 转换为连续时间模型 sysc。
sysc = d2c(sysd,method)       用字符串"method"指定的方法将线性定常离散模型 sysd 转换为
                              连续时间模型 sysc。"method"的含义与函数 d2c() 中的相同。
```

【例 10-18】 线性定常离散系统的脉冲传递函数为

$$G(z) = \frac{z-1}{z^2+z+0.3}$$

将其转换为连续时间模型（采样周期 Ts=0.1s）。

解：

（1）采用零阶保持器方法离散化。在 MATLAB 命令窗口中输入：

```
>> sysd = tf([1,-1],[1 1 0.3],0.1)
```

运行结果为

```
Transfer function:
    z - 1
  --------------
  z^2 + z + 0.3
Sampling time: 0.1
```

(2) 采用图斯汀方法离散化。在 MATLAB 命令窗口中输入：

```
>> sysc = d2c(sysd,'tustin')
```

运行结果为

```
Transfer function:
 - 6.667 s^2 + 133.3 s
 ---------------------
 s^2 + 93.33 s + 3067
```

10.4.3 离散时间系统重新采样

MATLAB 使用函数 d2d( ) 来对离散时间系统进行重新采样,得到在新采样周期下的离散时间系统模型。其主要功能和格式如下。

功能：将线性定常离散时间模型重新采样或者加入输入延迟。

格式：

sys1 = d2d(sys,Ts)　　将离散时间模型 sys 按照新的采样周期 Ts 重新采样,得到离散时间模型 sys1。

【例 10-19】 线性定常离散系统的脉冲传递函数为

$$G(z) = \frac{z-1}{z^2 + z + 0.3}$$

将其采样周期由 Ts=0.1s 转换为 Ts=0.5s。

解：在 MATLAB 命令窗口中输入：

```
>> sysd = tf([1, -1],[1 1 0.3],0.1)
```

运行结果为

```
Transfer function:
    z - 1
  ----------
  z^2 + z + 0.3
Sampling time: 0.1
```

在 MATLAB 命令窗口中输入：

```
>> sys_1 = d2d(sysd,0.5)
```

运行结果为

```
Transfer function:
     0.19 z - 0.19
  ------------------
  z^2 - 0.05 z + 0.00243
Sampling time: 0.5
```

10.4.4 传递函数模型转换为状态空间模型

MATLAB使用函数tf2ss()将传递函数模型转换为状态空间模型。其功能和格式如下。

功能：将传递函数模型转换为状态空间模型

格式：

[A,B,C,D] = tf2ss(num,den)　　将分子向量和分母向量分别为num和den的传递函数转换为状态空间模型(A,B,C,D)。

【例10-20】 线性定常连续系统传递函数为

$$G(s) = \frac{\begin{bmatrix} 2s+3 \\ s^2+2s+1 \end{bmatrix}}{s^2+0.4s+1}$$

应用MATLAB将其转换为状态空间模型。

解：在MATLAB命令窗口中输入：

```
>> num = [0 2 3; 1 2 1];    %注意：分子矩阵中必须添加0,以使该矩阵两行元素的
   den = [1 0.4 1];          %元素个数相等
   [a,b,c,d] = tf2ss(num,den)
```

运行结果为

```
a =
    -0.4000   -1.0000
     1.0000        0
b =
     1
     0
c =
     2.0000    3.0000
     1.6000        0
d =
     0
     1
```

10.4.5 传递函数模型转换为零极点增益模型

MATLAB使用函数tf2zp()将传递函数模型转换为零极点增益模型。其功能和格式如下。

功能：将传递函数模型转换为零极点增益模型。

格式：

| [*Z*, *P*, K] = tf2ss(num, den) | 将分子向量和分母向量分别为 num 和 den 的传递函数模型转换为零极点增益模型，零点向量为 *Z*，极点向量为 *P*，增益为 K。 |

【例 10-21】 线性定常离散时间系统脉冲传递函数为

$$G(z) = \frac{2 + 3z^{-1}}{1 + 0.4z^{-1} + z^{-2}}$$

解：在 MATLAB 命令窗口中输入：

```
>> num = [2 3]; den = [1 0.4 1];
[z,p,k] = tf2zp(num,den)
```

运行结果为

```
z =
   -1.5000
p =
   -0.2000 + 0.9798i
   -0.2000 - 0.9798i
k =
    2
```

10.4.6 状态空间模型转换为传递函数模型

MATLAB 使用函数 ss2tf 将状态空间模型转换为传递函数模型。其功能和格式如下。

功能：将给定系统的状态空间模型转换为传递函数模型。

格式：

| [num, den] = ss2tf(*A*, *B*, *C*, *D*, iu) | 将状态空间模型(*A*, *B*, *C*, *D*)转换为传递函数模型的分子向量 num 和分母向量 den，得到第 iu 个输入向量至全部输出之间的传递函数（矩阵）参数。 |

【例 10-22】 线性常系数的状态空间模型为

$$x' = \begin{bmatrix} -0.7524 & -0.7268 \\ 0.7268 & 0 \end{bmatrix} x + \begin{bmatrix} 1 & -1 \\ 0 & 2 \end{bmatrix} u$$

$$y = \begin{bmatrix} 2.8776 & 0 \\ 0 & 8.9463 \end{bmatrix} x$$

将其转换为传递函数模型。

解：在 MATLAB 命令窗口输入：

```
>> A = [-0.7524, -0.7268; 0.7268, 0]; B = [1, -1; 0, 2];
C = [2.8776 0; 0 8.9463]; D = [0,0; 0 0];
[num, den] = ss2tf(A,B,C,D,2)    % 得到第 2 个输入至输出之间的传递函数模型
```

运行结果为

```
num =
         0    -2.8776   -4.1829
         0    17.8926    6.9602
den =
    1.0000    0.7524    0.5282
```

在 MATLAB 命令窗口中输入：

`>>[num,den] = ss2tf(A,B,C,D,1)   % 得到第 2 个输入至输出之间的传递函数模型`

运行结果为

```
num =
         0     2.8776   -0.0000
         0    -0.0000    6.5022
den =
    1.0000    0.7524    0.5282
```

即：第 1 个输入变量至输出变量之间的传递函数矩阵为

$$G_1(s) = \frac{\begin{bmatrix} 2.8776s \\ 6.5022 \end{bmatrix}}{s^2 + 0.7524s + 0.5282}$$

第 2 个输入变量至输出变量之间的传递函数矩阵为

$$G_2(s) = \frac{\begin{bmatrix} -2.8776s - 4.1829 \\ 17.8926s + 6.5022 \end{bmatrix}}{s^2 + 0.7524s + 0.5282}$$

10.4.7 状态模型转换为零极点增益模型

MATLAB 使用函数 ss2zp( ) 将状态模型转换为零极点增益模型。其功能和格式如下。

功能：将状态模型转换为零极点增益模型。

格式：

`[Z,P,K] = ss2zp(A,B,C,D,iu)`   将状态模型 (A, B, C, D) 转换为零极点增益模型的零点向量 Z、极点向量 P 和增益 K，得到第 iu 个输入向量至全部输出之间零极点增益模型的参数。

【例 10-23】 线性定常系统的状态空间模型为

$$x' = \begin{bmatrix} -0.7524 & -0.7268 \\ 0.7268 & 0 \end{bmatrix} x + \begin{bmatrix} 1 & -1 \\ 0 & 2 \end{bmatrix} u$$

$$y = \begin{bmatrix} 2.8776 & 8.9463 \end{bmatrix} x$$

将其转换为零极点增益模型。

解：在 MATLAB 命令窗口中输入：

```
>> A = [-0.7524,-0.7268;0.7268,0]; B = [1,-1; 0,2];
C = [2.8776 8.9463]; D = [0,0];
[z,p,k] = ss2zp(A,B,C,D,1)       % 得到第 1 个输入至输出之间的零极点增益
```

运行结果为

```
z =
   -2.2596
p =
   -0.3762 + 0.6219i
   -0.3762 - 0.6219i
k =
    2.8776
```

在MATLAB命令窗口中输入：

```
>>[z,p,k] = ss2zp(A,B,C,D,2)    % 得到第1个输入至输出之间的零极点增益
```

运行结果为

```
z =
   -0.1850
p =
   -0.3762 + 0.6219i
   -0.3762 - 0.6219i
k =
   15.0150
```

即第1个输入变量至输出变量之间的零极点增益模型为

$$G_1(s) = 2.8776 \times \frac{s+2.2596}{(s+0.3762-i0.6219)(s+i0.3762+i0.6219)}$$

第2个输入变量至输出变量之间的零极点增益模型为

$$G_2(s) = 15.150 \times \frac{s+0.1850}{(s+0.3762-i0.6219)(s+0.3762+i0.6219)}$$

10.4.8 零极点增益模型转换为传递函数模型

MATLAB使用函数zp2tf()将零极点增益模型转换为传递函数模型。其功能和格式如下。

功能：将零极点增益模型转换为传递函数模型。

格式：

```
[num,den] = zp2tf(Z,P,K)    将零点向量为 Z,极点向量为 P,增益为 K 的零极点增益模型转换
                            为分子向量为 num,分母向量为 den 的传递函数模型。
```

其中，**Z** 和 **P** 为列向量。

【例10-24】 线性定常系统的零极点增益模型为

$$G(s) = \frac{s(s+6)(s+5)}{(s+3+4i)(s+3-4i)(s+1)(s+2)}$$

将其转换为传递函数模型。

解：在MATLAB命令窗口中输入：

```
>> z = [-6 -5 0]'; k = 1;
p = [-3 + 4i -3 - 4i -2 -1]';
[num,den] = zp2tf(z,p,k)
```

运行结果为

```
num =
     0     1    11    30     0
den =
     1     9    45    87    50
```

即,求得的传递函数模型为

$$G(s) = \frac{s^3 + 11s^2 + 30s}{s^4 + 9s^3 + 45s^2 + 87s + 50}$$

本题也可以应用例 10-5 所示的多项式相乘的方法得到传递函数模型。

10.4.9 零极点增益模型转换为状态空间模型

MATLAB 使用函数 zp2ss() 将零极点增益模型转换为状态空间模型。其功能和格式如下。

功能:将零极点增益模型转换为状态空间模型。

格式:

[**A**,**B**,**C**,**D**] = zp2ss(Z,P,K)　　将零点向量 **Z**,极点向量 **P**,增益为 K 的极点增益模型转换为状态空间模型(**A**,**B**,**C**,**D**)

【例 10-25】 线性定常系统的零极点增益模型为

$$G(s) = \frac{(s+6)(s+5)}{(s+3+4i)(s+3-4i)(s+1)(s+2)}$$

将其转换为状态空间模型

解:在 MATLAB 命令窗口中输入:

```
>> z = [-6 -5]'; k = 1;
p = [-3 + 4i -3 - 4i -2 -1]';
[a,b,c,d] = zp2ss(z,p,k)
```

运行的结果为

```
a =
   -6.0000   -5.0000         0         0
    5.0000         0         0         0
    5.0000    1.0000   -3.0000   -1.4142
         0         0    1.4142         0

b =
    1
    0
    1
    0
```

```
c =
             0        0        0    0.7071
d =
             0
```

10.5 数学模型的连接

一般情况下,控制系统的结构往往是两个或更多个简单系统(或环节)采用串联、并联或反馈形式的连接。MATLAB的控制系统工具箱提供了大量的控制系统或环节数学模型的连接函数,可以进行系统的串联、并联、反馈连接。表10-4列出了一些常用的模型连接函数。

表 10-4 模型连接函数

函数名称	功 能
series	两个状态空间模型的串联
parallel	两个状态空间模型的并联
feedback	两个状态空间模型按照反馈方式连接
append	两个以上模型进行添加连接
connect,blkbuild	将结构图转换为状态空间模型

10.5.1 优先原则

不同形式的数学模型连接时,MATLAB根据优先原则确定得到的数学模型形式。常用的几种数学模型中,根据连接数学模型形式的不同,MATLAB确定的优先层次由高到低依次是频率响应模型、状态空间模型、零极点增益模型和传递函数模型。也就是说,如果连接的数学模型中至少有一个系统(或环节)数学模型的形式为频率响应数据模型,则无论其他系统(或环节)的数学模型是上述几种形式中的哪一种,连接后系统的数学模型形式为频率响应模型;如果连接的数学模型中没有频率响应模型,而至少有一个系统(或环节)的数学模型为状态空间模型,则连接得到的系统数学模型形式只能是状态空间模型。其他以此类推。

进一步可知,只有当所连接系统的数学模型全部是传递函数模型时,连接后系统的数学模型形式才是传递函数模型形式。

10.5.2 串联连接

两个系统(或环节)sys1和sys2进行连接时,如果sys1的输出量作为sys2的输入量,则系统(或环节)sys1和sys2称为串联连接(见图10-1)。它分为单输入单输出系统和多输入多输出系统两种形式。MATLAB使用函数series()实现模型的串联连接。

功能:将两个线性定常系统的模型串联连接。

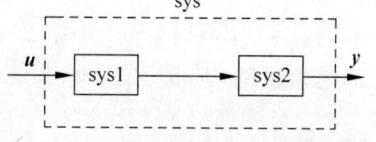

图 10-1 两个线性定常系统模型串联连接的基本形式

格式：

```
sys = series(sys1,sys2)           将 sys1 和 sys2 进行串联连接，形成如图 10-1 所示的基本
                                  串联连接形式。此时的连接方式相当于 sys = sys1×sys2。
sys = series(sys1,sys2,y₁,u₂)     将 sys1 和 sys2 进行广义串联连接。
```

说明：

（1）sys1 和 sys2 既可以同时是连续系统模型，也可以是具有相同采样周期的离散系统模型。

（2）y_1 为 sys1 的输出向量中与 sys2 输入向量串联的向量标号（见图 10-2），u_2 为 sys2 的输入向量中与 y_1 输入向量串联的向量标号。

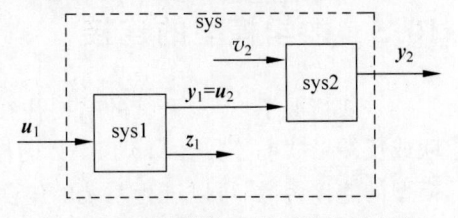

图 10-2　两个线性定常系统模型串联连接的一般形式

（3）sys1 和 sys2 为不同形式的数学模型时，sys 模型的形式根据优先原则来确定。

【例 10-26】　设两个采样周期均为 Ts=0.1s 的离散系统脉冲传递函数分别为

$$G_1(z) = \frac{z^2+3z+2}{z^4+3z^3+5z^2+7z+3}, \quad G_2(z) = \frac{10}{(z+2)(z+3)}$$

求将它们串联连接后得到的脉冲传递函数。

解：根据优先原则，传递函数模型和零极点增益模型两种形式的系统连接时，得到的系统数学模型的形式为零极点增益模型形式。

在 MATLAB 命令窗口中输入：

```
>> G1 = tf([1 3 2],[1 3 5 7 3],0.1);
G2 = zpk([ ],[ -2, -3],10,0.1);
G = series(G1,G2)
```

运行结果为

```
Zero/pole/gain:
                    10 (z+2) (z+1)
--------------------------------------------
(z+2) (z+1.869) (z+3) (z+0.6245) (z^2 + 0.5063z + 2.57)
Sampling time: 0.1
```

说明：

（1）单输入单输出系统模型串联连接次序不同时，所得到的状态空间模型的系数不同，但这两个系统的输出响应是相同的。

（2）调用函数 series() 时 y_1 和 u_2 的确定方法：设图 10-2 中 sys1 的输入向量 u_1 为 5 维，输出向量（y_1+z_1）为 4 维；sys2 的输入向量（v_2+u_2）为 2 维，输出向量 y_2 为 3 维。sys1 与 sys2 串联时，sys1 中第 2 个和第 4 个输出向量分别与 sys2 中第 1 个和第 2 个输入向量相连接，则相应的 MATLAB 命令为（忽略结果）

```
>> y1 = [2 4];              % 取 sys1 中第 2 个和第 4 个输出向量
u2 = [1 2];                 % 分别取 sys2 中第 1 个和第 2 个输入向量连接
sys = series(sys1,sys2,y1,u2)
```

10.5.3 并联连接

两个系统(或环节)sys1 和 sys2 连接时,如果它们具有相同的输入量,且输出量是 sys1 输出量和 sys2 输出量的代数和,则系统(或环节)sys1 和 sys2 称为并联连接(见图 10-3)。它分为单输入单输出系统和多输入多输出系统两种形式。MATALB 使用函数 parallel()实现模型的并联连接。

功能:将两个线性定常系统的模型并联连接。

格式:

sys = parallel(sys1,sys2)	将 sys1 和 sys2 进行并联连接,构成如图 10-3 所示的基本并联连接形式。此时的连接方式相当于 sys = sys1 + sys2。
sys = parallel(sys1,sys2,u_1,u_2,y_1,y_2)	将 sys1 和 sys2 进行广义并联连接。并联后得到的模型 sys 的输入向量和输出向量分别为

$$R = [v_1 ; u ; v_2]^T \tag{10-9}$$

$$y = [z_1 ; y ; z_2]^T \tag{10-10}$$

其中:

(1) sys1 和 sys2 既可以同时是连续系统模型,也可以是具有相同采样周期的离散系统模型。

(2) u_1,u_2 分别为系统 sys1 和 sys2 输入向量的标号,y_1,y_2 表示用于求和(得到输出的代数和 y)的 sys1 中输出向量标号和 sys2 中输出向量标号(见图 10-4),使用时应注意它们的对应连接关系。

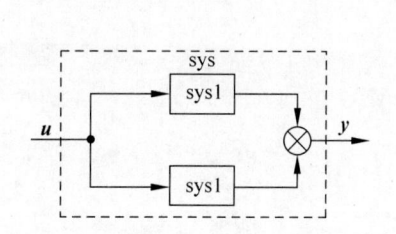

图 10-3 两个线性定常系统模型并联连接的基本形式

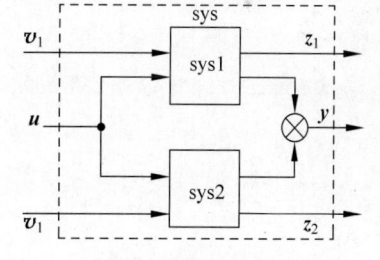

图 10-4 两个线性定常系统模型并联连接的一般形式

(3) sys1 和 sys2 为不同形式的数学模型时,sys 模型的形式根据优先原则确定。

【例 10-27】 设两个采样周期均为 Ts=0.1s 的离散系统的脉冲传递函数分别为

$$G_1(z) = \frac{z^2 + 3z + 2}{Z^4 + 3z^3 + 5z^2 + 7z + 3}, \quad G_2(z) = \frac{10}{(z+2)(z+3)}$$

求将它们并联连接后得到的脉冲传递函数。

解:在 MATLAB 命令窗口中输入:

```
>> G1 = tf([1 3 2],[1 3 5 7 3],0.1);
G2 = zpk([],[-2,-3],10,0.1);
G = parallel(G1,G2)
```

运行结果为

```
Zero/pole/gain:
    11 (z+1.869) (z+0.6673) (z^2 + 0.9178z + 3.061)
---------------------------------------------------
(z+1.869) (z+2) (z+3) (z+0.6245) (z^2 + 0.5063z + 2.57)
Sampling time: 0.1
```

【例 10-28】 设系统的传递函数矩阵分别为

$$G_1(s) = \begin{bmatrix} \dfrac{s+2}{s^2+2s+1} & \dfrac{s+1}{s+2} \\ \dfrac{1}{s^2+3s+2} & \dfrac{s+2}{s^2+5s+6} \end{bmatrix}, \quad G_2(s) = \begin{bmatrix} \dfrac{1.2}{(s+1)(s+3)} & \dfrac{s+1}{(s+2)(s+4)} \\ \dfrac{s+1}{(s+2)(s+3)} & \dfrac{s+2}{(s+3)(s+4)} \end{bmatrix}$$

求将它们进行并联连接后的状态空间模型。

解：在 MATLAB 命令窗口中输入：

```
>> num = {[1 2] [1 1];[1] [1 2]};
den = {[1 2 1],[1 2];[1 3 2],[1 5 6]};
G1 = tf(num,den);
z = {[] [-1];[-1] [-2]};
p = {[-1,-3] [-2 -4];[-2 -3] [-3 -4]};
k = [1.2 1; 1 1];
G2 = zpk(z,p,k);
G = parallel(G1,G2,2,2,1,1)
```

运行结果为

```
Zero/pole/gain from input 1 to output...
              1
#1:    -------
       (s+2) (s+1)
           (s+2)
#2:    -------
       (s+1)^2
#3:    0
Zero/pole/gain from input 2 to output...
              (s+2)
#1:    -----------
       (s+3) (s+2)
       (s+5) (s+2) (s+1)
#2:    ----------------
       (s+2)^2 (s+4)
           (s+2)
#3:    -----------
       (s+3) (s+4)
Zero/pole/gain from input 3 to output...
```

```
#1:  0
           1.2
#2: -----------
    (s + 1)(s + 3)
          (s + 1)
#3: -----------
    (s + 2)(s + 3)
```

10.5.4 反馈连接

两个系统(或环节)按照如图 10-5 所示的形式连接称为反馈连接。它分为单输入单输出系统和多输入多输出系统两种形式。MATLAB 使用函数 feedback() 实现模型的反馈连接。

功能：将两个线性定常系统的模型进行反馈连接。

格式：

sys = feedback(sys1,sys2)	将 sys1 和 sys2 按照如图 10-5 所示形式进行负反馈连接。
sys = feedback(sys1,sys2,sign)	按字符串"sign"指定的反馈方式将 sys1 和 sys2 进行反馈连接。
sys = feedback(sys1,sys2,feedin,feedout,sign)	将 sys1 和 sys2 构成广义反馈连接。

其中：

(1) sys1 和 sys2 既可以同时是连续系统模型，也可以是具有相同采样周期的离散系统模型。

(2) sys 的输入向量和输出向量的维数分别与系统 sys1 相同。

(3) 字符串"sign"用以指定反馈的极性，正反馈时 sign=+1，负反馈时 sign=-1，且负反馈时可忽略 sign 的值。

(4) sys1 输出向量中与 sys2 输入向量相连的向量标号组成向量 feedout，sys1 输入向量中与 sys2 输出向量相连的向量标号组成向量 feedin(见图 10-6)。

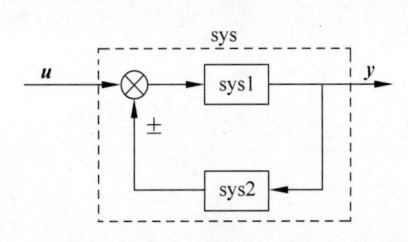

图 10-5 两个线性定常系统的模型反馈连接的基本形式

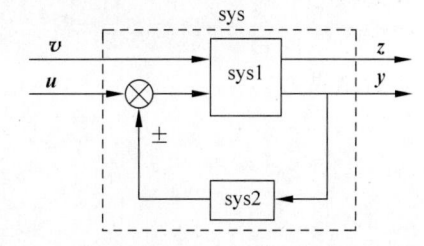

图 10-6 两个线性定常系统的模型反馈连接的基本形式

(5) sys1 和 sys2 为不同形式的数学模型时，sys 模型的形式根据优先原则确定。

【例 10-29】 设两个线性定常系统的传递函数分别为

$$\text{sys1}: G_1(s) = \frac{1}{s^2 + 2s + 1}, \quad \text{sys2}: G_2(s) = \frac{1}{s+1}$$

求将它们反馈连接后的传递函数。

解：在MATLAB命令窗口中输入：

```
>> G1 = tf(1,[1,2,1]);
G2 = zpk([],[-1],1);
G3 = feedback(G1,G2)            % 负反馈连接
```

运行结果为

```
Zero/pole/gain:
        (s + 1)
---------------------
(s + 2)(s^2 + s + 1)
```

在MATLAB命令窗口中输入：

```
>> G4 = feedback(G1,G2, + 1)    % 正反馈连接
```

运行结果为

```
Zero/pole/gain:
      (s + 1)
------------------
s (s^2 + 3s + 3)
```

【例 10-30】 设系统的状态空间模型分别为

$$\text{sys1}: \boldsymbol{A}_1 = \begin{bmatrix} 1 & 2 \\ 3 & 4 \end{bmatrix}, \quad \boldsymbol{B}_1 = \begin{bmatrix} 0 \\ 1 \end{bmatrix}, \quad \boldsymbol{C}_1 = \begin{bmatrix} 0 & 1 \end{bmatrix}$$

$$\text{sys2}: \boldsymbol{A}_2 = \begin{bmatrix} 0 & 1 \\ -2 & -3 \end{bmatrix}, \quad \boldsymbol{B}_2 = \begin{bmatrix} 0 \\ 1 \end{bmatrix}, \quad \boldsymbol{C}_2 = \begin{bmatrix} 1 & 1 \end{bmatrix}$$

求取两个系统按照如图 10-5 所示反馈形式连接后的状态空间模型。

解：在MATLAB命令窗口中输入：

```
>> sys1 = ss([1 2; 3 4],[0;1],[0 1],0);
sys2 = ss([0 1; -2 -3],[0;1],[1 1],0);
G = feedback(sys1,sys2)
```

运行结果为

```
a =
        x1   x2   x3   x4
  x1    1    2    0    0
  x2    3    4   -1   -1
  x3    0    0    0    1
  x4    0    1   -2   -3
b =
        u1
  x1    0
  x2    1
  x3    0
  x4    0
```

```
c =
         x1   x2   x3   x4
    y1    0    1    0    0
d =
         u1
    y1    0
Continuous – time model.
```

调用函数 feedback() 时 feedin 和 feedback 的确定方法举例说明如下。设图 10-6 中 sys1 的输入向量（$v+u$）为 5 维，输出向量（$y+z$）为 4 维；sys2 的输入向量为 3 维，输出向量为 2 维。sys1 与 sys2 负反馈连接时，sys1 输出向量中第 1、第 3 和第 4 个输出向量分别与 sys2 相连接，sys2 输出向量与 sys1 中第 2 个和第 4 个输入向量相连接，则相应的 MATLAB 命令为

```
>> feedin = [2 4];          % 取 sys1 中第 1、第 3 和第 4 个输出向量与 sys2 输入连接
feedout = [1 3 4];
sys = feedback(sys1,sys,feedin,feedout)
```

10.5.5 添加连接

MATLAB 使用函数 append() 实现模型的添加连接。

功能：将两个以上线性定常系统的模型进行添加连接，形成增广系统。

格式：

```
sys = append(G₁,G₂,…,Gₙ)     将线性定常系统模型 G₁,G₂,…,Gₙ 进行添加连接，
                              得到系统 sys。
```

其中：

(1) $G_1, G_2, \cdots, G_n$ 既可以是线性定常系统模型，也可以是具有相同采样周期的线性定常离散系统模型。

(2) 当 $G_1, G_2, \cdots, G_n$ 为不同形式的数学模型时，sys 模型的形式根据优先原则确定。

设原系统模型为 G_1，添加系统为 $G_2, \cdots, G_n$，则增广系统为

$$G = \begin{bmatrix} G_1 & 0 & 0 \\ 0 & G_2 & 0 \\ 0 & 0 & \ddots \end{bmatrix} \quad (10\text{-}11)$$

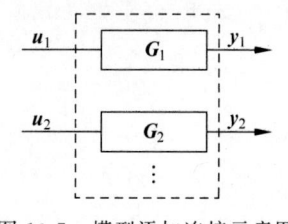

这种模型的连接形式如图 10-7 所示。

图 10-7 模型添加连接示意图

【例 10-31】 设 4 个线性定常系统，其数学模型分别为

$$G_1(s) = \frac{10}{s+5}, \quad G_2(s) = \frac{2(s+1)}{s+2}, \quad G_3(s) = 5$$

$$x'(t) = \begin{bmatrix} -9.02021 & 17.7791 \\ -1.6943 & 3.2138 \end{bmatrix} x(t) + \begin{bmatrix} -0.5112 & 0.536 \\ -0.002 & -1.8470 \end{bmatrix} u(t)$$

$$y(t) = \begin{bmatrix} -3.2897 & 2.4544 \\ -13.5009 & 18.0745 \end{bmatrix} x(t) + \begin{bmatrix} -0.5764 & -0.1410 \\ -0.6459 & 0.2958 \end{bmatrix} u(t)$$

解：上述 4 个数学模型中，没有频率响应模型，有 1 个状态空间模型，所以添加连接得到的系统数学模型的形式为状态空间模型。

首先建立上述 4 个数学模型，然后再进行模型的添加连接。在 MATLAB 命令窗口中输入：

```
>> G1 = tf(10,[1 5]);
G2 = zpk(-1,-2,2);
G3 = 5;
A = [-9.0201 17.7791; -1.6943 3.2138]; B = [-0.5112 0.5362; -0.002 -1.8470];
C = [-3.2897 2.4544; -13.5009 18.0745];
D = [-0.5476 -0.1410; -0.6459 0.2958];
G4 = ss(A,B,C,D);
sys = append(G1,G2,G3,G4)
```

运行结果为

```
a =
         x1      x2      x3       x4
  x1     -5      0       0        0
  x2     0       -2      0        0
  x3     0       0       -9.02    17.78
  x4     0       0       -1.694   3.214
b =
         u1      u2      u3       u4        u5
  x1     4       0       0        0         0
  x2     0       1.414   0        0         0
  x3     0       0       0        -0.5112   0.5362
  x4     0       0       0        -0.002    -1.847
c =
         x1      x2      x3       x4
  y1     2.5     0       0        0
  y2     0      -1.414   0        0
  y3     0       0       0        0
  y4     0       0      -3.29     2.454
  y5     0       0      -13.5     18.07
d =
         u1      u2      u3       u4        u5
  y1     0       0       0        0         0
  y2     0       2       0        0         0
  y3     0       0       5        0         0
  y4     0       0       0        -0.5476   -0.141
  y5     0       0       0        -0.6459   0.2958
Continuous-time model.
```

10.5.6 复杂模型的连接

MATLAB 使用函数 connect() 实现多个模型的连接。

功能：根据线性定常系统的结构图得到状态空间模型。

格式：

sysc = connect(sys, *q*, inputs, outputs)

其中：

(1) sys 是由结构图中全部模块组成的系统；*q* 为连接矩阵，表示结构图中模块的连接方式；inputs 和 outputs 是复杂系统中包含输入变量和输出变量的模块编号；blkbuild 为 M 脚本文件，用于根据传递函数或状态空间模块结构图建立对角线型状态空间结构。

(2) *q* 矩阵构成如下：其行数为结构图的全部块数；每一行第一列元素是模块的编号，该模块输入端与结构图中一些模块的输出端连接，该行其他元素依次为与该模块相连接的其他模块的编号；元素符号根据其他模块输出端是加还是减来确定；*q* 矩阵中其他元素均为 0。

(3) sys 的求取步骤分为以下两步。

第一步，运行脚本文件 blkbuik 之前，必须按照下述要求设置输入参数：①nblocks 为结构图的总模块数；②若第 *i* 个模块为一传递函数模型，则分别输入该模块分子项和分母项参数 ni, di；③若第 *i* 个模块是状态空间模型，则分别输入该模块各个矩阵参数 ai, bi, ci, di。

第二步，运行 bikbuild 后的返回结果为系统状态空间模型 (*a*, *b*, *c*, *d*)，再利用函数 ss() 就可以建立状态空间结构。

(4) 在 (3) 中对结构图的每一模块设置输入参数时，如果同一个模块的 ni, di 和 ai, bi, c, idi 同时存在，则会发生错误。

【例 10-32】 已知控制系统的结构图如图 10-8 所示。其中各环节的传递函数分别为

$$G_1(s)=1, \quad G_2(s)=\frac{1.2(2s+1)}{2s}, \quad G_3(s)=\frac{0.2(4s+1)}{4s}$$

$$G_4(s)=\frac{1.2}{4s+1}, \quad G_5(s)=\frac{1}{0.4}, \quad G_6(s)=0.5, \quad G_7(s)=\frac{0.5}{10s+1}$$

求系统以 $r(t)$ 为输入，分别以 $y_1(t)$（局部反馈回路输出）和 $y(t)$（主反馈回路输出）为输出时的传递函数（矩阵），并绘制其单位阶跃响应曲线。

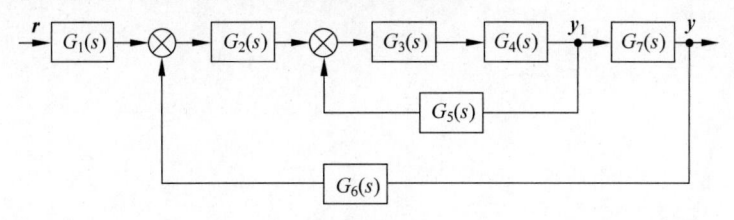

图 10-8 例 10-32 结构图

解：(1) 确定连接矩阵 *q*。

该系统结构图包含 7 个模块，则 *q* 矩阵有 7 行；$G_1(s)$ 模块的输入端没有与其他模块的输出端相连接，所以 *q* 矩阵第 1 行除了第 1 列元素为 1（模块编号）外，其他列元素均为 0；$G_2(s)$ 模块的输入端分别与 $G_1(s)$ 模块和 $G_6(s)$ 模块的输出端连接，考虑到 $G_6(s)$ 模块的输出端在比较点进行减法运算，所以 *q* 矩阵第 2 行第 2 列元素为 1（对应模块 $G_1(s)$），第 3 列元素为 −6（对应模块 $G_6(s)$）。据此，可以确定 *q* 矩阵如下：

$$q = \begin{bmatrix} 1 & 0 & 0 \\ 2 & 1 & -6 \\ 3 & 2 & -5 \\ 4 & 3 & 0 \\ 5 & 4 & 0 \\ 6 & 7 & 0 \\ 7 & 4 & 0 \end{bmatrix}$$

(2) MATLAB 求解。在 MATLAB 命令窗口中输入：

```
>> nblocks = 7;
n1 = 1; d1 = 1;
n2 = 1.2 * [2 1]; d2 = [2 0];
n3 = 0.2 * [4 1]; d3 = [4 0];
n4 = 1.2; d4 = [4 1];
n5 = 1; d5 = 0.4;
n6 = 0.5; d6 = 1;
n7 = 0.5; d7 = [10 1];
blkbuild;
```

运行结果为

```
State model [a,b,c,d] of the block diagram has 7 inputs and 7 outputs.
```

得到了对角线型模块[a,b,c,d]后，在 MATLAB 命令窗口中输入：

```
>> sys = ss(a,b,c,d);
q = [1 0 0; 2 1 -6; 3 2 -5; 4 3 0; 5 4 0; 6 7 0; 7 4 0];
inputs = 1;
outputs = [4 7];
sysc = connect(sys, q, inputs, outputs)
```

运行结果为

```
a =
         x1      x2      x3       x4
   x1     0       0       0    -0.025
   x2    0.6      0    -0.75   -0.03
   x3   0.12    0.05   -0.4   -0.006
   x4     0       0     0.3    -0.1
b =
         u1
   x1    1
   x2   1.2
   x3   0.24
   x4    0
c =
         x1      x2      x3      x4
   y1     0       0      0.3      0
   y2     0       0       0     0.05
d =
         u1
   y1    0
   y2    0
Continuous-time model.
```

(3) 求取系统的传递函数矩阵。在 MATLAB 命令窗口中输入：

```
>> G = tf(sysc)
```

运行结果为

```
Transfer function from input to output...
            0.072 s^3 + 0.0612 s^2 + 0.0144 s + 0.0009
#1:  ---------------------------------------------
     s^4 + 0.5 s^3 + 0.0793 s^2 + 0.0051 s + 0.000225

              0.0036 s^2 + 0.0027 s + 0.00045
#2:  ---------------------------------------------
     s^4 + 0.5 s^3 + 0.0793 s^2 + 0.0051 s + 0.000225
```

即求得的传递函数分别为

$$\frac{Y_1(s)}{R(s)} = \frac{0.072s^3 + 0.0612s^2 + 0.0144s + 0.0009}{s^4 + 0.5s^3 + 0.0793s^2 + 0.0051s + 0.000225}$$

$$\frac{Y(s)}{R(s)} = \frac{0.0036s^2 + 0.0027s + 0.00045}{s^4 + 0.5s^3 + 0.0793s^2 + 0.0051s + 0.000225}$$

最后,求取系统单位阶跃响应。在 MATLAB 命令窗口中输入：

```
>> step(G(1),'*-',G(2))
```

运行后得到的曲线如图 10-9 所示。图中,G(1)为输入变量 $r(t)$ 至输出变量 $y_1(t)$ 之间的单位阶跃响应曲线,G(2)为输入变量 $r(t)$ 至输出变量 $y(t)$ 之间的单位阶跃响应曲线,横轴为时间,纵轴为幅度。

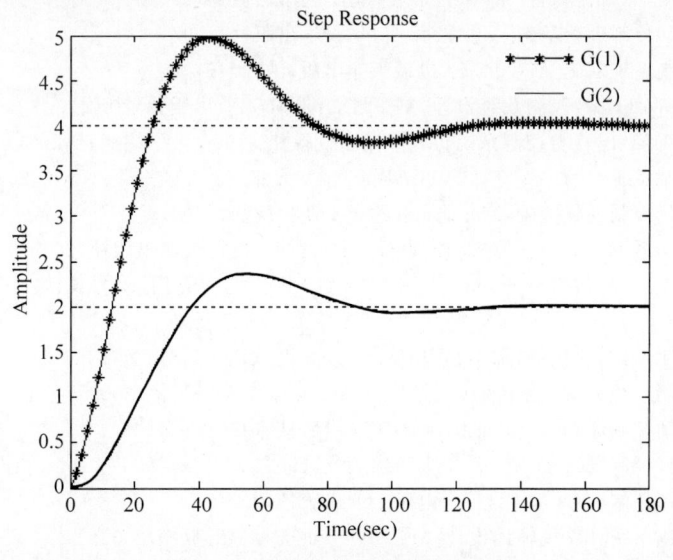

图 10-9 系统的单位阶跃响应曲线

参 考 文 献

[1] 张德丰. MATLAB 控制系统设计与仿真[M]. 北京：电子工业出版社，2009.
[2] 赵书兰. MATLAB 编程及最优化设计[M]. 北京：电子工业出版社，2013.
[3] 张德丰. MATLAB 程序设计与典型应用[M]. 北京：电子工业出版社，2009.
[4] 蔡尚峰. 自动控制理论[M]. 北京：机械工业出版社，1992.
[5] 刘豹. 现代控制理论[M]. 北京：机械工业出版社，2003.
[6] 薛定宇. 控制系统计算机辅助设计：MATLAB 语言与应用[M]. 北京：清华大学出版社，2006.
[7] 胡寿松，王执铨，胡维礼. 最优控制理论与系统[M]. 北京：科学出版社，2005.
[8] 赵文峰. MATLAB 控制系统设计与仿真[M]. 西安：西安电子科技大学出版社，2002.
[9] 张静. MATLAB 在控制系统中的应用[M]. 北京：电子工业出版社，2007.
[10] 王丹力，邱治平. MATLAB 控制系统设计仿真应用[M]. 北京：中国电力出版社，2007.
[11] 吴晓燕，张双选. MATLAB 在自动控制中的应用[M]. 西安：西安电子科技大学出版社，2006.
[12] 王正林，王胜开，陈国顺. MATLAB/Simulink 与控制系统仿真[M]. 北京：电子工业出版社，2005.
[13] 飞思科技产品研发中心. MATLAB 7 辅助控制系统设计与仿真[M]. 北京：电子工业出版社，2005.
[14] 李友善. 自动控制原理[M]. 北京：国防工业出版社，2005.
[15] 曹柱中. 自动控制理论与设计[M]. 上海：上海交通大学出版社，1991.
[16] 任兴权. 控制系统计算机仿真[M]. 北京：机械工业出版社，1987.
[17] 孙虎章. 自动控制原理[M]. 北京：中央广播电视大学出版社，1994.
[18] 杨叔子. 机械工程控制基础[M]. 武汉：华中理工大学出版社，1994.
[19] 高金源. 自动控制工程基础[M]. 北京：中央广播电视大学出版社，1995.
[20] 符曦. 自动控制理论习题集[M]. 北京：机械工业出版社，1982.
[21] 程鹏. 自动控制原理[M]. 北京：高等教育出版社，2004.
[22] 于海生. 微型计算机控制技术[M]. 北京：清华大学出版社，2004.
[23] 戴忠达. 自动控制理论基础[M]. 北京：清华大学出版社，1997.
[24] 古普塔. 控制系统基础[M]. 北京：机械工业出版社，2004.
[25] 欧阳黎明. MATLAB 控制系统设计[M]. 北京：国防工业出版社，2001.
[26] 孙亮. MATLAB 语言与控制系统仿真[M]. 北京：北京工业大学出版社，2001.
[27] 张晋格. 控制系统 CAD：基于 MATLAB 语言[M]. 北京：机械工业出版社，2004.
[28] 尤昌德. 现代控制理论基础[M]. 北京：电子工业出版社，1996.
[29] 薛定宇. 控制系统仿真与计算机辅助设计[M]. 北京：机械工业出版社，2005.
[30] 黄文梅，杨勇. 系统仿真分析与设计：MATLAB 语言工程应用[M]. 长沙：国防科技大学出版社，2001.
[31] 刘坤. MATLAB 自动控制原理习题精解[M]. 北京：国防工业出版社，2004.
[32] 何衍庆. 控制系统分析、设计和应用[M]. 北京：化学工业出版社，2003.
[33] 汪仁先. 自动控制原理[M]. 北京：兵器工业出版社，1996.
[34] 金以慧. 过程控制[M]. 北京：清华大学出版社，1993.
[35] 谢克明. 自动控制原理[M]. 北京：电子工业出版社，2004.
[36] 蔡启仲. 控制系统计算机辅助设计[M]. 重庆：重庆大学出版社，2003.
[37] 杨自厚. 自动控制原理[M]. 北京：冶金工业出版社，1990.
[38] 何克忠. 计算机控制系统[M]. 北京：清华大学出版社，1998.
[39] 张德丰. MATLAB 神经网络仿真与应用[M]. 北京：电子工业出版社，2009.

图书资源支持

感谢您一直以来对清华版图书的支持和爱护。为了配合本书的使用,本书提供配套的资源,有需求的读者请扫描下方的"书圈"微信公众号二维码,在图书专区下载,也可以拨打电话或发送电子邮件咨询。

如果您在使用本书的过程中遇到了什么问题,或者有相关图书出版计划,也请您发邮件告诉我们,以便我们更好地为您服务。

我们的联系方式:

清华大学出版社计算机与信息分社网站:https://www.shuimushuhui.com/

地　　址:北京市海淀区双清路学研大厦 A 座 714

邮　　编:100084

电　　话:010-83470236　010-83470237

客服邮箱:2301891038@qq.com

QQ:2301891038(请写明您的单位和姓名)

资源下载:关注公众号"书圈"下载配套资源。

书圈　　　　　清华计算机学堂　　　　　观看课程直播